国家使命

美国国家实验室
科技创新

李昊　徐源◎著

清华大学出版社
北京

内 容 简 介

美国国家实验室的缘起和改革策略方面的经验和教训对我国具有重要的启示，在国家实验室的建设和管理方面对我们具有重要的参考价值。本书以美国国家实验室为研究对象，分别从其概念内涵、体系架构、管理体制、运行机制、当前存在的问题以及未来发展策略等方面开展系统研究，深入挖掘其本质特性，通过综合分析，为我们目前正在开展的国家实验室论证和建设，以及后续的运行管理提供决策支持与实践参考。

图书在版编目（CIP）数据

国家使命：美国国家实验室科技创新 / 李昊，徐源著. —北京：清华大学出版社，2021.6
（2022.9重印）

　ISBN 978-7-302-58180-2

Ⅰ.①国…　Ⅱ.①李…　②徐…　Ⅲ.①科学研究组织机构—实验室—技术革新—研究—美国　Ⅳ.① N247.12

　中国版本图书馆 CIP 数据核字（2021）第 093700 号

责任编辑：杜春杰
封面设计：刘　超
版式设计：文森时代
责任校对：马军令
责任印制：杨　艳

出版发行：清华大学出版社
　　　　网　　　址：http://www.tup.com.cn，http://www.wqbook.com
　　　　地　　　址：北京清华大学学研大厦 A 座　　邮　　编：100084
　　　　社 总 机：010-83470000　　　　　　　　邮　　购：010-62786544
　　　　投稿与读者服务：010-62776969，c-service@tup.tsinghua.edu.cn
　　　　质 量 反 馈：010-62772015，zhiliang@tup.tsinghua.edu.cn
印 装 者：三河市东方印刷有限公司
经　　销：全国新华书店
开　　本：170mm×240mm　　印　　张：29.75　　字　　数：548 千字
版　　次：2021 年 8 月第 1 版　　　　　　　印　　次：2022 年 9 月第 3 次印刷
定　　价：198.00 元

产品编号：088430-01

序 一

美国的国家实验室距今已有近百年的历史，可追溯至 1923 年在托马斯·爱迪生的支持下成立的美国海军研究实验室。第一次世界大战（以下简称一战）充分展示了科技对国防和经济的重要作用，国家实验室作为科学研究和技术研发的重要承载平台应运而生。在经历第二次世界大战（以下简称二战）的再次洗礼后，有组织的国家行为逐渐成为重大科学突破的主要手段，美国等发达国家通过建设以国家战略目标为使命的国家实验室，开展战略价值高、投资风险大、研发周期长、普通科研机构和企业难以承担的尖端项目研究，推动先进成果的应用转化，不仅形成了突破核心关键技术的强大能力，还有力地促进了基础研究和新兴交叉学科的兴起，为其发展现代尖端技术、提升国家综合实力、长期保持科技领先地位发挥了重要作用。

习近平总书记在《为建设世界科技强国而奋斗——在全国科技创新大会、两院院士大会、中国科协第九次全国代表大会上的讲话》（2016 年 5 月 30 日）中，深刻指出，"要在重大创新领域组建一批国家实验室。这是一项对我国科技创新具有战略意义的举措""国家实验室，应该成为攻坚克难、引领发展的战略科技力量，同其他各类科研机构、大学、企业研发机构形成功能互补、良性互动的协同创新新格局"。近年来，伴随以人工智能、生物交叉、网络信息、微纳米等为代表的新兴技术的快速发展，以及复杂国际政治因素的综合作用，我国迎来科技发展前所未有的战略机遇期，对突破型、引领型、平台型一体的国家实验室建设需求也将达到前所未有的迫切程度。如何应对挑战、破解难题，是时代赋予我们的机遇和挑战。美国国家实验室的缘起、发展成熟、在军民领域所发挥的重大基础支撑作用，乃至存在问题及改革策略方面的经验和教训，对我们具有重要的启示，在国家实验室的建设和管理方面对我们具有重要的参考价值。以美国为借鉴，是我们把握历史机遇，推动科技创新发展的有效策略和可行途径。

　　本书以美国国家实验室为研究对象，系统分析了美国能源部国家实验室体系国家航空航天局的研究中心和国家实验室、联邦政府资助的研究与发展中心和大学附属研究中心，以及国防部、商务部等政府机构内设的国家实验室体系，总结提炼其共有和专有属性，分别从其概念内涵、体系架构、管理体制、运行机制、当前存在的问题以及未来发展策略等方面开展系统研究，深入挖掘其本质特性，希冀从大量浅层的信息、资料和数据的多维度分析中，提炼和剥离美国之所以科技强大的深层次内涵，并以我们易于理解和接受的形式再加工后予以呈现。

　　本书的两位作者从十多年前就接触国家重点实验室建设与运行管理，并开始着手搜集和挖掘美国国家实验室相关的信息、数据和资料；同时也始终工作在我国国家级重点实验室和科研平台的论证、建设和运行管理一线，对我国国家实验室体系的论证、设计与具体实施有着深刻的理解和广泛的认识，在如何吸收和借鉴国外先进科研管理经验为我所用方面，开展过深入系统的思考，具有广阔的视角和一些独到的见解。他们通过十余年系统的整理，加上多年来的工作经验体会，在数百万字的素材基础上完成本书。本书虽然尚有许多瑕疵，但整体上不失为一部有价值的参考资料。相信本书的出版，必将对了解美国国家实验室发展情况、探索我国国家实验室建设提供重要参考。同时，也对我们进一步认识美国国家科研体系的组织与实施模式，进一步了解其科研管理的特点与规律，提供有益的启示。

启元实验室　　主任

中国工程院　　院士

清华大学　　教授

序 二

近代科技革命以来，科研组织模式、科研机构的变革对科技发展、国家科技实力的提升和国际竞争格局的改变都产生了非常深刻的影响。其中，工业实验室和国家实验室的出现就是两个鲜明的例证。

当前新一轮科技革命、产业革命方兴未艾，信息化、智能化科技发展不但是新科技革命的重要方面，也在广泛影响着科研模式和科研组织自身的变革。我国进入不断推进经济社会高质量发展的新时代，坚持创新在我国现代化建设全局中的核心地位，把科技自立自强作为国家发展的战略支撑，必须密切关注当代科技发展模式、科研范式变革的新挑战和新机遇，打造符合当代科技发展特点与规律、满足国家发展需求的战略科技力量。在这个发展进程中，推动当代中国新型国家实验室建设，是进一步深化科技体制改革、建设世界科技强国的重要任务。

美国国家实验室的发展对我国有重要借鉴意义。在二战之后的半个多世纪中，美国国家实验室体系不断完善，一方面推动了大量引领未来发展的尖端技术的研发，在全面提升军事能力的同时，也有力地促进了新兴产业的发展；另一方面，美国国家实验室也是促进基础研究的重要力量，迄今为止，已有上百位诺贝尔奖获得者在美国国家实验室工作过或开展过合作研究。这些都有力地保证了美国在世界重要科技领域、重大安全领域的领先性。美国国家实验室体系建设的做法和经验不能照搬，但可以为推进我国国家实验室建设提供重要的参考。

国内学术界和政策研究部门对美国国家实验室多有研究，但还比较缺乏系统、全面的探讨。李昊、徐源同志撰写的这本书，对美国国家实验室的发展历程、建设管理运行中的经验做法、目前存在的问题与改革发展方向都做了比较系统全面的分析，对实验室人事制度、绩效评估、经费保障渠道与使用机制，以及与政府管理部门的关系等重点问题进行了深入研究。

在写作过程中，两位年轻的学者挖掘分析了大量翔实的原始材料，特别是立足系统的观点，努力从美国科技创新体系发展、国家实验室体系建设的整体视角进行全貌扫描，这有助于我们更加全面地认识美国国家实验室体系的发生、发展，更加准确地理解国家实验室的定位、作用、运行的机制和规律。

当前，我国国家实验室的建设已经启动并在不断推进。相信本书的问世可以帮助政府管理人员、科研工作者及公众加深对美国国家实验室的认识，更好地把握国家实验室建设的特点和规律，为建设符合我国国情的国家实验室体系提供借鉴。

李正风

2021 年 6 月于清华大学明斋

序 三

科学技术是支撑综合国力的重要基础，大国竞争越来越聚焦到以科技自主创新为牵引的综合能力竞争上。100多年来，美国形成了其独有的科技创新管理经验，其中很多值得借鉴。自从上世纪初世界科技创新中心从欧洲逐渐转移到美国，美国形成了丰富的国家实验室建设经验。冷战期间，围绕美苏争霸，美国持续以一系列国家科技工程计划为龙头，优化国家实验室体系布局；坚持超前布局、抢占高地，借助巨额资金保障，网罗各国优秀人才，营造创新生态环境，形成国家实验室从政府自建到军民结合、政企共建、政校共建、校企共建、建管分离等多种管理模式。二战后美国这种"集中资源发展科技"的模式取得了极大成功，不但维持了其引领科技发展的领先地位，而且支撑其在大国综合国力竞争中保持优势。

十六年前，我有幸参与《国家中长期科学和技术发展规划纲要（2006—2020年）》拟制的战略研究工作，深入研究了国家科学技术自主创新问题，深刻认识到加强自主创新对抢占科技竞争和未来发展制高点的重大战略意义。当前美国对我国科技上的限制，让我们更加深刻地认识到，必须坚持科技自立自强，才能实现不受制于人。从另一角度看，我国科技创新体系尚存短板，一些领域卡脖子问题短时间内依然难以解决。如何依托国家级科技创新平台，加快突破关键核心技术，在事关发展全局和国家安全的核心领域，加强战略性、储备性技术研发，构建中国特色国家实验室体系，还需要系统性研究。

"它山之石，可以攻玉。"我有幸参与本书的审稿工作。本书以美国国家实验室为研究对象，从其起源演变、体系架构、管理体制、运行机制、存在问题和未来发展等方面，展开系统研究和论述，对我国国家实验室下一步的建设和管理具有重要的参考价值。细读本书，不仅可使我们勾勒出美国科技创新网络的整体图景，看到其国家实验室的规模体量、特色优势、重大贡献，更将引发我们对建设世界科学中心和创新高地的深入思考。本书可作为国内相关领域研究和科研管理人员的支撑文献，对拟赴美科技交流的人员也不失为一份较有价值的参考资料。

清华大学两岸发展研究院技术经济研究所所长

2021 年 6 月于清华园

前　言

如果说，国立科研机构是一个国家在科学领域的皇冠，那么国家实验室就是皇冠上最为璀璨的宝石！国家实验室是国立科研机构的重要组成部分，代表国家科研实力的最高水平，是国家意志在科研方面的集中体现，也是国家创新体系的重要组成部分。

绝大多数国家实验室在任务使命和历史发展上都带有浓厚的军事、国防或国家安全相关的特征。国家实验室主要设置在战略必争领域。这些领域包括重要基础前沿研究、关系国家竞争力和国家安全的战略性高技术研究、重要社会公益研究、未来技术先导性研究、产业通用技术和共性技术研究、重大与关键科技创新平台和基础设施等。这些领域具有周期长、风险大、技术难度高的特点，单纯依靠高校为主导的探索性研究不能解决，凭借功能比较单一、结构相对固定的科研院所不能解决，通过市场机制、任由利益驱策工业部门和私营公司亦不能解决，必须建立掌控顶级资源的超大规模科研平台，由国家集中投资和组织，统一规划和计划，才能确保国家使命的实现，保证研究开发的连续性和稳定性。同时，由于这些研究在规模上往往非常庞大，具有体系完备性的要求，因此需要并且只能依靠国家持续稳定的投入和支持才能得以维持和发展。

在发达国家，成立国立科研机构是一种普遍现象。它们在国家科学技术体系中具有独特的功能和地位，并发挥着其他类型机构所不可替代的重要作用。美国作为世界经济、军事、科技强国，国家实验室在其国家创新体系中占有重要地位并发挥重大作用。美国从20世纪上半叶开始，根据二战的军事需要，重点在能源、航天、国防基础等领域建立国家实验室。历经70余年的发展，通过多次里程碑式的改革调整，美国国家实验室迄今已形成一个规模庞大、结构较为合理、功能非常完备的国家实验室体系，在全球具有较大影响力，代表了所在领域的世界最高水平，为国家发展先进科学技术、提升战略能力提供了关键支撑。

美国国家实验室的缘起、发展成熟乃至存在的问题及改革策略方面的经验和教训对我们具有重要的启示，在国家实验室的建设和管理方面对我们具有重要的参考价值。本书以美国国家实验室为研究对象，分别从其概念内涵、体系架构、管理体制、运行机制、当前存在的问题以及未来发展策略等方面开展系统研究，深入挖掘其本质特性，希冀从大量表观层面的信息、资料和数据的多维度分析中，提炼和剥离美国之所以科技强大的深层次内涵，并以国人可以理解和接受的形式再加工后予以呈现。

本书从立项研究到写作出版历经数年、实属不易。感谢刘仕雷同志做出的重要贡献，他为本书的研究工作提供了深刻而专业的宝贵意见。希望本书可以为我们目前正在开展的国家实验室论证和建设，以及后续的运行管理提供决策支持与实践参考。

目　录

上篇
美国国家实验室的体系构成

一旦提及国家实验室，立刻就仿佛进入由缩略语所形成的旋涡之中……（国家实验室的）每一类身份都表征着该实验室所具有的特殊属性，使得该实验室可按此身份所确定的途径执行研究任务。

——美国国家实验室联盟白皮书（2014）

第 1 章　美国国家实验室的概况

"美国国家实验室"一直是个略显"神秘"的术语，没有统一的定义，但又实实在在地存在，代表了美国科研实力的最高水平，并在科研领域发挥着重要作用。美国没有全国统一的科技管理专职部门，这决定了美国国家实验室也没有全国统一的政府部门负责其整体规划、组织和管理。即使咨询美国国家实验室管理相关的权威人士，也往往无法获得明确、全面的回答。中国也有专家和学者对美国国家实验室开展过专项研究，从多方面、多角度尝试对美国国家实验室进行深入理解。

本书并不妄图"代替"美国联邦政府对"美国国家实验室"给出明确定义，也不希冀能够对美国国家实验室体系的内涵和外延从行政管理和学术研究的双重角度做出权威的说明和解释。因此，在全书的开篇章节，通过"漫谈"的形式，分别从正史和野史中，挖掘美国国家实验室体系中具有共性的东西，作为进一步深入广泛研究的参考。

1.1　漫谈"美国国家实验室"

美国的国家实验室，对应的英文术语一般为 National Laboratory 或 Federal Laboratory。National Laboratory 一般指狭义的美国能源部（Department of Energy，DOE）国家实验室，即美国能源部所辖的 17 个大型综合实验室。而 Federal Laboratory 则是一种非常宽泛的称呼，中文亦可译为"联邦实验室"。根据《美国法典》第 15 卷第 3703 节，国家实验室是指"由联邦政府各局所拥有、租赁甚或使用的任何实验室、任何联邦政府资助的研究与发展中心或任何中心，只要是由联邦政府提供资助的，不论其运营者是联邦政府，还是合同商"，与美国联邦政府有科技方面合作的研究中心或享受国家科研经费支持的研究中心都可纳入广义的国家实验室范畴。据不完全统计，美国当前的国家实验室有 700 余个；另一个说法是美国共有 600 多个大型联邦实验室和近 700 个小型联邦实验平台；而根据对在联邦实验室技术转让联盟（Federal Laboratory Consortium，FLC）正式注册的实验室的统计，目前有 300 多个国家实验室。

1.1.1 美国国家实验室之"名"

美国国家实验室在命名上不拘一格，不同于我国"学科领域 / 研究内容 / 研究对象＋实验室级别 / 类型"的严格命名方式。其来源构成可以分为人名、地名、机构名、设施名等类型或相关类型的某种组合，除了大部分被称为"实验室（Laboratory）"外，还有"实验室联盟（Laboratories）""中心（Center）""研究所 / 研究院（Institute）"，甚至可以是长期运行、实体化了的"研究计划（Project）"，如兰德公司下属的空军计划（Project Air Force），或称为"服务（Service）"，如国家航空航天局（National Aeronautics and Space Administration，NASA）的学术任务服务联盟（NASA Academic Mission Services，NAMS）。本书基于维基百科的统计，列举了部分在美国冠以"国家（National）"的科研机构（见表 1-1），主要由美国政府部门直接管理或出资支持，也有个别是私营科研机构。私营科研机构以"国家"命名的原因，是其研究内容或应用目的与国家利益、政策等密切相关。因此，单纯从名字上，无法推断一个科研机构是否处于国家实验室的层次，也无法判定该研究机构是否能够纳入美国国家实验室的范畴。此外，也有国内学者通过对美国能源部国家实验室命名方式的研究发现：实验室名称中含有"国家实验室（National Laboratory）"字样的属于多项目实验室，否则属于单一项目实验室。随着实验室自身的发展和外部学科交叉融合的环境影响，这一命名规则也日渐模糊，但在有些官方文献中，仍然保持对单一项目实验室和多项目实验室的区分。

表 1-1 部分名称中含有"国家"的美国科研机构和组织

序　号	中文名称	英文名称	概　况
1	阿贡国家实验室	Argonne National Laboratory	能源部国家实验室
2	布鲁克海文国家实验室	Brookhaven National Laboratory	能源部国家实验室
3	费米国家加速器实验室	Fermi National Accelerator Laboratory	能源部国家实验室

续表

序　号	中文名称	英文名称	概　　况
4	爱达荷国家实验室	Idaho National Laboratory	能源部国家实验室
5	劳伦斯伯克利国家实验室	Lawrence Berkeley National Laboratory	能源部国家实验室
6	劳伦斯利弗莫尔国家实验室	Lawrence Livermore National Laboratory	能源部国家实验室
7	洛斯阿拉莫斯国家实验室	Los Alamos National Laboratory	能源部国家实验室
8	国家能源技术实验室	National Energy Technology Laboratory	能源部国家实验室
9	国家可再生能源实验室	National Renewable Energy Laboratory	能源部国家实验室
10	橡树岭国家实验室	Oak Ridge National Laboratory	能源部国家实验室
11	太平洋西北国家实验室	Pacific Northwest National Laboratory	能源部国家实验室
12	桑迪亚国家实验室（联盟）	Sandia National Laboratories	能源部国家实验室
13	萨凡纳河国家实验室	Savannah River National Laboratory	能源部国家实验室
14	SLAC 国家加速器实验室	SLAC National Accelerator Laboratory	能源部国家实验室
15	托马斯·杰斐逊国家加速器实验室	Thomas Jefferson National Accelerator Facility	能源部国家实验室
16	国家科学基金会	National Science Foundation	美国联邦政府直属科研机构
17	国家航空航天局	National Aeronautics and Space Administration	美国联邦政府执行分支机构的独立部门
18	国家标准和技术协会	National Institute of Standards and Technology	美国商务部所属的一个测量标准实验室，也是一个非监管机构
19	国家海洋和大气管理局	National Oceanic and Atmospheric Administration	美国商务部内部的国家科研机构
20	国家残疾、独立生活和康复研究院	National Institute on Disability, Independent Living, and Rehabilitation Research	美国政府机构，领导和支持为残疾人康复相关的绝大多数科研项目

续表

序 号	中文名称	英文名称	概 况
21	国家卫生研究院	National Institute of Health	美国卫生与公共服务部下属的科研机构，是美国政府负责生物医学和健康相关研究的主要机构
22	国家职业安全与卫生研究院	National Institute for Occupational Safety and Health	美国联邦研究机构，隶属于卫生与公共服务部
23	国家司法研究院	National Institute of Justice	美国司法部的一个研究、开发与评估机构，是司法计划办公室的一部分，研究领域包括犯罪学、刑事司法及相关的社会科学研究，以及 DNA 鉴定等安防相关技术
24	国家赛博空间安全 FFRDC	National Cybersecurity FFRDC	首个也是唯一赛博安全领域的同类研究机构
25	国家安全工程中心	National Security Engineering Center	开展国家安全相关问题研究
26	国防研究所	National Defense Research Institute	由国防部资助、兰德公司管理的科研机构
27	弗雷德里克癌症研究国家实验室	Frederick National Laboratory for Cancer Research	专门开展生物医学研究唯一的国家实验室
28	国家生物防御分析与对策中心	National Biodefense Analysis and Countermeasures Center	美国主要的生物攻击研究机构，基于实验室开展威胁评估和微生物物证检验
29	国家大气研究中心	National Center for Atmospheric Research	对地球大气的研究机构
30	国家光学天文台	National Optical Astronomy Observatory	主要开展夜间紫外—光学—红外天文观测
31	国家射电天文台	National Radio Astronomy Observatory	自行设计、建造和运行高灵敏度的射电望远镜，供全世界科学家使用
32	国家太阳观测天文台	National Solar Observatory	将太阳作为主要天文对象，研究对地球的主导外部影响
33	国家癌症研究所	National Cancer Institute	国家卫生研究院的一部分，卫生及公共服务部下的 11 个机构之一
34	地球表面动力学国家中心	National Center for Earth-surface Dynamics	国家科学基金会下属的一个科技研究中心
35	国家毒理学研究中心	National Center for Toxicological Research	国家食品药物局下的一个分支研究机构
36	国家紧急传染病实验室（联盟）	National Emerging Infectious Diseases Laboratories	波士顿大学的一个生物科学研究机构，国家从事传染病研究安全机构网络的一部分

序　号	中文名称	英文名称	概　况
37	国家农业应用研究中心	National Center for Agricultural Utilization Research	农业部下属的实验室
38	国家心、肺、血液研究所	National Heart, Lung and Blood Institute	国家卫生研究院的第三大研究所
39	国家过敏与感染性疾病研究所	National Institute of Allergy and Infectious Diseases	国家卫生研究院的一部分，卫生及公共服务部下的 11 个机构之一
40	国家糖尿病与消化及肾脏疾病研究所	National Institute of Diabetes and Digestive and Kidney Diseases	国家卫生研究院的一部分，卫生及公共服务部下的 11 个机构之一
41	国家应用行为科学训练实验室（联盟）	National Training Laboratories Institute for Applied Behavioral Science	非营利性行为心理学研究中心
42	大学—国家海图实验室系统	University-National Oceanographic Laboratory System	由学术机构和国家实验室联合形成的科研群体，在联邦政府经费支持下开展海洋研究
43	国家超级计算机应用中心	National Center for Supercomputing Applications	由国家和各州政府联合组建的国家规模的赛博空间基础设施，以支持开展先进的研究、科学和工程实践
44	国家高磁场实验室	National High Magnetic Field Laboratory	佛罗里达州立大学的研究机构，由国家科学基金会提供经费支持，与工业部门联合开展研究

1.1.2 美国国家实验室之"实"

美国的科研体系没有全国统一的科技管理部门，这决定了其国家实验室也没有统一的组织和管理机构，无法按实验室的水平或地位进行归类。同时，对国家实验室的概念内涵，既没有正式的文件做出严格的规定，也鲜有公开的文献给出权威的解释说明，因此，即使身处其中，也难以对美国的国家实验室做出明确的定义。而且，同一个国家实验室往往具有多个不同的身份，进一步增强了这种混淆程度。根据美国国家实验室联盟的解释，美国国家实验室是由其身份属性确定的，同一个实验室可能拥有一个或多个身份属性，不同身份属性支持该国家实验室所拥有的权利和需要承担的责任。

1. 美国联邦政府科技体系的结构关系

从美国的科技体系结构来看，美国的科技体系呈现一种松散的结构，如图 1-1 所示。该结构大体可分为 3 个层次。最高层是美国联邦政府立法、司法、行政"三权分立"的核心机构，在这一层次，主要通过调控每年科研在政府财年（Finance Year，FY）中的经费预算和实际执行情况实现对科研活动的宏观调控。此外，还通过咨询和问责等形式对科研活动的一些宏观问题给予指导和监管。中间层是美国联邦政府各总体职能部门及其下属部门和管理办公室，很多国家实验室直接隶属于这个层次的各部门和机构。最底层是高校、研究机构、非政府组织、非营利组织、民营工业公司、民营管理机构等。美国国家实验室的实际运营主要依赖这一层次，甚至一些实验室本身就是构成这个层次的组成部分，这类国家实验室通常被称为"内设型（In-House）"国家实验室。

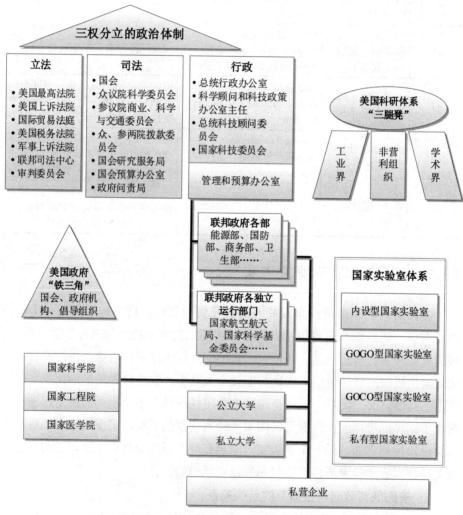

图 1-1　美国的科技体系结构与国家实验室的关系

2. 国有国营和国有民营类型的实验室

从实验室基础设施、人员及运行管理模式来判断该实验室是否为国家实验室，是一种相对客观的判断标准。一般认为，美国的科研机构分为国有国营（Government-Owned, Government-Operated，GOGO）、国有民营（Government-Owned, Contractor-Operated，GOCO）和私有 3 类，如图 1-2 所示。

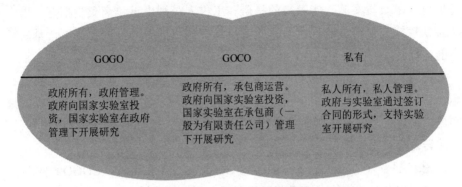

图 1-2　美国实验室所有制形式和管理的简化模型谱

事实上，由于形成过程的复杂性和一些历史原因，美国国家实验室的所有制形式和运营情况要比上述 3 类复杂得多，本书尝试以二维模型进行描述，如图 1-3 所示。在由所有者和运营者构成的二维平面中，政府部门和私营公司交叉组合，形成美国国家实验室的 4 种基本类型。

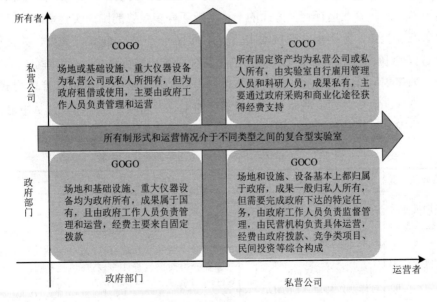

图 1-3　美国实验室所有制形式和管理的复杂模型谱

负责 GOGO 实验室运行管理的工作人员和承担科研与工程任务的科研人员都是联邦政府雇员，即国内所谓"体制内"人员。实验室都是单一项目实验室或军方直辖的实验室，研发工作大多涉密，项目周期较长，持续性要求较高。

GOCO 实验室由联邦政府雇员指导和监督，实验室的运行管理通过签订各类承包合同，由民营公司、高校或非营利机构等单位作为承包商（或称依托单位）来负责实施，实验室的科研和工程人员则由承包商负责招募。由于 GOCO 模式在尽可能确保实验室研究持续性和目的导向性的前提下，具有较高的运行管理方面的灵活性，因此，美国一些重要的实验室都采取这种类型。

民有民营（Contractor-Owned and Contractor-Operated，COCO）实验室在运行和管理方面具有较高的灵活度，其运行管理模式完全按民营企业的模式来实施。但是，一旦进入战时或有国家层面的需要，就会摇身一变从"预备役"迅速转化为"正规军"。

民有国营（Contractor-Owned and Government-Operated，COGO）实验室是特殊历史背景的产物，由于其运行管理方面仍然遵循 GOGO 的模式，因此，为了与其他文献资料保持一致，在研究中一般将 COGO 归入 GOGO 类型中。

美国国家实验室大多属于 GOGO 或 GOCO 这两种类型。一般来说，成立较早，具有二战或冷战历史背景的，或军方直属的国家实验室，仍保留"体制内"的运行模式，属于 GOGO 类型。更多的国家实验室，为了实现在体现国家意志和保持灵活高效之间的折中，选择了 GOCO 类型的运行模式，这也是美国国家实验室在运行管理方面的一种创新。许多重要的国家实验室，如能源部国家实验室，除国家能源技术实验室外的 16 个都属于 GOCO 类型，并且每个 GOCO 国家实验室都有一个同名的私营公司或高校负责其运行管理。

为了对 GOGO 和 GOCO 的细节进行分析，表 1-2 进一步对其管理模式、合作类型、成果归属、所属科研人员活动约束等方面做了简单比较。从中可以看出，国家实验室作用的发挥，很多情况下是通过各种合同来实现的。

表 1-2　GOGO 与 GOCO 类型国家实验室的比较

活 动 类 型	GOCO	GOGO	注　　释
管理模式	GOCO 由联邦政府所拥有或租借，由承包商运营	GOGO 由联邦政府所拥有或租借，由政府职员运营	
可以签订的合同	与联邦政府或非联邦政府（需要获得授权）签订的为他人工作（WFO）合同、合作研发协议（CRADA）、许可证	与联邦政府或非联邦政府（需要获得授权）签订的 WFO 合同、CRADA、许可证	GOCO 和 GOGO 的程序可能不同，例如，必须获得联邦政府出具的正式许可文件

活动类型	GOCO	GOGO	注　释
版权申请	可以申请版权	不可以申请版权（因为版权保护不适用于联邦政府职员）	
实验室人员能否提供咨询业务	在特定情况下，承包商的职员可以提供对被认可的无关活动请求的咨询	联邦政府职员不能开展咨询业务	联邦政府职员可以通过某种被认可的官方业务（如 CRADA）的形式开展咨询合作
发明权归属	依据《拜杜法案》，发明权归承包商所有，除非明确在何种例外的条件或状态下	完全归联邦政府所有	
职员聘用	由私营或民营承包商雇用的工作人员负责运营实验室	由联邦政府聘用的工作人员在非联邦政府职员的支持下工作	
获得许可证	要求在特定的时间周期内公示	要求在《联邦公报》上进行公示	

3. 联邦政府资助的研究与发展中心类型的实验室

联邦政府资助的研究与发展中心（Federally Funded Research and Development Center，FFRDC）是一类以公私合作方式为美国联邦政府开展科学研究的形式，具有独立的实体，由大学和私营公司依据美国《联邦规章典集》第 48 卷第 35 款第 17 节实施运营管理。国家科学基金会对 FFRDC 的统计信息进行维护。美国科研体系由学术界、工业界和非营利组织构成稳固的"三腿凳"结构，其中，FFRDC 构成非营利组织的主体。因此，也有研究者将 FFRDC 直接等同于美国国家实验室。本质上，FFRDC 属于 GOCO 类型，但并非 GOCO 类型的实验室都是 FFRDC。因此，能源部 17 个国家实验室中，有 16 个属于 FFRDC。

FFRDC 是二战向冷战过渡的产物。随着冷战成为新的国际对抗的主要形式，美国联邦政府的官员及其科学顾问提出体系化研究、开发和采购的思想，使其独立于市场的两端，并且不受非军事应用的种种限制。根据这一思想提出了 FFRDC 的概念——几乎不受联邦政府干预的民营实体，管理上鼓励学术自由，建立并保持由受过高等教育的顶尖科学家组成的稳定研究团队。通过FFRDC，联邦政府能够获得可靠的技术、采购和政策方面必需的指导，以利用工业集团持续制造产品并提供必要的服务。

第一个 FFRDC 即赫赫有名的兰德（RAND）公司，其是美国空军于 1947年建立的，为国防部服务。其他的 FFRDC 很多直接脱胎于其战时的角色。美国联邦政府各有关部门利用 FFRDC 作为增强和增加联邦政府对 R&D 资助的一种模式。70 多年来，FFRDC 在美国的国家发展和国防安全中发挥了不可替代的作用。它们在国防、运输、能源、民事机构管理、国土安全、大气科学、科学政策及其他领域，通过直接承担科研项目或技术转移等途径支持联邦政府。同时，FFRDC 的规模和结构也随着联邦政府对科研的需求不断调整和变化。1969 年，FFRDC 的数量达到峰值的 74 个。自 2001 年以来，FFRDC 的数量稳定在 40 个左右。根据国家科学基金会公布的最新数据，截至 2021 年 3 月，有 42 个 FFRDC 保持正常运行状态。

4. 大学附属研究中心类型的实验室

大学附属研究中心（University Affiliated Research Center，UARC）是国防部与大学联合建立的战略研究中心。UARC 可以看作 FFRDC 的一个特殊部分，是由于其发起者、运行管理者和使命能力的特殊性而从 FFRDC 中分离出的一类特殊的国家实验室类型。UARC 正式形成的时间是 1996 年 5 月，其目的是支持国防部保持在某些特殊领域非常必要的工程和技术能力。这些非营利组织维持着科研、开发和工程方面的核心能力，长期与其国防部的发起者保持着战略合作关系，根据公众需求开展研究工作，允许已有或潜在的学术争议存在。依托它们所在大学中的教育和科研资源，每一个 UARC 提高了对其发起者的服务保障能力。

UARC 由美国国防部的国防研究及工程主任和部长办公室共同组建。UARC 的目的是通过科研来支持国防部需要保持的工程和技术方面的必要能力。依据《美国法典》第 10 卷第 2304（c）（3）（B）节，UARC 在联邦政府财年计划中有独立的经费资助，同时，也参与申请竞争类科研项目，它们与国防部签订的长期合同中明文禁止申报的项目类型除外。

首批 UARC 共有 6 个，分别由美国海军和导弹防御局发起成立，研究集中在应用物理等基础学科领域，主要解决国防和军事应用中制约能力发展的基础科研问题。截至 2020 年底，UARC 的数量增加到 13 个，其发起部门包括美国陆军、美国海军、导弹防御局、国防部长办公室、国家安全局和 NASA。

5. 直属于联邦政府部门的实验室

除 GOGO、GOCO 类型的国家实验室，FFRDC 和 UARC 以外，美国联邦政府部门内部还自建了一定规模和数量的实验室，其由于受联邦政府直辖的先天优势和在相关领域的主导地位，也应被纳入国家实验室范畴，相关的联邦政府机构主要包括国防部、NASA、国家科学基金会、国家卫生院和商务部。

美国国防部（Department of Defense，DoD）主持设立或顶层监管的国家实验室大体包括 3 个部分，除了 FFRDC 和 UARC，美国在陆海空三军都设立了单独的研究实验室，分别归陆军部、海军部和空军部下属的部门运行管理，即陆军研究实验室、海军研究实验室和空军研究实验室。

NASA 是美国联邦政府的一个行政性质的科研机构，负责制订、实施美国的太空计划，并开展航空科学暨太空科学的研究。NASA 在行政上由总统直接领导，由局长总体负责。NASA 建立了 6 个战略事务部，分管下属 10 个研究中心 / 实验室。

美国国家科学基金会（National Science Foundation，NSF）是美国独立的联邦政府机构，相当于中国的国家自然科学基金委员会，还负责对 FFRDC 的监管。NSF 还设有负责具体科研任务的研究机构，代表性的如国家超级计算机应用中心、国家高磁场实验室。

美国国立卫生研究院（National Institute of Health，NIH）在行政上隶属于美国卫生部，是美国最高水平的医学与行为学研究机构。NIH 是世界上最大的医学研究机构，拥有 27 个研究单元，其中包括 20 个研究所、3 个研究中心和 1 个国家医学图书馆。

美国商务部（United States Department of Commerce，DOC）除具有行政职能外，还兼具决策咨询、科研管理甚至具体科研任务的职能。其下属的国家标准与技术研究院（National Institute of Standards and Technology，NIST）和国家海洋和大气管理局（National Oceanic and Atmospheric Administration，NOAA），都是以具体科研任务和科研管理为主要职能的机构。

上述这些实验室，从其使命、成就、规模和运行管理特性来看，都可纳入美国国家实验室范畴。

1.1.3　如何认识美国国家实验室

通过前述分析可以认为，由于"名不副实"的情况广泛存在，无法通过名称来判定一个实验室是否属于美国的国家实验室。此外，美国的国家实验室体系也不应仅限于美国能源部国家实验室范畴，而应充分考虑美国的整个科研体系，特别是国防科研体系，以及美国联邦政府下属由关键的部、局、署等政府机构所组织建立并监管运行的国家级科研平台和研究实体，应有"形神兼具"的特点。所谓"形"，即由美国联邦政府的法律法规所认可并实现规范管理；所谓"神"，即应具有顶级的科研能力，能够代表该领域最高的研究水平并引领相关领域的发展。由于美国多元文化的特点，"神"要重于"形"。

在国家实验室这类代表国家科研实力最高水平、影响国家科研管理和科研决策的大型综合科研平台的建设和运行管理中，重点关注的内容应包含如下方面：① 与国家顶层战略决策和国家在科研方面的重大需求密切相关；② 确保国家战略科技资源始终掌控在政府手中；③ 学科领域和研发重点项目应具有科学合理的战略布局；④ 重点关注持续周期长、市场效益不明显的战略领域；⑤ 始终保持稳定、充足的科研投入。

1.2 从二战中走来的美国国家实验室

富有生机与活力的美国国家实验室体系的形成是一个长期积累、逐步发展的过程，其构成包含了"官、军、产、学、研"等多个单元及其相互作用的复杂关系。从美国独立以来历经200多年的演变，美国国家实验室体系及其相关的科技政策和体制演变历经了复杂的过程，如图1-4所示。

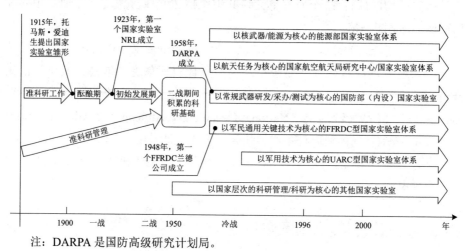

注：DARPA 是国防高级研究计划局。

图1-4 美国国家实验室的历史沿革

尽管第一次世界大战（1914—1918 年）在全世界范围内引入了机械化战争的模式，但对技术研发和应用的尺度和范围是在二战中发展壮大的。科学家、工程师、数学家及其他专家成为美国战争资源的一部分，这促进了雷达、飞机、计算机等的发展，最有名的是通过"曼哈顿计划"开发了核武器，同时也形成了美国能源部国家实验室体系的前身。二战结束后，武装冲突的结束并没有终结联邦政府对有组织研究与开发的需求，从而直接促进了 FFRDC 的出现和发展，并在 20 世纪 70 年代初达到顶峰。随着冷战结束，美国联邦政府对 FFRDC 体系在结构和规模方面不断进行调整，部分 FFRDC 分流为 UARC，形成当前的美国国家实验室体系。

尽管在不同的时期，美国政府对科技发展的重点和策略有所差异，但美国政府支持科技发展的基本原则长期以来得到了继承和发扬，政府始终将推动科技创新、促进科学技术为国家利益服务视为己任，并充分利用市场机制，引导私人资本参与科技创新活动，推动科技的产业化，并避免直接介入技术开发和应用。

1.2.1 二战前后的迅速崛起

二战期间（1939—1945 年），美国形成了以军事服务为主要目的的科技体系，并逐渐形成了联邦政府在大学或民间企业建立实验室并资助其研究活动的政府研究体系，也确立了政府支持基础研究的体系。1941 年成立的科学研究与发展局（Office of Scientific Research and Development，OSRD）旨在对全国范围内的科学和技术力量进行大规模的集中管理和协调，实施一系列以军事为目的的研究计划，包括著名的"曼哈顿计划""雷达研制计划""青霉素生产合成计划"等。通过这些研究计划，美国国家实验室体系得以建立并迅速发展。

1.2.2 冷战期间的持续发展

冷战时期（1945—1991 年），美国的科学研究工作主要为国防服务，形成了坚实雄厚的科技基础。二战也使得美国政府认识到国家科技政策的作用和意义。1945 年，当时的科学研究与发展局主任 V. 布什向美国政府提交了题为《科学：无止境的前沿》的著名报告。这份报告旨在回答时任美国总统罗斯福关于二战后美国科技政策走向的问题，涉及政府研发投入、基础科学研究、技术成果转移和人才战略等方面，成为美国二战后几十年科技政策的指导性文件，形成了美国现代科技政策体系的主体构架。美国科学基金会的成立也源于该报告的建议。冷战时期，美国政府科技战略的重点是国防和航天领域，国防研发开支占到了联邦政府研发经费的 80%~90%。这种强大的国防投入为美国的经济发展奠定了技术储备（如民用航空、先进材料、计算机通信等），为以后转向民用和参与国际竞争打下了坚实基础。与此同时，美国科技体系各单元的科技实力也大大加强，不仅联邦实验室体系得到发展壮大，很多大学通过承担委托的科研项目逐步成为研究型大学，企业技术研发能力也大幅度提升。

20 世纪 70 年代后期，美国面对日本、德国等国的强大竞争压力，科技体系进入了调整转型时期，强调科技与经济的结合，引导经济产业结构的转型和增长方式的转变，注重对冷战时期政府主导或拥有的研究成果进行技术转移和扩散，通过建立各级政府与企业间广泛的伙伴关系，形成政府与民间通力合作的研发机制，共同进行新技术开发。这个时期，美国政府颁布了一系列促进技术创新与技术转移的相关法律，如《拜杜法案》《史蒂文森—威德勒技术创新法案》《小企业创新开发法案》《联邦技术转让法案》等。《拜杜法案》从根本上改变了政府资助形成知识产权的权属关系，并把这类研发成果的所有权从政府转移到与政府签订合同或授权协议的大学或研究机构，促进了研发成果的技术转移和商业运用，为美国产业国际竞争力的提升发挥了重要作用。

1.2.3　冷战后的相对萧条

1990—2008 年，美国科技体系发展的重点转移到民用科技领域，突出民营部门研发的主体地位，强化完善科技决策和管理机制。冷战结束后，全球局势趋于缓和，经济和科技全球化的趋势非常明显。全球经济发展的格局发生了重大变化，以跨国公司为先驱的生产全球化促进了国际分工。1990 年，老布什政府公布的《美国科技政策》中，首次把加强和支持工业研究开发纳入国家技术政策。克林顿上台后，针对国际、国内形势的变化，调整国家科研投入的军民比例，加强了民用科技，尤其是民用高科技的研发，实施了多项重大科技计划。这个时期，美国不论在科学政策上还是技术政策上，都将民营部门的地位提升到突出位置，为其科技活动提供了良好的环境。此外，美国政府还通过保留科技政策办公室、成立各级别的国家科学技术委员会、扩充总统科技顾问委员会等措施，强化了科技管理体制，完善了决策机制。

1.2.4　"9·11"事件前后的再发展

"9·11"事件后，小布什政府继续大力支持信息、生物和纳米方面的计划，在能源和环境等优先领域制订了一些新的计划。2005 年，美国科学院向国会提交了《站在风暴之上》的咨询报告，认为美国的科学技术和竞争力面临着巨大的挑战，建议改善数理基础教育，保持和加强长期的基础研究，吸引汇聚全球的优秀人才，构建有利于创新的政策环境等，确保美国科学技术和竞争力在全球的领先优势。在此基础上，小布什政府于 2006 年提出促进美国科技长远发展的"美国竞争力计划"。但是当时反恐和国防是各项政策的核心，这造成了美国联邦政府科技预算在一定程度上的失衡。另外，面对科学技术对人类社会影响的不确定性，美国政府在科技领域采取了相对保守的科技政策，对胚胎干细胞等研究领域加以干涉和限制，引起了美国科学界较大的争议。

2009 年以后，随着奥巴马上台，美国政府进一步强化科学技术的重要地位，强调科技创新能够为经济发展和社会变革提供重要手段，同时进一步加强科学决策，完善科技管理体制。奥巴马政府强调要恢复科学应有的地位，政府要在科技发展中积极作为，承诺增加联邦政府的科技投入，重视培养美国下一代科技人才。奥巴马政府还增设了第一个国家级首席技术官的职位，以增进跨部门的技术合作，并任命著名的科学家担任重要的科技管理职位。2011 年 2 月，奥巴马政府发布《美国创新战略：确保美国经济增长与繁荣》，集中梳理了其支持创新的执政理念，其中凸显了逐层递进的三大战略重点，即夯实创新基础、培育市场环境和突破关键领域，并提出了无线网络计划、专利审批改革计划、教育改革计划、清洁能源计划、创业美国计划等五大行动计划。

1.2.5　当前趋势

自 2017 年年初特朗普正式就任以来，美国科技政策发生了一系列变化，从而直接影响美国国家实验室体系的发展。根据目前公开资料，美国国家实验室发展趋势可总结如下。

1. 对国家安全的重视显著提升

特朗普所重视的一些科学领域与"美国第一"和国家安全有关。比如，他于 2017 年 6 月 30 日下令重建搁置 25 年的美国"国家太空委员会"，并于同年 12 月正式宣布美国将重返月球，提出"不仅要在月球上插旗并留下脚印，还要为将来的美国载人火星任务奠定基础"。登月，不仅是冷战期间美国在太空竞赛中领先苏联的标志，而且已经升华为美国人心中国力强盛的符号。现在距离美国上一次登月已经过去了 40 多年，特朗普喊出"重返月球"的口号，其背后的政治意义，以及背后的科研发展和社会发展的战略意义已经非常明显。除了太空竞赛，网络安全也是特朗普重视的一个方面。在特朗普政府的第一年，美军网络司令部正式升级为美军第十个联合作战司令部，地位与美国中央司令部等主要作战司令部持平。这说明美国正紧锣密鼓地为未来可能发生的网络战加强准备。但是全世界都知道，2013 年的"斯诺登事件"披露美国监听全世界，让美国彻底失去了网络道德制高点。美国指责其他国家进行网络攻击和窃密的说法显得极其虚伪，不知以后又会以何种理由发动网络战。

2. 国家实验室体系的布局可能进行一系列微调

在特朗普政府公布的 2018 年联邦科技资助蓝图中，可以全面地看出其对各个科技领域的重视程度。这份蓝图列出的 5 个优先领域是军事技术、国土安全、经济繁荣（相关的科技）、能源优势、人民健康。对此，奥巴马政府时期的白宫科技政策办公室主任约翰·霍尔德伦评价道，这份文件未能提及气候变化，但总体上要比他担心的好。但是特朗普迟迟没有任命自己的白宫科技政策办公室主任。这个职位不仅是美国科技圈与白宫之间的关键联络人，还肩负着帮助总统制定科技战略的重大责任，可谓美国总统的"科学大脑"。这让许多人认为特朗普总体上轻视科学界。克林顿总统时期的白宫科技政策办公室主任尼尔·莱恩等人在《纽约时报》上评论："自二战以来，没有一位美国总统（比特朗普）更蔑视科学。" 2017 年年初，特朗普在就职演讲中说，美国科学界将"准备好破解太空的奥秘，将世界从疾病的痛苦中解脱，驾驭未来的新能源、新产业和新技术"。但到目前为止，至少他带给美国科学界更多的是失望和不安。《科学》杂志在对 66 位著名美国科学家的非正式调查中发现，约一半人表示将拒绝特朗普政府提供的工作机会。

3. 高新技术将成为重点发展领域

在 2019 年 2 月 6 日上午的国情咨文讲话中，特朗普总统承诺立法投资"未来的前沿产业"，但这次演讲似乎都是在回顾过去，特朗普谈到了制造业就业和油气出口的增长，他一次也没有提到"技术"这个词，也没有提到任何其他技术政策问题，比如，隐私、通信频段或反垄断等。随后，由总统的助手们填补了空白。总统技术政策代表助理在一份声明中称："特朗普总统承诺美国将在人工智能、5G、量子科学以及先进制造业中保持领导地位，美国先进的制造业将确保这些技术有利于美国人民并且美国的创新研发生态系统仍然是全球未来几代人羡慕的对象。"美国白宫国家科技政策办公室也在推特中声明："美国必须向基础设施和美国人民投资，以保证工业生产的主导地位。"尽管如此，特朗普政府的其他一些标志性政策立场，如贸易政策及其在移民问题上的强硬立场，可能会阻碍这些领域的进展。

2018 年 12 月，白宫科技政策办公室（Office of Science and Technology Policy，OSTP）人工智能方面的负责人表示，美国将在 2019 年春季制定一项新的人工智能研究战略。OSTP 在周二发布的声明中提到了人工智能，但没有提供任何特朗普可能会给从事这项技术的人或公司提供什么新支持的细节。到目前为止，在其有限的人工智能参与中，特朗普政府主要将人工智能描绘成一种对其他国家施加支配的方式。

布鲁金斯学会研究员克里斯·梅瑟罗尔（Chris Meserole）希望特朗普政府能够扩大其对人工智能的看法。他说，政府需要密切关注这项技术对社会的影响，因为它被应用于金融、教育、执法和网络演讲等领域。

有趣的是，特朗普强硬的移民政策依然被 OSTP 官员视为对"特朗普对美国在人工智能领域占领导地位承诺"的破坏。这种领导力是建立在美国研究机构和科技公司的多样化人才基础上的。美国科技政策办公室官员 Kratsios 说："我们需要一个明智的移民政策，以保持我们在人工智能领域的领先地位。"

量子计算是另一项新兴技术，特朗普表示，他希望美国在该领域保持领先。2018 年 12 月，他签署了一项法案，授权在未来 5 年内投入逾 12 亿美元支持量子研发和人才培养。但是，这项计划还没有获得新的拨款。马里兰大学教授、量子计算初创公司 IonQ 首席执行官克里斯·门罗（Chris Monroe）等该法案的支持者表示，特朗普的移民政策正在破坏扩大美国量子工程师队伍的努力。

4. 中美贸易战引发国际合作大规模缩减

随着特朗普挑起中美之间围绕高科技产业的一系列贸易战举措，美国国家实验室等研究与发展机构的国际合作大大缩减，特别是对华科技合作或与中国开展高新技术领域的合作，极端的例子是 NIH 下属实验室终止与华人科研人员的劳务合同、封闭华人项目负责人（Principle Investigator，PI）的实验室等。

1.3 美国国家实验室的全貌

回顾一个多世纪的历史可以发现，美国作为科技和军事大国，其科技实力从二战期间甚至更早时候就开始布局，在历经冷战至今的 70 余年的发展历程中，一直保持着前沿地位与健康、有序的发展态势，这与其在以国家实验室为实体的国家科研顶层规划方面的特点有着密切的关系，可以说，美国国家实验室的总体布局和战略发展，在一定程度上左右着美国全国乃至全世界的科技发展趋势。

根据美国国家实验室的特点，可以勾勒出美国国家实验室体系的基本组成结构，如图 1-5 所示。该体系由两个维度构成：横向维度是国家实验室所隶属的联邦政府各局，纵向维度是国家实验室的模式。国家实验室所隶属的联邦政府各局包括：能源部（DOE）、国防部（DoD）、国家航空航天局（NASA）、国家科学基金会（NSF）、国家卫生研究院（NIH）、商务部（DOC）、卫生与公共服务部（Department of Health and Human Services，DHHS）；另有5个民营机构下属的实验室也被纳入美国国家实验室范畴。纵向维度主要根据国家实验室是GOGO、GOCO还是COCO类型来划分。其中，GOCO又分为FFRDC、UARC和其他3种类型。在表1-3中，列出了70个美国国家实验室。

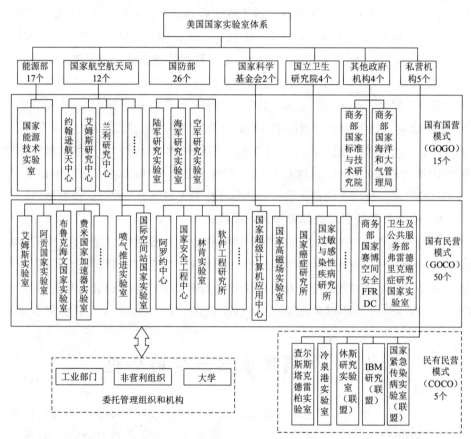

图1-5 美国国家实验室的体系结构

表1-3 美国国家实验室简表

序号	实验室名称	上级部门	类别	创建时间/年	概　　况
1	国家能源技术实验室	DOE	GOGO	1910	开展洁净能源和家用能源的应用研究
2	艾姆斯实验室	DOE	GOCO FFRDC	1947	非涉密：化学、新材料、能源、高速计算机设计、环保

续表

序号	实验室名称	上级部门	类别	创建时间 / 年	概　况
3	阿贡国家实验室	DOE	GOCO FFRDC	1946	研究型：生命科学、环境科学、能源科学、光子科学、数据科学、计算科学
4	布鲁克海文国家实验室	DOE	GOCO FFRDC	1947	核与高能物理、材料科学、纳米材料、化学、能源、环境、生物、气象学
5	费米国家加速器实验室	DOE	GOCO FFRDC	1967	加速器物理学
6	爱达荷国家实验室	DOE	GOCO FFRDC	1949	核能、国家和国土安全、环境以及相关交叉学科
7	劳伦斯伯克利国家实验室	DOE	GOCO FFRDC	1931	先进光源、能源、环境、基因、分子铸造、大型计算、高速网络计算等
8	劳伦斯利弗莫尔国家实验室	DOE	GOCO FFRDC	1952	涉密：核与基础科学
9	洛斯阿拉莫斯国家实验室	DOE	GOCO FFRDC	1943	涉密：国家安全、基础科学
10	国家可再生能源实验室	DOE	GOCO FFRDC	1974	可再生能源和能源的能效研发
11	橡树岭国家实验室	DOE	GOCO FFRDC	1943	超算、中子科学、核能
12	太平洋西北国家实验室	DOE	GOCO FFRDC	1965	能源、国家安全、环境
13	普林斯顿等离子体物理实验室	DOE	GOCO FFRDC	1961	单一学科：磁核聚变能源
14	桑迪亚国家实验室（联盟）	DOE	GOCO FFRDC	1948	国家安全、核科学
15	萨凡纳河国家实验室	DOE	GOCO FFRDC	1951	环境恢复、氢能源、核废料处理、防止核扩散
16	SLAC 国家加速器实验室	DOE	GOCO FFRDC	1962	物理学
17	托马斯·杰斐逊国家加速器实验室	DOE	GOCO FFRDC	1984	核物理
18	陆军研究实验室	DoD	GOGO	1992	计算机与信息科学、人的研究与工程、传感器与电子设备、生存能力/致命性分析、交通工具技术、武器和材料研究
19	海军研究实验室	DoD	GOGO	1923	基础科学研究、应用研究、技术开发和原型设计

序号	实验室名称	上级部门	类别	创建时间/年	概　况
20	空军研究实验室	DoD	GOGO	1997	负责组织开展对可用的航空航天作战技术的发现、研发与集成，规划和实施美国空军的科学和技术项目，为美国在空中、太空和赛博空间的军事力量提供作战能力
21	阿罗约中心	DoD	GOCO FFRDC	1982	美国联邦政府资助的研究与开发中心中唯一一为美国陆军提供研究与分析服务的科研机构
22	海军分析中心	DoD	GOCO FFRDC	1942	以提升美国国防相关工作的效率和效能为目标，是运筹学的发源地
23	航天 FFRDC	DoD	GOCO FFRDC	1960	为军用、民用和商用航天任务提供技术指导和咨询，以保证任务成功
24	空军计划	DoD	GOCO FFRDC	1946	为美国空军高层提供客观分析，研究内容涵盖空军发展和战斗力生成等一系列问题
25	通信与计算中心	DoD	GOCO FFRDC	1959	私营、独立的智库，过去为国家安全局解决密码学问题，现在致力于网络安全问题研究
26	系统与分析中心	DoD	GOCO FFRDC	2011	涉密：研究涉及国防采办、技术支持、后勤保障等
27	国防研究所	DoD	GOCO FFRDC	2011	主要开展复杂的国防政策与策略研究
28	国家安全工程中心	DoD	GOCO FFRDC	1958	开展国家安全相关问题研究
29	麻省理工学院（MIT）林肯实验室	DoD	GOCO FFRDC	1951	主要开展与国家安全相关的先进应用技术研究
30	软件工程研究所	DoD	GOCO FFRDC	1984	主要靠国防部项目支持，也与工业界和学术界开展合作研究，主要领域包括：赛博空间安全、软件测评、软件工程以及国防部所急需的能力成分
31	约翰霍普金斯大学应用物理实验室	DoD	GOCO UARC	1996	首批 6 个 DoD UARC 之一。美国海军是约翰霍普金斯大学 APL 的主要长期发起者。该实验室为导弹防御局、国土安全部、情报机构、DARPA 和其他机构开展工作。该实验室还支持 NASA 的工作，包括空间科学、航天器的设计与制造以及航天任务运行。该实验室在很多领域做出了重大贡献，包括防空、打击与作战力量投送、潜艇安全、反潜作战、战略系统评估、指挥与控制、分布式信息与呈现系统、传感装备、信息处理及空间系统等

序号	实验室名称	上级部门	类别	创建时间 / 年	概　况
32	宾夕法尼亚州立大学应用研究实验室	DoD	GOCO UARC	1996	首批 6 个 DoD UARC 之一。宾夕法尼亚州立大学 ARL 作为一家国防科技领域杰出的大学研究中心，主要负责海军任务和相关领域的研发。该中心与海军保持着长期战略合作关系，并提供其他类型的服务。该实验室在国家安全、经济竞争和提升生活质量方面提供科学和技术支撑，将教育、科学发明、技术、演示等转化到应用中
33	夏威夷大学应用研究实验室	DoD	GOCO UARC	1996	夏威夷大学 ARL 作为一个非常重要的研究中心，主要开展海军和国防领域重要的科学、技术和工程研究，聚焦于海军的任务和相关的研究领域。该实验室科研服务的对象包括海军、国防部和其他联邦政府业务局。该实验室的研究领域包括：海洋学和环境研究、天文学研究、先进电镀光学系统以及各工程型号任务中的研究，用于支持传感器、通信和信息技术
34	得克萨斯大学奥斯汀分校应用研究实验室（联盟）	DoD	GOCO UARC	1996	首批 6 个 DoD UARC 之一。得克萨斯大学奥斯汀分校 ARL 的研究计划完全由创建者的研究计划构成，包含了海军和国防部所创建的大部分内容。ARL 的研究计划包括：声学、电磁学和信息技术的应用研究
35	华盛顿大学应用物理实验室	DoD	GOCO UARC	1996	首批 6 个 DoD UARC 之一。华盛顿大学应用 APL 开展声学和海洋学领域的研究，以分析深海的变化对海军系统的影响。实验室的科研和工程人员努力成为相关领域的引领者，包括：声学和遥感、海洋物理学和工程学、医学和工程超声波、极地科学和后勤、环境和信息系统以及电子和光量子系统
36	合作生物技术研究所	DoD	GOCO UARC	1996	ICB 研究团队主要开发在生物驱动材料和能源、生物分子传感器、生物驱动网络科学和生物技术工具方面领域的技术创新
37	创新技术研究所	DoD	GOCO UARC	1996	ICT 与娱乐业公司合作，领导开发虚拟人、计算机训练仿真和沉浸式试验，以支持决策、文化意识、领导能力和健康
38	佐治亚技术研究协会	DoD	GOCO UARC	1996	GTRI 的研究跨越诸多学科领域，包括：国防、国土安全、公众健康、教育、移动和无线技术以及经济发展

23

续表

序号	实验室名称	上级部门	类别	创建时间 / 年	概　况
39	作战人员纳米科技研究所	DoD	GOCO UARC	1996	ISN 任务的核心使命是基础科研。对未来作战人员系统的设计是一项庞大的任务，需要诸多领域的专家，包括从化学领域到机械领域的工程人员。ISN 的研究可分为 3 个具有交叉学科边界的广泛的能力领域：防护、受伤干预与救护和人能力的提升
40	空间动力学实验室	DoD	GOCO UARC	1996	首批 6 个 DoD UARC 之一。SDL 解决军队、科研机构和工业界所面临的技术挑战，具体包括：支持导弹防御局和国防部的电镀—光学传感器系统的研究与开发，开创高效实用的校准与标绘技术，改进立方星的总线系统和小尺度元器件，并开发实时侦察数据可视化的硬件和软件，以支持军队的战略应用
41	系统工程研究中心	DoD	GOCO UARC	1996	SERC 为国防部、NASA 和其他联邦政府局提供系统工程知识和研究。该实验室为研究者提供了一个集广泛的科学实验、深入的知识信息和不同科研领域的集成平台。该实验室承担了美国系统工程研究与教育计划中的重要部分
42	语言高级研究中心	DoD	GOCO UARC	1996	CASL 是一个以语言和国家安全的前沿研究与开发为主业的国家实验室。CASL 的研究领域包括：第二语言学习、技术应用、绩效与分析、对传统语言和文化教育的简化、认知神经系统科学
43	国家战略研究院	DoD	GOCO UARC	1996	（信息暂缺）
44	戈达德航天飞行中心	NASA	GOGO	1959	美国最大的科研和工程综合机构，基于空间观测研究地球、太阳系和整个宇宙，不载人航天器的研究与开发；产生 1 位诺奖得主
45	约翰逊航天中心	NASA	GOGO	1961	载人航天研究中心
46	肯尼迪航天中心	NASA	GOGO	1962	载人航天发射中心，承担阿波罗计划、天空实验室、航天飞机的发射
47	马歇尔航天飞行中心	NASA	GOGO	1960	以民用火箭和航天器推进技术研究为主，开发了阿波罗计划使用的土星运载火箭
48	斯坦尼斯航天中心	NASA	GOGO	1961	火箭测试

序号	实验室名称	上级部门	类别	创建时间/年	概　况
49	艾姆斯研究中心	NASA	GOGO	1939	风洞、螺旋桨驱动飞行器、航天飞行、信息技术
50	阿姆斯特朗飞行研究中心	NASA	GOGO	1949	航空研究、先进飞机技术测试
51	兰利研究中心	NASA	GOGO	1917	以航空技术研究为主，5 次获科利尔奖
52	格伦研究中心	NASA	GOGO	1942	航空航天领域的应用科学和技术研究
53	喷气推进实验室	NASA	GOCO FFRDC	1936	行星探索机器人、常规地球轨道和天文任务、深空探测网的运行
54	NASA 学术任务服务联盟	NASA	GOCO UARC	1996	NASA 学术任务服务联盟依托艾姆斯研究中心建立，该中心的目的是开展风洞研究，以支持螺旋桨驱动飞行器的空气动力学研究；但其研究和技术领域已远远超出航空领域，涵盖了航天和信息技术。艾姆斯研究中心在 NASA 的很多重要任务中都扮演重要角色，以支持美国的航天和航空领域的重大科研计划。该中心领导研究的领域包括：太空生物学、小卫星、月球机器人探测、星座计划的技术支持、载人行星研究、超级计算机、智能/自适应系统、先进热防护以及空基天文观测
55	国际空间站国家实验室	NASA	GOCO	2005	2006 年，国际空间站完成装配，其中的美国舱段进行的科学实验过去一直局限于美国航空航天局业务范围内，科研能力有一定剩余。为支持美国国立卫生研究院、国防部、能源部、商务部等部门充分利用这一稀缺的空间科技研究资源，2005 年，美国国会批准《2005 财政年度美国航空航天局授权法案》，同意以国际空间站美国在轨舱段为基础，建设国际空间站国家实验室；计划向美国公众和私营实体开放，以进一步增强国际空间站与美国航空航天局、其他联邦实体和私营公司的合作
56	国家超级计算机应用中心	NSF	GOCO	1986	国家超级计算机应用中心是联邦政府和州政府联合建立的国家实验室，通过开发和部署国家规模的赛博基础设施来推动美国的研究、科学与工程水平。NCSA 是 NSF 的超级计算机计划所建立的 5 个早期的研究中心之一

序号	实验室名称	上级部门	类别	创建时间/年	概况
57	国家高磁场实验室	NSF	GOCO	1994	佛罗里达州立大学的研究机构，由国家科学基金会提供经费支持，与工业部门联合开展研究
58	国家癌症研究所	NIH	GOGO	1937	是 NIH 下属研究所和中心中历史最悠久、获取经费最多的研究所，其使命是促进和支持癌症研究，以期在不远的将来降低癌症对人类的威胁
59	国家过敏与感染性疾病研究所	NIH	GOGO	1948	既是 NIH 下属的一个研究机构，也是卫生与公众服务部下属的一个局。该实验室的任务是通过开展基础和应用研究，以实现对传染病、免疫疾病和过敏性疾病的更深入理解、治疗和预防
60	国家糖尿病与消化及肾脏疾病研究所	NIH	GOGO	1950	既是 NIH 下属的一个研究机构，也是卫生与公众服务部下属的一个局。该实验室的规模在 NIH 下属研究机构中排名第五
61	国家心肺血液病研究所	NIH	GOGO	1948	规模在 NIH 下属研究机构中排名第三，每年要花 30 亿美元的纳税收入来开展研究
62	国家标准与技术研究院	DOC	GOGO	1901	美国商务部所属的一个测量标准实验室，也是一个非监管机构。其目的是推动创新和工业竞争。NIST 的活动按实验室项目组织开展，包括：纳米科学和技术、工程学、信息技术、中子研究、材料测量和物理测量。有雇员约 2900 人和临时人员约 1800 人，年度经费 9.64 亿美元（2016）
63	国家海洋和大气管理局	DOC	GOGO	1807	美国商务部内部的国家科研机构，主要研究海洋和大气的环境条件。该实验室提供气候威胁预警、海图绘制，指导对海洋和沿海资源的应用，主持开展研究以改善对环境的理解和管理工作。据 2015 年统计，该实验室有 11 000 多个非军人雇员。此外，还有 379 个军人服务人员支持该实验室的研究和运行，这些军人组成该实验室委托军官部队。2011 年固定经费约 56 亿美元
64	国家赛博空间安全 FFRDC	DOC	GOCO	2014	由麻省理工学院研究与工程（MITRE）公司运营的一个 FFRDC，支持 NIST 下属的国家赛博安全卓越中心的工作
65	弗雷德里克癌症研究国家实验室	DHHS	GOCO	1972	是一个由国家癌症研究所发起的 FFRDC，由私营公司 Leidos 生物医药研究公司运营管理

序号	实验室名称	上级部门	类别	创建时间/年	概 况
66	查尔斯斯塔克德雷柏实验室	私营公司	COCO	1932	领域包括：国防、航天、生物医学和能源。研发了阿波罗导航计算机
67	冷泉港实验室	私营公司	COCO	1890	领域包括：癌症、神经科学、植物遗传学、基因组学和定量生物学。共产生 8 位诺奖得主
68	休斯研究实验室（联盟）	私营公司	COCO	1940s	领域包括：微电子、信息与系统科学、材料、传感器、光子学。范围跨越基础研究到商用产品，强项包括：高性能集成电路、高能激光、天线、网络和智能材料
69	IBM 研究（联盟）	私营公司	COCO	1945	领域包括：计算机、信息科学。成就包括：5 项诺奖、6 项图灵奖、10 项国家技术奖、5 项国家科学奖
70	国家紧急传染病实验室（联盟）	私营公司	COCO	2006	主要开展传染病研究

1.4 美国国家实验室的显著特征

对美国国家实验室进行研究时要注意：既不能单纯地从其名称判断其是否为国家实验室，也不能依靠简单标准来判断其是否达到国家实验室的水平，多元化的结构和组成、复杂的管理机制和交互关系、多维的属性和身份约束，导致无法对美国国家实验室做出完备统一的论断。但同时，美国国家实验室又的确有其共性的方面，也恰恰是这些共性，确保了美国国家实验室在美国乃至全世界科研领域的地位和作用。通过对美国联邦政府各部门、各科研组织和机构，以及民间科研团体的调研分析，可归纳出美国国家实验室具备的显著特征，具体如下。

（1）伴随国家战略创建和发展。美国国家实验室几乎都是在特定的历史时期，应国家战略需求而建立的，其创建和发展往往伴随美国联邦政府各级机构的调整，其成果往往对国家的战略决策具有必要的支撑作用。能源部国家实验室是二战期间以"曼哈顿计划"为代表的战时临时资源的固化，历经原子能委员会、能源研究开发署、DOE 三个阶段的建设与发展，仍然是世界上最大的科研体系之一。纯军事领域的情况也一样，大部分实验室成立于 20 世纪 90 年代。这一时期正处于冷战结束后，美国联邦政府大力缩减军费开支、掉头转向民用科研的大背景下，当时为了保留军事领域研究而通过改组建立国家实验室。

（2）保持相对稳定的动态平衡。美国的国家实验室绝大多数是在二战后至20世纪90年代创建的。而变化最多的FFRDC，在整个体系内也保持着一种相对稳定的动态平衡：占据核心地位、处于国防和国家安全相关重要领域。此外，一个新的国家实验室在创建之前，首先要经过非常详细的论证和讨论，以证明该实验室具有"长期的研究或开发需求，无法通过已有联邦政府内部或来自承包商资源有效地满足该需求"。国家实验室为联邦政府各局提供的是一种可持续不间断的能力，针对的是在相对较长时间内的研究或开发需求。

（3）具有特殊且不可替代的地位和作用。美国国家实验室主要设置在战略必争领域。这些领域包括重要基础前沿研究，是关系国家竞争力和国家安全的战略性高技术研究，诸如武器、能源、航天、国防、信息、科学政策及其他领域的基础研究和应用基础研究，以及未来技术先导性研究，产业通用技术和共性技术研究，重大与关键科技创新平台和基础设施，颠覆性技术，等等。这些领域具有长远、风险大、技术难度高的特点，靠市场机制不能解决，必须由国家集中投资和组织，以保证研究与开发的连续性和稳定性。美国国家实验室非常强调制约与制衡，即在国家实验室体系的顶层设计中，鼓励合作与竞争同时存在。在美国国家实验室的目的和意义中，战略"布局"要高于解决具体问题。国家实验室能够填补美国联邦政府和军方、学术界、民营公司和军工企业，以及其他非政府和非营利组织留下的研究与开发的真空地带，并且独立于标准化的市场环境。

（4）确保所有资源和能力能够随时"为国所用"。美国对于科研的管理一直处于相对松散的状态，没有成立独立的科技部实现对全国科研资源的统一配置，也无法直接干预各学科领域的发展趋势。但是，已有的历史事实和当前的种种迹象表明，美国国家实验室本质上是为整个联邦政府维持一个巨大的科技资源和科研能力的储备池。该储备池中汇集并稳定维持着支持国家战略、维护国家安全的各类战略资源，包括重大仪器设备、重要实验平台、尖端技术、顶级人才团队等。至于国家实验室究竟以何种模式呈现似乎并不重要。同时，美国国家实验室体系还拥有世界上覆盖面最广、效率最高的成果转移机制。虽然美国的国家实验室沿袭了其科研体系松散管理的状态，但是长期以来也形成了一套有效的运行管理模式，确保了国家实验室的所有科技资源和科研能力能够随时"为国所用"，科研成果转化为产品的周期很短、效率很高。

（5）科研资源集中化程度最高。美国国家实验室是科研资源集中化程度最高的科研体系。对于某些类型的国家实验室，体系化的试验场所和规模化的仪器设施本身就属于国有，由联邦政府出资建设和研发，每年有可观的经费用于维护和改造。而对于 FFRDC 和 UARC，在实验室与作为发起人的联邦政府之间通过签订合同和协议等形式，能够非常容易地访问和使用国家级的科研资源和信息资源。实验室获取科研经费投入量是科研资源集中化的重要标志，美国联邦政府财年计划中，获得研发经费最多的研究机构几乎都是国家实验室。同时，国家实验室还以从高校招募顶尖人才到实验室组建研究团队的形式，吸引了大量人才集中解决重大科学问题。通过集中优势科研资源发挥规模效应，能够在很大程度上避免重复建设和资源浪费，特别是在科研投入紧缩或发生重大调整的历史时期，庞大的科研实体承受各方面压力和冲击的能力更强，也更有利于保持该实验室所属领域的持续稳定发展。

（6）取得重大成就，处于领域主导地位。美国国家实验室所取得的成就是举世瞩目的。学术成就方面，以能源部国家实验室为例，二战以来涌现出了30 多位诺贝尔奖获得者，加上曾经受能源部国家实验室雇用或得到国家实验室在仪器设施、科研经费等方面支持的科学家，获得的诺贝尔奖总计超过 110人次；还产生了数百项国家级重要奖项。每个国家实验室年度经费都在千万美元量级以上，年人均经费为 10 万～ 40 万美元。根据中国科学院的评估研究，能源部国家实验室的物理学和工程学排名第一，材料科学排名第三，计算机科学、空间科学和化学排名第四，数学排名第五；NASA 下属的研究中心和国家实验室的空间科学排名第一，地球科学排名第三，工程学排名第五，物理学排名第八，计算机科学排名第九；NIH 下属的国家实验室在诸多生物和医学领域的排名都是第一。建立在重大成就基础上的领域主导地位，使得国家实验室在美国国家科研体系中发挥了稳定的支柱作用，从而确保国家科研始终朝着正确的方向发展。

（7）在突出主业的前提下实现多学科交叉融合。多学科交叉融合是美国国家实验室的重要特点之一。大部分国家实验室本身就是多项目 / 多计划实验室，因此，实验室覆盖一系列宽泛的学科领域。少部分国家实验室是单项目 /单计划实验室，其创立之初围绕单一目标或设备设施而建。但自 20 世纪 90 年代以来，随着信息化的发展，即使是单项目 / 单计划实验室也在不断拓展自身的研究领域，向综合性研发平台的方向发展。以能源部国家实验室为例，除了在先进计算、基础能源科学、生物环境、核聚变能、高能物理及核物理的主业上保持良好的发展态势，还积极拓展在生物学及生物工程、气候变化科学及大气科学、赛博与信息科学、决策科学与分析、地球系统科学与工程、机械设计与工程、核工程、核与射电化学、电力系统与电机工程等领域的研究。DoD

直属国家实验室为了形成支撑军队高科技实力水平，将军事领域的多学科交叉融合发挥到了极致。

（8）运行管理模式和方式灵活多样。美国国家实验室在内部的运行管理方面采取了灵活多样的模式和方式。实验室究竟如何管理，往往不取决于实验室的类型和所属领域，更多会考虑如何有利于实验室的发展和发挥作用。国家实验室普遍实行院所长负责制，GOGO 类国家实验室的院所长由联邦政府各局或其下属管理机构直接任命；GOCO 类国家实验室的院所长由实验室理事会任命或遴选。为了不干预科研工作，国家实验室内部实行运行管理与科研工作分开的模式。对于 GOGO 类型的国家实验室，往往设置运行管理和财务管理的独立部门；对于 GOCO 类型的国家实验室，几乎都有配套的承包商（即依托单位）负责实验室运行管理的所有具体工作。自 1996 年，DOE 开始通过竞争程序遴选 GOCO 类国家实验室的合同管理承包商。DOE 与承包商以签订 M&O 合同的形式授权承包商实施国家实验室的运行管理，M&O 合同到期后由 DOE 对国家实验室进行评估，以决定 M&O 合同的续签与变更。

（9）普遍采用"小核心、大外围"的发展模式。美国国家实验室虽然已经集中了大量的优势科研资源，但是在科学研究和工程任务所需资源的深度和广度日益提升的趋势下仍然力有不逮。因此，几乎所有国家实验室普遍采用了"小核心、大外围"的发展模式，以实现在集中优势资源突破重大科学和工程问题的同时，也保障其内部的均衡发展。一方面，国家实验室的核心方向不变，代表实验室特色的基础设施、基础方向、核心团队保持稳定的发展态势；另一方面，国家实验室以牵头开展合作项目研究、资助通用技术研发、联合培养人才等多种形式，维持着规模庞大的支撑资源。核心与外围之间通过国家实验室的模式和制度实现完美组合。与国防和国家安全、国家战略等相关的研究，牢牢掌控在联邦政府内部，作为支撑的基础研究和应用基础研究则分别由高校和企业来完成。

"小核心、大外围"的发展模式充分发挥了国家实验室承上启下的衔接作用，既有利于国家战略的贯彻实施和长期保持，也充分压缩了维持的代价和成本，提高了灵活性。

（10）采取有效的上层监督管理模式。美国联邦政府及其下属各局对国家实验室采取了有效的上层监督管理模式。在美国行政系统中，总统具有最高决策权，直接辅助总统进行科技战略决策和相关预算编制的行政部门包括白宫科技政策办公室、国家科学技术委员会、总统科技顾问委员会及白宫管理和预算办公室。在这一层次，联邦政府主要通过顶层监管的形式实现对国家实验室的管理，国家实验室的主要负责人要定期或针对关键问题在听证会上回答来自联邦政府的质询。以书面形式记录的质询和答辩内容，在整理后编入联邦政府科研法规体系，作为国家实验室实际运营的法律依据。联邦政府与国家实验室相关的各部门包括 DOE、DoD 和 NASA 等，这些部门定期会同或委托国家科学、工程和医学院等对国家实验室开展评估工作。通过联邦政府每一财年在经费上的宏观调控，以及定期的听证会和实验室评估，实现了联邦政府对国家实验室的有效监督管理。

（11）伴随国家大型科技计划而生。美国联邦政府是较早组织大型科技计划以带动科技整体发展的国家，而国家实验室体系的形成和完善，与美国联邦政府所组织的大型科技计划是密不可分的。"曼哈顿计划"的顺利实施造就了 DOE 国家实验室体系；而"阿波罗计划"和"航天飞机计划"则促成了 NASA 及其下属研究中心和实验室的诞生。此外，"星球大战计划""人类基因组计划""信息高速公路计划""国家纳米计划"等，都有国家实验室的参与。通过这些大型科研计划的实施，为美国在核能、航天、医学、信息科学、材料科学等领域的基础研究、应用基础研究、关键技术突破、科研试验条件建设、人才团队建设、产业发展等方面奠定良好的基础，从而聚集了大量科技人才，拥有了空前的智力优势，进而迅速转化为技术优势，从而奠定了美国作为世界科技中心的地位。

（12）对科研中的冲突持宽容的态度。几乎在所有美国国家实验室的运行管理要求中，都强调"国家实验室必须允许科研兴趣中的组织冲突"，也就是说，不能以政治或商业行为干预国家实验室的研究工作。这是由国家实验室在国家科研体系中所处的地位和所承担的职能决定的。国家实验室所承担的科研任务的周期最长、难度最大、失败风险最高，这是普通高校或民营企业所难以承受的，唯有国家实验室才能胜任。一方面，在经费投入上确保了研究的持续性和稳定性，非竞争类项目占据国家实验室经费来源的大头；另一方面，国家实验室工作的目的不是利益的最大化，负责运营国家实验室的都是高校或非营利组织。

（13）极端重视评估并将其作用发挥到极致。对国家实验室，美国政府各级部门普遍采取"以评代管""以评代建"的策略，即国家实验室的所属政府部门只是对实验室运行管理和建设的结果及主要过程实施以评估为主要手段的监督管理，而不深入涉及科研工作的具体细节，从而在实现对国家实验室有效掌控的前提下赋予国家实验室最大的自由。对每一种类型的国家实验室，或国家实验室的每一种身份，都设有相应的评估机构，该评估机构具有较大权利，其独特的组织结构设置和运行方式保障其具有权威性、全面性、公正性和有效性。评估机构的设置非常灵活，不拘泥于统一的形式，既可能是稳定的常设机构，也可能是临时机构；其成员来自国家实验室运行的各个方面，代表不同的利益群体，具有不同的领域专长。评估工作以多种形式开展，涵盖了报告审查、会议报告与质询、现场考察、咨询调研等。评估工作在过程中和结束后，都要形成正式的评估结果报告，并呈报给较高级别的联邦政府机构，而且需要对报告中涉及的问题和建议的反馈情况持续追踪。

美国国家实验室评估的独特之处在于两个方面：一是评估内容全面；二是评估方式科学有效。国家实验室的评估具有高度覆盖性，对科研水平、运行管理、目标一致性和影响力 3 方面定期开展综合评估，以确保国防科技创新平台具有较强的创新能力，实现对人才、设施和设备的优化配置，确保科研工作的高质量标准、与国家利益的高度一致性，严格按照进度安排完成各类计划和项目的阶段目标。评估普遍采用广义的同行评议（Peer Review）为主要手段，充分发挥评估专家在科研、工程、实验室建设、服务国家和解决具体事务方面的经验，以确保评估的权威性和科学性。

1.5　美国国家实验室的地位和作用

美国国家实验室体系历经近一个世纪的发展，取得了举世瞩目的成就，概括起来主要有 5 个方面。一是服务国家目标。紧紧围绕国家军事需求和国防需要，兼顾国家经济社会发展的需求，开展战略层面的重要基础研究、应用基础研究和战略高技术研发，突破关键核心技术，提供系统解决方案。二是开展重大前沿研究。集中举国优势资源，解决新兴、交叉、综合性的前沿科学问题，聚焦未来技术前沿，创造新知识，形成集群优势、规模效应，为新兴技术特别是颠覆性技术提供源头。三是提供创新平台。实现对国家大型科研试验平台和科技基础设施的建设、管理和运行，为全国研发力量提供开放共享的创新平台，并支持开展国际交流与合作。四是培养创新型人才和团队。在科技创新活动中，培养、造就与发掘高层次创新人才，发挥科研资源丰富的优势，与高校、企业等联合培养优秀专业人才。五是承担部分科研资助管理职能。通过设立竞争类项目的方式，选择全国范围的优势科研力量，与自身研究力量协同互补，整体上形成国家在相关领域的研究布局，在节约经费投入的前提下有效提升科技创新能力和实力。

1.5.1　科研、成果与设备设施

美国国家实验室体系中的每一个国家实验室，几乎都拥有其所在领域的顶级资源和成果。以下简单列举部分国家实验室在科研、成果与设备设施方面的成就。

（1）阿贡国家实验室：4 位诺贝尔奖获得者；费米在此领导建立了人类第一台可控核反应堆——芝加哥一号堆（Chicago Pile-1），人类从此迈进原子能时代。

（2）费米国家加速器实验室：拥有世界最大的质子加速器。

（3）劳伦斯伯克利国家实验室：13 位诺贝尔奖获得者，70 位美国国家科学院院士。

重大发现包括锝（医学应用最广泛的放射性同位素）、锫、锎、碳 14（测定古器物年代的原子钟）、镅、反质子、反中子、铹、顶夸克和暗能量。

重大发明方面：回旋加速器、液氢气泡室、化学激光器、固态荧光灯镇流器、人类基因组工程、固体聚合物电池、超硬碳氮化合物（比钻石硬）、第一次看到 DNA 双螺旋线、TCP/IP 的流量控制算法、混合型太阳能电池以及世界最小合成电动机；协助政府拟定器具能效标准，将晶体管制程降低 1 个数量级；建立国家能源研究科学计算中心（National Energy Research Scientific Computing Center，NERSC）是美国能源部科学局的主要科学计算设施，被称为世界上运行最佳的科学计算设备之一。

人才培养方面：除了诺贝尔奖获得者，还塑造了世界著名的企业家，如英特尔公司总裁 Andrew Grove、英特尔公司创始人之一和摩尔定律发明人 Gordon Moore、Sun Microsystems 创始人之一和公司总裁 Bill Joy、苹果电脑公司创始人 Steve Wozniak，这些人创办的公司在不同方向和领域成为全球 IT 行业的标准；还有华裔科学家，如著名数学家陈省身教授、诺贝尔奖获得者李远哲教授、国学大师赵元任教授等都在伯克利学习和工作过，年轻一代的如著名经济学家钱颖一、世界纳米研究领域的新星杨培东也成为伯克利的骄傲。

（4）洛斯阿拉莫斯国家实验室："曼哈顿计划"实施者，发明了第一颗原子弹和氢弹。

（5）橡树岭国家实验室：发现核裂变；2015 年首次利用化学气相沉积工艺制成 51 mm×51 mm 的石墨烯片材，为实现石墨烯商业化规模生产奠定了重要基础。

（6）桑迪亚国家实验室：分成两个部分，一部分在阿尔伯克基，另一部分在利弗莫尔。除三大核武器实验室外，美国主要还有 5 个核军工厂（场）：① 内华达试验场。美国 1030 次核试验中有 904 次在此处进行，目前是次临界试验的主要场所，随时可以恢复地下核试验。② 萨凡纳河工厂。美国主要军用钚、氚生产厂。③ 潘得克斯工厂。负责装配和拆卸核武器。④ 堪萨斯城工厂。主要生产核武器中的非核元部件。⑤ Y-12 工厂。核武器零部件生产的综合性工厂。

（7）劳伦斯利弗莫尔国家实验室：曾先后研制成功"北极星"导弹核弹头（W47 和 W58）、"海神"导弹核弹头（W68）、"民兵 II"和"民兵 III"导弹核弹头（W56 和 W62）、B83 现代战略炸弹、地面发射的巡航导弹核弹头（W84）、"和平卫士"/MX 导弹核弹头（W87）等。该实验室还研究了减少剩余放射性核武器和核爆激励的 X 射线激光器。

（8）SLAC 国家加速器实验室：该实验室的科学家们用加速器产生的电子来探索质子和中子的结构，发现了质子中称为"夸克"的新的更小的粒子。为此，物理学家 Jerome Friedman、Henry Kendall 和 Richard Taylor 荣获 1990 年诺贝尔物理奖；1972 年建造了斯坦福正负电子非对称环（Stanford Positron Electron Asymmetric Ring，SPEAR），在该加速器上科学家们开展了许多高能物理实验，其中两项尤为突出。1974 年，Burton Richter 领导的实验小组在 SPEAR 上利用复杂的探测器开展物质与反物质的对撞研究，发现了一种以前未知的基本粒子，被称为"ψ"粒子，它由夸克和反夸克组成。此粒子发现前，仅知有 3 种类型的夸克，这一新夸克（称为粲夸克）的发现，证明对物质夸克亚结构的基本想法是对的。与此同时，丁肇中领导的实验小组也在布鲁克海文国家实验室发现了这一粒子，被称为"J"粒子。为此，Burton Richter 和丁肇中被授予 1976 年诺贝尔物理奖。1975 年，Martin Perl 利用同一加速器做物理实验，发现正负电子对撞后产生的被称为"τ"的新粒子，为此他荣获 1995 年诺贝尔物理奖。该粒子属于第三代轻子。第一代轻子是 1897 年发现的电子，第二代轻子是 1937 年发现的 μ 介子。

（9）喷气推进实验室：1958 年"探险者 1 号"进入轨道，确立了其作为"太空开发计划之母"的地位。

（10）戈达德航天飞行中心：国际空间站计划中负责自由飞行极轨平台和共轨平台；美国国立航天数据中心；指导德尔塔火箭发射活动；哈勃太空望远镜的管理者。

（11）约翰逊航天中心："阿波罗计划"主要管理者；航天飞机和国际空间

站运行管理；载人航天任务主要管理者；负责航天员选拔和训练。

（12）肯尼迪航天中心：美国本土纬度最低的发射场，承担绝大多数大型、高轨发射任务。

（13）艾姆斯研究中心：二战期间通过对军用飞机的研究，实现对所有关键飞行速度（亚音速、跨音速、超音速和高超音速）性能阈值的突破；主要用于高端枕头、坐垫的记忆海绵的研发。

（14）阿姆斯特朗飞行研究中心：军用飞机 X-29、F-15ACTIVE 等的试验、改装。

（15）兰利研究中心：风洞试验中心，与我国的 29 基地相似。

（16）格伦研究中心：航空发动机及相关技术。

（17）MIT 林肯实验室：将麻省理工学院由一个二流的技术学院，变成世界顶级大学。该实验室是美国军方在雷达方面的一张王牌，也是弹道导弹防御系统（Ballistic Missile Defense，BMD）的发起者和技术支持部门。

1.5.2　支持国家战略

以 FFRDC 类型国家实验室为例。自第一个 FFRDC 成立以来的 60 余年间，FFRDC 在全国范围和全球范围内获得巨大成就——从医疗、空间探测和航空，到国防、赛博安全和环境。在很多情况下，FFRDC 或它们的政府发起者将成果转移到商业工业界变为产品，使这些创新成果能够为更多的受众所使用，并增加了其经济价值。下面列出的是部分由 FFRDC 所取得的国家战略级成果。

（1）火星探测漫游者任务（Mars Exploration Rover Mission，MERS）——由喷气推进实验室（Jet Propulsion Laboratory，JPL）设计、建造、管理与监管的双重"机器人地质学家"，代表 NASA 探索火星。（JPL）

（2）RAS 创新计划——该计划支持对恶性肿瘤疗法的研究，主要针对具有致癌基因 RAS 家族成员的基因突变，该成果会影响三分之一的癌症治疗。该计划为研究者提供了方便的联系，提出在整个医疗团队之中关于 RAS 的新概念和技术。（弗雷德里克癌症研究国家实验室）

（3）含氟氯烃禁令——与 NOAA 的一个大气化学模型和兰德公司的经济学分析相配合，提供了政策分析的基础，最终形成了对破坏大气平流层臭氧层物质产生的全球禁令，主要针对含氟氯烃和卤代烷。（兰德公司）

（4）GPS——当前无处不在的 GPS 最初是一项国防技术，目的是为美国军队提供导航和定位能力。随着该系统的不断扩展，逐渐应用到民用领域，变

为日常生活中不可缺少的一部分。（航空航天公司和 MITRE 公司）

（5）合成孔径雷达——该先进雷达系统支持 NASA 的海事卫星比其他卫星用户获得更高分辨率的雷达对地成像，并应用于月球侦察轨道器寻找月球上可能存在的水资源。该系统还作为反 IED（简易爆炸装置）装备的基础部分，被美国陆军成功应用于阿富汗和伊拉克战争中。（桑迪亚国家实验室）

（6）空中防撞系统（TCAS）——该警告与报警系统是所有大型商用飞机的必需设施。TCAS 已经成功应用 20 余年，避免了无数空中碰撞事故，因此，已成为全世界范围航空安全的重要组成部分。（MIT LL 和 MITRE 公司）

（7）定罪用数字辨析技术——由软件工程研究所的一个团队所研发，协助美国秘密服务机构，通过历史信息在海量信用卡欺诈犯罪中搜集和分析证据，涉及的信用卡和借记卡数量超过 1.3 亿张。该项工作帮助实现了对黑客 Albert Gonzalez 及其助手们的定罪。（软件工程研究所）

（8）第一台结构生物学用微型 X 射线产生器——在阿贡国家实验室（ANL）先进光子源研究室工作的科学家们开发出该特种 X 射线产生器，为很多医药领域的前沿研究提供了基础。使用该装置的研究者获得了 2012 年的诺贝尔化学奖。（ANL）

（9）阿雷西博天文台——拥有世界上最大的单反射盘无线电望远镜，该天文台可供全世界的科学家以一种平等、竞争的形式应用。每年有 200 多名科学家使用该望远镜开展他们的研究，从而促进了在无线电天文学、行星雷达和大气科学领域的进步。（国家天文学和电离层研究中心）

（10）世界上第一台可编程微毫秒处理机——通过来自哈佛大学的团队、MITRE 的工程师和科学家的合作，设计出第一台基于极小纳米电路的处理机。该处理机的运行需要非常小的功耗，因此，能够支持它们作为小型化、轻量级电子传感器和消费级电子产品的基本组成单元。（MITRE 公司）

1.5.3　服务国防军事

除了农业领域，二战前联邦政府对科学的资助非常少。在第一次世界大战的紧急态势下，部分联邦政府经费流入了科研领域；但事实上，所有的战时研究与开发（R&D）都是由政府和军队的实验室内部完成的。二战改变了这一切。对技术研发和应用的尺度和范围是在二战中发展壮大的。科学家、工程师、数学家及其他专家成为美国战争资源的一部分，促进了雷达、飞机、计算机等的发展，最有名的是通过"曼哈顿计划"开发了核武器。但是，武装冲突的结束并没有终结联邦政府对有组织研究与开发的需求。

随着冷战成为新的对抗形式，联邦政府的官员及其科学顾问提出体系化研究、开发和采购的思想，使其独立于市场的上游和下游，并不受民用服务的限制。FFRDC 的概念应运而生。1947 年，美国空军创办了第一个 FFRDC——RAND 公司，名字来自 R 和 D 的缩写。其他的 FFRDC 很多直接脱胎于其战时的角色。例如，林肯实验室创立于 1951 年，其前身是 MIT 的辐射实验室，而海军运筹学小组进化为海军分析中心。第一个 FFRDC 为 DoD 提供服务。从那时起，各个联邦政府，如 NIH、NASA、交通部、NSF 和 DOE，都创办了 FFRDC 以满足其特殊需求。

随着时间的推移，联邦政府不断重新确认 FFRDC 模式的关联，同时调整其内部、商业合同商和 FFRDC 资源之间的平衡。FFRDC 自身也根据其感知不断调整其领域和模式，以更好地体现其价值。一些 FFRDC 转化为 UARC，如约翰霍普金斯大学应用物理实验室。还有一些脱离了 FFRDC 体系，这样它们能够在不受管理约束的情况下与工业界竞争。尽管过去的几十年间，转移和重构导致了 FFRDC 数目的缩减，但现存的 FFRDC 在政治和技术环境下不断发生变化，为联邦政府创立者提供了持续的价值。

需要由 FFRDC 解决的问题的特性也在不断变化。最初是为了应对冷战的挑战和威胁，FFRDC 持续在应对冷战和"9·11"事件后时代的挑战中发挥有效和关键的作用。在近几年，联邦政府选择建立新的 FFRDC 以应对更广泛领域的复杂问题。下面列出一些代表性例子。

- 日益严重的恐怖主义威胁，导致了美国国土安全部的成立。
- 保护国家的信息技术基础设施免受赛博威胁。
- 非对称战争的兴起，导致军队更多依赖先进技术，更少依赖传统大规模兵力。
- "9·11"事件后，美国退伍兵和退休警员数量显著增长，且其中有很多需要专门的医疗服务。
- 对残障人士健康医疗系统的服务和费用的需求不断增长。
- 满足国家公民和政府之间基础设施的现代化需求，以支持财政的稳定和经济的增长。

在这样的需求和动态环境中，FFRDC 持续应对当前的挑战，充分发挥其在深入技术实践、公众兴趣导向和客观性承诺方面独一无二的综合能力。

1.6 对美国国家实验室的简要总结

通过对美国国家实验室体系的梳理，从其历史沿革、地位作用和发展趋势等方面入手，挖掘其本质，可以分析形成如图1-6所示的五大分支体系，最终得到的结论是：美国国家实验室体系的本质是为其国家安全服务的，美国国家实验室的控制权完全掌握在联邦政府手中，美国国家实验室运行管理的本质与核心仍是计划经济思维下的军事管理。美国国家实验室成就的直接表征是产生了赢得各阶段战争的武器装备，如赢得二战胜利的核武器、雷达，赢得冷战胜利的航天装备体系；间接表征是建立了足以支撑本国安全的信息平台和新技术研发体系。当前，美国虽然比其历史上任何一个时期更加重视经济利益，在国家实验室发展战略中也广泛推进军事技术向民用的转化和转移，但是，美国国家实验室的任务要与联邦政府所赋予其的使命联系在一起这一基本原则，一个多世纪以来一直未曾改变，仍然被作为评判任何一个美国国家实验室能力和成就的首要关键标准。

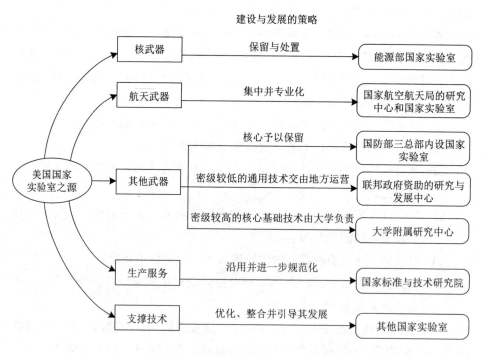

图 1-6 美国国家实验室体系的形成

自二战以来，美国的武器装备体系大体可分出 5 条分支，具体如图 1-6 所示。由战时到冷战，再到和平发展，"9·11"事件后国防再度获得重视，直至当前的稳定发展。独特的武器装备具有独特的属性，这决定了对一系列武器装备的论证、研究、制造、部署、使用、战后处置、转作民用、转化、维持等，均需要超大规模、成体系的高水平科研平台做支撑，正是这一国家使命的驱动，形成了美国现有的国家实验室体系。

核武器是人类迄今为止研究开发出的最强大的武器，现有的核武器存量足以毁灭地球，导致人类的灭绝。原子弹的产生和使用加速了二战的终结，核武器因此成为全球政治和经济体系架构的基础，"核门槛"也成为一个国家在世界舞台上是否具有话语权的必要支撑。将核能作为能源可能是打破人类现有技术禁锢、能力再度实现跨越式提升的唯一机会。因此，美国对核武器及其涉核研发基础的战略体现在两个方面：一是努力提高"核门槛"，严格控制拥有核武器特别是具备研发与生产核武器能力的国家和地区；二是维持其涉核方面的能力，实现对战时核武器研发设施体系的保留与处置。可以认为，DOE 国家实验室体系直接脱胎于"曼哈顿工程"，并且一直被作为其功能延续；不论美国宣称得如何美好，其对外提高"核门槛"、对内提升核能力的国家战略一直没有改变，因此，DOE 国家实验室的地位和水平也不可能改变。

航天武器在严格意义上来说不能被称为一类武器，其有效杀伤与毁伤能力与传统武器相比非常有限。这也是 NASA 一直被看作非军事部门的根本原因。美国的航天发展史可以认为就是 NASA 的发展史，也是二战后与苏联之间冷战的结果。美苏航天争霸的前期，由于美国航天研发力量过于分散，无法形成合力，缺乏统一的组织与管理，因此不足以支撑航天计划这类大型工程项目，导致不论是第一颗人造地球卫星的发射，还是首次载人航天飞行，都落后于苏联。但是，当时的美国联邦政府意识到这一问题后采取了应对措施，于 1958 年正式成立 NASA，较快地扭转了在航天争霸中处处落于下风的被动局面，并通过实施"水星"计划、"双子星座"计划、"阿波罗"登月计划、"天空实验室"计划等超大规模的航天项目，逐渐将苏联拖垮，最终赢得冷战的胜利。NASA 研究中心和国家实验室的形成与发展是值得深入挖掘并予以参考的。

美国军方对国家实验室的建设和支持策略也有其独到之处。当前，美国国防部仍然是美国国内尖端科技研究的主要资助者。但是，在总经费"有限"的大前提下，如何使科研经费在使用方面达到最优，如何能既保证国家武器装备水平稳居世界第一，又能确保其良性发展，同时还牵引和辐射到其他方面和领域，美国国防部给出了相对完美的答案。首先，对于核心的、密级较高的内容，仍牢牢掌控在国防部自己手中，以陆、海、空三总部各自的"内设"实验室的形式存在。同时，这些内设实验室还承担了大量科研论证和科研管理方面的工作。其次，对于密级较低的军、民通用技术，则创造性地形成一种新的模式——FFRDC，并以 GOCO 的形式实现对实验室的运行管理，既保证了国家实验室为国家所有，又保证了国家实验室灵活的运行管理模式，大大提高了其创新能力。最后，作为对 FFRDC 的补充，1996 年以后，国防部又创造了另一种新的模式——UARC，专门支持开展密级较高的核心基础技术的研发。UARC 的另一个特点是与美国顶级大学合办，从而确保了研发的智力资源。

除了武器装备本身，武器装备的生产和维护、维修等服务任务也需要高水平的研发平台的支撑，对这一方面的国家实验室，美国联邦政府一直采取稳定扶持的策略，其典型代表是 NIST。NIST 每年从联邦政府获取大量的科研经费，然后通过各种不同的合作形式，主导研究机构、大学、工业部门、私营企业等开展研究与开发，并通过制定标准与实施评估来掌控研发的导向和水平。

还有一部分是对武器装备的支撑技术，美国联邦政府对于这类国家实验室采取相对宽松的引导策略，通过颁布各种法案、实施国防采办等途径，实现对这部分国家实验室资源的优化整合。

参考文献

[1] 白春礼. 世界主要国立科研机构概况 [M]. 北京：科学出版社，2013.

[2] 胡智慧，王建芳，张秋菊，等. 世界主要国立科研机构管理模式研究 [M]. 北京：科学出版社，2016.

[3] 钟少颖，聂晓伟. 美国联邦国家实验室研究 [M]. 北京：科学出版社，2016.

[4] 李昊，徐源. 从国家实验室的核心能力构成看美国科研的顶层布局 [J]. 军事文摘，2019（23）：7-11.

[5] 李昊，徐源. 美国国家实验室的名与实 [J]. 军事文摘，2019（23）：12-15.

[6] 李昊，徐源. 扫描美国国家实验室 [J]. 军事文摘，2019（23）：16-19.

[7] 扎西达娃，丁思嘉，朱军文. 美国能源部国家实验室未来十年战略要点启示 [J]. 实验室研究与探索，2014，33（10）：234-238，303.

[8] 黄宇红. 美国大学内国家实验室的特征研究 [J]. 环球瞭望，2014

（4）：44-47.

[9] 黄缨，周岱，赵文华. 我们要建设什么样的国家实验室 [J]. 科学学与科学技术管理，2004（6）：14-17.

[10] KAREN L, MARK B. Summary Report on Federal Laboratory Technology Transfer - Agency Approaches; FY 2001 Activity Metrics and Outcomes[R]. Washington, DC: Office of the Secretary U.S. Department of Commerce, 2002.

[11] BELINDA S, JEFFREY W T. GOGOs, GOCOs and FFRDCs…Oh My![R]. The FLC White Paper, 2014.

[12] Committee on Design, Construction, Renovation of Laboratory Facilities, et al. Laboratory Design, Construction and Renovation: Participants, Process and Product[R]. Washington, DC: The National Academies Press, 2000.

[13] Office of Japan Affairs, Office of International Affairs, National Research Council. Learning the R&D System: National Laboratories and Other Non-Academic, Non-Industrial Organizations in Japan and the United States[R]. Washington, DC: The National Academies Press, 1989.

[14] ROSANNE W, PEG A L. Technical Innovation in American History - An Encyclopedia of Science and Technology[M]. Santa Barbara: ABC-CLIO, LLC, 2019.

[15] SUSAN R S, MARGRET L H, HEIDI A S. America's Lab Report - Investigations in High School Science[R]. Washington, DC: The National Academies Press, 2006.

[16] Committee on Alternative Futures for the Army Research Laboratory, Board on Army Science and Technology, Commission on Engineering and Technical Systems and National Research Council. The Army Research Laboratory - Alternative Organizational and Management Options[R]. Washington, DC: The National Academies Press, 1994.

美国国家实验室的发展并没有被很好地记载和整理。某些个人回忆录和相关文章针对的都是特定的项目，很少有人试图捕捉那个时代在科学—军事领域的惊人进步。尽管核武器仅是这个故事中的一个元素，但它是许多科技发展的存在理由，并主导了许多政治方面的论战。冷战已经过去几十年了，是时候更加系统地对这一非凡时代进行反思了。而且，由于早期的主要标志性事物和人物都逐渐退出历史舞台，从已经退休很久的知情人那里获取这些历史信息已经变得非常紧迫了……

——C.布鲁斯·塔特《美国的实验室》

第 2 章　美国能源部的国家实验室

能源部国家实验室在美国公众的眼中无疑是玄幻、神秘且强大的。例如，在网飞公司的电视剧《怪奇物语》中，就出现过一个虚构的能源部国家实验室，名为霍金斯国家实验室（Hawkins National Laboratory），位于印第安纳州霍金斯镇。这个实验室在后来的剧情中被关闭，因为它透露了一个通向另一时空维度的入口"颠倒（upside down）"，同时它还对儿童进行违背伦理的试验，以把他们变成对抗苏联的武器。另一个例子是，在《绝命毒师》第一季之前，主角沃尔特·怀特曾在桑迪亚国家实验室工作过。

通常，在美国的日常新闻和很多文件报告中，美国能源部国家实验室往往被简称为美国"国家实验室"，绝大多数情况是遵循惯例，也有其他意义，甚至是调侃。因此，在很长一段时间内给我国的研究人员造成很大困扰。那么，美国能源部国家实验室究竟是一种什么样的神秘存在？它们的组成和结构是什么样的？从何发展而来？取得了哪些重要成就？在美国的社会发展和国家安全中究竟发挥了哪些作用？本章将对上述问题给予详尽的介绍和解释。

2.1　概　　况

美国能源部国家实验室被认为是世界上最大的科研体系之一，这也是在

很多文件和文献中将美国能源部国家实验室直接等同于美国国家实验室的主要
原因。本书为行文方便和便于区分，使用 DOE 国家实验室代替美国能源部国
家实验室。

DOE 国家实验室隶属于美国能源部，由能源部实施监督和管理，直接服
务于能源部的使命需求，是由为美国在能源和国防领域提供基础支撑和战略服
务的一系列世界顶级实验室和研究中心所构成的体系。通过开展基础研究和应
用基础研究，推动科学和技术的进步，服务于社会，培养和造就专业人才，实
现对美国国家意志在全世界范围的体现。

在表 2-1 中给出了 DOE 国家实验室的部分基础数据；在图 2-1 中给出了
2015 财年 DOE 国家实验室的经费构成比例。

表 2-1　美国能源部国家实验室的基本情况

类　别	指　标
研究产出	• 年均在 1500 种学术刊物上发表 11 000 篇经过同行评议的学术论文 • 与美国和加拿大的 450 个学术机构开展合作 • 承担 2395 个战略合作项目（Strategic Partnership Project，SPP，可理解为我国的横向项目），甲方包含非联邦政府部门（Non-Federal Entity，NFE） • 签署 734 项合作研发协议（Cooperative Research And Development Agreement，CRADA） • 实现 577 项技术的商业化 • 获得 6310 个技术应用授权
实物资产	• 占地 81.3 万英亩[①] • 拥有 4740 栋建筑，共计 5.3 亿平方英尺[②]建筑面积（Gross Square Feet，GSF） • 设施估值（Replacement Plant Value，RPV）：530 亿美元 • 额外设施 193 个，占地 150 万平方英尺 • 租赁设施占地 500 万平方英尺
人力资源	• 全职人员（Full Time Equivalent Employee，FTE）5.76 万人，其中从事科研和工程的人员超过 2 万人 • 兼职人员 1285 人 • 博士后 2300 人 • 研究生 2010 人 • 本科生 2950 人 • 设备使用者 3.3 万人 • 访问学者 1.06 万人

---

① 1 英亩 =4046.86 m²。
② 1 平方英尺 =0.096 m²。

续表

类　别	指　标
财年支出 （2015 财年）	收入： 　实验室总经费：138 亿美元；其中，DOE 经费占 82%，非 DOE 经费占 　18% 　核武器研发和维持（DOE/NNSA）经费：116 亿美元 　横向项目（非 DOE）经费：26 亿美元 支出： 　实验室运行费：138 亿美元 　与学术机构合作支出经费：5 亿美元 　全职人员的工资费和奖金：70 亿美元 　小企业采办支出：20 亿美元

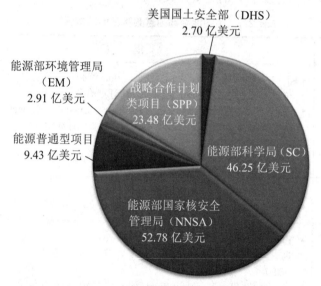

图 2-1　美国能源部国家实验室的经费构成

2.1.1　基本构成

在 17 个 DOE 国家实验室中，国家核安全局（National Nuclear Security Administration，NNSA）分管 3 个核安全类国家实验室（亦被称为核武器国家实验室）；能源效率与可再生资源局分管国家可再生能源实验室；化石能源局分管国家能源技术实验室；环境管理局分管萨凡纳河国家实验室；核能局分管爱达荷国家实验室；剩余 10 个由科学局（Office of Science，SC）管理。具体如图 2-2 所示。其中，爱达荷国家实验室和 10 个 SC 管理的实验室主要从事科学研究和能源方面的应用研究，对其监督管理、考核评估等往往一并进行，因此，将这 11 个实验室统归为一类，称为科学和能源类国家实验室，以与 3 个核安全类国家实验室相区分。从运行管理模式来看，除国家能源技术实验室的管理模式为 GOGO 外，其他 16 个实验室均为 GOCO。GOCO 型能源部国家实验室的产权归能源部所有，运行则通过招标委托给大学、企业或非营利机构，能源部根据评估情况来决定是否更换实验室的依托单位。DOE 还拥有 6 个技术中心，其名气和规模都远不及 17 个国家实验室，在后续章节中将做简要介绍。此外，在美国能源领域还有一个被严重低估的组织——能源部高级研究计划局（Advanced Research Projects Agency-Energy，ARPA-E）。ARPA-E 仿照国防高级研究计划局（Defense Advanced Research Projects Agency，DARPA）设立在能源领域，由能源部部长直接管理。

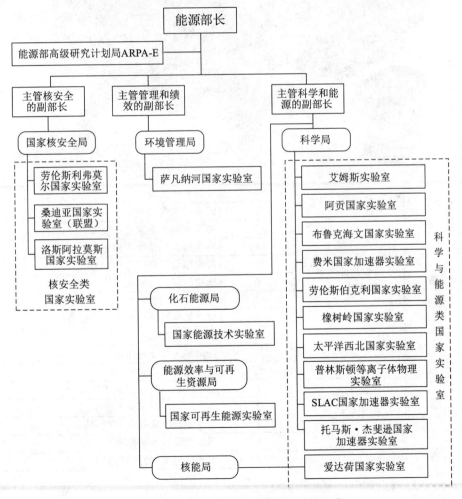

图 2-2　美国能源部国家实验室系统的组成

在图 2-3 中给出了 DOE 国家实验室的地理分布情况，17 个 DOE 国家实验室分布在 15 个州内，其中还有部分实验室拥有多个实验区。从图 2-3 中也能够看出二战期间美国对核武器研发的战略布局。DOE 国家实验室沿袭了这一布局，并一直保持到今天。

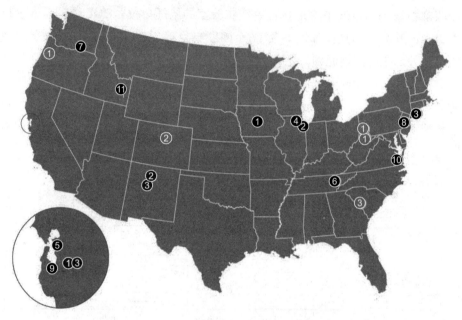

		1	艾姆斯实验室
●	科学与能源类国家实验室	2	阿贡国家实验室
		3	布鲁克海文国家实验室
		4	费米国家加速器实验室
		5	劳伦斯伯克利国家实验室
		6	橡树岭国家实验室
		7	太平洋西北国家实验室
		8	普林斯顿等离子体物理实验室
		9	SLAC 国家加速器实验室
		10	托马斯·杰斐逊国家加速器实验室
		11	爱达荷国家实验室
●	核安全类国家实验室	1	劳伦斯利弗莫尔国家实验室
		2	洛斯阿拉莫斯国家实验室
		3	桑迪亚国家实验室（联盟）
●	其他类国家实验室	1	国家能源技术实验室
		2	国家可再生能源实验室
		3	萨凡纳河国家实验室

图 2-3　美国能源部国家实验室的地理分布

2.1.2 任务分工

DOE 国家实验室要么以科学为导向，要么以技术为导向，它们既可以为单一目标的 DOE 计划服务，也可以为多个目标服务，这些目标既可能是 DOE 的，也可能是以其他联邦政府部门为主要发起者的。虽然整个 DOE 国家实验室体系与 DOE 的任务领域保持一致，但每个 DOE 国家实验室都有一套独特的核心能力、设施和重点领域。作为一个完备的系统，它能力互补，共同支持 DOE 近期和长期的任务需求。同时，DOE 国家实验室还以 SPP 的形式，利用其独有的核心能力支持其他联邦政府部门的使命，或为民营公司提供合作服务。

17 个 DOE 国家实验室在结构上各不相同，每个实验室都为整个 DOE 国家实验室系统贡献一定的价值，并保持结构和功能上的优化配置。在图 2-4 中给出了每个 DOE 国家实验室的不同使命和类型，从基础研究到应用研究，从单一计划目标到多目标多学科交叉融合。

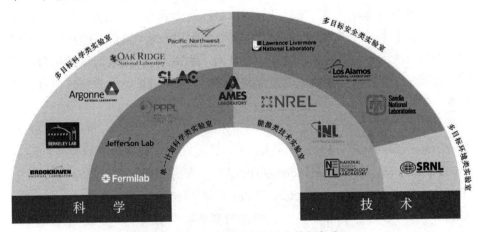

图 2-4　美国能源部国家实验室的任务分工

美国能源部在能源领域的任务使命在很大程度上是由 3 个能源实验室完成的，这 3 个实验室专注于国家层面上"所有"能源战略的各个方面，分别是：国家可再生能源实验室（National Renewable Energy Laboratory，NREL）、爱达荷国家实验室（Idaho National Laboratory，INL）和国家能源技术实验室（National Energy Technology Laboratory，NETL）。与科学类国家实验室一样，能源类国家实验室中既有多目标类型的，也有单一目标类型的。INL 是一个多目标的能源类实验室，主要关注核能，同时也推进其他清洁能源技术研究和关键基础核设施的保护。NETL 和 NREL 都是单一目标的能源类实验室，二者的区别在于：NETL 专注于化石能源，NREL 专注于可再生能源。

多目标科学类实验室包括阿贡国家实验室（Argonne National Laboratory，ANL）、劳伦斯伯克利国家实验室（Lawrence Berkeley National Laboratory，LBNL）、布鲁克海文国家实验室（Brookhaven National Laboratory，BNL）、SLAC 国家加速器实验室（SLAC National Accelerator Laboratory，SLAC，该实验室近期从一个单一目标的物理类实验室发展为一个多目标的科学类实验室）、太平洋西北国家实验室（Pacific Northwest National Laboratory，PNNL）和橡树岭国家实验室（Oak Ridge National Laboratory，ORNL）。这些实验室汇集了一系列的设施、功能和研究项目，是能源部基础能力的关键组成。这 6 个实验室具有一些共同特点，例如，在材料和化学、数据科学和纳米科学项目的支持下，形成了一系列多学科的基础设施和交叉学科。同时，在每个实验室里都有独特的大型设施用于特殊类型的任务，这些具体的任务将各个实验室间相互区分开来。例如，ANL 拥有先进的光子源、硬 X 射线设备和超级计算平台，并致力于对危险能源的存储和运输研究；ORNL 拥有支持中子科学研究的大型仪器和大规模的超算平台，主要开展同位素核聚变活动及应用材料研究。尽管所有的多目标科学类实验室都有一个共同的工作方式，但它们的功能是不同的，并且取决于每个实验室内部的特定设施。重要的是，随着时间的推移以及这些设施的发展，每个实验室的设施和项目会实现强强联合的效应，促进相互发展。

4 个单一目标的科学类实验室——费米国家加速器实验室（Fermi National Accelerator Laboratory，FNAL）、托马斯·杰斐逊国家加速器实验室（Thomas Jefferson National Accelerator Facility，TJNAF）、普林斯顿等离子体物理实验室（Princeton Plasma Physics Laboratory，PPPL）和艾姆斯实验室（Ames Laboratory，AMES）——致力于宇宙中物质和能源的基础研究和发现，以及如何利用这些知识造福人类。FNAL 的使命是研究基本粒子物理学中能量最高的能源；TJNAF 关注原子核内的作用力；PPPL 关注等离子体物理和聚变能；AMES 致力于凝聚态物理和材料科学。这些实验室中的每一个都提供了可供其他实验室使用的核心技术。

在国家安全领域，能源部国家核安全局（NNSA）管理着 3 个致力于维护国家安全的科学与技术类国家实验室：劳伦斯利弗莫尔国家实验室（Lawrence Livermore National Laboratory，LLNL）、桑迪亚国家实验室（联盟）（Sandia National Laboratories，SNL）和洛斯阿拉莫斯国家实验室（Los Alamos National

Laboratory，LANL），其核心使命是参与核相关的设计。在这一重要领域，通过同时设置多个实验室的战略，确保实验室的专业化发展，并形成一个特殊的合作共同体，因为与核武器相关的工作无法在公开的条件下实现同行评议。由于这一研究领域的复杂性和普遍存在的机密性，通过设立两个以上的实体实现同行评议，对于确保在安全、可靠的前提下实现公平和技术的先进性是至关重要的。其他实验室，如 ORNL、INL 和 PNNL，也经常与 NNSA 类实验室合作，以提供在国家安全问题上的专业知识。SNL 负责核系统中的非核专业的设计和系统集成。虽然这 3 个国家安全实验室拥有一个共同的使命，但它们与其他类型的多目标国家实验室一样，拥有互补的基础，如 LANL 的大规模钚研究设施，或 LLNL 的"国家点火装置"。

萨凡纳河国家实验室（Savannah River National Laboratory，SRNL）是一个多目标国家实验室，致力于环境恢复和研究环境的各类组成要素在环境演进过程中的行为。这类特殊研究有助于核探测和气体处理等安全方面的工作。其他几个实验室——ORNL、INL、PNNL 和 LANL 也从事环境研究与开发，并与 SRNL 相互协作，共享专业知识。

所有 DOE 国家实验室都根据自身的技术特色和任务需求的变化不断发展和变化。例如，SLAC 是为高能物理学的发现科学而建立的，虽然其独特的线性加速器使许多科学突破成为可能，但在过去的十年里，这个加速器可以用来制造一种新型的 X 射线激光器，这种 X 射线激光反过来可以加快材料和化学的研究，并使结构生物学和聚变科学的新方法成为可能。这样，一个单一目标的实验室就可能扩展为一个 DOE 的关键任务领域：与结构生物学、化学和核聚变相关的交叉领域。

2.1.3　起源和历史发展

美国能源部国家实验室系统集中产生于二战期间，在这一阶段，新技术对盟军的胜利起到了决定性的作用，这些新技术包括：雷达、计算机、近炸引信和原子弹。尽管美国政府在第一次世界大战以来就开始对国家安全的科学研究给予重视并提供大量资金，但仅在 20 世纪 30 年代后期和 40 年代，才将可观的大量资源投入到战时的科研问题中。美国能源部国家实验室由国防研究委员会，即后来的科学研究与发展办公室来组织管理，该组织由麻省理工学院的工程师 Vannevar Bush 组织和管理。

二战期间，政府大规模投入研发经费，比较集中的研究基地有：MIT 的放射实验室、加利福尼亚大学伯克利分校的欧内斯特·劳伦斯实验室和芝加哥大学的冶金实验室等。这些实验室史无前例地围绕政府战争需求开展大型科研项目，投入了大量的专业科研人员跨领域合作，这些目标在以前从未有过。盟军的核武器研究计划，即"曼哈顿计划"，产生了几个秘密研究点，以供原子弹研究和材料开发，包括在新墨西哥州山区的一个由奥本海默领导的实验室（洛斯阿拉莫斯），以及在华盛顿汉福德和田纳西州橡树岭的实验室。汉福德和橡树岭实验室由私营公司管理，洛斯阿拉莫斯由公共大学（加利福尼亚大学）管理。芝加哥大学对核反应堆的研究取得了惊人的成功，导致了芝加哥大学之外阿贡国家实验室的诞生，以及在全国范围内其他学术组织的扩展。

二战后，鉴于战时临时设立的这些实验室获得的科学成就，新成立的原子能委员会接管了战时的实验室，并无限期地延长了实验室的存续时间；针对发起者提供了常态化的经费资助和基础设施建设保障，以使国家实验室承担涉密研究和基础研究任务。在物理学领域，每个国家实验室都是以一套或多套昂贵的机器（如粒子加速器或核反应堆）为核心建立的。

绝大多数国家实验室都会保持一定数量的固定研究人员，并支持访问研究人员使用实验室的设备，但各实验室给予固定人员和访问人员的权限通常不同。通过对（经费和智力）资源的集中化，国家实验室为大科学模式树立了典范。

在实验室中鼓励竞争与合作。通常会针对相似的任务建立两个实验室（例如，劳伦斯利弗莫尔国家实验室与洛斯阿拉莫斯国家实验室之间构成竞争关系），这样做的初衷是想通过对经费的竞争形成一种提升工作质量的文化氛围。彼此间没有任务重叠的实验室可以开展合作（例如，劳伦斯利弗莫尔国家实验室可能与劳伦斯伯克利国家实验室合作，但后者经常与布鲁克海文国家实验室竞争）。国家实验室与当地高校联合开展核领域的研究的思想源自阿瑟·康普顿和查尔斯·艾伦·托马斯，但陆军将军莱斯利·格罗夫斯后来声称这是他的想法。

DOE 国家实验室在其发展历史进程中管理权几经易手，最初是原子能委员会（Atomic Energy Commission，AEC），之后是能源研究开发署（Energy Research and Development Administration，ERDA），当前是能源部。能源部为实验室体系提供的经费，占整个美国对物理、化学、材料科学和其他物理领域总经费的 40%。有很多国家实验室根据就近原则，由民营公司管理或高校管理，共同构成了建立在由军方、学术界和工业界构成所谓"铁三角"之上的具有深远意义的科研体系。

采用 GOCO 管理模式的美国国家实验室属于 FFRDC 类型范畴，由民营机构实施具体的组织、管理、运行和行政工作，这些民营组织通过与 DOE 签订管理和运行（Management and Operating，M&O）合同的方式，接受 DOE 的监管。概括来说，就是在 17 个 DOE 国家实验室中，采取 GOCO 类型运行模式的 16 个都属于 FFRDC 范畴，都是通过与 DOE 签订 M&O 合同的方式，由民营机构或大学实现日常的运行管理。有关 M&O 合同及对 DOE 国家实验室监管的具体情况，请参见后续相关章节。

2.1.4 能力和成就

能源部国家实验室之所以在科学和能源领域具有领导地位，是因为这些实验室具有其他科研组织所不具备的核心能力。SC 曾经统计了 17 类核心能力，这些能力包括国家实验室各自的科学和技术基础，并且在 SC 复杂机构组织之间对这些能力的分布情况进行了归纳识别。SC 使用 3 个标准来定义核心能力，即必须具备如下条件。

（1）以其为核心汇聚了大量设备设施和 / 或人员团队和 / 或仪器设备。

（2）具有独一无二和 / 或世界领先的构成部分。

（3）与 DOE/NNSA/DHS（Department of Homeland Security，美国国土安全部）的使命任务密切相关。

在表 2-2 中，列出了由 DOE 认可的 13 个科学和能源国家实验室中的每一个所拥有的核心能力。

表 2-2　核心能力在科学和能源实验室之间的分布

序号	核心能力	AMES	ANL	BNL	FNAL	LBNL	ORNL	PNNL	PPPL	SLAC	TJNAF	INL	NETL	NREL
1	加速器科学与技术		√	√	√	√	√			√	√			
2	先进计算机科学、可视化和数据		√	√	√	√	√	√				√		

续表

序号	核心能力	AMES	ANL	BNL	FNAL	LBNL	ORNL	PNNL	PPPL	SLAC	TJNAF	INL	NETL	NREL
3	应用材料科学与工程	√	√	√		√	√	√				√	√	√
4	应用数学		√			√	√	√						
5	生物学与生物过程工程		√			√	√	√				√		√
6	生物系统科学			√		√	√	√						
7	化学工程		√	√		√	√	√				√	√	√
8	化学与分子科学	√	√	√		√	√	√		√		√		√
9	气候变化科学和大气科学		√	√		√	√	√						
10	计算科学		√	√		√	√	√						
11	凝聚态材料物理学与材料科学	√	√	√		√	√	√		√		√		
12	赛博与信息科学		√			√	√	√				√		
13	决策科学与分析		√			√	√	√				√	√	√

序号	核心能力	AMES	ANL	BNL	FNAL	LBNL	ORNL	PNNL	PPPL	SLAC	TJNAF	INL	NETL	NREL
14	地球系统科学与工程					√	√	√				√	√	
15	环境地下科学					√	√					√		
16	大规模用户设施/先进设备		√	√	√	√	√	√	√	√	√	√		
17	机械设计与工程					√	√		√			√		√
18	核工程		√				√	√				√		
19	核物理学		√	√		√	√				√			
20	核与放射物化学		√	√		√	√	√				√		
21	粒子物理学		√	√	√	√				√				
22	等离子体与聚变能科学						√		√	√				
23	电力系统与电气工程					√	√	√	√			√		√
24	系统工程与集成		√	√		√	√	√				√	√	√

注:"√"表示该国家实验室拥有对应的核心能力。

诺贝尔奖作为化学、物理学、生理学或医学领域的世界最高科技奖励,能够反映出 DOE 国家实验室在相关领域做出的成就。这 3 类诺贝尔奖都是自

1901 年以来颁发的，诺贝尔化学和物理学奖每年由瑞典皇家科学院颁发，诺贝尔生理学或医学奖由卡罗林斯卡学院的诺贝尔委员会颁发。DOE 国家实验室在"曼哈顿计划"的早期，能源部及其前身将前沿研究和创新解决方案相结合，使美国保持在科学发现的前沿。截至本书成稿前，DOE 国家实验室共产生了 118 位诺贝尔奖得主，充分证明了能源部资助的或与能源部有关的研究的高质量和影响。在表 2-3 中，列出了这 118 位与 DOE 国家实验室有关的诺贝尔奖得主名单。

表 2-3　美国能源部国家实验室产生的诺贝尔奖得主

序号	获奖年度	获奖类别	获奖者	所在研究机构	所在科学局下属部门	所在其他 DOE 下属部门
1	2020	化学	Jennifer A. Doudna	加州大学伯克利分校	劳伦斯伯克利国家实验室	
2	2019	化学	John B. Goodenough	得克萨斯大学奥斯汀分校	基础能源科学研究室	能源效率和可再生能源局
3	2019	化学	M. Stanley Whittingham	宾汉姆顿大学、纽约州立大学	基础能源科学研究室	能源效率和可再生能源局
4	2018	物理学	Gérard Mourou	密歇根大学、[法]巴黎综合理工学院		罗切斯特大学激光能量学实验室、国家核安全局
5	2018	物理学	Donna Strickland	[加]滑铁卢大学		罗切斯特大学激光能量学实验室、国家核安全局
6	2018	化学	Frances H. Arnold	加州理工学院	阿贡国家实验室的先进光子源研究室、基础能源科学研究室	能源效率和可再生能源局
7	2013	化学	Martin Karplus	斯特拉斯堡大学、哈佛大学	国家能源研究科学计算中心（NERSC）	
8	2013	化学	Michael Levitt	斯坦福大学医学院	生物与环境研究室	
9	2012	化学	Brian K. Kobilka	斯坦福大学医学院	阿贡国家实验室	
10	2011	物理学	Saul Perlmutter	加州大学伯克利分校	劳伦斯伯克利国家实验室、高能物理研究室	

续表

序号	获奖年度	获奖类别	获 奖 者	所在研究机构	所在科学局下属部门	所在其他 DOE 下属部门
11	2009	化学	Venkatraman Ramakrishnan	MRC 分子生物学实验室	布鲁克海文国家实验室、基础能源科学研究室	
12	2009	化学	Thomas A. Steitz	霍华德·休斯医学研究所、耶鲁大学	布鲁克海文国家实验室、基础能源科学研究室	
13	2009	化学	Ada E. Yonath	[以色列] 魏茨曼科学研究所	阿贡国家实验室、基础能源科学研究室	
14	2008	化学	Roger Y. Tsien	加州大学圣地亚哥分校	布鲁克海文国家实验室、生物与环境研究室	
15	2008	物理学	Yoichiro Nambu	恩里科·费米研究所、芝加哥大学		原子能委员会
16	2007	物理学	Peter Grünberg	[德] 尤里希研究中心	阿贡国家实验室	
17	2006	化学	Roger D. Kornberg	斯坦福大学	斯坦福线性加速器中心	
18	2006	物理学	John C. Mather	(NASA) 戈达德航天飞行中心	劳伦斯伯克利国家实验室、高能物理研究室	
19	2006	物理学	George F. Smoot	加州大学伯克利分校	劳伦斯伯克利国家实验室、高能物理研究室	1994 E.O. 劳伦斯奖
20	2005	化学	Robert H. Grubbs	加州理工学院	基础能源科学研究室	
21	2005	化学	Richard R. Schrock	麻省理工学院	基础能源科学研究室	
22	2004	物理学	David J. Gross	普林斯顿大学、加州大学圣巴巴拉分校	费米国家加速器实验室、劳伦斯伯克利国家实验室、高能物理研究室	

续表

序号	获奖年度	获奖类别	获奖者	所在研究机构	所在科学局下属部门	所在其他 DOE 下属部门
23	2004	物理学	H. David Politzer	加州理工学院	高能物理研究室	
24	2004	物理学	Frank Wilczek	麻省理工学院	高能物理研究室	
25	2003	化学	Peter Agre	约翰霍普金斯大学	劳伦斯伯克利国家实验室、生物与环境研究局	
26	2003	化学	Roderick MacKinnon	洛克菲勒大学	布鲁克海文国家实验室	
27	2003	物理学	Alexei A. Abrikosov	物理问题研究所	阿贡国家实验室	
28	2003	生理学或医学	Sir Peter Mansfield	诺丁汉大学	基础能源科学研究室	
29	2002	物理学	Raymond Davis, Jr.	宾夕法尼亚大学	布鲁克海文国家实验室	
30	2002	物理学	Masatoshi Koshiba	[日] 东京大学	布鲁克海文国家实验室、高能物理研究室	洛斯阿拉莫斯国家实验室
31	2000	化学	Alan J. Heeger	加州大学圣巴巴拉分校	布鲁克海文国家实验室、阿贡国家实验室、劳伦斯伯克利国家实验室、基础能源科学研究室	洛斯阿拉莫斯国家实验室、劳伦斯利弗莫尔国家实验室
32	2000	化学	Alan G. MacDiarmid	宾夕法尼亚大学	布鲁克海文国家实验室、橡树岭国家实验室、基础能源科学研究室	
33	1999	化学	Ahmed H. Zewail	加州理工学院		
34	1999	物理学	Martinus J.G. Veltman	[荷兰] 乌得勒支大学、密歇根大学	斯坦福线性加速器中心	1998 E.O. 劳伦斯奖

续表

序号	获奖年度	获奖类别	获奖者	所在研究机构	所在科学局下属部门	所在其他 DOE 下属部门
35	1998	化学	John A. Pople	西北大学	阿贡国家实验室、基础能源科学研究室	
36	1998	物理学	Robert B. Laughlin	斯坦福大学、贝尔实验室		劳伦斯利弗莫尔国家实验室
37	1997	化学	Paul D. Boyer	加州大学洛杉矶分校	基础能源科学研究室、生物与环境研究局	
38	1997	物理学	Steven Chu	斯坦福大学、贝尔实验室	劳伦斯伯克利国家实验室	
39	1997	生理学或医学	Stanley B. Prusiner	加州大学圣巴巴拉分校	劳伦斯伯克利国家实验室、基础能源科学研究室、生物与环境研究局	
40	1996	化学	Robert F. Curl, Jr.	莱斯大学	基础能源科学研究室	
41	1996	化学	Richard E. Smalley	莱斯大学	基础能源科学研究室	
42	1996	物理学	David M. Lee	康奈尔大学	布鲁克海文国家实验室	
43	1996	物理学	Douglas D. Osheroff	康奈尔大学、斯坦福大学	斯坦福线性加速器中心	
44	1995	化学	Mario J. Molina	麻省理工学院	基础能源科学研究室	
45	1995	化学	F. Sherwood Rowland	加利福尼亚大学尔湾分校	基础能源科学研究室	
46	1995	物理学	Martin L. Perl	斯坦福大学	斯坦福线性加速器中心	
47	1995	物理学	Frederick Reines	加利福尼亚大学尔湾分校		汉福德试验场、洛斯阿拉莫斯国家实验室
48	1994	化学	George A. Olah	南加利福尼亚大学	基础能源科学研究室	

续表

序号	获奖年度	获奖类别	获 奖 者	所在研究机构	所在科学局下属部门	所在其他 DOE 下属部门
49	1994	物理学	Bertram N. Brockhouse	[加] 乔克河实验室	布鲁克海文国家实验室、基础能源科学研究室	
50	1994	物理学	Clifford G. Shull	麻省理工学院	橡树岭国家实验室、基础能源科学研究室	
51	1993	物理学	Russell A. Hulse	普林斯顿大学、马萨诸塞大学	普林斯顿等离子体物理实验室	
52	1993	物理学	Joseph H. Taylor, Jr.	普林斯顿大学	布鲁克海文国家实验室、高能物理研究室	
53	1992	化学	Rudolph A. Marcus	加州理工学院		
54	1992	物理学	Georges Charpak		费米国家加速器实验室、高能物理研究室	欧洲核子研究委员会（CERN）
55	1990	物理学	Jerome I. Friedman	麻省理工学院	斯坦福线性加速器中心	
56	1990	物理学	Henry W. Kendall	麻省理工学院	斯坦福线性加速器中心	
57	1990	物理学	Richard E. Taylor	斯坦福大学	斯坦福线性加速器中心	
58	1989	化学	Thomas R. Cech	科罗拉多大学	劳伦斯伯克利国家实验室、基础能源科学研究室	洛斯阿拉莫斯国家实验室
59	1989	物理学	Norman F. Ramsey	哈佛大学	布鲁克海文国家实验室	原子能委员会
60	1988	化学	Johann Deisenhofer	[德] 马普研究所	劳伦斯伯克利国家实验室、阿贡国家实验室、生物与环境研究局	
61	1988	物理学	Leon M. Lederman	哥伦比亚大学	布鲁克海文国家实验室	

续表

序号	获奖年度	获奖类别	获 奖 者	所在研究机构	所在科学局下属部门	所在其他 DOE 下属部门
62	1988	物理学	Melvin Schwartz	哥伦比亚大学	布鲁克海文国家实验室	
63	1988	物理学	Jack Steinberger	哥伦比亚大学	布鲁克海文国家实验室	
64	1987	化学	Donald J. Cram	加州大学洛杉矶分校	基础能源科学研究室	
65	1986	化学	Yuan T. Lee	加州大学伯克利分校	劳伦斯伯克利国家实验室	
66	1986	化学	Dudley R. Herschbach	哈佛大学	基础能源科学研究室	
67	1983	物理学	William Alfred Fowler	加州理工学院		
68	1983	生理学或医学	Barbara McClintock	冷泉港实验室	布鲁克海文国家实验室	
69	1983	化学	Henry Taube	加州大学伯克利分校、斯坦福大学	基础能源科学研究室	
70	1982	物理学	Kenneth G. Wilson	康奈尔大学	斯坦福线性加速器中心	
71	1981	化学	Roald Hoffmann	康奈尔大学	布鲁克海文国家实验室、基础能源科学研究室	
72	1980	物理学	Val Logsdon Fitch	普林斯顿大学	布鲁克海文国家实验室	
73	1980	物理学	James Watson Cronin	芝加哥大学	布鲁克海文国家实验室	
74	1979	生理学或医学	Allan M. Cormack	塔夫斯大学		
75	1979	物理学	Sheldon Lee Glashow	哈佛大学、莱曼实验室	费米国家加速器实验室、斯坦福线性加速器中心	
76	1979	物理学	Abdus Salam	里雅斯特国际理论物理中心、伦敦帝国理工学院	费米国家加速器实验室、高能物理研究室	

续表

序号	获奖年度	获奖类别	获奖者	所在研究机构	所在科学局下属部门	所在其他 DOE下属部门
77	1979	物理学	Steven Weinberg	麻省理工学院	高能物理研究室、核物理研究室	
78	1977	化学	Ilva Prigogine	得克萨斯大学	能源研究局	
79	1976	物理学	Burton Richter	麻省理工学院	斯坦福线性加速器中心	欧洲核子研究委员会（CERN）
80	1976	物理学	Samuel Chao Chung Ting	麻省理工学院	布鲁克海文国家实验室	欧洲核子研究委员会（CERN）、1975 E.O. 劳伦斯奖
81	1975	物理学	Ben Roy Mottelson	尼尔斯·玻尔研究所		原子能委员会、欧洲核子研究委员会（CERN）
82	1975	物理学	Leo James Rainwater	哥伦比亚大学		原子能委员会、1963 E.O. 劳伦斯奖
83	1974	化学	Paul J. Flory	康奈尔大学、斯坦福大学		
84	1973	物理学	Ivar Giaever	通用电气研发中心、伦斯勒理工学院		
85	1972	物理学	Leon Neil Cooper	布朗大学	劳伦斯伯克利国家实验室、劳伦斯利弗莫尔国家实验室	
86*	1972	物理学	John Bardeen	伊利诺伊大学		
87	1972	物理学	John Robert Schrieffer	伊利诺伊大学		
88**	1969	物理学	Murray Gell-Mann	加州理工学院		原子能委员会
89	1968	物理学	Luis Walter Alvarez		劳伦斯伯克利国家实验室	
90	1967	物理学	Hans Albrecht Bethe	康奈尔大学		洛斯阿拉莫斯国家实验室
91	1965	物理学	Richard P. Feynman	普林斯顿大学、加州理工学院		洛斯阿拉莫斯国家实验室

续表

序号	获奖年度	获奖类别	获奖者	所在研究机构	所在科学局下属部门	所在其他 DOE 下属部门
92	1965	物理学	Julian Schwinger	哈佛大学		麻省理工学院辐射实验室
93	1964	物理学	Charles Hard Townes	加州大学伯克利分校、麻省理工学院、哥伦比亚大学	劳伦斯伯克利国家实验室、基础能源科学研究室	
94	1963	物理学	Eugene Paul Wigner	芝加哥大学	橡树岭国家实验室	
95	1963	物理学	Maria Goeppert-Mayer		阿贡国家实验室	
96	1962	生理学或医学	James Dewey Watson	卡文迪什实验室、加州理工学院		
97	1961	物理学	Robert Hofstadter	普林斯顿大学、斯坦福大学		
98	1961	化学	Melvin Calvin		劳伦斯伯克利国家实验室	
99	1960	物理学	Donald Arthur Glaser	密歇根大学、加州大学伯克利分校	劳伦斯伯克利国家实验室	
100	1960	化学	Willard Frank Libby	哥伦比亚大学、加州大学洛杉矶分校		原子能委员会
101	1959	物理学	Owen Chamberlain	加州大学伯克利分校、芝加哥大学		洛斯阿拉莫斯国家实验室
102	1959	物理学	Emilio Gino Segr&egrave	加州大学伯克利分校	劳伦斯伯克利国家实验室	洛斯阿拉莫斯国家实验室
103	1958	生理学或医学	George Wells Beadle	加州理工学院、芝加哥大学		
104	1957	物理学	Tsung-Dao（T.D.）Lee	哥伦比亚大学		
105	1957	物理学	Chen Ning Yang	普林斯顿高等研究院		
106*	1956	物理学	John Bardeen	伊利诺伊大学、贝尔实验室		

续表

序号	获奖年度	获奖类别	获奖者	所在研究机构	所在科学局下属部门	所在其他 DOE 下属部门
107	1955	物理学	Polykarp Kusch	哥伦比亚大学		
108	1955	物理学	Willis Eugene Lamb	哥伦比亚大学、斯坦福大学		
109	1952	物理学	Felix Bloch	斯坦福大学		洛斯阿拉莫斯国家实验室、欧洲核子研究委员会（CERN）
110	1952	物理学	Edward Mills Purcell	麻省理工学院		
111	1951	化学	Edwin Mattison McMillan		劳伦斯伯克利国家实验室	洛斯阿拉莫斯国家实验室
112	1951	化学	Glenn Theodore Seaborg	加州大学伯克利分校	劳伦斯伯克利国家实验室	原子能委员会
113	1946	生理学或医学	Hermann Joseph Muller	阿默斯特学院、印第安纳大学		
114**	1944	物理学	Isidor Isaac Rabi	哥伦比亚大学、麻省理工学院	布鲁克海文国家实验室	
115	1939	物理学	Ernest Orlando Lawrence	加州大学伯克利分校	劳伦斯伯克利国家实验室	
116	1938	物理学	Enrico Fermi	哥伦比亚大学、芝加哥大学		
117	1936	物理学	Carl David Anderson	加州理工学院、国防研究委员会	科学研发局	
118	1934	化学	Harold Clayton Urey	约翰霍普金斯大学		
119	1934	生理学或医学	George Hoyt Whipple	罗彻斯特大学		

续表

序号	获奖年度	获奖类别	获 奖 者	所在研究机构	所在科学局下属部门	所在其他 DOE 下属部门
120	1927	物理学	Arthur Holly Compton	芝加哥大学		原子能委员会
121	1925	物理学	James Franck	芝加哥大学		原子能委员会

注：* John Bardeen 分别于 1956 年和 1972 年获得两次诺贝尔物理学奖；** Murray Gell-Mann 和 Isidor Isaac Rabi 由于未证实领取诺贝尔奖，未在诺贝尔奖官方网站及相关统计范围之内。因此，在表 2-3 中的统计信息中多出 3 行，共计 121 行。

2.2　科学与能源类国家实验室

DOE 下属的 17 个国家实验室中，有 10 个由科学局负责管理，其主要任务是科学发现。DOE 国家实验室创建的目的是：赢得二战，并保障在原子能时代的国家安全。基于这一目的，这些实验室始终将国家需要放在第一位：首先是国防领域，同时也涉及空间竞赛，近十多年来关于对新型能源、新的能源—效率材料、应对国内和国外恐怖主义的新方法探索，以及满足关键国家需求。

当前的国家实验室体系中包含了其所属领域在全世界范围的绝大多数综合研究系统。在支持 DOE 完成任务和达成战略目标的过程中，SC 下属的国家实验室在国家 R&D 任务中履行的枢纽功能包括：不断将最感兴趣和最重要的科学问题加入交叉学科中——化学、生物学、物理学、天文学、数学，而非仅限于单独一个学科。SC 下属的国家实验室在设计和组织结构方面特别强调在这些交叉学科中的研究。这些实验室的发展史中充斥着多学科和交叉学科中产生深远研究结果的例子。这种协同的方式，加上在广阔范围内从一个学科领域转移到另一个学科领域的能力，是 SC 下属国家实验室独一无二的特性。这一特性并不适用于大学或民营企业内的研究部门，因为只有这些实验室的研究范围足够广、基础设施足以满足需求，并且兼具多学科交叉融合的基本属性。

国家实验室以寻求解决国家技术挑战为目标，形成了完整的科学领域，并在很多方面居于主导地位，包括：高能物理学、固态物理学和材料科学、纳米技术、等离子体科学、核医疗学、放射生物学以及大型科学计算，并形成了一些新的学科。对国家的科学和技术成就所造成的这些广泛影响，主要源于在创建之初，DOE 国家实验室就拥有很多世界上规模最大、最复杂的研究设施。从能够看到宇宙形成最初时刻的"核粒子加速器"，到支持利用与太阳类似能源用于商业用途实验的核聚变反应堆，以及纳米科学研究设施和支持数千名研究人员的科学计算网络，这些国家实验室是国家"大科学"的管理者。正因为如此，国家实验室都保持着最佳的途径，能够明确如何促进多学科交叉融合、保证基于大型仪器设备的科学研究，以满足国家的目的需求。

除作为创新研究的关键支撑平台来支持 DOE 的任务以外，在 SC 下属国家实验室中的科学设施也充当更广泛的国家研究团体的科研资源。根据统计，在 2017 财年，这些实验室共为 36 000 多名用户提供设施支持，并接待了 9000 多名访问学者，其中大部分来自大学，其他来自联邦政府局和民营公司。

DOE 的挑战是确保这些实验室的研究方向集中于完成 DOE 的任务，无论是以独立形式还是合作形式；同时，对政府的资源和支持进行优化分配，以保证这些实验室在科研方面的长期优势，并在这些实验室中的竞争与合作之间维持合适的平衡。

DOE 对各国家实验室的指导采取"自下而上、自上而下"的双向循环模式：通过制订项目计划，征询实验室领导团队意见，以确定"顶天立地"的长期规划，并以各实验室签署的协议为依据，着重考虑每个实验室所承担的核心能力要求。在长期规划的基础上，DOE 领导部门和各实验室之间不断交流，综合分析实验室当前的优势和劣势、未来的方向、当前和长期的挑战，以及所需的资源，并且作为 DOE 为各实验室制订相应计划、方案的主要依据。

2.2.1 艾姆斯实验室

艾姆斯实验室（Ames Laboratory，AMES）成立于 1947 年，距今已有 70 余年的历史。实验室位于爱荷华州的艾姆斯市，依托单位是爱荷华州立大学，实验室位于其依托单位的校园内，与大学紧密融合，逐渐向跨学科的科研和创新方面拓展。实验室形成了以理论、计算和实验为研究体系的材料科学研究。AMES 是在各种与国家安全和资源管理方面创新研究的顶级国家实验室，主要针对在国家层面上关注的一些重要领域开展研究，包括新材料的合成与研究、能源、高速计算机设计，以及环境清洁与恢复。重要成果应用的案例包括：发明无铅焊料、能更有效地将农作物转化为生物燃油的混合催化剂以及具有非凡光学性能的特种材料等。2013 年 1 月，美国能源部宣布在艾姆斯实验室建立关键材料研究所（Critical Materials Institute，CMI），其任务是制订关于国内稀土材料短缺和其他关系到美国能源安全的关键材料的解决方案。

艾姆斯实验室的基本情况如表 2-4 所示，其 2018 财年的经费构成如图 2-5 所示。

表 2-4　艾姆斯实验室的基本情况

总 体 指 标	详 细 指 标	数据和概况
概况	位置	爱荷华州，艾姆斯市
	类型	单一计划实验室
	成立时间	1947 年
	实验室主任	Adam Schwartz
	依托单位	爱荷华州立科技大学
	管理办公室	艾姆斯试验场办公室
	互联网址	http://www.ameslab.gov
物理资产	占地	10 英亩，拥有 13 栋建筑
	使用面积	34.1 万平方英尺建筑面积（GSF）
	设施估值（RPV）	9400 万美元
	额外设施	无
	租赁设施	无
人力资源	全职人员（FTE）	307
	兼职人员	43
	博士后	46
	研究生	94
	本科生	80
	设备使用者	0
	访问学者	321
2017 财年概况	实验室运行费	5780 万美元
	DOE/NNSA 经费	5690 万美元
	SPP 经费（非 DOE/ 非 DHS）	110 万美元
	SPP 占实验室运行费百分比	1.9%
	DHS 经费	0
核心能力	应用材料科学与工程 化学与分子科学 凝聚态材料物理学与材料科学	

续表

总 体 指 标	详 细 指 标	数据和概况
独有仪器设备 / 设施	高灵敏仪器平台（Sensitive Instrument Facility，SIF） 关键材料研究所——美国能源部能源创新中心 材料预备中心 用于添加剂制造的粉末合成设备	

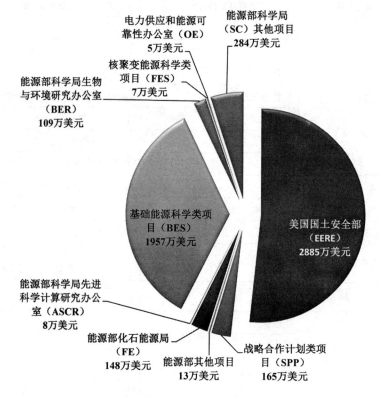

图 2-5　艾姆斯实验室 2018 财年的经费构成

1. 使命

70 多年来，AMES 成功地与爱荷华州立大学合作，创造材料，激发灵感解决问题，以应对全球挑战。在此期间，AMES 在发现、合成、分析和使用新材料、新化学反应和转换分析工具方面处于领先地位。今天，AMES 已成为一个世界领先的机构。其使命主要包括以下 4 个方面。

❑ 通过创造性和创新性的合成技术，发明具有新的物理和化学功能的材料，特别是那些利用稀土元素的潜在应用材料，这些技术得到了积极的开发和改进。

❑ 利用 AMES 开发的仪器和国家科学用户设施中可用的仪器，确定材料和分子的新物理和化学性质。

❑ 与国内外合作伙伴共享这些材料和知识，促进物理、化学和材料科学
的基础知识的推广和发展。

❑ 通过内部活动和外部合作，促进这些材料在经济和国家安全方面的应用。

作为国际顶尖的实验室，通过早期研究将基础能源科学转化为许可技术，
并通过战略合作伙伴项目将其商业化。AMES 提高了美国的国家和经济竞争
力，同时减少了工业的技术壁垒。

除在材料发现方面的领导地位外，AMES 还在稀土科学、新型电子材料和
磁性材料的研究方面处于领先地位。AMES 正在通过领导 DOE 的关键材料研
究所（CMI）应对关键材料的全球挑战；通过热能材料协会 CaloriCool®（美
国能源部能源材料网络的一部分）解决具有 100 年历史的压缩蒸汽制冷技术，
以提高其效率和可靠性；开发工具和模型来解决金属添加剂制造的关键障碍。
以核心能力为基础，AMES 的愿景是引领美国在下一代信息和能源技术材料领
域的合成和探索研究，并通过在合成、表征和多尺度理论方面推进化学过程，
提高 AMES 的世界领先能力。

2. 主要研究领域

AMES 的核心能力代表了实验室的最大优势。能源部的科学局确定的 3 项
核心能力——应用材料科学与工程、化学与分子科学、凝聚态材料物理学与材
料科学，其中的每一项都涉及由世界领先的研究人员组成的跨学科团队。这些
研究人员利用独特的专业知识和能力来解决国家在这些领域存在的问题，并实
现能源部的使命。他们研究的重点是利用实验室的核心能力和独特优势所产生
的创新方法，对材料的物理和化学的基本理解实现革命性的突破。凝聚态材料
物理学与材料科学、化学与分子科学等核心领域的新发现，为应用材料科学与
工程的成功奠定了基础。

AMES 的核心能力支持能源部的战略目标，特别是能源部科学办公室的战
略目标，具体如下。

❑ 提供科学发现、能力和改变对自然认识的主要科学工具。

❑ 加强基础科学技术创新发展的衔接。

❑ 支持建设更具经济竞争力、更安全、更有弹性的美国能源基础设施。

❑ 加速科学突破和开发新的创新，以实现更有利于可持续的美国能源生
产、转换和使用。

3. 发展简史

1942 年，爱荷华州立大学的稀土元素化学专家弗兰克·斯伯丁（Frank

Spedding）同意建立并指导一个化学研究与开发项目，即后来的"艾姆斯计划（Ames Project）"，以配合曼哈顿工程的开展，其目标是从铀矿石中生产高纯度铀。"艾姆斯计划"为曼哈顿工程生产了超过 200 万磅（907 吨）的铀，直到 1945 年工业界接管了这一项目。"艾姆斯计划"在 1945 年 10 月 12 日获得了"陆军—海军 'E' 卓越生产奖"，以表彰其在金属铀工业生产中作为重要战争材料的卓越表现。"艾姆斯计划"的成功直接促使美国原子能委员会于 1947 年正式建立 AMES。

20 世纪 50 年代，随着国家探索核能的使用，AMES 的科研和工程人员研究了核燃料和核反应堆的结构材料。实验室开发的工艺生产出了世界上最纯净的稀土金属，同时将稀土金属价格降低至原来的十分之一。在很多情况下，实验室的设施被作为大规模生产稀土金属产品的参考样板。实验室科学家利用爱荷华州立大学的同步加速器进行中等能量物理学研究。同时，分析化学的工作也在不断扩大，以满足新材料分析的需要。

20 世纪 60 年代，AMES 的科研人员继续探索新材料，实验室人员数量达到顶峰。AMES 建造了一个 5 MW 的重水反应堆，用于中子衍射研究和附加的同位素分离研究。美国原子能委员会（AEC）在 AMES 建立了稀土信息中心，向科学界和技术界提供有关稀土金属及其化合物的信息。

20 世纪 70 年代，随着 AEC 演变成 DOE，对大量相关项目和资源进行了整合，联邦政府的调整导致了反应堆的关闭。为了应对该问题，AMES 将重点放在应用数学、太阳能、化石燃料和污染控制上。同时，开发了新型的分析技术，以便从越来越小的样本中提供精确的信息。其中，最重要的是电感耦合等离子体原子发射光谱技术，可以快速地、同时从一个小样品中检测出多达 40 种不同的痕量金属。

20 世纪 80 年代，AMES 的研究核心逐渐演变成满足国家的能源需求。其中，对化石能源研究的重点是如何使煤炭更清洁，同时开发了清理核废料场的新技术；高性能计算研究扩展了应用数学和固态物理程序；AMES 还成为超导性和无损检测领域的国内引领者。此外，能源部还建立了材料预备中心，提供了开发新材料的创新途径。

20 世纪 90 年代，在 DOE 的鼓励下，AMES 继续努力将基础研究成果转移到工业领域，用于开发新材料、新产品和新工艺。研究人员发现了第一个非碳的巴克球——一种在微电子领域很重要的新材料，还开发了一种比其他设备快 24 倍的 DNA 测序仪，以及一种评估化学污染物对 DNA 损伤性质的技术。

平稳过渡到 2000 年后，AMES 持续在物理—化学交叉领域不断取得成就：提出了一种无溶剂生产固体有机化合物的机械化学方法，用于研究新的、复杂的氢化物材料，为氢动力汽车的可行性提供高容量、安全的储氢方案；研发了先进的电力驱动电机技术，设计高性能的永磁合金，使其在 200℃（或 392 ℉）时具有良好的磁强度，也使电力驱动电机更高效、更经济；等等。支撑技术研发方面，开发了 osgBullet，这是一款可以创建三维实时计算机仿真的软件包，可以帮助工程师设计从下一代发电厂到高效汽车等复杂系统。osgBullet 软件获得了 2010 年的"研发 100"奖励。

近十年来，AMES 在很多领域取得显著成就。2013 年，DOE 向 AMES 拨款 1.2 亿美元，启动了一个新的能源创新中心——关键材料研究所（CMI），通过探索新技术并实现其商业化，减少对关键材料的依赖；这些材料对美国在清洁能源技术领域的竞争力至关重要。AMES 自 2014 年开始建立全球领先的高灵敏仪器平台（Sensitive Instrument Facility，SIF），该平台被作为 AMES 已有的扫描透射电子显微镜和一些先进的高灵敏度设备的"新家"，提供一个能够有效隔离振动、电磁和其他类型干扰的试验环境，以实现从原子尺度清晰地展示细节。AMES 还拥有动态核极化——固态核磁共振（Dynamic Nuclear Polarization-Nuclear Magnetic Resonance，DNP-NMR）光谱仪，帮助科研人员了解单个原子在材料中的排列方式。该 DNP-NMR 光谱仪曾是美国用于材料科学和化学领域的最先进实验仪器之一。

4. 未来规划

AMES 在新材料、新型化学反应和转换分析工具的发现、合成和使用方面一直处于领先地位。这些新材料由精确而严格的合成和化学反应产生，常常表现出令人惊讶的、有时完全出乎意料的物理和化学特性。这些材料特性颠覆了人类认识极限的功能性人造材料，包括强关联电子材料和新型超导体、准晶体、手性材料、拓扑材料、复合催化剂、复杂化学和生物学媒介、先进制造用粉末、稀土元素及其化合物等。

未来，AMES 将在发现和使用材料科学的历史成果基础上，努力保持世界领先研究机构的地位，具体如下。

- ❑ 通过创造性和创新性的合成技术，发明具有新的物理和化学功能的材料，特别是那些利用稀土元素的潜在材料，这些技术将得到积极的开发和改进。
- ❑ 利用实验室开发的仪器和国家科学用户设施提供的仪器，确定材料和分子的新物理和化学性质。
- ❑ 与国内外合作伙伴共享这些材料和知识，发展材料科学和化学的基础知识。

❑ 通过内部活动和外部合作，促进这些材料在经济和国家安全方面的应用。

AMES 在新的年度实验室计划中，将科学战略作为短期的战略计划，该计划描述了材料发现领域的重要方向和机遇，包括：量子信息和传感、下一代计算技术、能量转换和能量获取技术等。只要有可能，实验室将培育这些技术，使其应用于造福美国经济、能源和国家安全利益。

2.2.2　阿贡国家实验室

阿贡国家实验室（Argonne National Laboratory，ANL）是一个科学与工程研究并重的多学科 DOE 国家实验室，其核心能力覆盖从可用的清洁能源到国防和环境保护。ANL 的依托单位是芝加哥大学附属的芝加哥大学阿贡有限责任公司（UChicago Argonne LLC）。实验室主体位于伊利诺伊州的芝加哥郊外，是中西部规模和范围最大的国家实验室。ANL 以新型材料为核心，研究覆盖了材料科学、物理、化学、生物、数学和超级计算领域的实验、理论和建模，应用则包含交通、核能、电网和电池等诸多行业。ANL 还是诸多国家级重大基础科研设施的设计、建造、维护、使用和服务部门，提供对于单个大学或民营公司来说过于昂贵的科研资源支持。

ANL 最初是为了执行在核反应堆方面的工作，由恩里科·费米（Enrico Fermi）组建成立，是"曼哈顿计划"的一部分。1946 年 7 月 1 日，ANL 被指定为美国的第一个国家实验室。二战后，该实验室致力于与核武器无关的核物理研究，设计并建造了第一个用于发电的核反应堆，协助设计美国海军使用的核反应堆，以及各种类似的项目。1994 年，该实验室的核任务宣告结束。历经近 30 年的转型发展，ANL 当前在基础科学研究、能源储存和可再生能源、环境可持续发展、超级计算和国家安全等领域保持着广泛的业务。

历史上，ANL 在爱达荷州管理着一个规模较小的实验室，称为阿贡国家实验室西区（Argonne National Laboratory-West，Argonne-West），地址就在爱达荷州国家工程与环境实验室（Idaho National Engineering and Environmental Laboratory）旁边。2005 年，这两个爱达荷州的实验室合并成爱达荷国家实验室（Idaho National Laboratory，INL）。

ANL 是数千名实验室外部研究人员的联系中心。每年，他们通过使用 ANL 的仪器设备和设施，与 ANL 内部的工作人员合作，共同推进相关领域的科技发展。ANL 在 1981 年开放了第一套大型实验设施，到目前形成了以五大基础设施——先进光子源、阿贡主导计算平台、阿贡串联线性加速器系统、纳米材料中心和大气辐射测量气候研究平台的南大平原基地为核心的开放平台体系，构成了 DOE 综合设施中最大的用户服务体系之一。

阿贡国家实验室的基本情况如表 2-5 所示，其 2018 财年的经费构成如图 2-6 所示。

表 2-5 阿贡国家实验室的基本情况

总体指标	详细指标	数据和概况
概况	位置	伊利诺伊州杜佩奇县
	类型	多计划实验室
	成立时间	1946 年
	实验室主任	Paul Kearns（临时）
	依托单位	芝加哥大学阿贡有限责任公司
	管理办公室	阿贡试验场办公室
	互联网址	http://www.anl.gov
物理资产	占地	1517 英亩，154 栋建筑
	使用面积	500 万平方英尺建筑面积（GSF）
	设施估值（RPV）	37 亿美元
	额外设施	10 处，占地 5.3 万平方英尺建筑面积（GSF）
	租赁设施	占地 34 万平方英尺建筑面积（GSF）
人力资源	全职人员（FTE）	3225
	兼职人员	274
	博士后	273
	研究生	160
	本科生	409
	设备使用者	8305
	访问学者	1107
2017 财年概况	实验室运行费	6.827 亿美元
	DOE/NNSA 经费	5.73 亿美元
	SPP 经费（非 DOE/ 非 DHS）	0.778 亿美元
	SPP 占实验室运行费百分比	11.4%
	DHS 经费	0.3189 亿美元

续表

总 体 指 标	详细指标	数据和概况
核心能力	加速器科学与技术 先进计算机科学、可视化和数据 应用材料科学与工程 应用数学 生物学与生物过程工程 化学工程 化学与分子科学 气候变化科学和大气科学 计算科学	凝聚态材料物理学与材料科学 赛博与信息科学 决策科学与分析 大规模用户设施 / 先进设备 核工程 核物理学 核与放射物化学 粒子物理学 系统工程与集成
独有仪器 设备 / 设施	先进光子源 阿贡主导计算平台 阿贡串联线性加速器系统	纳米材料中心 交通研究与分析计算中心

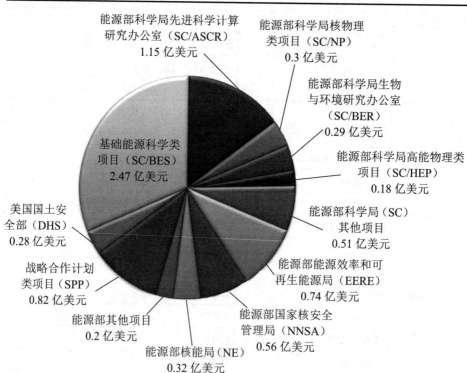

图 2-6　阿贡国家实验室 2018 财年的经费构成

1. 使命

在 ANL 最新版的介绍中，用一句话对其使命做了高度的概括："阿贡的科学家和工程师做出了改变游戏规则的发现，并激发了新的技术，以满足国家对可持续能源、经济竞争力和安全的需求。"

从创建之初，ANL 就处于研究和创新的前沿。1946 年，作为芝加哥大学参与完成"曼哈顿计划"的产物，ANL 作为一个研究领域涵盖化学、材料和核工程的综合实验室被建立，其核心目标是开发并实现对一种革命性的新能源——核能的和平利用。

根据 DOE 在 2008 年的总结，ANL 的使命包含 5 个方面。

❑ 开展基础科学研究。

❑ 运营国家科学设施。

❑ 加强国家能源资源建设。

❑ 探索能更妥善处理环境问题的方法。

❑ 保护国家安全。

ANL 一直致力于在已有的发现和历史创新的基础上，通过变革性的理念和示范性的研究与运营，为社会带来持久的影响。在 DOE 的研究领域中，通过其杰出的工作人员在科学和工程方面所拥有的广泛的能力，与实验室所拥有设施中强大的研究工具以及以 ANL 为核心所形成的广泛外部合作者网络相结合，形成了 ANL 独有的特色。

ANL 所承担的项目涵盖了从发现到应用的全链条研究领域。通过在化学、材料和物理领域集中开展探索性科学研究，实现对世界的全新认识；通过推动计算和分析能力的进步解决最具挑战性的科学和技术问题；通过设计先进的能源系统来帮助塑造国家的未来。

ANL 采取广泛合作的发展策略，特别是在美国中西部的创新生态系统中扮演着关键角色，其科学和技术项目通过与芝加哥大学和伊利诺伊州立大学，以及国内其他领先研究型大学的研究人员合作而得到丰富。与能源部其他国家实验室的合作是其研究的组成部分。ANL 亦与工业界建立紧密联系，以支持向民营机构转化新科技概念。

2. 主要研究领域

ANL 在科学和工程方面拥有广泛的专业知识基础，包括能源部为其实验室定义的 24 项核心能力（见表 2-2）中的 18 项，是满足国家对科学和技术领导的关键需求的强大基础。ANL 利用这些能力来支持能源部、国土安全部和其他机构的使命。

ANL 发起的引领研究如下。

（1）硬 X 射线科学。ANL 拥有世界上最大的高能光源之一——高级光子源（Advanced Photon Source，APS）。每年，科学家们都有成千上万的创新发现，他们利用 APS 来表征有机和无机材料，甚至是加工过程，例如，汽车燃料喷射器是如何在发动机中喷射汽油的。

（2）顶级计算资源。ANL 提供并维护计算能力最快的计算机之一——IBM Blue Gene/Q 超级计算机，并为其开发了系统软件和大量应用软件。ANL 通过努力将计算速度从千兆级提升到百万兆级，开发新的代码和计算环境，并扩大算法和模型研究，以帮助解决科学挑战。

（3）能源材料。ANL 的科学家致力于预测、理解和控制单个原子和分子的位置和方式，以获得所需的材料性能。在此基础上，ANL 的科学家们帮助开发了一种用冰悬浊液来冷却心脏病患者器官的方法；描述了钻石在纳米级别上表现出光滑属性的原因；发现了一种比以前的任何材料都更具有完全抵抗电流流动的特性超绝缘材料。

（4）电能储存。ANL 开发用于电力运输技术的电池，用于风能、太阳能等间歇性能源的电网储存，以及这些材料密集型电池的制造过程。ANL 从事先进电池的研究和开发已有 40 多年的历史。在 21 世纪的前 10 年里，该实验室一直专注于锂离子电池研发，并于 2009 年 9 月宣布了一项探索和改进其性能的计划。ANL 还拥有一个独立的电池测试平台，该设施对来自政府和民营企业的样品电池进行实验，以测试这些电池在长时间、高温和低温压力下的性能。

（5）替代性能源及其能效研究。ANL 为现有的发动机开发了化学和生物燃料，并为未来的发动机技术改进了燃烧方案。该实验室还推荐了节约燃料的最佳方案。太阳能研究项目的重点是太阳能燃料、电力设备和系统，这些设备和系统具有规模效应和经济竞争力，可以与化石能源相媲美。ANL 的科学家们还探索了智能电网的最佳实践，包括模拟公共设施和家庭之间的电力流动，以及接口技术研究。

（6）核能。ANL 生产先进的核反应堆和燃料循环技术，安全利用核能进行持续发电；利用计算机仿真来开发和验证未来的新一代核反应堆；研究如何再处理用过的核燃料，使废料减少到 90%。

（7）生物和环境系统。通过了解气候变化的局部影响确定如何整合环境和人类活动之间的相互作用，研究对象覆盖了从分子到生物再到生态系统。

（8）国家安全。ANL 开发安全技术，以预防和减轻可能造成大规模破坏的事件。这些技术包括可以探测化学、生物、核和爆炸材料的传感器，以及可在机场应用的比 X 射线更容易探测危险材料的便携式太赫兹辐射（T-ray）设备。

ANL 的大型仪器设备主要置于其伊利诺伊州的主实验区，此外，在俄克拉荷马州还有一部分设备供 ANL 内部和外来科研人员使用。这些独有的仪器设备和设施如下。

（1）高级光子源（APS）。APS 是国家同步加速器 X 射线的研究设施，能够产生西半球最亮的 X 射线。

（2）纳米材料中心（Center for Nanoscale Materials，CNM）。CNM 附属于 APS 上的一个用户设施，为研究纳米技术和纳米材料提供基础设施和仪器。CNM 是美国能源部科学局（SC）的 5 个纳米科学研究中心之一。

（3）阿贡串联线性加速器系统（Argonne Tandem Linear Accelerator System，ATLAS）。ATLAS 是世界上第一台能量位于库仑势垒附近的重离子超导粒子加速器，能够构建一个适合研究原子核、物质核心和恒星燃料性质的能量域。

（4）电子显微镜中心（Electron Microscopy Center，EMC）。EMC 是由 DOE 支持的用于电子束微观表征的 3 个科学用户设施之一。EMC 对转换和缺陷过程、离子束改性和辐照效应、超导体、铁电体和界面进行了现场研究。它的中压电子显微镜与一个加速器相结合，是美国类似系统的唯一代表。

（5）阿贡超级计算平台（Argonne Supercomputing Platform，ASP）。ASP 为科学界提供领导水平的计算资源，包括计算机时间、资源和数据存储能力。ANL 是 IBM Blue Gene/Q 超级计算机 Mira 的所在地，Mira 曾是世界上速度排名第十一位的超级计算机。

（6）结构生物学中心（Structural Biology Center，SBC）。SBC 是位于 APS 的 X 射线设备之外的一个用户设施，专门研究大分子晶体。用户可以使用插入装置、弯转磁场和生物化学实验室。SBC 的射线装置常用于绘制蛋白质的晶体结构。设备使用者曾从炭疽菌、脑膜炎致病菌、沙门氏菌和其他致病菌中获取蛋白质影像。

（7）交通研究与分析计算中心（Transportation Research & Analysis Computing Center，TRACC）。该中心使用高性能计算来分析和创建各种交通问题的数据和可视化模型，包括耐撞性、空气动力学、燃烧、热管理、天气建模和交通模拟。

（8）大气辐射测量（Atmospheric Radiation Measurement，ARM）气候研究设施。ANL 是参与 ARM 项目的 9 个国家实验室之一。该项目旨在研究全球气候变化。ANL 负责监督 ARM 的运行，并管理俄克拉荷马州的一个气象数据收集站点和一个移动数据收集设施。

（9）网络优化系统（Network Enabled Optimization System，NEOS）服务

器。该服务器构建了第一个基于网络平台解决问题的环境，适用于广泛的商业、科学和工程应用程序，包括在整数规划、非线性优化、线性规划、随机规划和互补问题方面最先进的解决方案。

（10）储能研究联合中心（Joint Center for Energy Storage Research，JCESR）。该中心设在 ANL，致力于在原子和分子尺度上理解电化学材料和现象，并利用这些基础知识发现和设计下一代储能技术。

3. 发展简史

1942 年，芝加哥大学创建了 ANL 的前身——"冶金实验室（Metallurgical Laboratory）"。随后，芝加哥大学参与了"曼哈顿计划"。冶金实验室在芝加哥大学体育馆的看台下建造了世界上第一座核反应堆——芝加哥一号反应堆（Chicago Pile-1，CP-1）。1943 年，被认为是不安全的 CP-1 被改建为 CP-2，位于今天的红门森林（Red Gate Woods），当时是帕洛斯山附近的库克县森林保护区的阿贡森林。因此，这个实验室是以周围的阿贡森林命名的，而阿贡森林又以美国军队在第一次世界大战中曾经参与作战的法国阿贡森林命名。费米的反应堆原本计划在阿贡森林中建造，当时施工计划已经启动，但一场劳资纠纷使工程陷入停顿。由于进度是最重要的，所以这个项目被移到了芝加哥大学校园内的斯塔格运动场下的壁球场。费米告诉他们，他对自己的计算很有把握，他说，这不会导致可能污染整个城市的失控事件。

在接下来的 5 年里，又增加了其他的相关研究活动。1946 年 7 月 1 日，冶金实验室正式更名为阿贡国家实验室，从事"核子学的合作研究"。应美国原子能委员会（AEC）的要求，ANL 开始为国家和平利用核能项目开发核反应堆。在 20 世纪 40 年代末到 50 年代初，出于发展的需要，ANL 搬到了伊利诺伊州的杜佩奇，建立了更大规模的实验区，并在爱达荷州建立了一个名为"阿贡国家实验室西区（Argonne-West）"的分实验区，以开展进一步的核研究。

紧接着，ANL 设计并建造了世界上第一座重水慢化反应堆——芝加哥三号反应堆（CP-3，1944 年完成）；同时，在爱达荷州建造了第一实验增殖反应堆（芝加哥四号反应堆，CP-4），使用该反应堆，于 1951 年在世界上第一次使用核能点亮了串在一起的 4 个电灯泡。从这些反应堆开展的实验中，ANL 获取了大量知识和经验，为目前世界上大多数用于发电的商业反应堆的设计奠定了基础，也为未来的商业电站提供了液态金属反应堆的最新设计。

由于开展的很多研究都涉密，因此 ANL 在管理上戒备森严。所有的员工和访客都需要佩戴徽章才能通过检查站，许多建筑物都是保密的，实验室本身也有围栏和警卫。如此诱人的秘密吸引了许多特殊的访客，既有获得授权的，如比利时国王利奥波德三世和希腊王后弗雷德里卡，也有未获得授权的。1951 年 2 月 6 日凌晨 1 点，ANL 的安保人员在约 3 m 高的围栏附近发现了记者 Paul Harvey，他的外套被铁丝网缠住了。搜查他的车时，保安发现了一份事先准备好的 4 页广播稿，详细讲述了他未经授权进入一个机密"热点"的故事。他被带到一个联邦大陪审团面前，被控阴谋获取有关国家安全的信息并将其传递给公众，但他没有被起诉。

并不是所有的核技术都用于开发反应堆。1957 年，在为反应堆燃料器件设计扫描仪时，ANL 的物理学家 William Nelson Beck 将自己的手臂伸进了扫描仪，获得了人类最早的超声波图像之一。设计用于处理放射性物质的遥控装置，为更复杂的用于清理污染地区、密封实验室或洞穴的机器奠定了基础。1964 年，"杰纳斯（Janus）"反应堆开始被用于研究中子辐射对生物生命的影响，从而为电厂、实验室和医院工作人员的安全暴露水平提供研究指导。ANL 的科学家率先使用阿尔法辐射计分析月球表面物质，该装置于 1967 年由"勘测者 5 号（Surveyor 5）"发射，后来被用于阿波罗 11 号任务的月球样本分析。

除涉核工作外，ANL 还在物理和化学的基础研究中占有重要地位。1955 年，ANL 的化学家们合作发现了元素周期表中的新元素，分别是第 99 号元素锿和第 100 号元素镄。1962 年，ANL 的化学家制造出惰性气体氙的第一种化合物，开辟了化学键研究的新领域。1963 年，他们发现了水合电子。当 ANL 被选为 12.5 GeV（1 GeV 表示十亿电子伏特）零梯度同步加速器的基地时，其高能物理学发展取得了一次飞跃。

与此同时，该实验室还参与了世界上第一艘核动力潜艇"鹦鹉螺号（USS Nautilus）"的核反应堆设计，这艘潜艇共航行了 951 090 km。ANL 持续开展对下一代核反应堆的设计，即实验沸水反应堆，该类型反应堆是许多现代核电站的参考方案。ANL 于 1982 年设计出"集成快速反应堆"方案，这是一种革命性的设计，能够对自身产生的核废料进行二次利用，从而减少了核废料，并经受住了引发切尔诺贝利和三里岛灾难相同故障的安全测试。

随着全球《核不扩散条约》的签署，1994 年美国国会终止了对 ANL 大部分核项目的资助。ANL 转向其他领域，同时利用其在物理、化学科学和冶金方面的经验，开展大量科学研究。1987 年，该实验室首次成功演示了一种被称为"等离子体韦克菲尔德加速（Plasma Wakefield Acceleration）"的开创性技术，这种技术可以在比传统加速器短得多的距离内加速粒子。ANL 还孵化了一个强大的电池研究项目。在当时实验室主任 Alan Schriesheim 的大力推动下，ANL 被选为先进光子源的基地。先进光子源是一个大型 X 射线设备，于 1995

年建成，在其建造时产生了世界上最明亮的 X 射线。

4. 未来规划

ANL 对未来的决策直接反映在 DOE 国家实验室的转型上，ANL 承诺，通过科学成果的转移，实现对社会的持久影响，覆盖范围从科学发现到具体应用。ANL 将重点为影像学和科学计算提供强大的工具，加强基础科学，并大力发展科学和工程方面的应用实践。其战略主要体现为 5 个方面引领的创新研究。

- ❑ 硬 X 射线科学。
- ❑ 先进计算。
- ❑ 发展高校作为其实验室（ULab 计划）。
- ❑ 材料和化学。
- ❑ 制造科学与工程。

由高级光子源（APS）和阿贡领导的计算设施（ALCF）提供的研究能力是这 5 个方面的研究基础。ANL 通过在硬 X 射线科学和先进计算两方面的研究，实现对这两个基础设施的显著提升，从而为所有使用它们的科研人员开辟新的研究领域。这些升级还使其另外 3 个方面的研究取得长期成功。ANL 将在 ULab 计划和材料与化学计划中解决关键的基础科学问题；而在其制造业计划中，将使用基于科学的方法推进可扩展的新材料制造，以支持美国工业的发展。与芝加哥大学及其他领先的研究型大学、其他研究实验室和产业界的伙伴关系在这些计划中起着重要作用，是 ANL 未来科学战略的组成部分。

2.2.3　布鲁克海文国家实验室

一旦提及布鲁克海文国家实验室（Brookhaven National Laboratory，BNL），立即会想到 3 位与之相关的华人诺贝尔奖获得者：杨振宁、李政道和丁肇中。杨振宁和李政道于 1956 年在 BNL 工作期间，成功地解释了在 BNL 的高能同步稳相加速器（Cosmotron）上所做粒子衰变实验的结果，发现宇称守恒破坏，荣获 1957 年诺贝尔物理奖；丁肇中于 1974 年利用 BNL 的交变梯度同步加速器（Alternating Gradient Synchrotron，AGS）开展物理实验，与在 SLAC 加速器上开展实验的里克特同时发现粲夸克，获 1976 年诺贝尔物理奖。由于丁肇中的成就是在其离开 BNL 后获得的，因此在表 2-3 中未列出。此外，BNL 还是电子游戏机的诞生地。

BNL 于 1947 年在纽约长岛厄普顿营地正式成立，这里曾是美国陆军基地，其名字源于其所在的布鲁克海文镇，该镇大约位于纽约市以东 97 km。

BNL 拥有世界一流的设施和专业知识储备，以推进核与粒子物理学的基础研究，加深对物质、能量、空间和时间的理解；将光子科学和纳米材料研究应用于对国家至关重要的能源挑战；开展气候变化、可持续能源、计算和地球生态系统的跨学科研究。该实验室的约 2750 名科学家、工程师和管理人员每年都要接待成千上万的访问研究人员使用该实验室的大型科学设施。BNL 的依托单位是布鲁克海文科学联合公司，该公司是由纽约州立大学石溪分校研究基金会和非营利应用科技组织巴特尔研究所（Battelle）共同创立的。

BNL 的研究领域包括核能和高能物理、能源科学和技术、环境和生物科学、纳米科学和国家安全。这个占地 5300 英亩的园区内有多个大型研究设施，包括相对论重离子对撞机和国家同步加速器光源 II 号。与 BNL 有关的研究中，目前共产生了 7 个诺贝尔奖。

布鲁克海文国家实验室的基本情况如表 2-6 所示，其 2018 财年的经费构成如图 2-7 所示。

表 2-6 布鲁克海文国家实验室的基本情况

总 体 指 标	详 细 指 标	数据和概况
概况	位置	纽约州，厄普顿市
	类型	多计划实验室
	成立时间	1947 年
	实验室主任	Doon Gibbs
	依托单位	布鲁克海文科学联合公司
	管理办公室	布鲁克海文试验场办公室
	互联网址	http://www.bnl.gov
物理资产	占地	5322 英亩，315 栋建筑
	使用面积	485 万平方英尺建筑面积（GSF）
	设施估值（RPV）	55 亿美元
	额外设施	11 处，占地 9.8 万平方英尺建筑面积（GSF）
	租赁设施	无
人力资源	全职人员（FTE）	2527
	兼职人员	123
	博士后	116
	研究生	160
	本科生	235
	设备使用者	2923
	访问学者	2313

续表

总 体 指 标	详 细 指 标	数据和概况
2017 财年概况	实验室运行费	5.501 亿美元
	DOE/NNSA 经费	5.053 亿美元
	SPP 经费（非 DOE/ 非 DHS）	0.434 亿美元
	SPP 占实验室运行费百分比	7.9%
	DHS 经费	190 万美元
核心能力	加速器科学与技术 先进计算机科学、可视化和数据 应用材料科学与工程 生物系统科学 化学工程 化学与分子科学 气候变化科学和大气科学	凝聚态材料物理学与材料科学 大规模用户设施 / 先进设备 核物理学 核与放射物化学 粒子物理学 系统工程与集成
独有仪器 设备 / 设施	加速器测试平台 功能纳米材料中心 国家同步加速器光源 II 号 相对论性重离子对撞机	

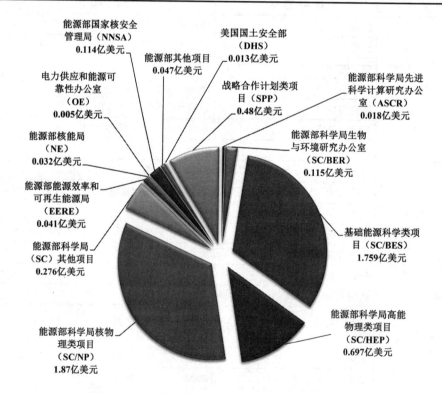

图 2-7　布鲁克海文国家实验室 2018 财年的经费构成

1. 使命

BNL 通过提供专业知识和世界顶级的设备设施承担全社会最感兴趣和重要的科学问题，其研究领域非常宽泛，覆盖范围从宇宙的诞生到未来的可持续能源技术。

BNL 在核和粒子物理学方面推进基础研究，以获得对物质、能量、空间和时间的更深刻的理解；应用光子科学和纳米材料研究解决对国家至关重要的能源挑战；同时，在计算、可持续能源、国家安全和地球生态系统方面开展跨学科研究。作为美国东北地区唯一的多计划实验室，BNL 为 DOE 国家实验室体系带来了独特的优势和能力。BNL 产生变革性的科学和先进技术，并且在美国国内和国际科学界的合作和参与下，安全、可靠、负责地运行。

BNL 在加速器科学和技术方面具有长期的专业知识，为支持 DOE 赋予其的使命，BNL 针对特有的科学设施，实现了概念化、设计、建造和运营。这些设施服务于 DOE 的基本研究需求，并反映出 BNL 和 DOE 对仪器设备的管理能力，这些仪器设备和设施对大学、工业界和联邦政府研究人员具有极其重要的意义。相对论重离子对撞机、国家同步加速器光源、功能纳米材料中心和加速器测试设施每年为近 3000 名科学家提供服务。

BNL 与纽约州立大学石溪分校（Stony Brook）、巴特尔分校以及核心大学联盟（包括：哥伦比亚大学、康奈尔大学、哈佛大学、麻省理工学院、普林斯顿大学和耶鲁大学）的紧密合作是完成实验室使命的重要前提和基础。除与布鲁克海文科学联合公司开展合作外，纽约州立大学石溪分校和巴特尔研究所（Battelle）也是 BNL 所有战略计划的关键合作伙伴，这两所机构是布鲁克海文科学联合公司的创立单位，也是 BNL 的间接依托单位。由布鲁克海文科学联合公司、纽约州立大学石溪分校和巴特尔研究所联合构成了 BNL 的运行管理指导机构，实现了对 BNL 从基础研究到技术的商业部署全链条的决策管理，它们支撑着 BNL 在美国东北部不断增长的合作关系，尤其是与纽约州的重要关系。

2. 主要研究领域

BNL 拥有 DOE 国家实验室的 24 项核心能力（见表 2-2）中的 13 项，还有 1 项处于正在形成的过程中。依靠这些核心能力，加上 BNL 在大型科学项目管理方面的成熟专业知识，将使实验室能够实现其使命和以客户为中心，在 DOE 国家实验室体系中发挥互补作用，并追求其科学卓越和顶级地位的愿景。BNL 的每一项核心能力都由大型试验设施、人员和设备组成，这些设备具有独特的、往往是世界领先的组成部分，与国家需求密切相关，并支持从大学预科（Grade K-12）到研究生的科学教育。这些核心能力使 BNL 能够支持提供美国能源部 / 国土安全部任务相关的科学和技术转化。BNL 的核心能力具体如下。

（1）加速器科学与技术。BNL 在加速器科学方面具有长期的实践经验，从 1948 年的高能同步稳相加速器（Cosmotron）开始，一直在全世界范围内开展加速器设计，当前的研究包括相对论重离子对撞机（Relativistic Heavy Ion Collider，RHIC）和国家同步光源 II 号（National Synchrotron Light Source II，NSLS-II），以及 eRHIC——在 BNL 开发的下一代电子离子对撞机（Electron-Ion Collider，EIC）。当前 BNL 开发的"标准化"并广泛应用的技术包括强聚焦原理和查西曼—格林晶格，它们分别是现代加速器和同步加速器光源设备革命性发展的基础。随着 NSLS-II 的构建，BNL 通过采用最新的加速器技术，实现了前所未有的亮度要求。

（2）先进计算机科学、可视化和数据。BNL 所开展的科学研究需要以丰富的数据实验、观测和计算设施为主导，如 RHIC、LHC ATLAS、Belle II、NSLS-II、功能纳米材料中心（Center for Functional Nanomaterials，CFN）、系统生物学知识库（Systems Biology Knowledgebase，KBase）、美国量子色动力学（Quantum Chromodynamics，QCD）和艾级（百亿亿级）计算项目（Exascale Computing Project，ECP）。在这些项目的需求驱动下，BNL 在先进计算机科学和数据科学方法、应用数学、算法、工具和基础设施方面形成了一个长期的研究、开发和操作任务程序，这使得它成为当前 DOE 综合体中最大的数据科学实验平台之一。

（3）应用材料科学与工程。BNL 开展与能量存储和电网有关的广泛研究，包括材料合成、表征和功能性电化学评估、高能量密度电池技术，对电池材料的热稳定性和功能限制的评估，以及充放电机制及相应的材料结构变化的基础研究。

（4）生物系统科学。BNL 生物学项目的目标是发展对复杂生物系统的定量理解，与能源部在能源和环境方面的任务相关。专业领域包括研究单个蛋白质的结构、蛋白质复合物、碳捕获过程中碳通量的调节、中心代谢过程中的转化以及作为还原碳化合物（包括脂质和生物量）的储存。在所有的项目研究中，目标都是获取与结构和功能相关的基础知识，以便优化所需的操作，如提高生长速度、改变代谢途径以使所需产品的积累或环境适应等。所使用的工具包括各种形式的结构生物学、分子生物学、物理生物化学和生物成像技术，这些工具将实验和建模与仿真紧密结合起来。

（5）化学与分子科学。在化学与分子科学领域，BNL 开展研究以实现新的或改进的可持续能源转换过程，研究既包括基础研究，也包括应用研究，覆盖领域包括：以热催化、电催化和光催化为手段的化学和辐射化学研究，化学动力学领域的基础研究，以及通过研究绿色植物对碳捕获、转换和存储的过程来揭示分子过程的基础物理生物科学方面的奥秘。

（6）化学工程。BNL 在应用化学研究方面取得了非常有影响力的成就，将科学发现转化为可实施的技术。BNL 开发了新型催化剂，有望解决燃料电池中能量转换效率低、铂负载高的问题。这些催化剂比传统催化剂含有更少的贵金属，促进了燃料电池的商业应用，如电动汽车的应用。另外，一些材料的规模化生产正在与行业合作伙伴联合开展。

（7）气候变化科学和大气科学。BNL 在大气和陆地生态系统科学领域的目标是深入研究气溶胶和云在地球气候中的作用，以及生态系统对气候变化的影响。BNL 所承担大气系统研究项目的研究人员，正在提升对气溶胶一云—降水连续体的相互作用及其对气候影响的理解。该研究重点是分析从大气辐射测量（Atmospheric Radiation Measurement，ARM）气候研究设施中收集的数据；研究云层和气溶胶的生命周期和辐射特性；建立关于云属性的交叉领域知识，构建使用遥感观测数据的分析过程。作为仪器顾问和数据科学专家，BNL 的科研人员为 ARM 设施提供支持，并通过对 ARM 测量的设计和解释做出贡献。气候建模科学家通过他们在组件开发、模型评估和强大的观测数据分析方面的专长，支持了能源艾级地球系统模型（Energy Exascale Earth System Model，E3SM）和巨型涡流仿真（Large Eddy Simulation，LES）、ARM 共生仿真与观测（LES ARM Symbiotic Simulation and Observation，LASSO）计划。

（8）凝聚态材料物理学与材料科学。BNL 在凝聚态材料物理学和材料科学领域开展前沿研究，重点研究用于可再生能源、储能和能源效率的新型和改进型复合的、纳米级的和与电子相关的材料。这些研究是通过跨学科和紧密耦合的材料合成研究项目来实现的，先进的表征使用了一系列的实验技术，包括基于 BNL 特有的实验设施，以及专注于强相关材料的理论技术。

（9）大规模用户设施 / 先进设备。作为其使命的关键部分，BNL 开发和运营的用户设施超出了单个机构所能拥有的经费量级和专业知识范围。在 2017 财年，BNL 应用 DOE 指定的用户设施为近 3000 位用户提供服务，这些设施包括 ATF、RHIC（为 NASA 空间辐射实验室等提供支持）、NSLS-II 和 CFN，还包括 RHIC-ATLAS 超算平台和 US ATLAS 分析支持中心。BNL 还为 ARM 气候研究设施提供支持。

（10）核与放射物化学。BNL 的核科学项目覆盖了从医学到国家安全的各个领域。布鲁克海文直线加速器同位素生产商使用高能直线加速器和目标处理设备来生产尚未上市的同位素，主要用于核医学。所生产的 Sr-82 是 Rb-82 的亲本，每年用于评估 30 万患者的心脏活力和冠状动脉疾病。BNL 与 LANL 和 ORNL 合作生产 Ac-225，以支持癌症的临床试验。Ac-225 是一种限量供应的阿尔法发射极，在临床试验中能够降低毒性和提高治愈率。升级后的设施和安装了光栅化的光束，使得生产效率更高。2015 年，核科学咨询委员会Ⅰ号报告进一步建议将束流增加 1 倍，并安装第二个辐照场，以增加未来的产量。辐射设施还用于进行辐射损伤研究，并支持由 6 个国际组织组成的辐射项目，评估用于反应堆和加速器的新材料。

（11）核物理学。BNL 对量子色动力学（QCD）控制物质的最基本方面进行了开拓性的探索。使用 RHIC 开展重离子对撞实验，以探测在模拟的仅仅诞生几微秒的早期宇宙中物质的温度和密度。RHIC 实验发现，在这种条件下的物质被称为夸克—胶子等离子体（Quark-Gluon Plasma，QGP），它是一种近乎完美的液体，比任何其他物质都更容易流动。RHIC 实验结果建立了与其他物理学前沿深刻的知识联系。RHIC 还通过极化质子相互碰撞来探测质子的自旋结构，这种能力在世界上是独一无二的。

（12）粒子物理学。BNL 在开发和理解粒子物理实验方面起着关键的作用，这些实验寻求有关宇宙组成和进化等重要问题的答案，包括暗物质和暗能量的性质，以及宇宙中正反物质不对称性的起源。BNL 的主要工作包括：主持开展在大型强子对撞机（Large Hadron Collider，LHC）平台上利用 ATLAS 探测器的粒子物理学研究，包括管理 US ATLAS 运行计划及其升级项目；领导中微子振荡实验，包括与大亚湾反应堆中微子实验的联合实验室，以及对地下深处中微子实验（Deep Underground Neutrino Experiment，DUNE）国际项目办公室的管理，并担任 FNAL 短基线实验的领导角色，领导长基线 DUNE 实验，以完成中微子混合矩阵的测量，包括可能的 CP 破坏；在 KEK 上开展的贝利Ⅱ号 B 物理项目中发挥越来越大的作用；观测宇宙学（LSST）项目的发展和先导性工作、暗能量测量（Dark Energy Survey，DES）和扩展重子振荡光谱测量（Extended Baryon Oscillation Spectroscopic Survey，eBOSS）。

（13）系统工程与集成。BNL 研究使用整体论解决问题的途径，通过不同层次上学科交叉，设计并构建大型设施和先进的仪器，实现对最前沿技术的应用，并保持世界领先水平。在 BNL 中完成对先进设备组件（包括加速器、探测器、波束线等）的构思、设计和实现，这些复杂的工作需要广泛的基础作为支撑，同时还需要与其他部门开展合作。BNL 的方法不仅适用于单个项目不同阶段的工程任务，也适用于为实验室多个大型项目提供支持的交叉学科技术的开发。

（14）计算科学（新兴）。BNL 拥有利用计算科学、应用数学和领域科学的专业知识，在量子色动力学（QCD）、材料科学、化学和粒子加速器物理学等领域开发高影响力、高性能的数值仿真程序的历史。基于这一优势，BNL 的计算科学探索项目（Computational Science Initiative，CSI）正在通过有针对性地培训和提供领先的计算能力来开发需要高端计算科学能力的其他领域，例如，生物学和高能物理学。

3. 发展简史

BNL 最初被设想为一个核研究设施，随着其任务不断扩展，70 多年来逐渐发展成为世界顶级的综合性实验室。BNL 最初为原子能委员会所有，现在为该机构的继任者——美国能源部所有。DOE 将 BNL 的研究和运营分包给大学和研究机构。BNL 当前由布鲁克海文科学联合公司负责运营，该公司由石溪大学和巴特尔纪念研究所建立。在 1947—1998 年，BNL 的依托单位是大学联盟公司（Associated Universities, Inc.，AUI）。但是，两个重大失误事件导致 AUI 失去了这一任务：其一是 1994 年发生在高通量束流反应堆的一次火灾，导致多名工作人员受到核泄漏辐射；其二是有多份 1997 年的报告称在核设施所在地长岛中央松林，有氚泄漏到地下水中。

二战后，美国成立了原子能委员会，以支持政府在和平时期资助的原子能研究。考虑到空间、交通和可用性，在波士顿—华盛顿走廊的 17 个备选地点中，长岛的厄普顿营地最终被选为最合适的地点。这个营地在第一次世界大战和二战期间都是美军的训练中心。二战结束后，厄普顿营地被认为不再需要，可以改作他用。因此，联邦政府设想把这个军营改造成研究设施。

1947 年，BNL 的第一座核反应堆——布鲁克海文石墨研究反应堆开始建设。这个反应堆于 1950 年启用，是二战后美国建造的第一个反应堆。另一座核反应堆——高通量束流反应堆从 1965 年到 1999 年运行。1959 年，布鲁克海文建造了美国第一个专门用于医学研究的反应堆——布鲁克海文医学研究反应堆，一直运行到 2000 年。

1952 年，布鲁克海文开始使用它的第一个粒子加速器——高能同步稳相加速器（Cosmotron），这是世界上能量最高的加速器，也是第一个向一个粒子提供超过十亿伏能量的加速器。Cosmotron 在 1960 年被新的交替梯度同步加速器（AGS）取代后，于 1966 年退役。AGS 被用于获得 3 项诺贝尔奖的研究，包括发现介子中微子、粲夸克和 CP 破坏。NSLS 从 1982 年使用到 2014 年，支持了 2 项获得诺贝尔奖的发现，现已被 NSLS-II 所取代。RHIC 自 2000 年起投入使用，是世界上仅有的 2 个正在运行的重离子对撞机之一，是 2010 年继 LHC 之后的第二高能对撞机。RHIC 被安置在一条 3.9 km 长的隧道中，从太空中可以看到。RHIC 是为了研究夸克胶子等离子体和质子自旋的来源而设计的，在 2009 年之前，它一直是世界上最强大的重离子对撞机，也是唯一的自旋极化质子对撞机。

1958 年，BNL 的科学家们创造了世界上最早的电子游戏之一——双人网球。1968 年，BNL 的科学家申请了磁悬浮的专利，这是一种利用磁悬浮的交通技术。

BNL 最新的用户设施——国家同步加速器光源中心（CFN）于 2015 年投入使用，以取代运行了 30 年的 NSLS。

4. 未来规划

BNL 的未来规划将通过 8 项计划来实现，其中 6 项是科学研究计划，2 项是运行管理计划。

面向未来，BNL 制订了 6 项科学规划，这些规划一旦实现，将有助于实现实验室的愿景。这些规划将被作为 BNL 的主要任务，与能源部在科学、能源和核安全方面的战略目标相一致，并以实验室的核心优势和能力为基础。BNL 希望通过在这些领域提供变革性的科学、技术和工程来继续保持自己的特色。为了通过这些规划的实现获得成果转化的潜在收益，BNL 战略的一个关键内容是对实验室所拥有主要用户设施的应用进行定位，这些设施包括：国家同步光源 II 号（NSLS-II）、功能纳米材料中心（CFN）和相对论重离子对撞机（RHIC）。依靠这些独一无二的大型设施，BNL 将在持续的科技发展中继续承担领导角色。

BNL 规划的创新领域具体如下。

❑ 利用 RHIC 的独特能力来了解构成几乎所有可见宇宙的物质，并为向电子—离子对撞机过渡奠定基础。

❑ 努力促进对新型材料的理解和开发，以解决能源领域的重大挑战，利用国家最先进的设施，为国家能源系统创造解决方案和安全保障。

❑ 在艾字节级或更高级别上处理数据。

❑ 在关键的高能物理实验中发展和保持引领地位，从而实现对宇宙组成的更深层次的理解。

❑ 将其独特的加速器基础设施和广泛的技术专长相结合，支持从创新到应用的加速器科学技术的前沿工作。

❑ 开展与能源部能源安全任务相关的生物过程的定量研究。

此外，BNL 还将努力成为量子信息科学领域的领导者，并与其识别出的优势单位联合。这些领域分别落实在"能源的重大挑战""理解艾字节级的数据""高能物理"部分中。

上述科学成果的基础是两项针对未来基本业务支持的行动计划。

❑ 其一是重振物理实验区，使实验室可以吸引和保留科学工作人员，支持用户的需求，并确保 BNL 科学设施的可靠运行。

❑ 其二是运营管理安全、可靠、高效，这对实验室的成功至关重要。

BNL 对其使命的支撑实现方法将提供一个有活力的物理实验平台，以提高科学生产力，促进吸引和保留科学工作人员，包括大量的 BNL 用户，并确保 BNL 的主要科学设施可以安全、可靠地运作。

2.2.4 费米国家加速器实验室

费米国家加速器实验室（Fermi National Accelerator Laboratory，FNAL）是一个位于芝加哥以西约 64 km 的国际粒子物理学研究中心，其依托单位是费米研究联盟有限责任公司（Fermi Research Alliance, LLC，FRA），FRA 是芝加哥大学和大学研究联合公司联合建立的部门。

费米国家加速器实验室的基本情况如表 2-7 所示，其 2018 财年的经费构成如图 2-8 所示。

表 2-7　费米国家加速器实验室的基本情况

总体指标	详细指标	数据和概况
概况	位置	伊利诺伊州，巴达维亚市
	类型	单一计划实验室
	成立时间	1967 年
	实验室主任	Nigel Lockyer
	依托单位	费米研究联盟有限责任公司
	管理办公室	费米试验场办公室
	互联网址	http://www.fnal.gov
物理资产	占地	6800 英亩，366 栋建筑
	使用面积	240 万平方英尺建筑面积（GSF）
	设施估值（RPV）	22 亿美元
	额外设施	9 处，占地 19 万平方英尺建筑面积（GSF）
	租赁设施	占地 2 万平方英尺建筑面积（GSF）

续表

总体指标	详细指标	数据和概况	
人力资源	全职人员（FTE）	1783	
	兼职人员	13	
	博士后	88	
	研究生	29	
	本科生	65	
	设备使用者	3472	
	访问学者	9	
2017财年概况	实验室运行费	4.276亿美元	
	DOE/NNSA经费	4.265亿美元	
	SPP经费（非DOE/非DHS）	110万美元	
	SPP占实验室运行费百分比	0.3%	
	DHS经费	0	
核心能力	加速器科学与技术 先进计算机科学、可视化和数据	大规模用户设施/先进设备 粒子物理学	
独有仪器设备/设施	费米加速器集成系统		

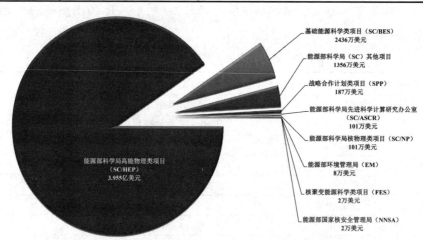

图2-8 费米国家加速器实验室2018财年的经费构成

1. 使命

FNAL拥有大量复杂的粒子加速器，为研究宇宙的基本属性提供支撑。FNAL的研究人员和用户通过建立和运行世界领先的加速器和探测器设施，与美国本土和全球合作伙伴进行开创性的研究，开发支持美国工业竞争力的新科技，用以推动粒子物理学的发现。实验室的核心能力包括：粒子物理学，大规模用户设施和先进设备，加速器科学与技术，以及先进计算机科学、可视化和数据。在长基线中微子设施支持下开展的地下中微子旗舰实验，是美国能源部国家实验室的第一个国际大型科学项目。FNAL 通过大型强子对撞机（Large Hadron Collider，LHC）项目、中微子科学和精密科学项目以及暗能量和暗物质实验等，将美国相关大学和国家实验室整合成全球粒子物理学研究共同体。FNAL 的粒子加速器复合体是世界上唯一一个同时产生低能和高能中微子束用于研究的粒子加速器。大型计算设备推动了粒子物理学和其他科学领域的研究。FNAL 的科学研发基础设施和专业知识推动了粒子加速器、粒子探测器和用于科学与社会的计算技术的发展。FNAL 通过建立合作伙伴关系和技术转化项目，包括与伊利诺伊州加速器研究中心合作，将粒子物理技术应用于能源和环境、国家安全和工业等国家重要领域。

2. 主要研究领域

FNAL 拥有独特而强大的基础设施，对推进粒子物理学的发现至关重要，包括全国唯一的粒子物理学加速器和一系列完备的粒子探测器。FNAL 粒子加速器和探测器的设计、制造、装配、测试和操作设施为全世界的科学研究提供了支持；其特有的专业知识和计算设施，以及具有全球竞争能力的知识、技能和能力的人才，构成其核心能力基础。实验室是 DOE 科学局在该领域唯一能够推进科学发现和创新的实验室，核心使命主要包括：高能物理学（High-Energy Physics，HEP）和满足任务所需的先进科学计算研究（Advanced Scientific Computing Research，ASCR）能力、光源粒子加速器、核物理学（Nuclear Physics，NP）以及人才发展所需的教师和科学家（Workforce Development for Teachers and Scientists，WDTS）。FNAL 在 4 个领域拥有核心能力：粒子物理学，大规模用户设施 / 先进设备，加速器科学与技术，以及先进计算机科学、可视化和数据。这些领域的研究项目主要由 DOE 高能物理局（DOE Office of High Energy Physics，DOE/HEP）提供资助。

（1）粒子物理学。粒子物理学是 FNAL 使命的核心，有 4 个主要的科学研究方向：中微子科学、对撞机科学、精密科学和宇宙科学。每个研究方向根据其理论、设备设施和科研人员的发展自成体系。此外，FNAL 的理论和理论天体物理学研究组开展对这 4 个研究方向的交叉研究。实验室的加速器和粒子探测器及其制造、装配、测试和计算设施构成 DOE 独一无二的能力，并为粒子物理研究提供支持。例如，先进粒子探测器在其技术研究与开发中，对

FNAL 的测试光束设施有非常高的需求。此外，在 STEM 教育计划和 DOE 的 WDTS 任务中，通过教育和公共卓越办公室与莱德曼科学中心为学生和员工提供辅助和支持。

（2）大规模用户设施 / 先进设备。FNAL 的大规模用户设施 / 先进设备核心能力主要由两个 DOE/SC 用户设施构成：费米实验室加速器复合体和紧凑型介子螺线管（Compact Muon Solenoid，CMS）中心。它们在 2017 财年共支持了 3400 多名用户。实验室拥有支持开发、设计、建造和运行这些大规模用户设施和先进设备所必需的人力资本和基础设施。

费米实验室加速器复合体是美国唯一的粒子物理加速器，也是世界上第二大粒子物理加速器。该设施已运行 40 多年，成功支持了很多顶级科学发现，包括顶夸克、底夸克和中微子，开展了无数的精密测量。近 20 年来，依托 CMS 中心，FNAL 为来自美国近 50 所大学的 800 多名科学人员和学生提供了实验条件。

（3）加速器科学与技术。FNAL 的加速器科学与技术核心能力包括 5 个方面：高强度粒子束，大功率目标站，强磁场超导磁体，高梯度、高品质因素超导射频腔，以及加速器科技培训。这些核心能力是由独一无二的加速器和束流测试设施，以及世界领先的专业知识所提供的，这些知识保证了 FNAL 在高强度和高能加速器应用领域的领导地位。FNAL 与许多一流大学建立了加速器科学技术的战略合作伙伴关系，包括：北伊利诺伊大学、伊利诺伊理工学院、西北大学、康奈尔大学和芝加哥大学。FNAL 的伊利诺伊加速器研究中心（Illinois Accelerator Research Center，IARC）在加强与工业界和大学的合作中具有重要地位，有助于增加战略伙伴关系项目，并推进 DOE 的加速器管理计划。

（4）先进计算机科学、可视化和数据。FNAL 通过在先进计算机科学、可视化和数据方面的能力来支持前述的基础研究。这一核心能力成为理论和实验之外的重要补充，通过数据收集、存储、重构和分析以及科学仿真来获取科学知识。FNAL 在为科学界开发、交付和部署计算技术方面有着非凡的历史。一直以来，FNAL 的科学家和工程师是国际公认的高性能计算算法、科学工作流系统和分析框架、复杂的科学仿真、机器智能和数据分析工具包方面的专家。同时，FNAL 在设计、开发和操作分布式计算基础设施和设施、千兆级科学数据管理，以及用于数据记录、处理和分析的科学工作流方面的专业能力也普遍得到认可。FNAL 还是网格计算的领导单位。

3. 发展简史

FNAL 的前身是国家加速器实验室（National Accelerator Laboratory，NAL），

于 1967 年 11 月 21 日依据当时的美国总统约翰逊签署的法案建立,由当时的美国原子能委员会(AEC)负责管理。实验室成立之初,AEC 从 200 多个关于建设地点的建议中,选择美国中部伊利诺伊州芝加哥市以西约 48 km 处韦斯顿的巴达维亚市作为费米实验室的建设地点。FNAL 所占 6800 英亩(约 2751.86 hm^2)的试验场地原为农田,原有的一些谷仓至今仍在使用,有的用作仓库,有的用于社交活动。

FNAL 的创建者也是第一任主任 Robert R. Wilson,在他的领导下,FNAL 在经费没能完全到位的情况下提前成立。他还为 FNAL 建立了室训,即杰出的科学、瑰丽的艺术、土地的守护神、经费上精打细算和机会均等。FNAL 许多宣传材料中的雕塑都是他的作品;实验区的高层实验楼以他的名字命名,其独特的形状已经成为 FNAL 的象征;该实验楼也是校园活动的中心。

1974 年,美国国会撤销原子能委员会,成立了核管理委员会(Nuclear Regulatory Commission,NRC)和能源研究开发署(Energy Research and Development Administration,ERDA)。1977 年,美国国会组建了能源部,ERDA 并入 DOE。同时,FNAL 归属 DOE 监管,并由美国大学研究联盟(Universities Research Association,URA)负责运行管理。1974 年 5 月 11 日,该实验室被更名为费米国家加速器实验室,以纪念费米,同时表彰他发现新的放射性物质和发现慢中子的选择能力。费米(Enrico Fermi,1901—1954)是原子时代卓越的物理学家,1938 年获诺贝尔物理学奖。

1978 年,Robert R. Wilson 辞去实验室主任职务,以抗议该实验室缺乏资金。Leon M. Lederman 成为 FNAL 的第二任主任,在他的指导下,最初的加速器被 Tevatron 取代。Tevatron 是一种能够以 1.96 TeV 的总能量撞击质子和反质子的加速器。Leon M. Lederman 于 1989 年卸任,至今仍是 FNAL 的名誉董事,FNAL 的科学教育中心以他的名字命名。

FNAL 作为单一计划实验室,其发展史实际上就是加速器的建设与发展史,实验室的很多重要历史事件均与加速器有关,典型代表如 2011—2018 年的质子改进计划(Proton Improvement Plan,PIP)及后续的 PIP-II 计划等。

4. 未来规划

FNAL 计划在 21 世纪第二个十年间,实现一个以长基线中微子设施和深地下中微子实验(Long-Baseline Neutrino Facility and Deep Underground Neutrino Experiment, LBNF/DUNE)为主导的世界领先的中微子科学计划,该计划的核心是质子改进方案 -II(Proton Improvement Plan II,PIP-II),以实现对能够发出兆瓦级束流的加速器复合装置的升级和改进,使其具备足够的动力支持。

LBNF/DUNE 和 PIP-II 项目被美国粒子物理学会在其共识粒子物理项目优先化小组（P5）报告中确定为其时间框架内优先级最高的国内建设项目，并正在吸引愿意投入大量资金、技术和科学资源的全球合作伙伴。同时，通过另一个为期 5 年的项目 CERN，整合了当前和近期的中微子实验、全球社区的研发平台，以及设在欧洲粒子物理实验室的原型探测器（ProtoDUNEs），正在推动能力和基础设施规划的发展，为 LBNF/DUNE 和 PIP-II 汇集所有的国际需求。

结合其科研人员的优势和才能，费米研究联盟（Fermi Research Alliance，FRA）通过提供指导、倡导和监督实验室来实现上述目标。由芝加哥大学牵头的联合任务力量行动（Joint Task Force Initiative，JTFI）旨在利用 ANL、FNAL 和大学的资源，实现科学和技术开发的突破，并探索在联合采办、商务管理实践、扩大化计算和存储方面如何提升效率并共享资源，同时还积极与各州和联邦政府发起者合作。通过芝加哥大学先进科学与工程联盟，FNAL 的科研人员也被作为大学的兼职人员，并有机会获得经费资助来指导为 FNAL 项目工作的研究生。大学研究联盟发起者提名了几个奖项，以表彰突出的教师，并通过这一途径为研究人员提供更多加入 FNAL 科学与技术项目开展深入研究的机会。FRA 的领导小组中增加了熟悉大型项目、商业建设和政府采购战略的新成员。芝加哥大学的波尔斯基创业与创新中心被作为 FNAL 计划的一个重要触点，用以扩大外部参与程度，从而提升美国的竞争力。

2.2.5　劳伦斯伯克利国家实验室

劳伦斯伯克利国家实验室（Lawrence Berkeley National Laboratory，LBNL），通常也被称为伯克利实验室，是代表 DOE 开展科学研究的美国国家实验室之一。LBNL 位于加利福尼亚州伯克利市附近的伯克利山，俯瞰着加利福尼亚大学伯克利分校的主校区。LBNL 由加利福尼亚大学管理和运营。

LBNL 从事最前沿的科学研究，旨在寻找更清洁、更新颖的能源。通过对地球的研究来了解气候是如何变化的，以及如何应对气候变化；通过探索宇宙，了解它是如何开始的，以及它的发展趋势。LBNL 在节能、如何设计更好的材料和绿色建筑方面处于领先地位。LBNL 还拥有设计和制造最强大的显微镜、最亮的 X 射线光源和最快的计算机的能力。其所开展的研究旨在从太阳能电池中获取更多的能量，制造更好的电池，为未来开发清洁的生物燃料。LBNL 是美国能源部 5 个最先进的用户设施的所在地，来自美国全国各地的1.1 万多名科学家在这里进行先进的研究。

劳伦斯伯克利国家实验室的基本情况如表 2-8 所示，其 2018 财年的经费构成如图 2-9 所示。

表 2-8　劳伦斯伯克利国家实验室的基本情况

总体指标	详细指标	数据和概况
概况	位置	加利福尼亚州，伯克利市
	类型	多计划实验室
	成立时间	1931 年
	实验室主任	Michael Witherell
	依托单位	加利福尼亚大学
	管理办公室	伯克利试验场办公室
	互联网址	http://www.lbl.gov
物理资产	占地	202 英亩，96 栋建筑
	使用面积	168 万平方英尺建筑面积（GSF）
	设施估值（RPV）	14.6 亿美元
	额外设施	5 处，占地 0.5 万平方英尺建筑面积（GSF）
	租赁设施	占地 31.4 万平方英尺建筑面积（GSF）
人力资源	全职人员（FTE）	3302
	兼职人员	232
	博士后	486
	研究生	263
	本科生	148
	设备使用者	11 403
	访问学者	2241
2017 财年概况	实验室运行费	8.1249 亿美元
	DOE/NNSA 经费	7.086 亿美元
	SPP 经费（非 DOE/ 非 DHS）	1.006 亿美元
	SPP 占实验室运行费百分比	12.4%
	DHS 经费	330 万美元
核心能力	加速器科学与技术　　　　　赛博与信息科学 先进计算机科学、可视化和数据　决策科学与分析 应用材料科学与工程　　　　地球系统科学与工程 应用数学　　　　　　　　　环境地下科学 生物学与生物过程工程　　　大规模用户设施 / 先进设备 生物系统科学　　　　　　　机械设计与工程 化学工程　　　　　　　　　核物理学 化学与分子科学　　　　　　核与放射物化学 气候变化科学和大气科学　　粒子物理学 计算科学　　　　　　　　　电力系统与电气工程 凝聚态材料物理学与材料科学　系统工程与集成	

续表

总体指标	详细指标	数据和概况
独有仪器 设备/设施	先进光源 分子加工实验间 国家能源研究科学计算中心（NERSC） 能源科学网（ESnet）	联合生物能源研究所 联合基因组研究所 先进生物燃料工艺演示单元 FLEXLAB 测试平台

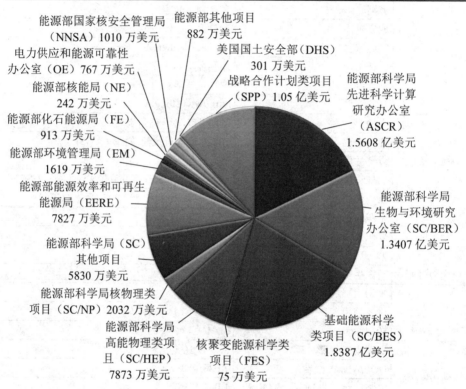

图 2-9　劳伦斯伯克利国家实验室 2018 财年的经费构成

1. 使命

LBNL 成立于 1931 年，在 DOE 庞大的国家实验室体系中发挥着重要而独特的作用。从科学发现到使命驱动的基础研究，LBNL 为美国乃至全世界开发科学技术解决方案。

LBNL 专注于综合科学和技术，利用其在材料、化学、物理、生物、环境科学、数学和计算等领域的世界顶级专业知识，开展前沿研究。通过先进的仪器和用户设施、大型科研团队以及由杰出科研人员领导的研究项目 3 种方式来推进科学技术的进步。通过将这 3 种方法紧密结合在一起，实现整个研究项目的良性发展。LBNL 的使命是为全世界提供科学的解决方案，这一使命多年来深深植根于实验室之中。LBNL 所拥有的 5 个国家级用户实验设施每年为近 1.1 万名研究人员提供服务,占全国实验室网络用户的 1/3,同时,还与其他国家实验室开展从高能和核物理到材料、地下科学、艾级计算和植物基因组学等项目的密切合作。LBNL 最具特点之处还在于,实验室的能源科学网络(Energy Sciences network,ESnet)为整个国家实验室系统提供了所必需的强大数据基础,以支持科学发现和其他工作。

长期以来,LBNL 与加利福尼亚大学形成了密切的战略伙伴关系:一方面,LBNL 为加利福尼亚大学的教师和学生带来了包括应用需求、项目背景等重要的信息资本;另一方面,加利福尼亚大学为 LBNL 提供人才和基础科研方面的必要支撑,以支持 DOE 的科学和能源发展。LBNL 的科学实力通过其开放的项目和文化、综合的科学和技术,以及对与美国乃至全球科学界合作的强调而得到加强——共享实验室的世界级用户设施、研究和专业知识来解决整个时代的挑战。

2. 主要研究领域

作为多计划类型的 DOE 国家实验室,LBNL 的每一项核心能力都涉及对人员、设施和设备的大量组合,以提供独特的、世界领先的科学能力,从而支持 DOE 的使命和国家需求。通过对核物质和放射性的严格管控,LBNL 的每一项核心能力都是安全的,将对环境和周围社区的影响降至最小。这些核心能力为伯克利实验室广泛的研究项目提供了非凡的深度,同时能够整合各种资源,更好地支持 DOE 的使命。为了强调其战略性质,实验室将这些核心能力划分为 7 个科学主题:大规模用户设施 / 先进仪器、能源基础研究、生物与环境科学、计算与数学、高效能源与核物理、加速器科学与技术、应用科学与能源技术。

(1)大规模用户设施 / 先进仪器。作为第一个加速器实验室,LBNL 从一开始就拥有为大型用户群体设计、建造和运行提供科学设施的核心能力。在 DOE 国家实验室系统中,LBNL 拥有最大的用户群。LBNL 代表性的大型仪器设施包括先进光源(Advanced Light Source,ALS)和分子工厂。ALS 是世界领先的高亮度软 X 射线科学设备,还能够提供从红外到硬 X 射线光谱区域的额外优异性能。ALS 支持了 DOE 的许多核心优势领域,包括与化学、材料和生物系统相关的领域。每年有 2100 多名科学家使用 ALS,基于 ALS 的研究结果每年出现在近 1000 篇被高引用的文章中。分子工厂能够为用户提供多学科、协同纳米级研究的专业支持和先进仪器。

LBNL 还拥有大型的综合实验中心,如美国能源部联合基因组研究所

（Joint Genome Institute，JGI）和国家能源研究科学计算中心（National Energy Research Scientific Computing Center，NERSC）。JGI 是一个国家级用户实验平台，在可替代能源、全球碳循环和生物地球化学方面开展与 DOE 使命相关的核心项目。JGI 还是世界上最大的植物和微生物基因组生产机构。NERSC 是 DOE 所有用户设施中规模最大、最多样化的研究平台，每年为来自大学、其他国家实验室和工业界的 7000 多名用户提供支持，也是 SC 使命级的高性能计算中心，为 SC 的 6 个科学项目办公室提供资源。

此外，ESnet 是 SC 设在 LBNL 的高性能网络用户平台，提供高度可靠的数据传输能力，以满足大规模科学应用的需求。ESnet 将 DOE 的国家实验室系统、几十个 DOE 的其他实验区，以及全世界大约 200 个研究和商业网络连接起来，使 DOE 国家实验室和学术机构的数万名科学家能够实时传输大量数据流并访问远程研究资源。从本质上看，ESnet 是一种力量倍增器，它提高了科学生产力，并增大了科学发现的机会。

（2）能源基础研究。LBNL 在能源领域所开展的基础研究主要包括：化学与分子科学、化学工程、凝聚态材料物理学与材料科学、地球系统科学与工程。这一核心能力由 DOE 内部的 BES、ASCR、BER、EERE 和 SPP 提供经费资助，合作对象包括来自 NIH 和 DoD 的科研单位，以及大学和工业界，从而支持 DOE 的使命，促进研究与 DOE 内部其他组织以及其他机构科研工作的整合，并直接适用于 DOE 的能源安全和环境保护使命任务，包括太阳能和化石能源、生物燃料、碳捕获和储存等。

（3）生物与环境科学。当今时代所面临的很多最紧迫的能源和环境挑战，都要求具备理解、预测和影响环境和生物系统的能力。为此，需要对基础生物学、地球演变进程及其相互作用有一个新的、更深入的理解。LBNL 正在提升破译和绘制这些互联系统所形成的巨大网络的能力，这些网络的规模从纳米到数千千米，从纳秒到数百年不等。通过 LBNL 所开展的研究，可以预测环境变化如何影响生物系统，以及生物系统如何反作用于环境；利用生物技术开发可持续能源和其他有价值的产品；加深对动态、多尺度地球系统的理解。该主题的主要研究专题包括：生物学与生物过程工程、生物系统科学、地下环境科学以及气候变化科学和大气科学。

（4）计算与数学。在计算与数学主题中，主要的研究专题包括：先进计算机科学、可视化和数据，应用数学，计算科学，赛博与信息科学。LBNL 的主要关注点是艾级技术，也开始探索量子计算、神经形态计算和替代技术，以期解决晶体管密度即将达到极限的问题。在未来十年内，LBNL 将利用 DOE

在低功耗并行处理器设计、光学通信和存储技术方面的专长，预期能够研制成功第一台艾级计算机。该团队构建了一个微架构模拟器，可以测量功率、能量和性能，并支持异构架构和新晶体管模型，演示了在各种设备上的开源 RISC-V 处理器设计。该团队还参与了与 NNSA 和 DoD 关于国家未来发展重点的讨论，寻找跨应用的共同需求，并探索供应商协作的创新模式。LBNL 是开发高性能和数据密集型可视化和分析新功能的领导者，也是可扩展的科学数据解决方案的先行者。

（5）高效能源与核物理。粒子物理学与核物理学构成该研究主题。在粒子物理学方面，LBNL 依托阿贡串联线性加速器系统（Argonne Tandem Linear Accelerator System，ATLAS）实验的能源前沿项目，在 20 多年的时间里做出了许多贡献并发挥了领导作用；在宇宙学前沿，LBNL 正在领导下一代暗能量和暗物质项目，并为未来的地基宇宙微波背景（Cosmic Microwave Background，CMB）极化实验开发技术，以研究宇宙的膨胀；在核物理学方面，自 LBNL 成立以来，核科学一直是其核心能力，当前在研的项目在中微子研究、重离子物理、媒介能量、核结构和核仪器等领域处于世界领先地位。

（6）加速器科学与技术。作为 DOE 国家实验室系统共有的优势研究主题，LBNL 在该领域的特色是拥有同步辐射源和自由电子激光器（Free-Electron Laser，FEL）、高性能磁性系统、激光—等离子体加速器（Laser-Plasma Accelerator，LPA）、加速器控制和仪器的核心技术，包括新的激光技术和离子生成装置。LBNL 是先进加速器建模的卓越中心，并承担该领域的引领作用。LBNL 通过在科学领域的发现和创新，以及对用户科学设施的构思、设计和建造来实现对 DOE 使命的支持。

（7）应用科学与能源技术。除了科学发现和技术创新，LBNL 在应用领域也开展了大量的研究，具体包括：应用材料科学与工程、核与放射物化学、核物理学、系统工程与集成、决策科学与分析、机械设计与工程、供电系统与电子工程等。

3. 发展简史

LBNL 的前身是辐射实验室（Radiation Laboratory，RadLab），隶属于加利福尼亚大学伯克利分校的物理学系，由欧内斯特·劳伦斯于 1931 年 8 月 26 日创建。该实验室创建的目的是把相关的物理学研究集中于当时的新仪器——回旋加速器之上。回旋加速器是一种粒子加速器，用于支撑高能物理学等领域的研究，欧内斯特·劳伦斯因此于 1939 年获得了诺贝尔物理学奖。整个 20 世纪 30 年代，欧内斯特·劳伦斯一直致力于为物理研究创造更大的机器，并向私人慈善家寻求资助。他是第一个组建大型团队、建立大型项目并在基础研究中做出发现的人。随着这些机器的规模越来越大，大学校园内已经无法容纳。因此，在 1940 年，实验室搬到了现在的校园周围山上的实验区。在此期间，这个团队为美国核物理等领域培养了大量顶级科研人才，包括与 DOE 国家实验室系统有密切关系的两位年轻的科学家：罗伯特·奥本海默创立了洛斯阿拉莫斯国家实验室（LANL），罗伯特·威尔逊创立了费米国家加速器实验室（FNAL）。

二战期间，劳伦斯领导的辐射实验室直接为"曼哈顿计划"提供支持，劳伦斯和他的同事们利用在回旋加速器方面的经验开发了铀电磁浓缩技术。整个实验室为战争中 3 个最有价值的技术发展（原子弹、近炸引信和雷达）做出重大贡献。在战争期间停止建设的回旋加速器于 1946 年 11 月完工，"曼哈顿计划"在两个月后关闭。

二战后，辐射实验室成为首批并入原子能委员会（DOE 前身）的国家实验室之一。美国联邦政府对 DOE 国家实验室系统所掌控的技术进行了重新分配，最机密的工作仍在 LANL 进行，辐射实验室也仍参与其中。爱德华·特勒建议建立第二个类似于 LANL 的实验室来与他们构成竞争，该建议导致 1952 年辐射实验室的另一个分支——现在的劳伦斯利弗莫尔国家实验室的成立。辐射实验室的一些工作被转移到新的实验室，但一些机密研究仍保留在 LBNL 继续进行。直到 20 世纪 70 年代，LBNL 才成为一个专门从事非机密科学研究的 DOE 国家实验室。

1958 年 8 月劳伦斯去世后不久，加利福尼亚大学辐射实验室（包括两个分支）更名为劳伦斯辐射实验室。位于伯克利的实验区在 1971 年更名为劳伦斯伯克利实验室，尽管许多人仍然称它为辐射实验室。渐渐地，另一种缩写形式 LBL 被广泛使用。该实验室的正式名称在 1995 年修订为欧内斯特·奥兰多·劳伦斯·伯克利国家实验室，"国家"一词被添加到所有美国能源部实验室的名称中。后来，"欧内斯特·奥兰多"被删除，以缩短名字。劳伦斯伯克利国家实验室的名字被使用至今。

4. 未来规划

针对 LBNL 业务范围中的优先级和计划，实验室管理层都是通过严密论证方法来制订的，为将来的科学突破做准备，这些突破将直接响应 DOE 的使命需求。

首先，优先级代表长期的承诺，以确保 LBNL 能够继续与 DOE 的使命需求保持一致，并具体落实到对未来关键科学研究的推动，对实验室拥有世界顶级用户设施和仪器设备的审慎管理,对新的科研大楼的详细规划,以及对应用支持的良好准备之中。同时,LBNL 还将在下一代计算设施投入应用时充分发挥其巨大作用。

其次,通过建立实验室范围内的战略计划,探索新的科学方向,利用实验室极为完善的项目和设施,在国家面临的重大挑战中提供跨学科的专业知识和一贯的支持。这些解决方案将帮助美国继续在对整个国家经济福祉至关重要的领域保持科学领导地位。

2.2.6 橡树岭国家实验室

橡树岭国家实验室(Oak Ridge National Laboratory,ORNL)是 DOE 国家实验室系统中最大的多项目科学与能源类型的国家实验室,其任务是提供科学发现和技术突破,加速清洁能源和全球安全解决方案的开发和部署,为国家创造经济机会。早期作为"曼哈顿计划"的一部分,ORNL 率先开始钚的生产和分离,接下来专注于核能领域,后来扩展到其他能源及其影响研究。今天,ORNL 管理着全美国覆盖面最广的材料项目之一——由能源部科学局提出的基础能源科学计划;拥有世界上最强大的两个中子科学设施——核裂变中子源(Spallation Neutron Source,SNS)和高通量同位素反应堆(High Flux Isotope Reactor,HFIR);拥有核科学技术独一无二的资源,以高选择性分离技术和世界上最高的中子流为代表;拥有全世界最前沿的计算机,包括曾经是全美国运算速度最快的"泰坦(Titan)"和它的继任者"顶峰(Summit)";负责一系列与清洁能源和全球安全紧密相连的多样化研发项目。

橡树岭国家实验室的基本情况如表 2-9 所示,其 2018 财年的经费构成如图 2-10 所示。

表 2-9 橡树岭国家实验室的基本情况

总 体 指 标	详 细 指 标	数据和概况
概况	位置	田纳西州,橡树岭市
	类型	多计划实验室
	成立时间	1943 年
	实验室主任	Thomas E. Mason
	依托单位	UT- 巴特尔有限责任公司
	管理办公室	ORNL 试验场办公室
	互联网址	http://www.ornl.gov

续表

总体指标	详细指标	数据和概况
物理资产	占地	4421 英亩，271 栋建筑
	使用面积	490 万平方英尺建筑面积（GSF）
	设施估值（RPV）	68 亿美元
	额外设施	63 处，占地 140 万平方英尺建筑面积（GSF）
	租赁设施	占地 100 万平方英尺建筑面积（GSF）
人力资源	全职人员（FTE）	4957
	兼职人员	214
	博士后	320
	研究生	318
	本科生	315
	设备使用者	3248
	访问学者	1888
2017 财年概况	实验室运行费	14.453 亿美元
	DOE/NNSA 经费	12.211 亿美元
	SPP 经费（非 DOE/ 非 DHS）	2.065 亿美元
	SPP 占实验室运行费百分比	14.3%
	DHS 经费	0.177 亿美元
核心能力	加速器科学与技术 先进计算机科学、可视化和数据 应用材料科学与工程 应用数学 生物学与生物过程工程 生物系统科学 化学工程 化学与分子科学 气候变化科学和大气科学 计算科学 凝聚态材料物理学与材料科学 赛博与信息科学	决策科学与分析 地球系统科学与工程 环境地下科学 大规模用户设施 / 先进设备 机械设计与工程 核工程 核物理学 核与放射物化学 等离子体与聚变能科学 电力系统与电气工程 系统工程与集成
独有仪器设备 / 设施	建筑技术研究与集成中心 碳纤维技术平台 纳米材料科学中心 结构分子生物学中心 高通量同位素反应堆	制造业演示平台 国家交通研究中心 橡树岭引领计算系统 分裂中子源

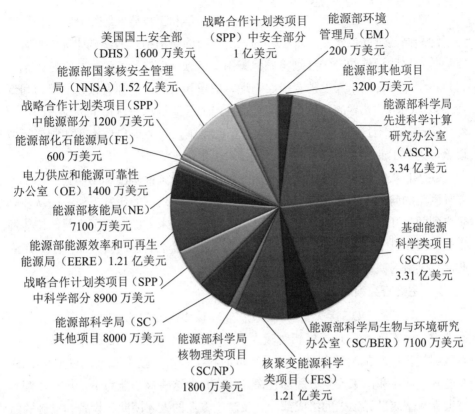

图 2-10　橡树岭国家实验室 2018 财年的经费构成

1. 使命

ORNL 的使命是通过科学发现和技术创新来支持实现能源和国家安全领域问题所需的解决方案，并为国家提供经济支持。ORNL 专注于一整套广泛的核心能力，通过将基础研究和应用研究紧密结合起来，实现科学突破，应对DOE、其他发起者乃至整个国家所面临的挑战。

ORNL 作为"曼哈顿计划"的一部分，最初的任务是开发生产和分离钚的工艺技术。二战后，ORNL 领导开展了核能、医用和其他应用的放射性同位素、抗辐射材料以及辐射对生物系统的影响等方面的早期研究工作。

今天，ORNL 在材料、中子、核科学与工程以及高性能计算和数据分析领域处于世界领先地位。这些显著的优势和其他核心能力覆盖了基础理论到应用研究与开发的所有范围，能够支持广泛的项目。ORNL 还在项目管理中利用其独有的卓越资源，为 DOE 管理艾级计算和美国国际热核反应堆试验（International Thermonuclear Experimental Reactor，ITER）项目。

ORNL 拥有一些独有的设施和设备，向科学和工程研究组织开放。核裂变中子源和高通量同位素反应堆能够为理解材料的结构和动力学规律提供独有的能力，对这些设施的升级计划将确保美国在该领域保持持续的领导地位。纳米材料科学中心在纳米尺度的合成、制造、成像和表征方面拥有领先的能力和专业知识。ORNL 领导的计算设施拥有最前沿的计算资源，包括世界领先的"顶峰（Summit）"计算系统和先进的数据基础设施。其他用户设施，如制造示范设施，为与工业界合作开发和测试新技术提供了支撑。

ORNL 从创始时期开始就已经拥有解决具有全国性范围和影响的"非常大并且困难的问题"的独有历史和文化。在实验室中进行的研发工作——从基础研究到即将开展转化的成熟技术都已经在科学和技术方面取得了进展，使能源生产、国家安全、人类健康和环境获得改善，并且不断创造新产品，形成新企业，提供新的就业机会。

2. 主要研究领域

ORNL 拥有 DOE 国家实验室系统 24 项核心能力中的 23 项（只缺少粒子物理学，见表 2-2），是规模相对较大、发展相对均衡的 DOE 国家实验室，因此能够提供广泛的科技基础，促进基本的科学进步和技术突破，以支持 DOE 在能源、环境和国家安全方面的使命。ORNL 的这些核心能力中，每一项都具有世界水平或世界领先的组成部分，反映了专业的人才团队、设备和设施的组合。通过对这些核心能力之间的融合应用，可以支持科学发现和技术转化，从而加速提供技术解决方案，并使 ORNL 能够应对不断变化的优先问题和来自国家的关键需求。

ORNL 通过采取积极的措施，与美国知名大学建立长期的合作关系，以招募最优秀的多样化人才。ORNL 强调对其内部科研人员发展的支持，以帮助他们在研究与发展过程中形成卓越的职业生涯，并为他们不论是个人还是团队提供挑战项目，以充分发挥他们的潜力。ORNL 还通过对设施和设备的战略投资来维持和扩大其研究能力。通过充分发挥所拥有的高水平的员工的能力和世界一流的设备和设施的作用，ORNL 致力于成为世界一流的研究机构。

3. 发展简史

在 1942 年，为了支持"曼哈顿工程"的实施，由陆军工程部队在一片独立的农场上建立了"橡树岭镇"实验区，作为克林顿工程工作区的一部分。二战期间，芝加哥大学利用该实验区为联邦政府开展了前沿的研究。1943 年，以此实验区为基础的"克林顿实验室"建设完成，随后更名为"橡树岭国家实验室"。该实验区被选为 X-10 石墨反应堆的建设地址，用于证明钚可以从浓缩铀中产生出来。X-10 是具有连续运行功能的第一个反应堆。二战结束后，对用于核武器的钚的需求下降，X-10 反应堆和实验室的 1000 名员工不再参与核武器研发，从而转行开展科学研究。1946 年，在 X-10 反应堆中产生了第一个医用同位素；整个 20 世纪 50 年代，大约有 2 万个样本被提供给不同的医院。二战后，随着军事需求的急剧下降，美国联邦政府将该实验室的管理以合同形式交给孟山都公司（Monsanto）。自 1947 年开始，芝加哥大学重新负责该实验室的运行管理。到 1947 年 12 月，该实验室的依托单位又换成碳化物和碳联盟公司。20 世纪 50—60 年代，ORNL 是从事核能和物理及生命科学相关研究的国际中心。20 世纪 70 年代成立 DOE 后，ORNL 的研究计划扩展到能源产生、传输和保存领域。到 21 世纪初，该实验室用与和平时期同样重要但与"曼哈顿计划"时期不同的任务支持着美国。2000 年 4 月以后，ORNL 由田纳西大学和巴特尔纪念研究所合伙管理，依托单位是二者联合成立的 UT- 巴特尔有限责任公司。

4. 未来规划

针对未来发展和挑战，ORNL 制订了 8 项科学与技术计划，这些计划与 DOE 的使命在战略上是一致的，即通过变革性的科学与技术解决方案确保国家能源和国家安全。这些措施旨在开发和扩展实验室的核心能力，提供必要的科学和技术基础，以便在关键的国家使命领域提供突破性解决方案，并促进这些解决方案在现实问题中的应用。ORNL 的 8 项重大举措如下。

- ❑ 提升对中子的科学研究水平和影响力。
- ❑ 将大规模计算和数据分析能力提升至艾级并为科学和能源的研发提供支撑。
- ❑ 加速支撑能源领域的新材料和化学工艺的发现和设计。
- ❑ 推进支撑核技术和设施系统突破发展的科学基础。
- ❑ 促进对生物和环境系统复杂性的理解。
- ❑ 加强同位素生产和研发的战略能力。
- ❑ 加快集成能源系统的研究、开发和制造。
- ❑ 推动科技进步，应对复杂的全球安全挑战。

ORNL 还将继续组建跨学科研究团队，这是该实验室长期以来的标志之一，并将与其他国家实验室、大学和工业界合作，以实现其使命目标，加强其科学和创新文化，并加快技术进步的部署。

在设置实验室主导的研究与开发（Laboratory Directed Research and Development，LDRD）项目时，ORNL 优先考虑与其主要科技计划密切相关的重点领域项目，并依托 ORNL 内部理事会提供战略规划方面的建议。在 2019 财年，ORNL 在 LDRD 中的重点领域包括：艾级或更高速计算能力所需的计算机科学和数学支持；与中子、材料创新相关的前沿科学，覆盖领域从原子到具体功能全谱系；复杂生物和环境系统的综合研究；能源转换的支撑科学与技术；核设施改造的支撑科学与技术。ORNL 还确定了提升制造能力的交叉学科研究计划，覆盖的领域包括核技术、人工智能、柔性赛博物理系统和关键基础设施的赛博安全，其重点是电子网络的赛博安全、定量生物学与基因组安全以及量子材料和量子信息科学（Quantum Information Science，QIS）。

作为持续努力维持和扩大其核心能力并在潜在增长领域进行战略投资的一部分，ORNL 将继续增加其 LDRD 投资。在 2018 财年，LDRD 的预算为 5000 万美元（占实验室运营费预算的 4%）。

2.2.7　太平洋西北国家实验室

太平洋西北国家实验室（Pacific Northwest National Laboratory，PNNL）作为美国首屈一指的化学、地球科学和数据分析实验室，进行着世界领先的研究和开发，以解决美国在能源供应和国家安全方面所面临的最具挑战性的问题。特别地，PNNL 的研究人员在能源储存、电网现代化、核不扩散和网络安全方面发挥国家和国际引领作用，以保持美国的安全、可靠和强大。PNNL 所拥有的深厚的技术能力使其能够取得科学突破、提供前沿技术、推动创新进入市场、支持美国的繁荣、创造就业机会和增强经济竞争力。

太平洋西北国家实验室的基本情况如表 2-10 所示，其 2018 财年的经费构成如图 2-11 所示。

表 2-10　太平洋西北国家实验室的基本情况

总 体 指 标	详 细 指 标	数据和概况
概况	位置	华盛顿州，里奇兰市
	类型	多计划实验室
	成立时间	1965 年
	实验室主任	Steven Ashby
	依托单位	巴特尔纪念研究所
	管理办公室	太平洋西北试验场办公室
	互联网址	http://www.pnnl.gov

续表

总 体 指 标	详 细 指 标	数据和概况
物理资产	占地	781 英亩，71 栋建筑（DOE 和巴特尔纪念研究所的设施）
	使用面积	90.1 万平方英尺建筑面积（GSF）
	设施估值（RPV）	8.46 亿美元
	额外设施	在 20 栋巴特尔纪念研究所建筑中，占地 40.2 万平方英尺（GSF）
	租赁设施	28 处，占地 95.8 万平方英尺（GSF）（不包含巴特尔纪念研究所）
人力资源	全职人员（FTE）	4238
	兼职人员	64
	博士后	256
	研究生	402
	本科生	343
	设备使用者	1742
	访问学者	302
2017 财年概况	实验室运行费	9.16 亿美元
	DOE/NNSA 经费	6.705 亿美元
	SPP 经费（非 DOE/ 非 DHS）	2.016 亿美元
	SPP 占实验室运行费百分比	22%
	DHS 经费	0.8216 亿美元
核心能力	先进计算机科学、可视化和数据 应用材料科学与工程 应用数学 生物学与生物过程工程 生物系统科学 化学工程 化学与分子科学 气候变化科学和大气科学 凝聚态材料物理学与材料科学 赛博与信息科学	决策科学与分析 地球系统科学与工程 环境地下科学 大规模用户设施 / 先进设备 核工程 核与放射物化学 粒子物理学 电力系统与电气工程 系统工程与集成
独有仪器设备 / 设施	大气辐射测量（ARM）气候研究平台 应用过程工程实验室 生物制品、科学与工程实验室 环境分子科学实验室	海洋科学实验室（位于华盛顿州的史魁恩） 放射化学处理实验室 系统工程大楼，包含电力基础设施运营中心

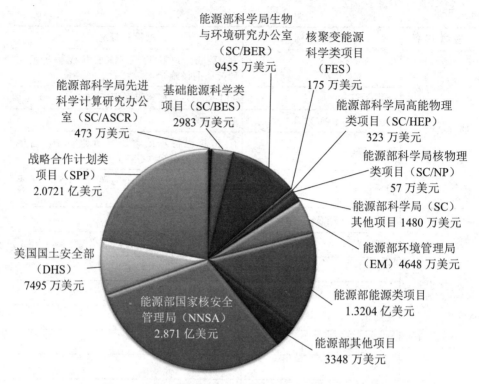

图 2-11　太平洋西北国家实验室 2018 财年的经费构成

1. 使命

PNNL 是 DOE 设在化学、地球科学和数据分析领域的顶级实验室。PNNL 通过运用其深厚的科学技术能力推进科学发现，应对美国最严峻的能源供应问题和国家安全挑战。

作为 DOE 能源局下属的重要国家实验室之一，PNNL 使命的重点是发现科学。在化学方面，实验室受到生物学的启发，设计了改进的化学催化剂和用于生产新燃料、原料和储能材料的化学途径；在地球系统方面，实验室致力于提高 DOE 地球系统模型的预测能力和实用性，特别强调处于过渡阶段的地球系统；在数据科学中，实验室将机器学习、数据可视化和建模相结合，将"大数据"从实验转化为新知识。PNNL 负责运营两套 DOE 用户设施，包括环境分子科学实验室（Environmental Molecular Sciences Laboratory，EMSL）和大气辐射监测（Atmospheric Radiation Monitoring，ARM）研究设施，以进一步探索分子和地球系统大气的变化过程，并增强能源供应。PNNL 通过扩展其在系统态势感知和高性能应急分析领域的专业知识，深入分析北美电网的运行规律。这些成果支持实验室实施设计、测试和评估电网安全、供应能力和优化的技术。实验室还将其在化学和材料科学方面的能力应用于开发新的先进的储能解决方案，以进一步提高电网的供给能力。

PNNL 在国家安全方面的能力一直有着悠久的传统。实验室将其所掌握的安全专业知识与数据分析、应用数学和计算科学相结合，保护美国的关键能源和国防基础设施免受不断出现的网络威胁。实验室所掌控的核科学能力能够支持和促进实验室在核能应用领域的职能，包括核不扩散、核与辐射安全、放射性和危险废物的清理、核燃料的加工与处置、核取证以及医疗同位素的生产和交付等。

从 2015 年开始，PNNL 启动了一项为期 10 年、耗资 2.5 亿美元的设施改造计划，资金来自内部投资。目前该计划正处在实施中期，PNNL 已投资约 1.25 亿美元进行资本结构调整，由此估算，总投资有望超过实验室的预期目标。

2. 主要研究领域

为了满足 DOE 不断变化的需求，PNNL 拥有 DOE 国家实验室系统 24 项核心能力中的 19 项（见表 2-2）。这些核心能力中有 18 项是基于学科的，可整合为 4 类：生物和地球科学、化学和材料科学、工程、计算和数学科学。最后一项能力——大规模用户设施 / 先进设备，来自于 PNNL 负责运营 DOE 科学局下属生物与环境研究办公室（BER）的两大重要设施：EMSL 和 ARM。

核心能力的管理是 PNNL 的一项基本职责。为了理解和管理这一点，PNNL 已经开始使用集成能力管理（Integrated Capability Management，ICM）框架中的复合指标来评估其核心能力，主要包括 4 个方面的健康状况和质量，即人才、设施和设备、供给和固定资产、研究的组织管理。这 4 个关键方面中的每一个都要通过如下 6 个问题进行评估。

- ❑ 充分性：研究和开发及相关工作是否到位？
- ❑ 质量：所拥有的能力是否最高？
- ❑ 风险：团队 / 组织管理 / 资产和基础设施的设置是否具有弹性？
- ❑ 缺点：有哪些差距 / 缺点？
- ❑ 缓解因素：是否采用缓解策略来解决现有的风险和弱点？
- ❑ 预测：近期对该能力方面的健康状况的预期是改善、保持稳定还是下降？需求预测是什么？

以 PNNL 在 2019 年度的集成能力管理（ICM）项目描述文件为例：2019 年 4 月 PNNL 提供了能力健康评估过程和基础数据源的完整描述。在可能的情况下，PNNL 选择了在实验室中可量化和可比较的指标。学术产出排名使用美国能源部定义的每个核心能力的关键字作为搜索词，在 Scopus（一个信息导航工具）的 Sci Val 中收集跨实验室的评估数据。

3. 发展简史

1965 年，巴特尔纪念研究所获得了一份对华盛顿州东南部的汉福德实验区进行研究与开发的合同。该实验室最初被命名为太平洋西北实验室，作为汉福德实验区运营的一个独立研究实体。

该实验室的第一个任务是研究开发与核能和核材料的非破坏性使用相关的技术。实验室设计了快通量测试设施，用于为原子能委员会的商业核能项目测试液态金属快中子增殖反应堆的燃料和材料。该实验室的科研和工程人员也从事非政府项目。在 20 世纪 60 年代，研究人员通过他们在数字数据存储方面的研究成果，引领了今天的激光唱盘技术。1969 年，NASA 选择该实验室负责测量从整个"阿波罗计划"收集的月球物质中，以及太阳和银河宇宙射线产生的放射性核素的浓度。

随着 20 世纪 70 年代的到来，美国原子能委员会被分为能源研发管理局和美国核管理委员会，同时该实验室在能源、环境、健康和国家安全方面的研究有所扩展。1977 年，DOE 取代了能源研发管理局，并统一了对联邦能源计划的管理。直到 20 世纪 80 年代，与健康相关的工作仍然是太平洋西北地区的一个重点。研究人员介绍了第一个便携式血液辐射器，它被用于白血病治疗。该辐射器是太平洋西北公司的第一个合作研发协议。在 20 世纪 80 年代中期，太平洋西北实验室成为 DOE 的多项目实验室之一。20 世纪 90 年代，该实验室的科学声誉开始在全国和全球范围内受到更多关注。

1995 年，实验室正式更名为"太平洋西北国家实验室"。随着全球《核不扩散条约》的签订，PNNL 的全球环境和核不扩散工作在 20 世纪 90 年代走到了前沿。2007 年，20 多名西北国家实验室的科学家因对政府间气候变化专门委员会（Intergovernmental Panel on Climate Change，IPCC）的贡献而受到表彰。IPCC 与前副总统戈尔（Al Gore）平分了 2007 年诺贝尔和平奖。

近年来，PNNL 继续通过制订解决方案来捕获和稳定人类制造的碳排放，同时促进生物质能研究和生物基产品的发展，以满足全球对可再生和可持续能源的需求，从而解决对环境的威胁。在基础科学前沿，太平洋国家实验室专注于基因组学、蛋白质组学、系统生物学、化学和材料科学，为下一个十年的科学进步铺平了道路。

4. 未来规划

PNNL 的未来规划体现在两大方面：科研方面体现为对未来构想的愿景；仪器设施、设备和基础设施方面体现为可实施的一系列重大举措。

（1）科学愿景。PNNL 利用化学、地球科学和数据分析等领域的标志性能力，推进科学发现，为美国在能源供应和国家安全方面所面临的最严峻挑战提供解决方案。为了支持 DOE 当前和未来的使命，PNNL 将重点放在 6 项主要举措上。

第一，重塑化学催化——运用生物系统的灵感来开发催化剂和化学途径，从废弃的碳和氮中创造有用的产品，并推进网格级的能源储存。

第二，理解多尺度地球系统过程和动力学——为理解地球系统中的耦合过程建立科学基础，以提高 DOE 的地球系统模型的预测能力和实用性。

第三，通过极端尺度的数据分析与仿真加速科学发现——应用领域感知的机器学习和数据分析方法，从实验室独特的地球系统、网格和网络数据集中获得新的科学知识。

第四，实现安全、灵活、弹性的电力系统——开发和部署下一代实时电网情景工具和网格级储能技术，以创建一个更安全、灵活、有弹性的电力系统。

第五，提供具有网络弹性的关键基础设施——开发必要的工具、技术和程序，将实验室在网格运营方面的经验作为基础，使关键基础设施能够实现自主网络防御。

第六，掌握核材料加工——增进对核材料加工的科学理解，以加强美国生产核材料的能力，并遏制竞争对手，防止核材料扩散等威胁。

此外，PNNL 正在与微软和华盛顿大学合作，探索开展在量子信息科学领域的第七项重大举措，目标是成为第一个利用量子计算设计新型化学转化催化剂的实验室。

（2）重大举措。PNNL 的重大举措旨在深化和扩大其科学基础，同时在能源供应和国家安全方面获得关键任务成果。与实验室核心能力的管理类似，PNNL 主导的大型科研项目中的绝大多数也是由其发起者提供经费。此外，PNNL 还通过实验室主导的研究与开发（LDRD）项目来支持其他科研机构的研究。

2.2.8　普林斯顿等离子体物理实验室

普林斯顿等离子体物理实验室（Princeton Plasma Physics Laboratory，PPPL）是等离子体、核聚变科学与工程领域的创新和发现的引领者，它是 DOE 专门研究这些领域的唯一实验室，也是美国研究磁融合能量科学的主要机构。60 多年来，PPPL 在磁约束实验、等离子体理论与计算、等离子体科学与技术等领域一直处于世界领先地位。PPPL 是国际热核反应堆试验

（International Thermonuclear Experimental Reactor，ITER）项目的主要合作者之一，并在国家球形环面实验升级设施上主持多机构合作工作。该实验室还设有小型实验设施，供诸多机构的研究团队使用，并通过向美国和海外的其他研究机构派遣科学家、工程师，以提供专业设备的形式开展强有力的合作。PPPL 有两个相互耦合的使命：首先，PPPL 从纳米尺度到天体物理尺度对离子体开展科学研究；其次，PPPL 通过科学研究使核聚变为美国乃至全世界提供动力。PPPL 的愿景已成为普林斯顿大学文化的核心部分，并贯穿于 PPPL 的理念之中，PPPL 教育并激励着一代又一代科研人员为了国家的利益而工作。这些教育包括从小学到大学科学教育的超越计划，以及与普林斯顿大学合作的等离子体和天体物理科学的世界领先的研究生教育计划，此外，每年还接待数百名外国学生和数千名访问学者。

普林斯顿等离子体物理实验室的基本情况如表 2-11 所示，其 2018 财年的经费构成如图 2-12 所示。

表 2-11　普林斯顿等离子体物理实验室的基本情况

总 体 指 标	详 细 指 标	数据和概况
概况	位置	新泽西州，普林斯顿市
	类型	单一计划实验室
	成立时间	1951 年
	实验室主任	Terrence Brog（临时）
	依托单位	普林斯顿大学
	管理办公室	普林斯顿试验场办公室
	互联网址	http://www.pppl.gov
物理资产	占地	91 英亩，30 栋建筑
	使用面积	76.6 万平方英尺建筑面积（GSF）
	设施估值（RPV）	6.89 亿美元
	额外设施	无
	租赁设施	无
人力资源	全职人员（FTE）	495
	兼职人员	6
	博士后	21
	研究生	48
	本科生	0
	设备使用者	292
	访问学者	50

续表

总体指标	详细指标	数据和概况
2017 财年概况	实验室运行费	1.011 亿美元
	DOE/NNSA 经费	0.997 亿美元
	SPP 经费（非 DOE/ 非 DHS）	133 万美元
	SPP 占实验室运行费百分比	1.3%
	DHS 经费	0
核心能力	大规模用户设施 / 先进设备 机械设计与工程 等离子体与聚变能科学	电力系统和电气工程 系统工程与集成
独有仪器设备 / 设施	国家地球循环实验系统（升级版） 锂元素托卡马克核聚变实验装置	等离子体纳米合成实验室 磁重联实验装置

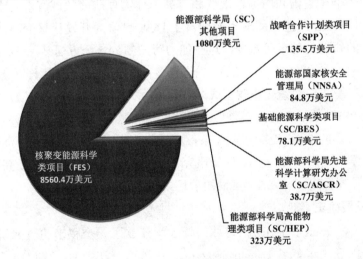

图 2-12　普林斯顿等离子体物理实验室 2018 财年的经费构成

1．使命

PPPL 是一个开展合作研究的国家核聚变能源研究中心，通过其两个相互耦合的使命，利用核聚变为美国和世界提供能源和动力。这两个使命具体化为 5 个核心能力，反映了 PPPL 的专业水平以及在 DOE 使命中所扮演的角色，具体如下。

- ❑ 等离子体与聚变能科学。
- ❑ 大规模用户设施 / 先进设备。
- ❑ 机械设计与工程。

❏ 电力系统和电气工程。

❏ 系统工程与集成。

PPPL 自 1951 年起一直由世界一流的教学研究型大学——普林斯顿大学实施运行管理。近 70 年来，PPPL 一直是磁约束实验、等离子体科学、核聚变科学与工程领域的世界领导者。PPPL 当前通过参与 ITER 项目合作，为美国参与首个燃烧等离子体项目做准备。作为 DOE 唯一致力于聚变能源科学研究的国家实验室，PPPL 努力成为美国实现和构建未来聚变概念的首要设计中心。该实验室在等离子体理论和计算、等离子体科学和技术创新方面处于全国领先地位，为美国的经济健康和竞争力提升做出了贡献。事实上，PPPL 旨在推动等离子技术的下一波创新，以保持美国在这一关键领域的领导地位。在 2018 财年末，PPPL 的人力资源中，技术人员占 38%，运行管理人员占 62%。

2. 主要研究领域

作为一个在美国和国际核聚变和等离子体物理研究领域有着几十年贡献的先行者，PPPL 所拥有的核心能力对于 DOE 科学局开发核聚变能源和高温等离子体的知识基础至关重要，这些能力可归结为 5 个方面：① 等离子体与聚变能科学；② 大规模用户设施 / 先进设备；③ 机械设计与工程；④ 电力系统与电气工程；⑤ 系统工程与集成。

虽然 PPPL 的核心能力主要集中于核聚变能源科学研究，但是该实验室也支持其他重要的 DOE 使命相关任务，并接收来自其他部门项目的资金资助，包括：科学局下属的先进科学计算研究（ASCR）、基础能源科学、高能物理，以及国家核安全局（NNSA）资助的项目。

3. 发展简史

1950 年，John Wheeler 在普林斯顿大学建立了一个秘密的氢弹研究实验室。热心的登山爱好者 Lyman Spitzer, Jr. 知道这个计划后，建议将其命名为"马特洪峰计划（Matterhorn Project）"。Lyman Spitzer, Jr. 还是一位天文学教授，多年来一直从事星际空间中高温稀薄气体的研究。1951 年 2 月，Lyman Spitzer, Jr. 去阿斯彭滑雪旅行时，他的父亲打电话给他，让他读读《纽约时报》的头版。报纸上有一篇关于前一天在阿根廷发表的声明的报道，称一位不太出名的德国科学家 Ronald Richter 在他的"韦穆尔项目（Huemul Project）"中实现了核聚变。Lyman Spitzer, Jr. 最终驳斥了这些说法，后来这些说法也被证实是错误的，但这件事让他想到了核聚变。在阿斯彭乘坐升降椅时，他想到了一个新方案：将等离子体长时间限制在一定范围内，这样就可以将其加热到熔解温度。他将这一方案命名为"仿星器（Stellarator）"。后来，Lyman Spitzer, Jr. 把这个方案提交给了华盛顿的原子能委员会。经原子能委员会讨论和全国科学家审查，"仿星器"于 1951 年提案并获得了资助。由于该装置能够产生高能中子，而这些中子可用于制造氢弹，因此该方案被作为"马特洪峰计划"的一部分。"马特洪峰计划"于 1954 年结束了在氢弹领域的研究，将其研究重点转移到核聚变能源领域。在 1955 年召开的联合国和平利用原子能国际会议之后的 1958 年，这项磁核聚变研究被解密，从而产生了一大批渴望学习"新"物理学的研究生，这反过来又使实验室把更多的精力放在基础研究上。

1961 年，Melvin B. Gottlieb 代替 Lyman Spitzer, Jr. 成为"马特洪峰计划"的继任领导者。同年 2 月 1 日，"马特洪峰计划"更名为普林斯顿等离子体物理实验室，标志着前期对物理学研究的实体化。

1982 年，在 Harold Furth 的领导下，PPPL 已经将托卡马克核聚变试验反应堆（Tokamak Fusion Test Reactor，TFTR）上线，并一直运行到 1997 年。1993 年，TFTR 成为世界上第一个使用 50/50 氘氚混合物的核设施。1994 年，TFTR 产生了前所未有的 10.7 MW 的核聚变能量。

1999 年，基于球面托卡马克方案的国家球环面实验设施（National Spherical Torus Experiment，NSTX）在 PPPL 上线。PPPL 的科研人员与国内外其他设施的研究人员就聚变科学和技术进行合作。工作人员将在核聚变研究中获得的知识应用于许多理论和实验领域，包括材料科学、太阳物理、化学和制造。

2015 年，PPPL 完成了国家球环面实验设施的升级版（National Spherical Torus Experiment Upgrade，NSTX-U），使其成为世界上最强大的核聚变实验设施。通过该设施开展的实验将测试升级的球形设备在极端高温和功率条件下维持高性能等离子体的能力。研究结果将对未来聚变反应堆的设计产生重大影响。

4. 未来规划

PPPL 未来工作的重点是发展核聚变科学和技术，以生产清洁、丰富和经济的能源，并推进等离子体科学的发展。PPPL 通过对等离子体、加热带电气体的行为进行实验和计算机模拟来实现这些目标。具有足够温度的等离子体能够产生聚变反应，因此，等离子体科学是聚变研究的核心。对等离子体及其相关技术的了解也对其他许多科学领域和应用产生了广泛影响，而这些领域和应用对美国的经济健康和竞争力至关重要。这些应用包括等离子体材料的相互作用和处理、天体物理学和空间科学、粒子加速器和高能密度等离子体。许多行业，如微电子工业，都依赖等离子体来合成和塑造产品中的材料。这些行业正在寻求帮助，以改善其现有的流程和创新技术，因此 PPPL 正在加强对这些行业的支持。

在实施其计划的过程中，PPPL 不仅将部署其现有的人力和技术资源，还将利用 DOE 和普林斯顿大学在新员工和基础设施方面的支持，以维持、扩展和丰富 PPPL 的核心能力。这些倡议及其产生的活动由 LDRD 项目、DOE 和其他有关政府机构提供支持。

2.2.9　斯坦福线性加速器中心国家实验室

斯坦福线性加速器中心国家实验室，或称 SLAC 国家加速器实验室（SLAC National Accelerator Laboratory），原名斯坦福直线加速器中心（Stanford Linear Accelerator Center，SLAC），其使命是成为世界领先的 X 射线和超高速科学实验室，其杰出成就包括在电子加速器物理领域的领导地位，以及其 X 射线科学在材料、化学和生物科学领域的杰出应用历史。SLAC 还在基本粒子物理的理论、仿真、仪器、高重复速率、快速读取探测器技术、大规模数据采集和分析等领域发挥主要作用。SLAC 每年在其实验设施和实验室主办的科学项目中接待 4000 多名研究人员。SLAC 还领导 DOE 的科研工作，建设和运行大型天气观测望远镜（Large Synoptic Survey Telescope，LSST），并积极参与大型强子对撞机（Large Hadron Collider，LHC）ATLAS 探测器的两个暗物质搜索和实验，探索中微子的基本性质。

SLAC 的成功依赖于与斯坦福大学强有力的合作关系。斯坦福大学是 SLAC 的依托单位，通过吸引并支持世界上最优秀、最具创新精神的科学家，为 SLAC 提供强有力的人才支持。此外，SLAC 还与斯坦福大学合作建立了 3 个研究所和 1 个研究中心：Kavli 粒子天体物理学和宇宙学研究所（Kavli Institute for Particle Astrophysics and Cosmology，KIPAC）、斯坦福材料与能源科学研究所（Stanford Institute for Materials and Energy Sciences，SIMES）、斯坦福 PULSE 研究所以及 SUNCAT 界面科学和催化中心。

SLAC 国家加速器实验室的基本情况如表 2-12 所示，其 2018 财年的经费构成如图 2-13 所示。

表 2-12　SLAC 国家加速器实验室的基本情况

总体指标	详细指标	数据和概况
概况	位置	加利福尼亚州，门洛帕克市
	类型	多计划实验室
	成立时间	1962 年
	实验室主任	Chi-Chang Kao
	依托单位	斯坦福大学
	管理办公室	SLAC 试验场办公室
	互联网址	http://www6.slac.stanford.edu/
物理资产	占地	426 英亩，149 栋建筑
	使用面积	170 万平方英尺建筑面积（GSF）
	设施估值（RPV）	19.2 亿美元
	额外设施	39 处，占地 3.8 万平方英尺建筑面积（GSF）
	租赁设施	无
人力资源	全职人员（FTE）	1531
	兼职人员	36
	博士后	152
	研究生	220
	本科生	79
	设备使用者	2692
	访问学者	19
2017 财年概况	实验室运行费	5.906 亿美元
	DOE/NNSA 经费	5.753 亿美元
	SPP 经费（非 DOE/ 非 DHS）	0.153 亿美元
	SPP 占实验室运行费百分比	2.6%
	DHS 经费	0
核心能力	加速器科学与技术　　　　　　　　大规模用户设施 / 先进设备 化学与分子科学　　　　　　　　　粒子物理学 凝聚态材料物理学与材料科学　　　等离子体与聚变能科学	
独有仪器设备 / 设施	直线加速器相干光源（LCLS） 斯坦福同步辐射光源（SSRL） 高级加速器实验测试设备（FACET） 费米伽马射线太空望远镜（FGST）仪器科学与运行中心 在废物隔离试验装置（WIPP）中使用的增强氙元素观测仪（EXO）	

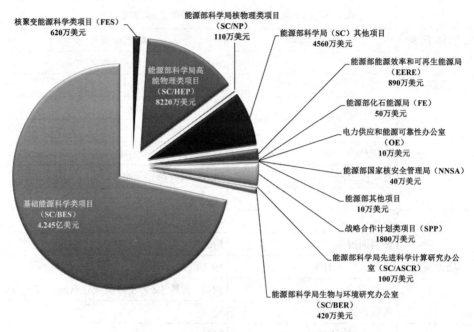

图 2-13 SLAC 国家加速器实验室 2018 财年的经费构成

1. 使命

SLAC 国家加速器实验室是一个充满活力的多计划类型 DOE 国家实验室，其使命是提供科学发现和开发工具，以修正对自然规律的理解，帮助解决工业和社会面临的最具挑战性的科学和技术问题。迄今为止，已有 4 项诺贝尔奖（6 位诺贝尔奖获得者）被授予在 SLAC 开展或与 SLAC 相关的研究成果。

SLAC 之所以成为在 X 射线和超高速科学领域世界领先的实验室，很大程度上归因于其所拥有的 X 射线用户设施，包括：斯坦福同步辐射光源（Stanford Synchrotron Radiation Lightsource，SSRL）、直线加速器相干光源（Linac Coherent Light Source，LCLS）、世界上第一个硬 X 射线自由电子激光器（X-ray Free Electron Laser，XFEL），以及一系列为化学、材料科学、生物学、等离子体物理和计算条件下物质特性研究提供支撑的新型工具。

自 1962 年成立以来，SLAC 取得了大量创新发现，确立了其在高能物理学领域的领先地位。SLAC 还是探索宇宙物理的主要贡献者，在粒子物理项目优先小组（Particle Physics Project Prioritization Panel，P5）的所有 5 个科学驱动项目中担任领导角色，包括使用大型天气观测望远镜（Large Synoptic Survey Telescope，LSST）探测暗能量的本质。拥有 50 年加速器物理学的卓越成就，SLAC 是先进加速器方案实施的领导者，例如，等离子体威克菲尔德加速器（Plasma WakeField Acceleration，PWFA），并以广泛的应用推动关键加速器技术的发展。

作为著名用户设施的管理者，SLAC 通过主持和支持科研项目等形式与 4000 多名美国和国际研究人员合作，其中包括许多来自 SSRL、LCLS、先进加速器实验测试设施（Facility for Advanced Accelerator Experimental Test，FACET）以及实验室组织的科学项目的学生。

通过不断承担有多样化性质的研究项目，SLAC 旨在加强其影响力，特别是探索其核心能力在支持 DOE 的应用能源项目和其他联邦政府部门使命方面的应用，并扩大与工业界的合作。为此，SLAC 充分利用了其在硅谷优越的地理位置及其与斯坦福大学的良好关系。

斯坦福大学为 DOE 实施对 SLAC 的运行管理，在研究、教育和运营方面具有显著优势。斯坦福大学是世界上极优秀、极具创新精神的科学家摇篮。为了提升效率，近期 SLAC、斯坦福大学和 DOE 正在尝试一项新的管理合同模式，该模式简化了实验室的许多标准管理流程，消除了重复项目，并增加了实验室的自主权，使其更加有效。

2. 主要研究领域

SLAC 是一个多计划型 DOE 国家实验室，是美国领先的加速器科学与技术研究机构，致力于粒子物理学和天体物理学领域的研究及 X 射线技术和设施的研发，并利用这些技术进行广泛而深入的科学研究。SLAC 通过其在 6 个核心领域的世界领先能力来实施这一战略，包括：加速器科学与技术、大规模用户设施 / 先进设备、凝聚态材料物理学与材料科学、化学与分子科学、等离子体与聚变能科学以及粒子物理学。

3. 发展简史

SLAC 成立于 1962 年，通过租用斯坦福大学所拥有的 172 hm² 土地而建，实验区位于加利福尼亚州门洛帕克的沙丘路上，就在斯坦福大学主校区的西边。SLAC 所拥有的主加速器长 3.2 km，是世界上最长的直线加速器，自 1966 年开始运行。SLAC 凭借其强大的实验设施资源，主要从事高能物理、宇宙线和天体物理、同步辐射及其应用研究、加速器新技术的研究等。半个世纪以来，SLAC 一直从事自然界基本规律的探索，先后建造了世界上最长的 3.2 km 电子直线加速器，以及正负电子对撞机 SPEAR、PEP、SLC 和 PEP-II，取得了许多重大发现，有 6 名科学家因在 SLAC 的工作被授予诺贝尔奖。SPEAR 在结束高能物理实验后，改为了专用同步辐射光源 SPEAR-3，而基于 3.2 km

电子直线加速器又建成了世界上第一台硬 X 射线自由电子激光装置——直线加速器相干光源（LCLS），每年吸引数千名来自世界各地的科学家在这些大型设施上开展多学科的前沿研究，实现了高能物理实验室向综合性研究中心的华丽转身。2008 年 10 月，DOE 宣布该中心的名字改为 SLAC 国家加速器实验室，给出的理由包括更好地代表实验室的新方向和将实验室的名称注册为商标。但斯坦福大学曾在法律上反对 DOE 试图给"斯坦福线性加速器中心"注册商标。

1972 年建成的斯坦福环形正负电子对撞机（SPEAR）开启了粒子对撞的时代。1974 年，波顿·里克特领导的实验小组发现了被称为"ψ"的粒子。与此同时，丁肇中领导的实验小组也在 BNL 发现了这一粒子，被称为"J"粒子。因此，二人分享了 1976 年诺贝尔物理学奖。

SLAC 的科研人员利用直线加速器产生的电子来探索质子和中子的结构。3 位杰出的物理学家——杰罗姆·弗里德曼、亨利·肯德尔和理查德·泰勒发现了质子和中子中被称为"夸克"的更小的粒子，从而荣获 1990 年诺贝尔物理学奖。

1995 年，SLAC 的马丁·普勒因发现 τ 轻粒子而分享诺贝尔物理学奖。

此外，SLAC 于 1991 年 12 月开发并开始托管欧洲以外的第一个万维网服务器，成为当前世界互联网的先驱之一。

4. 未来规划

SLAC 已经从一个专门的高能物理实验室发展到今天充满活力的多计划型 DOE 国家实验室。SLAC 科学愿景的核心是：通过充分利用 LCLS 产生的超短、超短脉冲相干 X 射线的潜力，解决化学、材料科学和生物学中最具挑战性的问题。其视野也集中在宇宙的物理学上，特别是在寻找暗物质和暗能量方面（探索中微子的基本性质）以及推动前沿的先进加速器科学技术方面。

通过具有多样化性质的研究项目，SLAC 旨在解决和应对国家在能源、环境、健康和国家安全方面的关键科学问题和技术挑战。SLAC 还将充分利用其在硅谷优越的位置及其与斯坦福大学的紧密关系来增加其影响力。

2.2.10 托马斯·杰斐逊国家加速器实验室

托马斯·杰斐逊国家加速器实验室（Thomas Jefferson National Accelerator Facility，TJNAF）通常也被称为杰斐逊实验室（Jefferson Lab）或 JLab，是以美国政治家、思想家、哲学家、科学家、教育家，第三任美国总统托马斯·杰斐逊（Thomas Jefferson，1743—1826）的名字命名的 DOE 国家实验室。

托马斯·杰斐逊国家加速器实验室的基本情况如表 2-13 所示，其 2018 财年的经费构成如图 2-14 所示。

表 2-13 托马斯·杰斐逊国家加速器实验室的基本情况

总 体 指 标	详 细 指 标	数据和概况
概况	位置	弗吉尼亚州，纽波特纽斯市
	类型	单一计划实验室
	成立时间	1984 年
	实验室主任	Stuart Henderson
	依托单位	杰斐逊科学联合有限责任公司
	管理办公室	托马斯·杰斐逊试验场办公室
	互联网址	http://www.jlab.org
物理资产	占地	169 英亩，69 栋建筑
	使用面积	88.3 万平方英尺建筑面积（GSF）
	设施估值（RPV）	4.16 亿美元
	额外设施	无
	租赁设施	8.3 万平方英尺建筑面积（GSF）
人力资源	全职人员（FTE）	678
	兼职人员	27
	博士后	34
	研究生	45
	本科生	8
	设备使用者	1597
	访问学者	1438
2017 财年概况	实验室运行费	1.621 亿美元
	DOE/NNSA 经费	1.594 亿美元
	SPP 经费（非 DOE/ 非 DHS）	378 万美元
	SPP 占实验室运行费百分比	2.3%
	DHS 经费	0
核心能力	加速器科学与技术 大规模用户设施 / 先进设备	核物理学
独有仪器 设备 / 设施	连续电子束加速器装置（CEBAF）	

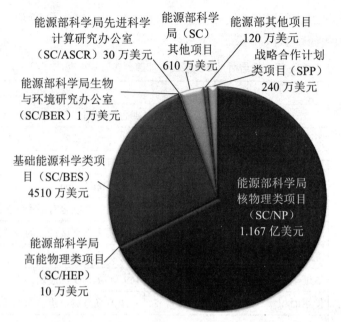

图 2-14　托马斯·杰斐逊国家加速器实验室 2018 财年的经费构成

1. 使命

　　TJNAF 位于弗吉尼亚州纽波特纽斯市，是以杰斐逊科学联合有限责任公司为依托单位的 DOE 科学局下属的国家实验室。实验室的主要任务是探索夸克和胶子在束缚态的基本性质，包括构成可见宇宙质量的核子。在用于连续电子束加速器设备（Continuous Electron Beam Accelerator Facility，CEBAF）的超导射频（Superconducting Radio-Frequency，SRF）技术开发方面，TJNAF 也是世界领先的。这项技术是 TJNAF 和其他 DOE 国家实验室以及国际科学界诸多应用的基础。基于对 CEBAF 及其实验设施的建设和应用所积累的基础，TJNAF 对其重要仪器设施进行了一次升级，使最大光束能量翻了一番，达到 12 GeV（120 亿电子伏特），并为核物理研究提供了一套独一无二的设施，这将确保其在这一领域继续保持世界领先地位几十年。升级后的设施已经完成了 4 个实验大厅的试运行，并准备开始实验项目。

　　实验室支持一个由 1630 名研究人员组成的国际科学用户协会。截至 2018 财年，共产生了来自 188 项完整实验和 33 项部分实验（包含在 12 GeV 时代的 10 项完整实验和 23 项部分实验）的科学数据、453 篇物理快报和物理学综述类简讯以及 1550 篇由其他相关领域期刊出版的文献。据不完全统计，在 TJNAF 开展研究所获得的成果中，被引用的次数超过 16.3 万次。

　　TJNAF 和 CEBAF 的研究每年为全美国和物理学科三分之一博士生的毕业

论文提供研究材料的支持。该实验室设立的杰出科学教育计划为 K-12 学生、本科生和教师提供支持，以培养他们在物理科学方面的关键知识和技能，从而支持解决美国未来所面临的诸多挑战。

2. 主要研究领域

作为单一计划型 DOE 国家实验室，TJNAF 的主要研究领域相对单一，只有 3 个方面：核物理学、加速器科学与技术以及大规模用户设施 / 先进设备。

（1）核物理学。从其名字可以看出，TJNAF 既是一个 DOE 国家实验室，也是一个独特的世界领先的用户设施。TJNAF 通过研究核物理结构和强子物质以应用连续高能极化电子束。12 GeV 升级项目的完成带来了许多突出的新的科学机遇。核科学顾问委员会（Nuclear Science Advisory Committee，NSAC）在其 2015 年的计划中明确表示，应用该设施资源是其优先级最高的任务之一："通过即将完成的具有 12 GeV 能力的 CEBAF 的升级，在前沿项目中使用电子展开强子与原子核的夸克和胶子结构的研究，以探测标准模型，必将成为后续研究的重点。"

（2）加速器科学与技术。TJNAF 在超导直线加速器所需的技术方面具有世界领先的能力，其典型技术如下。

- 完整的系统方案设计能力，以实现对超导线性加速器和相关技术的支持。
- 最先进的 SRF 制造和装配能力。
- 对大型深冷设备独一无二的设计、调试和操作经验。
- 世界领先的极化电子喷射器研发能力。
- 低电平射频及控制技术。
- 加速器和大型控制系统。

（3）大规模用户设施 / 先进设备。TJNAF 是全球领先的使用高能极化电子连续光束研究夸克物质结构的科研机构。CEBAF 被安置在一个 11.3~12.9 km 长的跑道上，用来向 3 个实验终点站或接收厅传送精确的电子束。电子束可以被转换成一个精确的光子束，并传送到第 4 个实验大厅。

CEBAF 提供了一套世界上独一无二的实验能力，具体如下。

- 核物质的高能电子探测器。
- 最高平均电流。
- 最高极化。
- 能够同时向多个实验大厅提供一系列光束能量和电流。
- 在 9 GeV 最高强度标记光子束为外来介子提供搜索。
- 在螺旋度反转情况下提供具有前所未有的稳定性和控制的光束，以支持高精度宇称不守恒研究。

3. 发展简史

与 DOE 其他国家实验室相比，TJNAF 不是二战后核武器研发的产物，因此其发展史并不长。最初的 TJNAF 是作为一个大型实验设施而构建的，即连续电子束加速器设施（CEBAF），这一名称也一直被沿用至 1996 年。

1984 年 8 月，能源部提供了 CEBAF 研究、开发和设计的最初资金，来自世界各地 200 多个机构的科学家、研究人员、工程师、教师和学生成立了 CEBAF 用户组。1985 年 5 月，Hermann Grunder 成为该实验室的第一任领导者。从 1988 年开始，DOE 与美国东南大学签订合同，东南大学成为该实验室的依托单位。1996 年 5 月 24 日，该实验室举行了揭幕式，正式更名为托马斯·杰斐逊国家加速器实验室。自 2006 年 6 月 1 日起，TJNAF 的依托单位变更为杰斐逊科学联合有限责任公司。该公司由美国东南大学研究协会和 PAE 应用技术公司联合创办，旨在为 TJNAF 提供更加高效、灵活的运行管理。

4. 未来规划

TJNAF 在其科学战略中，对未来规划了一个坚实的基础，该基础由美国核物理的发展计划提供支撑，并在美国核科学顾问委员会（Nuclear Science Advisory Committee，NSAC）的 2015 年计划中明确体现，由 DOE 科学局提供经费支持，以利用 TJNAF 在超导射频和低温技术领域的专业技术能力。TJNAF 制订了 2019 财年的实验室计划，以描述与科学技术和业务战略目标相关的主要举措。该议程围绕实验室的 4 项战略成果构建，其中，3 项战略成果与实验室的科技活动直接相关。这些战略成果如下。

- ❑ 通过实验室独特的、世界领先的设施和能力，使核物理用户协会的科学发现成为可能。
- ❑ 规划未来的设施和能力，以实现核物理研究的长期科学目标。
- ❑ 提供技术解决方案，支持核物理用户协会、更大的 DOE 使命和社会需求。
- ❑ 提供、保护和改善人力、物力和信息资源，以支持世界一流的科学研究。

2.2.11 爱达荷国家实验室

爱达荷国家实验室（Idaho National Laboratory，INL）是美国先进核能研究与开发的领导者，拥有无与伦比的核能试验平台设施组合，包括核燃料开发与制造、稳态与瞬态辐射以及宏观与微观辐射后检测。

INL 通过应用科学与工程学科知识和问题解决方法帮助 DOE、DoD、DHS 等联邦政府部门，以及行业合作伙伴应对关键基础设施保护、网络安全和核不扩散方面的重大国家安全挑战。其科研和工程人员也在探索应对能源技术重大挑战的方法，以提高工业制造过程的水和能源使用效率。

在 DOE 体系中，对 INL 的上层监管比较特殊，有些场合中，INL 被作为科学与能源类 DOE 国家实验室，统一由 DOE 科学局（Office of Science，SC）实施管理；有些场合中，INL 则由 DOE 核能局（Office of Nuclear Energy，NE）单独实施管理，成为一类单独的 DOE 国家实验室。在 DOE 核能局领导下，INL 通过引领开展核加速器创新计划（Gateway for Accelerated Innovation in Nuclear，GAIN），为与核研究相关的研究机构提供技术、规范和经验支持，以促进核能技术的商业转化，如小型化核反应堆，同时确保已有核设施能持续、安全、可靠、经济地运行。

爱达荷国家实验室的基本情况如表 2-14 所示，其 2017 财年的经费构成如图 2-15 所示。

表 2-14　爱达荷国家实验室的基本情况

总体指标	详细指标	数据和概况
概况	位置	爱荷华州，爱达荷福尔斯市
	类型	多计划实验室
	成立时间	1949 年
	实验室主任	Mark Peters
	依托单位	巴特尔能源联盟
	管理办公室	爱达荷运行办公室
	互联网址	http://www.inl.gov
物理资产	占地	56.9 万英亩，536 栋建筑
	使用面积	220 万平方英尺建筑面积（GSF）
	设施估值（RPV）	50 亿美元
	额外设施	7 处，占地 9.1 万平方英尺建筑面积（GSF）
	租赁设施	占地 100 万平方英尺建筑面积（GSF）
人力资源	全职人员（FTE）	4409
	兼职人员	23
	博士后	37
	研究生	96
	本科生	181
	设备使用者	96
	访问学者	24

续表

总 体 指 标	详 细 指 标	数据和概况
2017 财年 概况	实验室运行费	10.01 亿美元
	DOE/NNSA 经费	7.83 亿美元
	SPP 经费（非 DOE/ 非 DHS）	1.67 亿美元
	SPP 占实验室运行费百分比	21.7%
	DHS 经费	0.36 亿美元
核心能力	先进计算机科学、可视化和数据 应用材料科学与工程 生物学与生物过程工程 化学工程 化学与分子科学 计算科学 凝聚态材料物理学与材料科学 赛博与信息科学 决策科学与分析 环境地下科学	大规模用户设施 / 先进设备 机械设计与工程 核工程 核物理学 核与放射物化学 粒子物理学 等离子体与聚变能科学 电力系统与电气工程 系统工程与集成
独有仪器 设备 / 设施	先进测试反应堆 瞬态反应堆试验装置 热燃料检验装置 辐射材料特性研究实验室 燃料制造装置	试验燃料装置 太空与安全能源系统装置 关键基础设施测试范围综合设施 特需制造能力 生物质能补给国家用户装置

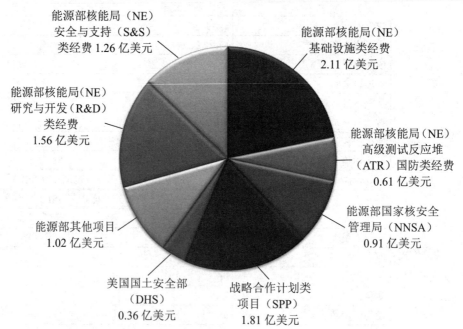

图 2-15 爱达荷国家实验室 2017 财年的经费构成

能源部核能局（NE）
安全与支持（S&S）
类经费 1.26 亿美元

能源部核能局（NE）
基础设施类经费
2.11 亿美元

能源部核能局（NE）
研究与开发（R&D）
类经费
1.56 亿美元

能源部核能局（NE）
高级测试反应堆
（ATR）国防类经费
0.61 亿美元

能源部其他项目
1.02 亿美元

能源部国家核安全
管理局（NNSA）
0.91 亿美元

美国国土安全部
（DHS）
0.36 亿美元

战略合作计划类
项目（SPP）
1.81 亿美元

1. 使命

INL 是美国顶级核能实验室，其使命是发现创新的核能解决方案、演示验证其他清洁能源选择和确保关键基础设施的安全。INL 致力于实现这些任务目标和技术成果，并通过以下方式实现 INL "改变全世界能源的未来并确保关键核设施的安全"的愿景。

（1）专注于研究与开发中的重大挑战，涉及领域包括核能及其安全应用，推进化学和材料领域的极限研究，以扩展核能的应用；加速新能源的发现和验证，并利用在多尺度和多物理域的建模与仿真先进技术支持能源和安全技术领域的创新。

（2）为下述资源建立坚实的基础：① 公认的、卓越的、先进的核心能力；② 世界一流的人才；③ 高效能文化；④ 战略驱动的计划、投资和预算编制；⑤ 世界级的研发与演示验证的基础设施；⑥ 成为本地、区域、国家和国际研究、开发与部署（RD&D）商业体系的组成部分。

为了完成使命，应对大规模的能源和安全挑战，INL 集成和应用其特殊的核心能力、独一无二的研发设施与核能的优势，整合核能、可再生能源与传统能源，以平衡能源供应和需求，优化能源使用的过程，解决复杂的全球安全问题，推进网络安全关键基础设施防护，最终实现能源和安全设计方案的变革创新。

自 1949 年成立以来，INL 一直是美国处于领先地位的核能研发中心，其职责包括核不扩散、基于物理和网络的能源系统和关键基础设施保护以及综合能源系统。2005 年以后，INL 的依托单位一直是巴特尔能源联盟公司。

2. 主要研究领域

在 DOE 下属科学与能源类国家实验室系统所拥有的 24 项核心能力（见表 2-2）中，INL 拥有其中的 15 项，包括 2 项新纳入的核心能力（化学与分子科学、凝聚态材料物理学与材料科学），因此，INL 是典型的多计划型国家实验室。

INL 所拥有的 15 项核心能力根据应用领域和目的，又可归结为 4 个方面，具体如下。

（1）核能源计划，包括下一代核电站（Next Generation Nuclear Plant，NGNP）、能源循环的研究与开发（Fuel Cycle Research and Development，FCRD）、轻水反应堆可持续性（Light Water Reactor Sustainability，LWRS）计划、先进测试反应堆国

家科学用户设施（Advanced Test Reactor National Scientific User Facility，ATRNSUF）、核能源大学计划（Nuclear Energy University Program，NEUP）以及多物理领域方法小组（Multiphysics Methods Group，MMG）。

（2）国家安全与国土安全计划，包括控制系统赛博安全和核不扩散两方面研究。

（3）能源与环境计划，包括先进车辆检测项目、生物能源、机器人学、生物系统、混合能源系统及核废料处理。

（4）交叉学科计划，目前以仪表、控制与智能系统（Instrumentation, Control and Intelligent System，ICIS）为基础，开展跨学科的交叉研究。

3. 发展简史

INL 当前所在的地址，在 20 世纪 40 年代是美国政府的炮兵试验场。二战中日本偷袭珍珠港后不久，美国军方需要一个安全的地方来维修海军最先进的舰炮。这些装备通过铁路运至爱达荷州的波卡特洛附近，进行重新包装、铆接和测试。随着美国海军开始关注二战后和冷战时期的威胁，这个位于爱达荷州沙漠中的试验场的使命也发生了变化。其最著名的任务是建造世界上第一艘核动力潜艇"鹦鹉螺号（USS Nautilus）"的原型反应堆。

1949 年，部署在该试验场的联邦研究机构被改组为国家反应堆试验站（National Reactor Testing Station，NRTS）。1975 年，伴随美国原子能委员会（AEC）被分为能源研究与发展管理局（ERDA）和核管理委员会（NRC），爱达荷州的试验场被作为 ERDA 的主要办公区，曾一度被命名为 ERDA，随后在 1977 年更名为爱达荷州国家工程实验室（Idaho National Engineering Laboratory，INEL），这是由当时的吉米·卡特总统领导的 DOE 所创建的。INEL 成立 20 年后，于 1997 年更名为爱达荷州国家工程与环境实验室（Idaho National Engineering and Environmental Laboratory，INEEL）。在其整个运行期间，该试验场内已由各组织建造了 50 多座供试验应用的独一无二的核反应堆。遗憾的是，截至目前，除 3 座还在运行以外，其余都停止了服务。

2005 年 2 月 1 日，巴特尔能源联盟公司从柏克特尔公司手中接管了实验室的运行管理，并将其与阿贡国家实验室的西区合并，实验室的名称也正式改为"爱达荷国家实验室"。合并时，试验场的核废料清理由一个名为"爱达荷清理计划"的项目继承，并由氟石爱达荷有限责任公司负责实施。试验场所有的科研工作都被合并到新命名的爱达荷国家实验室。

据美联社 2018 年 4 月报道，一桶 "放射性污泥" 在准备运往新墨西哥州东南部的废物隔离试验工厂进行永久储存时发生破裂，破裂的 208 L 桶是来自丹佛附近的 Rocky Flats 工厂的放射性废物的一部分。这些放射性废物的记录很混乱，目前还不清楚爱达荷州国家实验室储存了多少这样的桶，也不知道每个桶里装的是什么。

4. 未来规划

展望未来，INL 在 2019—2024 财年主要的投资计划和预测的概要路线图将根据 5 个关键目标提供资源，这些目标用于帮助实现实验室战略科技计划，同时解决不合格的资产（核废料历史问题）。这 5 个关键目标如下。

❏ 在发现关键缺陷的同时构建新的能力。

❏ 实现老旧基础设施的现代化更新。

❏ 降低风险。

❏ 维持已获得的能力。

❏ 剥离已有的不良资产。

同时，为了建立核能竞争力和领导地位，INL 专注于扩大、振兴和维持关键的 DOE 核能局的实验和试验台能力，将实验和试验台能力与先进的建模和仿真能力相结合，并增强这些独特的能力以支持其他核能研究机构。INL 继续改进 MFC 和 ATR 的实验与测试能力，使下一代高性能计算、先进的建模与仿真以及与实验能力的集成成为可能，并进一步缩短从创新到市场应用的时间。

2.3 核安全类国家实验室

核安全类国家实验室是指美国能源部下属的国家核安全局（National Nuclear Security Administration，NNSA）所监管的 3 个 DOE 国家实验室——劳伦斯利弗莫尔国家实验室（Lawrence Livermore National Laboratory，LLNL）、洛斯阿拉莫斯国家实验室（Los Alamos National Laboratory，LANL）和桑迪亚国家实验室（联盟）（Sandia National Laboratories，SNL）。NNSA 的核心任务包括维持美国的核储备、监测和促进全球核不扩散计划、为美国海军武器设施提供核动力以及应对国内外有关核与辐射的紧急事件等。根据《国家核安全局法案》等有关法律法规，核安全类国家实验室被称为 "国家安全实验室（National Security Laboratories）" 而非 "核武器实验室（Nuclear Weapons Laboratories）"，并且其核心使命是保障美国核武器储备的可用性、安全性和可靠性。为了实现这一核心使命，这 3 个实验室还需要开展大量辅助性工作，例如，与武器有关的情报和评估、核取证、抗辐射微电子学、辐射探测能力等。核安全类国家实验室一直被作为对 NNSA 核心使命的重要支持，而且与 NNSA 在监管方面构成隶属关系，因此，也经常被称为 NNSA 国家实验室（NNSA National Laboratory）。

2.3.1　劳伦斯利弗莫尔国家实验室

肩负科学和技术使命，这是劳伦斯利弗莫尔国家实验室（Lawrence Livermore National Laboratory，LLNL）的标志。LLNL 的主要使命是为 DOE 及其下属的 NNSA，以及其他联邦机构服务，LLNL 开发和应用世界一流的科学与技术，以确保国家核威慑的安全、有保障和可靠。LLNL 还应用科学与技术来应对从核扩散和恐怖主义到能源短缺和气候变化等威胁国家安全和全球稳定的各种危险。

LLNL 应用涵盖所有科学和工程学科的多学科方法，利用独一无二的设备设施，在反恐和防扩散、国防和情报、能源和环境安全等领域取得突破。LLNL 成立于 1952 年，劳伦斯利弗莫尔国家安全有限责任公司自 2007 年以来一直作为依托单位管理该实验室。

劳伦斯利弗莫尔国家实验室的基本情况如表 2-15 所示，其 2019 财年的经费构成如图 2-16 所示。

表 2-15　劳伦斯利弗莫尔国家实验室的基本情况

总 体 指 标	详 细 指 标	数据和概况
概况	位置	加利福尼亚州，利弗莫尔市
	类型	多计划实验室
	成立时间	1952 年
	实验室主任	William H. Goldstein
	依托单位	劳伦斯利弗莫尔国家安全有限责任公司
	管理办公室	劳伦斯试验场办公室
	互联网址	http://www.llnl.gov

续表

总 体 指 标	详 细 指 标	数 据 和 概 况
物理资产	占地	7700 英亩，拥有 517 栋建筑 / 移动房
	使用面积	在用：640 万平方英尺建筑面积（GSF） 未用：60 万平方英尺建筑面积（GSF）
	设施估值（RPV）	202 亿美元（根据新算法和软件统计）
	额外设施	无
	租赁设施	2.4 万平方英尺建筑面积（GSF）
人力资源	全职人员（FTE）	6785
	兼职人员	18
	博士后	253
	研究生	138
	本科生	184
	设备使用者	4300
	访问学者	1500
2019 财年概况	实验室运行费	22.1 亿美元
	DOE/NNSA 经费	19 亿美元
	SPP 经费（非 DOE/ 非 DHS）	3.06 亿美元
	SPP 占实验室运行费百分比	13.9%
	DHS 经费	0.23 亿美元
核心能力	先进材料与制造 生物科学与生物工程 地球与大气科学 高能量密度科学 高性能计算、仿真与数据科学	激光与光学科学与技术 核、化学和同位素科学与技术 全源情报分析 核武器设计 安全、风险和脆弱性分析
独有仪器设备 / 设施	国家点火装置 利弗莫尔计算综合平台 国家大气释放咨询中心 烈性炸药应用设施 受控燃烧装置	法医科学中心 微纳米技术中心 生物工程中心 朱庇特激光器 加速器质谱中心

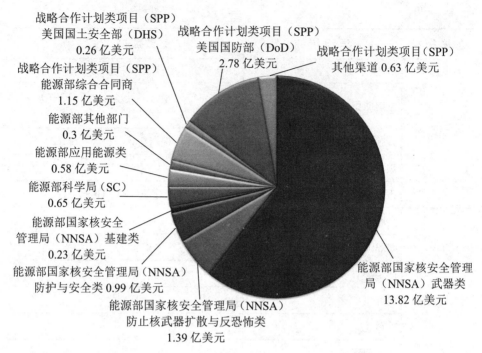

战略合作计划类项目（SPP）
美国国土安全部（DHS）
0.26 亿美元

战略合作计划类项目（SPP）
能源部综合合同商
1.15 亿美元

能源部其他部门
0.3 亿美元

能源部应用能源类
0.58 亿美元

能源部科学局（SC）
0.65 亿美元

能源部国家核安全
管理局（NNSA）基建类
0.23 亿美元

能源部国家核安全管理局（NNSA）
防护与安全类 0.99 亿美元

战略合作计划类项目（SPP）
美国国防部（DoD）
2.78 亿美元

战略合作计划类项目（SPP）
其他渠道 0.63 亿美元

能源部国家核安全管理
局（NNSA）武器类
13.82 亿美元

能源部国家核安全管理局（NNSA）
防止核武器扩散与反恐怖类
1.39 亿美元

图 2-16　劳伦斯利弗莫尔国家实验室 2019 财年的经费构成

1. 发展简史

LLNL 成立于 1952 年，前身是位于利弗莫尔的加利福尼亚大学辐射实验室。该实验室最初是作为当时已有的加利福尼亚大学伯克利分校辐射实验室的一个分部存在的，旨在刺激创新，并与新墨西哥州洛斯阿拉莫斯的核武器设计实验室构成竞争。Edward Teller 和伯克利分校辐射实验室主任 Ernest Lawrence 被认为是 LLNL 的联合创始人。

新实验室设在二战时期的一个海军航空基地，当时该基地已经是加利福尼亚大学辐射实验室几个项目的所在地。这些项目所需的实验场地过大，其中还包括一个用磁方法来限制热核反应（即核聚变）的首批实验，位于加利福尼亚大学校园附近伯克利山的实验区已无法承载。因此，将项目迁至位于伯克利东南约半小时车程处的利弗莫尔，从而为机密项目提供了比城市大学校园更可靠的安全保障。

实验室成立之初，Ernest Lawrence 任命 32 岁的 Herbert York 来管理利弗莫尔的辐射实验室。Herbert York 曾是 Ernest Lawrence 的研究生。在 Herbert York 的领导下，该实验室开展了 4 个主要项目研究：舍伍德计划（核聚变项目）、惠特尼计划（武器设计项目）、诊断性武器实验（由洛斯阿拉莫斯实验室和利弗莫尔实验室同时进行）和基础物理项目。Herbert York 领导新实验室采用了 Ernest Lawrence 的"大科学（Big Science）"方法，组织物理学家、化学家、工程师和计算科学家一起在多学科团队中合作解决具有挑战性的问题。Ernest Lawrence 于 1958 年 8 月去世，不久之后，加利福尼亚大学的董事会以他的名字命名这两个实验室，即劳伦斯辐射实验室。

从历史上看，LBNL 和 LLNL 在研究项目、业务运营和科研人员等方面有着非常密切的关系。利弗莫尔实验室最初是伯克利实验室的一个分部。直到 1971 年，利弗莫尔实验室才正式从伯克利实验室分离出来。时至今日，在官方的规划文件和记录中，LBNL 被指定为 100 号试验区，LLNL 被指定为 200 号试验区，而 LLNL 的偏远试验场被指定为 300 号试验区。

利弗莫尔实验室于 1971 年更名为劳伦斯利弗莫尔实验室（Lawrence Livermore Laboratory，LLL）。2007 年 10 月 1 日，劳伦斯利弗莫尔国家安全有限责任公司（Lawrence Livermore National Security，LLC，LLNS）从加利福尼亚大学接手 LLNL 的管理工作，该大学自 1952 年实验室成立以来一直对实验室进行独立的管理和运营。但是 LLNS 对实验室的接管一直存在争议。

2011 年 3 月 14 日，利弗莫尔市正式扩大了城市边界，吞并了 LLNL 部分实验区，并将其移至城市范围内。利弗莫尔市议会一致投票将该市的东南边界扩大到 15 个地块，占地约 428 hm^2，其中就包含 LLNL 的实验区。该实验区以前是阿拉米达县的一个未合并的地区。LLNL 在加利福尼亚大学伯克利分校校园中的实验区则继续归联邦政府所有。

2. 主要特性

（1）独一无二的设施。LLNL 是美国国家点火装置（National Ignition Facility，NIF）的所在地，该设施是世界上最大、能量最强的激光器、NIF 利用 192 束激光创造了极端的温度和压力，这对于推进基于科学的储存管理、探索使用激光为聚变点火的应用前景以及加深对宇宙的理解是非常必要的。在 NIF 实验中，成千上万的激光束聚焦在直径 10 m 的目标室中高度工程化的微型目标上。NIF 是美国为了解现代核武器应用和验证 3D 武器物理仿真而创造相关条件的首要设施。NIF 的设计目的是进行实验研究，以追求核聚变点火与热核燃烧，这是一个科学上的重大挑战。最近的一项实验获得了 19 千万亿中子和 54 kJ 能量输出的聚变当量，达到了核聚变点火条件的 75%。

（2）尖端研究。在极限尺度仿真领域，自 20 世纪 90 年代开始固积管理计划实施以来，LLNL 一直与美国工业界携手合作，将用于科学仿真的高性能计算（High-Performance Computing，HPC）能力提高了 100 万倍以上。这对物理系统高分辨率、更加精确的三维仿真对核武器的性能提升是至关重要的，能够支持安全性、可靠性和长期库存的有效性分析。LLNL 的科学家还利用高性能计算来研究从病原体停靠在蛋白质受体上的纳米级机制，以及自然和人类对地球气候的影响等各种问题。

2018 年 10 月，LLNL 开发出运算速度在世界排名第三的超级计算机——Sierra。Sierra 为 NNSA 提供极高逼真度的仿真，以支持核武器的库存管理。这台机器将使科学家能够回答以前他们无法回答的科学问题。它是 NNSA 的第一个异构型超大规模计算系统，这意味着其 4320 个计算节点中的每个节点都包含中央处理单元和图形处理单元。

Sierra 延续了 LLNL 研发世界级超级计算机的悠久历史，代表着 LLNL 向艾级超级计算机的目标又前进了一步。预计到 2023 年，LLNL 的 El Capitan 超算系统能够实现这一目标。

（3）技术转化。LLNL 的微功率脉冲雷达（Micropower Impulse Radar，MIR）是一种体积小、重量轻、价格低廉的雷达，它使用非常短的电磁脉冲，可以在比传统雷达短得多的距离内探测目标。MIR 已被广泛应用于许多领域，包括液位传感、医学应用、无损评估、运动检测，以及通过墙壁或碎石探测呼吸的设备，以帮助灾后救援。

MIR 是反恐特警队和地雷探测队能够在现场使用的第一个真正的便携式雷达系统。包括"9·11"事件在内的搜索和救援任务已经使用 MIR 设备探测被埋在瓦砾下的人们的心肺活动。自 1994 年以来，MIR 拥有 197 项专利和 44 项许可——比 LLNL 历史上的任何其他技术都要多，并售出了数千万台设备，重要原因是其成本极为低廉，由 10 美元的现成材料研发而成。

2.3.2　洛斯阿拉莫斯国家实验室

洛斯阿拉莫斯国家实验室（Los Alamos National Laboratory，LANL）有时也简称为"洛斯阿拉莫斯"，是美国最重要的国家安全科学实验室。LANL 应用创新和多学科的科学、技术和工程来帮助应对国家面临的最严峻挑战，保护国家和世界安全。在提供任务解决方案的过程中，LANL 确保了美国核威慑的安全性、可靠性和有效性，并减少了新出现的国家安全和全球威胁。该实验室的多学科重点延伸到核不扩散、反核扩散、能源和基础设施安全，以及应对化学、生物、辐射和高产量爆炸物威胁的技术。

洛斯阿拉莫斯国家实验室的基本情况如表 2-16 所示，其 2019 财年的经费构成如图 2-17 所示。

表 2-16　洛斯阿拉莫斯国家实验室的基本情况

总体指标	详细指标	数据和概况
概况	位置	新墨西哥州，洛斯阿拉莫斯市
	类型	国家安全类实验室
	成立时间	1943 年
	实验室主任	Charlie McMillan
	依托单位	洛斯阿拉莫斯国家安全有限责任公司（LANS）
	管理办公室	洛斯阿拉莫斯试验场办公室
	互联网址	http://lanl.gov
物理资产	占地	22 400 英亩，拥有 1280 栋建筑
	使用面积	900 万平方英尺建筑面积（GSF）
	设施估值（RPV）	142 亿美元
	额外设施	100 处，34.6 万平方英尺建筑面积（GSF）
	租赁设施	38.5 万平方英尺建筑面积（GSF）
人力资源	全职人员（FTE）	11 300
	兼职人员	无数据
	博士后	375
	研究生	359
	本科生	655
	设备使用者	1228
	访问学者	582
2016 财年概况	实验室运行费	21.16 亿美元
	DOE/NNSA 经费	18.78 亿美元
	SPP 经费（非 DOE/ 非 DHS）	2.53 亿美元
	SPP 占实验室运行费百分比	10.3%
	DHS 经费	0.2 亿美元

续表

总体指标	详细指标	数据和概况
核心能力	加速器科学与技术 先进计算机科学、可视化和数据 应用材料科学与工程 应用数学 生物学与生物过程工程 生物系统科学 化学工程 化学与分子科学 气候变化科学和大气科学 计算科学 凝聚态材料物理学与材料科学 赛博与信息科学	决策科学与分析 地球系统科学与工程 环境地下科学 大规模用户设施 / 先进设备 机械设计与工程 核工程 核物理学 核与放射物化学 粒子物理学 等离子体与聚变能科学 系统工程与集成
独有仪器设备 / 设施	双轴放射成像流体力学测试装置 钚科学和制造装置 洛斯阿拉莫斯中子科学中心 超大型建模与仿真中心 综合纳米技术中心 电子显微镜实验室	国家高能磁场实验室 防止核扩散与国内安全设施 三叉戟激光器 西格玛材料制造与机械加工综合系统 爆炸科学中心

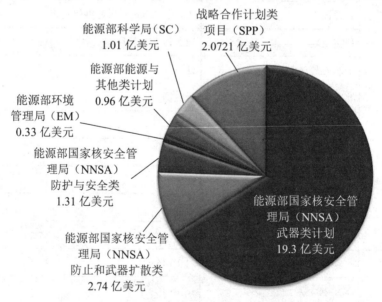

图 2-17　洛斯阿拉莫斯国家实验室 2019 财年的经费构成

1. 发展简史

LANL 成立于二战期间，是一个秘密的、集中的设施，用于协调开展"曼哈顿计划"的科学研究。1942 年 9 月，在全国各地的大学里进行关于核武器的初步研究所遇到的困难表明，需要为此专门设立一个实验室，LANL 因此诞生。

1942 年末，洛斯阿拉莫斯被选为核武器设计的最高机密地点，并于 1943 年正式启用。"曼哈顿计划"的科学总监、大名鼎鼎的·J. 罗伯特·奥本海默（J. Robert Oppenheimer）成为该实验室的第一位主任。当时，该实验室被称为"Y 计划（Project Y）"，是美国各地一系列核武器研究实验室之一，为了保密，这些实验室都以字母命名。洛斯阿拉莫斯是设计和全面协调中心，而其他实验室，如 ORNL 和 ANL，其使命是集中生产铀和钚作为核武器的材料。洛斯阿拉莫斯是这个项目的核心，汇集了世界上一些著名的科学家，其中包括许多诺贝尔奖获得者。在此期间，这个地方被称为 Y 项目、洛斯阿拉莫斯实验室和洛斯阿拉莫斯科学实验室。

二战后，奥本海默从主任职位上退休，由 Norris Bradbury 接手主任一职。Norris Bradbury 的最初任务是实现原子弹制造的手工组装，这样就可以对核武器实现大规模生产和使用，而无须训练有素的科学家的帮助。该任务导致许多最初的洛斯阿拉莫斯"杰出人物"选择离开实验室，有些人甚至直言不讳地反对进一步发展核武器。

1947 年 1 月 1 日，该实验室正式更名为洛斯阿拉莫斯科学实验室。与此同时，阿贡已经在前一年建成了第一个国家实验室。而洛斯阿拉莫斯直到 1981 年才成为国家实验室。

自 20 世纪 40 年代以来，洛斯阿拉莫斯负责开发氢弹和许多其他类型的核武器。1952 年，LLNL 成立，作为洛斯阿拉莫斯的"竞争对手"，美国联邦政府希望两个核武器设计实验室能够刺激创新。随着冷战的结束，这两个实验室越来越多地把注意力转向民用任务。目前，LANL 是世界上最大的科技机构之一，在国家安全、空间探索、核聚变、可再生能源、医学、纳米技术和超级计算等领域开展多学科研究。

2. 主要特性

（1）独一无二的设施。LANL 拥有必要的设施，在无法开展核试验的情况下确保国家核威慑的安全性、可靠性和有效性，包括双轴射线流体动力测试装置（Dual Axis Radiographic Hydrodynamic Test Facility，DARHT）设施和世界上最快的超级计算机之一——"Trinity"。DARHT 是世界上最强大的 X 光机，能够支持分析核武器实物模型。该设施可制作材料内爆速度超过每小时 16 093 km 的定格射线照片，将内爆模型的活动冻结在 1 mm 以下，并提供 3D 信息。

"Trinity"超级计算机拥有每秒 40 千万亿次的运算速度，是世界上第一个足够大、足够快的计算平台，能够完成三维、全尺寸、端到端的核武器仿真。

通过将"Trinity"的三维建模功能与 DARHT 的实验数据相结合，LANL 增强了国家核威慑的信心和可信度。

（2）尖端研究。通过结合材料科学的实验和建模方法，LANL 正在开发一套将预测过程、结构、性能和功能相集成的技术，以优化制造过程并确保性能。例如，LANL 经常使用铸造仿真来指导支持库存管理的生产过程。通过向代码中添加微观结构模型，研究人员可以预测铸件的微观结构变化。质子射线照相实验验证了预测的宏观流体流动和凝固行为。原位表征验证了微观结构模型。通过这些集成能力，LANL 正在开发预测材料功能和特性（包括老化现象）的能力，并改进这一能力，以应对增材制造等新技术。

（3）技术转化。与许多 LANL 的创新一样，用于制造 Safire 多相流量计的技术起源于国家安全工作。LANL 开发了扫频声干涉技术，用于密封容器内的静态液体（化学战争试剂）的非侵入性辨识。LANL 与雪佛龙能源技术公司（Chevron Energy Technology Corporation，CETC）和通用电气公司（General Electric，GE）合作，将该技术应用于管道内流动的多相流体（如石油、水和天然气）分析。由此生产出简单易用的 Safire 流量计，为油井提供了非侵入性、连续的、准确的流体产量估算工具，从而改善了油藏管理，提高了产量，并通过消除环境不安全因素的分离罐，节约了大量成本。雪佛龙能源技术公司已经开始在其油田安装和评估这些仪表，通用电气公司则已经在国际上开始销售这些仪表。

2.3.3 桑迪亚国家实验室（联盟）

桑迪亚国家实验室（联盟）（Sandia National Laboratories，SNL）是在研制第一批原子弹的过程中诞生的 DOE 国家实验室。目前，保障美国核储备的安全、可靠和有效是 SNL 作为一个多任务国家安全工程实验室工作的主要部分。SNL 的角色已经演变为通过以下领域的研究和开发来应对美国面临的复杂威胁。

- ❑ 核武器——通过帮助维持和保护核武库来支持美国的威慑政策。
- ❑ 国防系统与评估——为美国国防和国家安全相关的研发部门提供新能力。
- ❑ 能源和气候——确保能源和资源的稳定供应，保护基础设施。
- ❑ 国际、国土与核安全——保护核资产和核材料，应对全球与核相关的紧急事件与核不扩散活动。

SNL 的科学、技术和工程基础成就了它独特的使命。SNL 高度专业化的研究人员一直处于创新的前沿，与大学和公司合作，实施对美国安全具有重大影响的多学科科学和工程研究项目。

桑迪亚国家实验室（联盟）的基本情况如表 2-17 所示，其 2016 财年的经费构成如图 2-18 所示。值得注意的是，本质上 SNL 并不是一个独立的实验室，而是由多个实验室所构成的联盟，这一点从实验室的名称和位置分布情况都可以看出。

表 2-17　桑迪亚国家实验室（联盟）的基本情况

总体指标	详细指标	数据和概况
概况	位置	新墨西哥州，阿尔布开克市；加利福尼亚州，利弗莫尔市；内华达州，托诺帕市；得克萨斯州，阿马里洛市；新墨西哥州，卡尔斯班市；夏威夷州，考艾岛
	类型	多任务国家安全类实验室
	成立时间	1949 年
	实验室主任	Dr. Stephen Younger
	依托单位	桑迪亚国家技术与工程解决方案有限责任公司
	管理办公室	桑迪亚试验场办公室
	互联网址	www.sandia.gov
物理资产	占地	20 万英亩，拥有 1001 栋建筑 / 移动房（可在所有实验区停驻）
	使用面积	720 万平方英尺建筑面积（GSF）（建筑和移动房总和）
	设施估值（RPV）	66 亿美元
	额外设施	45 处，1.4 万平方英尺建筑面积（GSF）
	租赁设施	15 处合同租赁设施，35.8 万平方英尺建筑面积（GSF）
人力资源	全职人员（FTE）	10 650
	兼职人员	2
	博士后	223
	研究生	219
	本科生	416
	设备使用者	无数据
	访问学者	无数据

续表

总体指标	详 细 指 标	数据和概况
2016 财年概况	实验室运行费	30.7 亿美元
	DOE/NNSA 经费	20.8 亿美元
	SPP 经费（非 DOE/ 非 DHS）	9.876 亿美元
	SPP 占实验室运行费百分比	32.2%
	DHS 经费	无数据
核心能力	赛博技术　　　　　　　　　探路者工程系统 高可靠性工程　　　　　　　抗辐射、高可靠微电子产品的开发与生产 微纳设备与系统　　　　　　逆向工程 建模、仿真与实验　　　　　安全、风险与脆弱性分析 天然及工程化材料　　　　　传感器及传感系统	
独有仪器设备 /设施	Z 机械 燃烧研究设施 微系统与工程科学应用（MESA）综合平台	

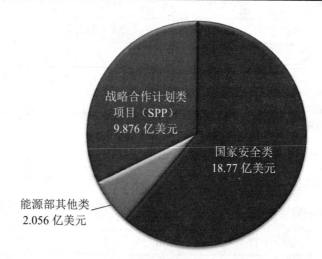

图 2-18　桑迪亚国家实验室（联盟）2016 财年的经费构成

1. 发展简史

SNL 的历史可以追溯到二战和"曼哈顿计划"。在正式参战之前，美国陆军在新墨西哥州阿尔布开克机场附近租用了一块土地，称为奥克斯纳德机场，为美国陆军和海军的飞机提供临时服务。1941 年 1 月，阿尔布开克美国陆军的空军基地开始建设，并在年底建立了庞巴迪陆军高级飞行学校。此后不久，以早期陆军军事飞行员 Colonel Roy C. Kirtland 上校的名字,将该机场重新命名为科特兰机场。1942 年中期,美国陆军获得了奥克斯纳德机场,并与科特兰机场合并。在二战期间,该实验区进一步扩大,科特兰机场被美国陆军作为一个主要的空军训练基地。

在之后的时间里,该实验室支持了第一颗原子弹的成功爆炸、对超级计算机"Trinity"的测试、第一套空基核武器的交付使用以及"亚伯达计划(Project Alberta)"的顺利实施。洛斯阿拉莫斯实验室主任奥本海默和他的技术顾问 Hartly Rowe 开始寻找一个实验区,以便于继续开展洛斯阿拉莫斯实验室的核武器开发,特别是其中不涉及核的方面。他们认为一个单独的部门可以更好地执行这些职能,因此选中了科特兰机场。1945 年 7 月,SNL 的前身"Z"部门在奥克斯纳德机场成立,为"曼哈顿工程"实施未来的核武器开发、测试和组装任务。"曼哈顿工程"组织部门要求建立一个安全区,并建设"Z"部门相应的设施,称其为"桑迪亚基地"。

桑迪亚实验室自成立开始一直由加利福尼亚大学运营,直到 1949 年,当时的哈里·杜鲁门总统要求美国电话电报公司(American Telephone and Telegraph,AT&T)的子公司西部电力公司承担这项工作,并将其视为"为国家利益提供特殊服务的机会"。1979 年,美国国会指定桑迪亚实验室为国家实验室。1993 年 10 月,SNL 由洛克希德·马丁公司的全资子公司桑迪亚公司接手管理和运营。2017 年 5 月,SNL 开始由霍尼韦尔国际的全资子公司桑迪亚国家技术与工程解决方案有限责任公司作为依托单位实施运行管理。

2. 主要特性

(1)独一无二的设施。SNL 所拥有的 Z 型机器是世界上最强大、最高效的实验室辐射源,它利用高磁场和高电流产生高温、高压和强大的 X 射线,这是地球上其他地方找不到的条件,对 SNL 确保老化的美国核武器储备的可靠性和安全性至关重要。Z 型机器提供了最快、最准确、最便宜的方法来确定材料在极端压力和温度下的反应,类似于核武器爆炸产生的压力和温度。它产生关键数据,用于验证计算机仿真中的物理模型。Z 型机器在解决世界能源挑战方面的作用与它在核聚变方面的潜力直接相关。

(2)尖端研究。SNL 的"模式分析支持高性能利用和推理(Pattern Analytics to Support High-Performance Exploitation and Reasoning,PANTHER)团队"正在开发解决方案,以支持更智能化、更快、更有效地开展国家安全分析,在实时、有压力的条件中分析大量复杂的数据,其结果至关重要。基于认知科学的研究，该团队正在开发一种方法来预处理和分析大量的数据集，使其可搜索和更有意义，并设计软件和工具来帮助那些查看数据的人在几分钟内而不是几个月后获得更深刻的分析结果。他们正在重新思考如何比较运动和轨迹，并开发能够表示遥感图像的软件，将它们与附加信息结合起来，使其可被搜索。

（3）技术转化。SNL 的化学和生物制剂去污技术曾获得地区和国家联邦实验室联盟（Federal Laboratory Consortium，FLC）颁发的技术转化优秀奖，其中包含的表面活性剂可以杀死表面上 99.999 99% 的细菌、病毒和真菌。该成果最初是供军队和急救人员使用的，如今 SNL 已经把这种配方授权给了一些公司，这些公司进一步开发了这种配方，用于对抗有毒霉菌，净化冰毒实验室，为医疗设施和学校进行消毒，清除农业包装工厂中的农药，甚至在非洲抗击埃博拉病毒。目前已有 7 家被许可公司正在制造和分销基于 SNL 专利的产品，研究工作仍在继续，以发现可以产生更多类型产品和授权的应用成果。

2.4 其他类国家实验室

DOE 国家实验室系统中，除了由科学局和国家核安全局统一管理的 13 个国家实验室外，另有 3 个国家实验室分别由独立的 DOE 业务局管理。

2.4.1 国家能源技术实验室

国家能源技术实验室（National Energy Technology Laboratory，NETL）是 DOE 化石能源局管理的 DOE 国家实验室。NETL 的使命是发现、开发和部署技术解决方案，以增强国家的能源基础并为子孙后代保护环境。这些先进技术使化石燃料能够生产清洁、可靠和可负担得起的能源，以支持国内制造业的发展、改善基础设施、增强竞争力、振兴劳动力和使美国摆脱对外国石油的依赖。作为 DOE 唯一的 GOGO 型国家实验室，NETL 拥有竞争力、能力和权威来领导关键的战略任务和行动，以促进美国的能源、经济和制造业优先发展。NETL 研究项目的合作伙伴数以千计，包括美国大小企业、国家研究机构、学院和大学以及其他政府实验室。

国家能源技术实验室的基本情况如表 2-18 所示，其 2016 财年的经费构成如图 2-19 所示。

表 2-18　国家能源技术实验室的基本情况

总 体 指 标	详 细 指 标	数据和概况
概况	位置	宾夕法尼亚州，匹兹堡市；西弗吉尼亚州，摩根敦；俄亥俄州，奥尔巴尼；得克萨斯州，休斯顿；阿拉斯加州，安克雷奇
	类型	单一计划实验室
	成立时间	1910 年
	实验室主任	Grace M. Bochenek
	依托单位	—
	管理办公室	—
	互联网址	http://www.netl.doe.gov
物理资产	占地	242 英亩，拥有 109 栋建筑
	使用面积	115.4 万平方英尺建筑面积（GSF）
	设施估值（RPV）	5.65 亿美元
	额外设施	8 处，3.8 万平方英尺建筑面积（GSF）
	租赁设施	1.4 万平方英尺建筑面积（GSF）
人力资源	全职人员（FTE）	1497
	兼职人员	56
	博士后	62
	研究生	52
	本科生	16
	技术开发合作机构	916 家
2016 财年概况	实验室运行费	8.743 亿美元
	DOE 经费	8.618 亿美元
	SPP 经费（非 DOE/ 非 DHS）	0.125 亿美元
	SPP 占实验室运行费百分比	4.7%
	主持的研究、开发、演示与部署类项目（DOE+经费分担）	超过 90 亿美元
核心能力	应用材料科学与工程 化学工程 决策科学与分析	环境地下科学 系统工程与集成
独有仪器设备 / 设施	基于仿真的工程实验室 能量转换技术中心 先进合金开发设施 材料和矿物鉴定设施	地质科学与工程设施 流动环境监察实验室 能源数据交换系统 计算工程实验室

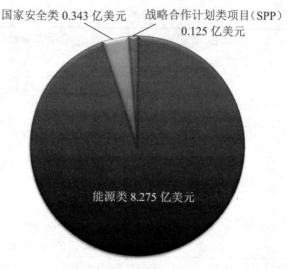

国家安全类 0.343 亿美元　　战略合作计划类项目（SPP）
0.125 亿美元

能源类 8.275 亿美元

图 2-19　国家能源技术实验室 2016 财年的经费构成

1. 发展简史

NETL 的创立可追溯至 100 多年前的一系列组织机构的前身。1910 年，美国内政部（Department Of Interior，DOI）的矿务局在宾夕法尼亚州的布鲁斯顿建立了匹兹堡实验区，用于训练煤矿工人，并开展与采煤相关安全设备和实践的研究。20 世纪 20 年代中期，在几个欧洲国家开始研究以煤为基础的合成燃料之后不久，匹兹堡实验区就开始了煤的液化研究。仅仅 8 年后，在俄克拉荷马州的巴特尔斯维尔，矿务局开设了石油实验区，以寻求工程和科学方法在石油钻探中的系统应用，帮助石油工业制定操作和安全标准。根据 1944 年的《合成液体燃料法案》，匹兹堡实验区于 1948 年成为布鲁西顿研究中心（Bruceton Research Center，BRC）。

1946 年，合成燃气实验分站成立，用以开展联邦政府资助的煤气化研究，特别是利用设在西弗吉尼亚州摩根敦的西弗吉尼亚大学的实验设施生产以煤为原料的合成燃气。1954 年，该站与附近的另外两个 DOI 科研组织合并，建立了阿巴拉契亚实验区，专门支持位于现在摩根敦附近的煤炭现场处理研究。

1975 年，新的美国能源研究与发展管理局将之前 DOI 所建立的实验区重新命名为巴特尔斯维尔、摩根敦和匹兹堡能源研究中心，以支持联邦政府以合同形式资助开展的化石能源的研究与开发。这 3 个研究中心都在 1977 年成为新成立的 DOE 下属的能源技术中心。这些中心引领煤炭、石油和天然气技术的现场研究，并管理由大学、工业和其他研究机构开展的研究和开发合同。

1983 年，巴特尔斯维尔能源技术中心的业务转移到芝加哥的伊利诺伊理工学院研究所，并设立了巴特尔斯维尔项目办公室来监管石油研究活动。1996年，相距 105 km 的摩根敦和匹兹堡能源技术中心在同一届管理者的合并下成立了联邦能源技术中心（Federal Energy Technology Center，FETC）。1998 年，位于俄克拉荷马州的巴特尔斯维尔项目办公室关闭，在其基础上成立了国家石油技术办公室（National Petroleum Technology Office，NPTO）。

1999 年，FETC 成为国家实验室 NETL；2000 年，NPTO 加入该实验室。NETL 于 2001 年在阿拉斯加州的费尔班克斯开设了北极能源办公室，以促进北极气候下的石油开采、气液转换、天然气生产和运输，以及对电力的研究、开发和部署，包括化石能源、风能、地热、燃料电池和小型水电设施。

2005 年，位于俄勒冈州奥尔巴尼的奥尔巴尼研究中心（Albany Research Center，ARC）与 NETL 合并，成为第三个实验室所在地，为能源系统挑战提供生命循环研究和先进材料方面的专业知识。

2. 主要特性

（1）技术开发和部署。在过去的几十年里，NETL 取得了显著的成功，包括开发和演示验证了利用国内化石资源生产合成燃料的技术，减轻了跨界酸雨的影响，大幅减少了汞和发电厂排放的其他有毒废料。NETL 的技术专长被用来帮助减轻深水地平线石油泄漏和 Aliso 峡谷甲烷泄漏。此外，NETL 的研究还促进了下一代高效燃烧涡轮的发展，利用碳捕获技术生成技术解决方案，以提升国内石油产量，并创造了应用技术，支持国家丰富的页岩油和天然气生产的复苏。

（2）利用资源获得最大的影响。NETL 目前的工作人员包括各个学科领域的科学家，工程师，本科生、研究生和博士后，以及研究支持人员和项目管理者。NETL 所有的研究项目的总价值超过 90 亿美元，包括 50 亿美元的成本分摊投资，由实验室所在的学术界和私营部门的合作者提供。NETL 在研究、发现、开发和部署方面项目的合作伙伴数以千计，包括大大小小的美国企业、国家研究组织、学院和大学以及其他政府实验室，其中包括 9 个 DOE 国家实验室。NETL 充分利用自身的能力、独特的权威和合作伙伴的号召力，加速向公众转让可负担得起的能源技术，对国家的盈亏产生持续的影响。

（3）技术向市场转化。NETL 与其合作者开发了一种新的燃气涡轮翼型制造技术，通过最小化冷却空气和潜在地提高燃烧温度来提高效率。NETL 和匹兹堡大学优化了涡轮翼型结构，以支持 Mikro 系统公司的陶瓷制造技术。Mikro 系统公司将其技术应用于燃气轮机的翼型芯，并与西门子公司合作，成功铸造了整套的 F 级涡轮叶片，这些叶片目前在许多客户的机器上运行。在此技术支持下，西门子公司在弗吉尼业州夏洛茨维尔建立了一家新工厂，专门生产机翼部件。

2.4.2 国家可再生能源实验室

国家可再生能源实验室（National Renewable Energy Laboratory，NREL）是 DOE 能源效率与可再生资源局管理的 DOE 国家实验室。40 多年来，NREL 通过提供基础科学和创新的世界级研究，提高了美国的领导地位并促进其繁荣。该实验室的工作促进了先进能源产业的发展，创造了经济机会和就业机会，增强了美国的能源安全。NREL 全球知名的研究人员和设备为能源公司、制造商和消费者提供机会和降低风险。通过与数百个科研机构建立合作伙伴关系，NREL 跨越了从概念到市场的鸿沟，使美国公司在全球不断增长的能源市场上具有竞争优势。NREL 的使命是：持续不断地将研究和开发的成果与实际应用需求联系起来。

国家可再生能源实验室的基本情况如表 2-19 所示，其 2016 财年的经费构成如图 2-20 所示。

表 2-19　国家可再生能源实验室的基本情况

总 体 指 标	详 细 指 标	数据和概况
概况	位置	科罗拉多州，戈尔登市
	类型	单一计划实验室
	成立时间	1977 年
	实验室主任	Martin Keller
	依托单位	可持续能源联盟有限责任公司
	管理办公室	戈尔登试验场办公室
	互联网址	http://www.nrel.gov/
物理资产	占地	628.7 英亩，拥有 60 栋建筑，4 栋移动房
	使用面积	108 万平方英尺建筑面积（GSF）
	设施估值（RPV）	5.08 亿美元
	额外设施	无
	租赁设施	18 万平方英尺建筑面积（GSF）
人力资源	全职人员（FTE）	1710
	兼职人员	6
	博士后	84
	研究生	42
	本科生	45
	设备使用者	21
	访问学者	4

续表

总体指标	详细指标	数据和概况
2017 财年概况	实验室运行费	3.868 亿美元
	DOE/NNSA 经费	3.375 亿美元
	SPP 经费（非 DOE/ 非 DHS）	0.487 亿美元
	SPP 占实验室运行费百分比	12.6%
	DHS 经费	60 万美元
核心能力	先进计算机科学、可视化和数据 应用材料科学与工程 生物学与生物过程工程 生物系统科学 化学工程 化学与分子科学	决策科学与分析 大规模用户设施 / 先进设备 机械设计与工程 电力系统与电子工程 系统工程与集成
独有仪器设备 / 设施	电池热属性与寿命测试装置 可控网格接口测试系统 分布式能源测试设备 能源系统集成设备 高通量太阳能炉 综合生物精炼研究设备 户外测试设备 可再生燃料和润滑油实验室 科学与技术装置	太阳能研究装置 热测试设备 热化学过程研发单元 热化学用户设备 车辆测试和集成设施 风力测力计测试设备 风结构测试实验室 风电机外场测试试验场

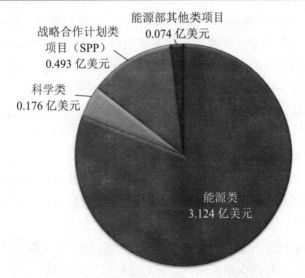

图 2-20　国家可再生能源实验室 2016 财年的经费构成

1. 发展简史

NREL 成立时间可追溯至 1974 年，其前身太阳能研究所于 1977 年开始正式运行。NREL 在所有 DOE 国家实验室中可谓"命运多舛"，其发展一直受到当政者和社会关注度的影响而发生较大起伏。在吉米·卡特总统执政期间，实验室得到了较好的发展，其活动超出了太阳能的研究和开发所涉及的领域，因为它试图进一步推广已有技术的知识，如被动式太阳能技术。而在罗纳德·里根执政期间，实验室的预算削减了近 90%，许多员工被变相裁员，实验室的职能被大幅削减，只保留了研究与开发类的项目。

近年来，人们对能源问题重新燃起了兴趣，由此改善了该实验室的社会地位，但其资金却出现了波动。2011 年，预期的国会预算短缺导致了 100~150 名员工的所谓"自愿离职计划"。NREL 在 2016 财年的预算为 4.274 亿美元，低于 5 年前 5.365 亿美元的峰值。预算的变化有时会迫使 NREL 裁员。

自 1977 年作为太阳能研究所成立以来，NREL 一直由 MRIGlobal 公司作为依托单位负责其运行管理。1991 年 9 月，NREL 被当时的老布什总统指定为 DOE 国家实验室，更名为 NREL。NREL 当前的依托单位是可持续能源联盟有限责任公司。该公司成立于 2008 年，是 MRIGlobal 公司和巴特尔能源联盟公司的合资企业。Dr. Martin Keller 于 2015 年 11 月成为 NREL 的第九任主任，目前还兼任该联盟的主席。

2. 主要特性

（1）独一无二的设施。为了应对国家的能源挑战，NREL 发起了能源系统集成设施（Energy Systems Integration Facility，ESIF）计划。该计划主要针对美国研究、开发和演示优化能源系统所需组件和策略的首要设施。自 2013 年以来，ESIF 团队通过与 100 多家行业和学术合作伙伴合作，已经解决了美国最大的能源挑战——如何将新技术融入已有的基础设施，并运行一个更高层次的可变供应和需求的系统。通过领导科研合作，NREL 已经研究了如何在极端天气事件、网络威胁和老化的基础设施中保持照明和燃料供应。未来的项目包括新的业务模型、监管框架和消费者的价值主张。

（2）尖端研究。NREL 积极推动钙钛矿太阳能电池进入市场。钙钛矿太阳能电池是一类重要的光伏（Photovoltaic，PV）材料，具有引人注目的特性，包括高吸光性和高效率，以及低成本、可扩展的工业加工质量，这使钙钛矿成为美国公司商业化的重要备选材料。NREL 的科研人员最近开发了一种方法，可以将钙钛矿进一步推向市场——这种方法可以生产出更高效、更可靠、可再生的太阳能电池。在过去的几年里，研究人员建立了钙钛矿从科学到加工 / 制造的路线图，而 NREL 则改进了其稳定性，并演示验证了高效的微型电池模块。NREL 将在钙钛矿的领导地位（作为该领域美国排名第一的研究机构）的基础上继续扩大与其他世界顶级科研机构在这一领域的合作。

（3）技术转化。NREL 通过与相关企业和研究机构的合作来加强美国的基础设施建设，进而为国家安全做出贡献。NREL 与雷神公司（Raytheon）合作，在美国海军陆战队 Miramar 航空站验证了一种先进的微网格系统。该系统能够在许多不利条件下维护关键任务设施的电力，甚至应对当地电网的中断问题。NREL 团队可以演示验证该系统安装后的实际性能，并在现场安装之前改进其操作，从而大大降低了系统投资的风险。

NREL 在技术转化方面的成功赢得了美国国防部 2016 年度项目奖。NREL 公司还帮助军方开发便携式能源技术，当美国士兵被部署到不稳定地区时，这些技术可以挽救生命。

2.4.3 萨凡纳河国家实验室

萨凡纳河国家实验室（Savannah River National Laboratory，SRNL）是 DOE 环境管理局下属的 DOE 环境管理类多计划型国家实验室，致力于为美国的环境清洁、核安全和清洁能源挑战提供实用、经济的解决方案。在环境管理方面，SRNL 应用其专业知识和技术能力，帮助整个 DOE 综合体的实验区完成历史核废料的清理，使其达到安全的清洁要求。

SRNL 所拥有的独一无二的实验设施包括：安全研究和处理放射性材料的实验室、测试和评估环境清理技术的现场示范区、放射性材料超敏感测量和分析实验室以及世界上唯一的放射性犯罪调查实验室。该实验室的基础是世界一流的安全和保障文化，这使 SRNL 能够应对国家在环境管理、核安全和清洁能源方面面临的一些最困难的挑战，并支持 DOE 在核化学制造业领域的领导地位。

萨凡纳河国家实验室的基本情况如表 2-20 所示，其 2016 财年的经费构成如图 2-21 所示。

表 2-20 萨凡纳河国家实验室的基本情况

总 体 指 标	详 细 指 标	数据和概况
概况	位置	南卡罗来纳州，艾肯市
	类型	环境管理类多计划实验室
	成立时间	1951 年
	实验室主任	Dr. Terry A. Michalske
	依托单位	萨凡纳河核对策有限责任公司
	管理办公室	DOE- 萨凡纳河办公室
	互联网址	http://srnl.doe.gov

续表

总 体 指 标	详 细 指 标	数据和概况
物理资产	占地	39 英亩，拥有 58 栋建筑
	使用面积	81.7 万平方英尺建筑面积（GSF）
	设施估值（RPV）	16 亿美元
	额外设施	10 处，1.5 万平方英尺建筑面积（GSF）
	租赁设施	6.3 万平方英尺建筑面积（GSF）
人力资源	全职人员（FTE）	972
	兼职人员	无数据
	博士后	12
	研究生	无数据
	本科生	60
	设备使用者	无数据
	访问学者	2
2016 财年概况	实验室运行费	2.198 亿美元
	DOE/NNSA 经费	1.871 亿美元
	SPP 经费（非 DOE/ 非 DHS）	0.251 亿美元
	SPP 占实验室运行费百分比	11.4%
	DHS 经费	770 万美元
核心能力	环境恢复与降低风险 氚处理、存储和运输系统	核材料的处理与处置 核材料的检测、属性分析与评估
独有仪器设备/设施	电池屏蔽装置 超低层地下盘点装置 河口人工湿地区域设施	辐射测试装置 联邦调查局（FBI）放射物证据检查装置 大气技术中心

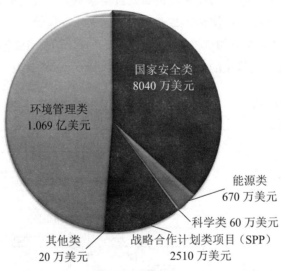

图 2-21　萨凡纳河国家实验室 2016 财年的经费构成

1. 发展简史

SRNL 位于南卡罗来纳州艾肯市附近的萨凡纳河实验区（Savannah River Site，SRS）。该实验室前身是萨凡纳河实验室，成立于 1951 年，2004 年 5 月 7 日被 DOE 认可为国家实验室。

自 2008 年以来，SRNL 以萨凡纳河核对策有限责任公司作为其依托单位。该公司与氟石公司（Fluor Corporation）、新区新核能公司（Newport News Nuclear, Inc.，是 Huntington Ingalls Industries 的子公司）和霍尼韦尔跨国公司（Honeywell International）具有广泛的合作关系。

SRS 是南卡罗来纳州的一个核保护区，靠近萨凡纳河附近的艾肯、阿连德和巴恩维尔县。该实验区建于 20 世纪 50 年代，用于提炼用于核武器的核材料。SRS 也是 SRNL 和美国唯一运营的放射化学分离设施的所在地。它的氚设施是美国唯一的氚来源，氚是核武器的重要组成部分。

1950 年，美国联邦政府要求杜邦公司（DuPont）在南卡罗来纳州的萨凡纳河附近建造并运营一座核设施。该公司在核操作方面拥有专业知识，在二战期间为"曼哈顿计划"设计并建造了位于汉福德（Hanford）的钚生产设施。1951 年，为了配合 SRS 的工作，成立了萨凡纳河实验室。随后的近半个世纪，SRS 为美国的核武器研发和生产提供了大量的核燃料和科研支持，同时也造成了该区域严重的核污染与核威胁。20 世纪 90 年代开始，随着国际和国内限制核武器呼声的日益提升，美国联邦政府开始了对 SRS 的核治理工作。直至 2004 年，在 SRS、SRNL 和相关科研机构、企业的共同努力下，比原计划提前 12 年完成了核处置任务。在一次访问中，时任能源部长的 Spencer Abraham 指定萨凡纳河国家实验室为 DOE 国家实验室。

近年来，SRNL 的研究专题包括环境修复技术、氢能源经济支撑技术、危险材料的处置技术以及防止核扩散技术。该实验室在核废料的透明化处理、氢能源存储方面有丰富的经验，这些经验都是在冷战期间研发的，用于支持在 SRS 生产氚和钚。SRNL 也是南卡罗来纳州氢能源电池联盟（South Carolina Hydrogen & Fuel Cell Alliance，SCHFCA）的创始成员之一。

2. 主要特性

（1）突出任务。SRNL 通过智能制造技术实现对核废料的高水平安全固定。通过采用"针对核废料特性的设计"方法，结合重点实验室实验，优化了高水平废物的玻璃化过程。根据每批废料的成分对玻璃形成化学物质（熔块）进行裁剪，大大减少了罐装时间（熔体率），提升了对核废料的承载量——废料与玻璃的比例达到 2∶5。更少的气罐可以更快地填满并包含更多的核废料，最终将国防垃圾处理任务的生命周期缩短了 5 年，并减少了 15 亿美元的成本。

（2）技术向市场转化。SRNL 将其在核物理领域的创新用于获取医用同位素。SRNL 的热循环吸附法（Thermal Cycling Adsorption Process，TCAP）是世界上最好的氢同位素分离方法。通过灵活的模块化和工艺强化，氢同位素分离工艺已从 7 m 高的精馏塔发展到 0.186 m^2 的小型 TCAP 设备。这使产量增加了 1 倍，而工艺过程只有原来的 1/10，仅在氚分离成本上就节省了数亿美元。SRNL 已经将这项技术授权给 SHINE 医疗技术公司。凭借 TCAP 技术的专利应用，SHINE 公司预计每年生产的 Mo-99 将足以满足超过三分之二的美国患者的需求，从而为各种核医学诊断程序提供稳定的放射性同位素供应。

（3）使命与伙伴关系。SRNL 致力于用科研成果保护美国国家电网。美国的电力传输基础设施需要更新，以提高效率、可靠性和安全性。这一更新的核心是新技术的开发和认证，这些新技术可以被添加到现有的电网中，以应对这一挑战。SRNL 和克莱姆森大学联手创建了一个用于测试多兆瓦电力系统的电网模拟器。该系统能够在负载压力或假设的操作条件下测试、认证和模拟新技术的全面效果。该 20 MW 的电网模拟器是目前世界上最大规模的电力系统实验设施。

2.4.4　能源部下属的其他科研机构

能源部除下属的 17 个国家实验室之外，还有 6 个技术中心，分别是：贝提斯原子能实验室（BAPL）、诺尔原子能实验室（KAPL）、新布伦瑞克实验室（NBL）、橡树岭科学教育研究所（ORISE）、辐射与环境科学实验室（RESL）以及萨凡纳河生态实验室（SREL）。这 6 个技术中心各具特色，但在规模、成就和地位方面均与 DOE 国家实验室存在差距，它们所开展的研究构成了 DOE 国家实验室体系的必要补充。通过下述详细介绍可以看出，BAPL、KAPL、NBL 和 SREL 与 DOE 国家实验室在功能上相似，而 ORISE 在职能上更接近于大学，RESL 在职能上更接近于国家标准与技术研究院（NIST）。

1. 贝提斯原子能实验室

贝提斯原子能实验室（Bettis Atomic Power Laboratory，BAPL）是一个 GOCO 类型的实验室，主要为 DOE 和美国联邦政府开展基础研究工作。BAPL 是美国海军涉核装备研发的领导单位之一，负责美国海军核推进计划的一部分，通过承担美国海军—能源部的项目，支持对美国核动力作战舰艇的研究、设计、建造、操作和维护。BAPL 位于宾夕法尼亚州的西米弗林（匹兹堡市）郊区，当前的依托单位是柏克德海洋动力有限责任公司。

BAPL 成立于 1949 年，原址为赛勒斯·贝提斯（Cyrus Bettis）油田，占地约 84 hm^2。实验室的依托单位曾经历过两次变更。从实验室成立到 1998 年，其依托单位一直是西屋电气公司（Westinghouse Electric Corporation）。柏克德公司于 2008 年 9 月 19 日赢得了该实验室的运营合同，并于 2009 年 2 月 1 日开始运营。其子公司柏克德海洋动力有限责任公司于 2018 年 7 月 12 日赢得运行该实验室的运营合同，并于 2018 年 10 月 1 日开始运作至今。

BAPL 开发了 ORNL 用于海军作战应用的压力水反应堆（Pressurized Water Reactor，PWR）的原始设计。它为美国第一艘核潜艇和包括"鹦鹉螺号（USS Nautilus)""乔治·华盛顿号（USS George Washington)""长滩号（USS Long Beach)""进取号（USS Enterprise）"在内的水面舰艇建造了动力核反应堆。

西屋电气公司的核能部门将 PWR（压水堆）的设计用于商业用途，并建造了美国第一座商业核电站——位于匹兹堡西山的西平港核电站。

BAPL 有两台超级计算机被列入第 26 届世界 500 强（按 2005 年 11 月的统计结果）。排名 97 的是具有 1090 个处理器的 Opteron 系统，排名 405 的是具有 536 个处理器的 Itanium 2 系统。

该实验室也是美国海军贝蒂斯反应堆工程学院的所在地。该学院提供核工程硕士学位课程，重点是核反应堆设计、建造和操作。它只对海军人员和贝蒂斯反应堆工程学院的工程师开放。

2. 诺尔原子能实验室

诺尔原子能实验室（Knolls Atomic Power Laboratory，KAPL）是一个 GOCO 型实验室，位于纽约州的尼什卡纳，成立于 1946 年，一直致力于支持美国海军核推进计划。该实验室还负责运营位于纽约州的西米尔顿的肯尼斯·A. 凯瑟林实验区。

根据通用电气公司和美国政府之间的一份合同，在二战后的 1946 年建立了 KAPL。进入 21 世纪后，KAPL 发展为一个 GOCO 型实验室，依托单位是 DOE 下属的福陆海运动力公司。KAPL 负责美国核动力战斗舰艇的研究、设计、建造、操作和维护，还管理着美国各地众多造船厂的核动力船舶。

1946 年 5 月 15 日，KAPL 开始与通用电气公司和美国政府签订合同，进行核能研究和开发，包括利用核能发电。1950 年，核电站项目被转换成海军核推进项目。几年后，KAPL 加入了 DAPL、ANL 和其他研究机构的行列，并于 1954 年 1 月 21 日合作研制出了世界上第一艘核动力潜艇"鹦鹉螺号（USS Nautilus）"。

1952—1953 年，后来成为美国总统的吉米·卡特（Jimmy Carter）曾在 KAPL 做工程师。

KAPL 发展了核素图表，其中包含了超过 3100 个核素和 580 个同分异构体的质量、相对丰度、半衰期、中子截面和衰变特性等信息。这张图表对世界各地的核物理、化学、工程和医学专业的学生和专业人士来说是必需的。该图表自 1956 年以来一直由 KAPL 的科学家编辑和定期修订。

KAPL 在纽约运行两个实验区：一个是位于尼什卡纳的诺尔实验区，另一个是位于西米尔顿的肯尼斯·A. 凯瑟林实验区。诺尔实验区是 KAPL 的主实验区，专注于海军推进装置和反应堆核心的设计和开发。西米尔顿核电站运营着舰载核反应堆的陆基原型，这个基地也被用来训练美国海军核动力舰队的军官和士兵。KAPL 在这些实验区雇用了 2600 多名员工，包括在加利福尼亚州、康涅狄格州、夏威夷州、缅因州、弗吉尼亚州和华盛顿州的造船厂。

2006 年，KAPL 完成了位于康涅狄格州温莎的 S1C 原型反应堆的全部修复工作。康州环境保护部门于 2006 年 10 月宣布完成 S1C 工地的修补活动。20 世纪 60 年代，美国海军与燃烧工程公司的原合同到期后，KAPL 接管了 S1C 原型机的运营。

KAPL 的依托单位也曾经历两次变更，最初的依托单位是通用电气公司，后续是洛克希德·马丁公司，目前则是福陆海运动力公司。KAPL 是第一批研究如何从核反应堆获得可用能量的实验室之一，该实验室有一台计算机曾被列入世界超级计算机 500 强。

3. 新布伦瑞克实验室

新布伦瑞克实验室（New Brunswick Laboratory，NBL）是一个 GOGO 型实验室，位于 ANL 内部但独立于 ANL。

NBL 于 1949 年由原子能委员会建立，位于新泽西州的新布伦瑞克。NBL 在 1975 年到 1977 年间被重新安置，作为一个联邦政府的飞地，坐落在 ANL 所在地，位于伊利诺伊州芝加哥市西南约 40 km 处。

NBL 是美国政府的核材料测量和标准物质实验室，也是国家核标准物质和测量标准认证机构。作为国际公认的联邦实验室，NBL 为各种联邦计划的赞助者和客户提供参考资料、测量和实验室间测量评估服务，以及评估其他设施中使用的测量方法和保障措施的技术专长。NBL 也是国际原子能机构

（International Atomic Energy Agency，IAEA）的网络实验室。

4. 橡树岭科学教育研究所

橡树岭科学教育研究所（Oak Ridge Institute for Science and Education，ORISE）是一个 GOCO 型的研究所，位于田纳西州的橡树岭。ORISE 的依托单位是橡树岭大学联盟（Oak Ridge Associated Universities，ORAU）。ORAU 主要完成 DOE 赋予的各项任务，通过将学生和学者安排在寻求临时专业知识的组织中，来促进各种各样的科学举措。ORISE 作为美国最大的科学家招聘机构之一，专注于研究职业危害带来的健康风险、评估环境清理、应对辐射医疗紧急情况、支持国家安全和应急准备，以及教育下一代科学家的科学举措。

5. 辐射与环境科学实验室

辐射与环境科学实验室（Radiological and Environmental Sciences Laboratory，RESL）是一个 GOGO 型的实验室，由 DOE 爱达荷运营办公室（DOE-ID）负责管理。RESL 直接向负责技术项目和运行的 DOE-ID 辅助管理者汇报，位于爱达荷州爱达荷瀑布市的爱达荷国家工程实验室研究中心（Idaho National Engineering Laboratory Research Center，IRC）。自 1949 年以来，RESL 及其前身组织一直是 DOE-ID 的一部分。

RESL 依托 DOE 的研究设施和试验场，为 DOE 监督承包商的操作提供了公正的技术组成部分。作为一个参考实验室，RESL 开展成本—效益的测量质量保证项目，以辅助关键的 DOE 任务以安全和对环境负责的方式完成。RESL 通过确保 DOE 关键实验室测量系统的质量和稳定性，以及提供专家技术支持来改进这些系统和过程，确保其决策所依赖数据的可靠性。正因为如此，RESL 的客户和股东对这些项目在保护工人、公众和环境方面具有更大的信心。

RESL 的核心科学能力是分析化学和辐射校准与测量。RESL 的工作人员包括专业化学家、物理学家、健康物理学家、工程师、计算机程序员和技术人员，其中许多人拥有高等学位。RESL 所参与的专业评估工作包括作为评论专家和工作小组成员，参加专业的社会活动。所涉及的各类组织包括：美国测试与材料协会、物理健康协会、美国化学学会、电离辐射测量和标准化委员会、美国水利工程协会、美国国家标准化组织和国际标准化组织等。

6. 萨凡纳河生态实验室

萨凡纳河生态实验室（Savannah River Ecology Laboratory，SREL）是一个 GOCO 型实验室，依托单位是佐治亚大学，位于南卡罗来纳州艾肯的萨凡纳河实验区（Savannah River Site，SRS）。SREL 由联邦政府、州政府、工业界和基金会提供经费资助。自现代生态学的先驱、佐治亚大学的尤金·奥德姆博士于 1951 年建立该实验室以来，SREL 科学家对 SRS 核设施进行了长期的环境研究。

SREL 为研究生和本科生提供生态学和环境科学的短期与长期教育、研究机会。SRS 所提供的各种各样的自然栖息地类型，以及核设施和工业设施，为学生们提供了一个绝佳的机会来研究同一地区的自然和受干扰的生态系统。SREL 拥有现代化的实验室和野外设施，以及多种多样的自然动植物，为学生提供了发展生态专业知识的机会，为访问调查人员提供了进行研究的机会。

参 考 文 献

[1] 何洁，郑英姿. 美国能源部国家实验室的管理对我国高校建设国家实验室的启示 [J]. 科技管理研究，2012（3）：68-72.

[2] The DOE National Laboratories. America's National Laboratory System - A Powerhouse of Science, Engineering, and Technology[R]. Washington, DC: The U. S. Department Of Energy, 2019.

[3] ADAM C, KEVIN D, DAVID M. C, et al. Annual Report on the State of the DOE National Laboratories[R]. Washington, DC: The U. S. Department Of Energy, 2017.

[4] The Office of Science National Laboratories. The U.S. Department of Energy's Ten-Year-Plans for the Office of Science National Laboratories, FY2019[R]. Washington, DC: The U. S. Department Of Energy, 2020.

在战略决策过程中有两件事无比重要，特别是类似于 NASA 这样规模的机构的顶层战略决策。其一，必须有值得信赖并且懂得技术的人才，即使上帝也无法完全了解技术可行性，总统肯定也不会知道。国会可以根据其希望进行投票，但大自然统治一切。因此，决策者必须认识到或能够认识到真实的技术水平。其二，决策者必须充分了解历史。

——迈克尔·D. 格里芬（2005 年 4 月至 2009 年 1 月任 NASA 局长）

《NASA 50 年》

第 3 章　美国国家航空航天局的研究中心和国家实验室

对未知领域的探索无疑是充满诱惑和神秘的，而对太空这一看得见、摸不着的未知领域的探索，自 1957 年人类成功发射第一颗人造地球卫星开始，就持续受到一代又一代人的关注。NASA 作为当今世界航空航天的中枢，也是世人所关注的焦点之一。不论是在正史还是在野史中，关于 NASA 的故事总是丰富多彩且引人入胜的。我国科普作家龚钴尔还曾专门写过一本名为《别闹了，美国宇航局》的科普专著，其中包含了丰富的 NASA 故事。

NASA 在中国正式文件和文献中被译为“美国国家航空航天局”，也有专家译为“美国宇航局”，中国台湾常译作“美国太空总署”。本文使用“美国国家航空航天局”的译法，或直接使用首字母缩写“NASA”。NASA 是一个独立的美国联邦政府机构，相当于部一级的单位，与能源部（DOE）、国防部（DoD）等平行，其局长直接由总统任免，直接听命于总统。

不论在美国国内，还是在全世界其他地方，NASA 与人类太空探索牢牢联系在一起，NASA 的故事一直是人们津津乐道的主题之一。在影视方面，可以说 NASA 是太空电影的幕后推手，例如，2018 年上映的《登月第一人》，改编自传记作品《第一人：尼尔·阿姆斯特朗的人生》，讲述人类历史上首位登上月球的航天员的生平故事；2015 年上映的《火星救援》，曾在全世界引起不小的轰动，激发了诸多青少年献身航天的热潮；而 1995 年上映的《阿波罗 13 号》，则是 NASA 和好莱坞合作的第一部电影，同样也是好莱坞该题材系列影片中的经典。同时，公众会迷信 NASA 所拥有的高科技水平，NASA 不得不经常出面澄清各种各样对"世界末日"的预测，因为这些所谓"世界末日"的根源大多来自太空，如撞击地球的小行星。

3.1　概　　况

NASA 作为一个独立的美国联邦政府机构，不属于国家行政机关，但直接受总统管理。NASA 在职能上大体可分为两部分：一是航天领域的科研管理，包括国家顶层战略决策的制定与监督，还负责研究、论证、监督和协调美国的民用太空计划和航空科学计划；二是航空航天领域科研项目的组织与实施，包括大型航天计划的组织与关键技术攻关，航天设施的建设与维护，航天科技团队的组建，航天的商业化、社会化，等等。

美国航天实力之所以能够稳居世界第一，其原因在于美国拥有 NASA 这样的联邦政府机构；而 NASA 之所以能够支撑起整个美国的航天事业，其核心在于 NASA 拥有十大研究中心。这十大研究中心构成了世界上规模最大、功能最强、科技水平最尖端的航天研发体系。另外，NASA 还拥有许多世界上独一无二的大型航天试验设施和试验场，以及最有特色的国际空间站国家实验室（International Space Station National Laboratory，ISS NL）。所有这一切构成了 NASA 国家实验室体系。由于历史上一直使用"NASA 十大研究中心"的称呼，因此在本书中，使用"美国国家航空航天局的研究中心和国家实验室"，以实现对多方面的兼顾。为了行文方便，也可能使用简称"NASA 国家实验室"或"NASA NL"。

3.1.1　基础和构成

美国国家航空航天局的研究中心和国家实验室的基本情况如图 3-1 所示（以 2019 财年为例）。其中，NASA 的联邦政府工作人员包含管理人员、科研和工程人员、设施设备维护和实验辅助人员三大类，总量保持在 20 000 人左右，可能会随着国家航天政策、战略变化、经济发展及重大航天任务的起止而发生小幅振荡。根据 2019 财年的统计，NASA 的非军人联邦政府雇员（对标国内的所谓"体制内"人员或事业编人员）为 16 351 人，其中未包含 GOCO 类型的喷气推进实验室（JPL）的人员、军方人员，以及临时雇员等非编人员。NASA 的人员在美国境内的地理分布和在各国家实验室所占的比例，分别如图 3-1 的上半部分所示。NASA 历年的经费预算为 150 亿至 230 亿美元，在

2019 财年的总经费预算达到 215 亿美元。其中，用于科研、工程与开发的经费占到 50% 以上，各实验室的运行管理费用也超过 40%，对外资助项目约占 5%，而对设施和仪器设备的研发、维护与维修等支出不到 2%，这也是科研人员一直抱怨 NASA 的设施和仪器设备日益老化，得不到维护，先进性方面大大落后于 DOE 国家实验室、工业界甚至大学的主要原因。

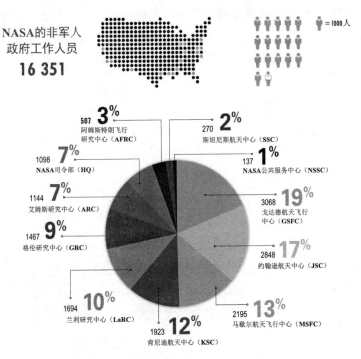

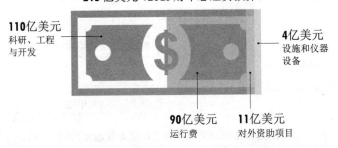

图 3-1　美国国家航空航天局的基本数据

NASA 国家实验室的组成如图 3-2 所示，其中，NASA 国家实验室体系包括 10 个研究中心和国家实验室，由 NASA 副局长直接管理，与其他业务处、办公室等处于同一级别。这 10 个国家实验室根据其使命、功能和当前所实施的项目情况，大体可分为三大类：第一类是研发为主型国家实验室，这类国家实验室的职能以研究与开发为主，学科基础相对比较完备，整体上与普通研究机构差别不大；第二类是研发、测控一体型国家实验室，这类国家实验室肩负航天测控的使命，同时由于航天测控需要信息、通信、数据处理与分析等领域的基础知识作为支撑，因此也具有综合性特征；第三类是发射为主型国家实验室，这类国家实验室以火箭发射任务或对发射任务的支撑为根本使命。后两类国家实验室是具有航天航空特色的国家实验室，在研究基础、地理分布、运行管理模式、实验室文化等方面与普通科研机构有着明显的差异。

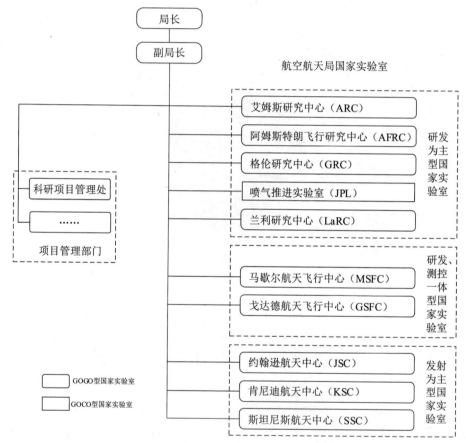

图 3-2　美国国家航空航天局国家实验室的组成

事实上，从 NASA 国家实验室的命名上也能看出其所属类型：研发为主型国家实验室的名称大部分是"××研究中心（××Research Center）"；研发、测控一体型国家实验室的名称都是"××航天飞行中心（××Space Flight Center）"；而发射为主型国家实验室的名称都是"××航天中心

（××Space Center）"。从名称就可以直观地区分出 NASA 国家实验室的类型，这也是航天航空领域在工程和科研方面相对严谨的一个很好的例证。

需要说明的是，由于 NASA 国家实验室所属学科领域的特性、航天航空在国家安全和国防领域的地位和作用，以及航天设施和设备应用的特殊性，NASA 国家实验室中绝大多数都属于国有国营（GOGO）类型，只有 JPL 属于国有民营（GOCO）类型。这也是 JPL 在名称上与其他 NASA 国家实验室不同的原因之一。其他的 NASA 国家实验室均以"中心（Center）"命名，只有 JPL 被称为"实验室（Laboratory）"。

当然，在历史上，也曾按照负责 NASA 国家实验室运行管理的各业务处对实验室进行分类：归属航天飞行处管理的有 KSC、JSC、MSFC 和 SSC；归属航空航天技术处管理的有 ARC、AFRC、GRC 和 LaRC；归属地球科学处的是 GSFC；归属空间科学处的是 JPL。但是后来，随着 NASA 各管理部门的整合调整，NASA 国家实验室除 JPL 以外不再归属单一的中层部门管理，而由 NASA 副局长直接管理，具体业务和科研任务与相关管理部门直接合作完成。只有 GOCO 类型的 JPL，由于其运行管理工作不需要由 NASA 直接负责，因此挂靠在科研项目管理处之下。

在图 3-3 中，详细给出了 NASA 国家实验室在美国境内的地理分布情况，其中还可以看出，大部分 NASA 国家实验室具有单独的办公和实验区域，也有少量国家实验室拥有不止一处实验区。

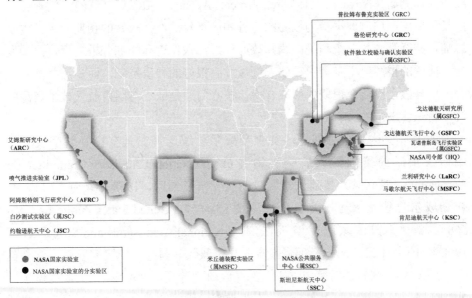

图 3-3　美国国家航空航天局国家实验室的地理分布

3.1.2 起源、发展、近况和趋势

从历史上看，NASA 实际上为"不得已而为之"的被动产物，即便如此，NASA 在服务于国家使命、自身运行管理、科研和工程等方面的工作无疑是成功的。另外，NASA 60 余年来的发展历程与美国联邦政府的战略决策息息相关，充分体现了美国在大科学领域的智慧，具有很高的参考价值。

NASA 起源于冷战过程中美国与苏联在航天领域的争霸赛。这场长达 30 余年的科研、技术、管理、决策和运气诸多方面的综合较量中，以苏联凭借微弱优势开场，直至美国以微弱优势结束较量。这一跌宕起伏的过程直接影响了美国国家实验室体系的建设与调整，其中很重要的一部分就是 NASA 国家实验室的形成。

1957 年 10 月 4 日，苏联率先发射了人类历史上第一颗人造地球卫星——Sputnik 1 号，打破了太空的沉寂，也打开了人类历史上对太空这一新领域的争端。随后的 1957 年 11 月 3 日，苏联又发射了 Sputnik 2 号。美国国会对国家安全和技术领先地位受到的明显威胁（被称为"斯普特尼克危机"或"人造地球卫星危机"）感到震惊，政府和民间一片哗然。为了应对苏联的航天压制及其在美国国内造成的恐慌，时任美国总统的艾森豪威尔采取了一系列应对措施。首先是支持美国海军开展航天发射实践，随后又于 1958 年年初成立了高级研究计划局（Advanced Research Projects Agency，ARPA，DARPA 的前身）。但是，以这两项重要举措为核心的各种响应都没能发挥较好的预期效果。痛定思痛，艾森豪威尔总统和美国联邦政府经过深入调查和详细分析之后，终于发现了问题的根源：不是美国在航天领域没有很好的科研基础，而是这些基础资源太过分散，没能在短期内形成合力，核心问题是缺乏对国内航天技术资源的统一组织管理。

为了解决这一核心问题，艾森豪威尔总统选择在具有良好航空航天领域研发基础的美国国家航空咨询委员会（National Advisory Committee for Aeronautics，NACA）基础上建立新的航天研发部门。1958 年 7 月 29 日，艾森豪威尔总统签署了《美国公共法案 85-568》（United States Public Law 85-568），即《美国国家航空航天法案》（National Aeronautics and Space Act）；1958 年 10 月 1 日，NASA 正式宣告成立，取代其前身美国国家航空咨询委员会（NACA）。同时，对刚成立不久的高级研究计划局（ARPA）的职能做了拆分，其民用航天部分归入 NASA，军事航天、国防和武器部分被拆分为独立的

专项计划，这些与军用航天相关的部分直至 1972 年更名为 DARPA 进行统一整合后，才逐渐在国防军事领域崭露头角。

NASA 成立后，立即开始了美国各项航天计划的指导、组织与实施工作。其中的重要载人航天计划如下。

- ❏ X-15 火箭飞机（1959—1968 年），继承自 NACA 的火箭推进超音速研究飞行器的实验研究，与美国空军和海军合作研发，培养了 12 名准航天员，其中大量技术被用于后来的航天飞机设计。

- ❏ "水星（Mercury）计划"（1958—1963 年），从美国空军转移到 NASA 的项目，完成了美国首次载人飞行任务，培养了美国第一批航天员。

- ❏ "双子星座（Gemini）计划"（1961—1966 年），突破了载人航天领域的重要核心技术，包括交会对接、出舱活动等，并收集了有关失重对人类影响的医学数据。

- ❏ "阿波罗（Apollo）计划"（1961—1972 年），人类首次登上月球的航天计划，也是世界上最昂贵的科研项目。以 20 世纪 60 年代的美元计算，这项工程耗资 200 多亿美元；以今天的美元计算，估计耗资 2180 亿美元。相比之下，考虑到通货膨胀，"曼哈顿计划"的成本仅约为 278 亿美元。

- ❏ 天空实验室（Skylab）（1965—1979 年），美国第一个也是唯一一个独立建造的空间站。

- ❏ 阿波罗—联盟号（Apollo-Soyuz）试验项目（1972—1975 年），美国与苏联合作的国际载人航天试验项目。

- ❏ 航天飞机计划（1972—2011 年），美国可重复使用运载器计划，构成 20 世纪美国大型航天发射任务的主体。

- ❏ 国际空间站（International Space Station，ISS）（1993 年至今），美国发起的国际载人航天合作计划，并催生了国际空间站国家实验室。

- ❏ 商业航天计划（2006 年至今），目的是利用美国商业货运飞船为 ISS 提供补给服务，经费由 NASA 提供，如 SpaceX 公司的"龙（Dragon）V2"和波音公司的 CST-100 于 2014 年分别获得 26 亿和 42 亿美元的合同。

- ❏ 近地轨道外（Beyond Low Earth Orbit，BLEO）计划（2010—2017 年），主要是对地球轨道之外所进行的航天探索。

除了大量载人航天计划，NASA 为了探索地球、太阳系和整个宇宙，已经完成了超过 1000 个航天项目；此外，还在地球轨道上部署了大量卫星，以支持通信、气象、遥感等服务任务。NASA 还领导和实施了大量航天咨询和科研项目，包括美国和全世界的航天安全战略，以及气候等方面的科学研究。

由于 NASA 国家实验室中绝大多数为 GOGO 类型，因此，其经费主要来自美国联邦政府拨款。在 1966 年的"阿波罗计划"期间，NASA 在联邦预算总额中所占的份额达到了峰值（4.41%），然后在 1975 年迅速下降到约 1%，直到 1998 年一直保持在这个水平。这一比例随后逐渐下降，直到 2006 年再次稳定在 0.5% 左右。尽管如此，美国公众对 NASA 预算的看法却大相径庭：1997 年的一项民意调查显示，大多数美国人认为联邦预算的 20% 流向了 NASA。

NASA 内部对经费的分配，以 2018 财年部分预算为例，如图 3-4 所示。其中，空间探索类项目支出占 50%，行星科学占 23%，地球科学占 20%，航空学占 7%。

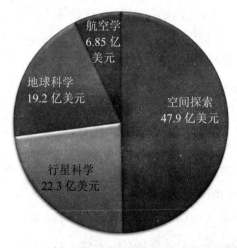

图 3-4 2018 财年美国国家航空航天局对科研经费的分配

2018 年 4 月 23 日，在美国副总统 Mike Pence 的主持下，Jim Bridenstine 宣誓就职 NASA 第十三任局长，监督 NASA 的探索和发现任务，从而结束了 NASA 局长长期处于空缺的状态。NASA 前局长 Charles Bolden 于 2017 年 1 月 19 日从 NASA 退休后，NASA 局长一职就一直处于空缺中。在这期间由代理局长 Robert Lightfoot 负责。自美国总统特朗普上任后，为了配合其政治主张，NASA 对其自身的愿景、使命和战略规划重新进行了梳理，以支持其未来任务的开展及运行管理的实施。

NASA 的愿景：为了全人类的利益去发现和扩展知识。

NASA 的使命：与来自商业领域和国际的伙伴一起，领导创新和可持续的

第 3 章

美国国家航空航天局的研究中心和国家实验室

探索项目，支持人类向太阳系其他星球扩展，并将新的知识和机会带回地球。支持实现美国在航天和航空领域的经济增长，增进对宇宙和人类在宇宙中地位的了解，与工业界合作，提升美国的航天技术，提高美国的领导地位。

NASA 的战略规划如图 3-5 所示。在此基础上，形成了"4 大战略方向、13 大战略目标、68 项绩效目标和 129 项年度绩效指标"的战略规划体系。

图 3-5　美国国家航空航天局国家实验室的战略规划

3.2　研发为主型国家实验室

研发为主型国家实验室，是以航空航天领域的科学研究和工程技术为核心，逐渐扩大外围相关的数学、物理、化学、材料、生物、电子、通信、计算机等支撑学科和技术领域，形成体系完备的综合性研发平台。属于这类国家实验室的数量最多，包括：艾姆斯研究中心、阿姆斯特朗飞行研究中心、格伦研究中心、喷气推进实验室和兰利研究中心。

3.2.1　艾姆斯研究中心

艾姆斯研究中心（Ames Research Center，ARC），也被称为 NASA 艾姆斯，是位于加利福尼亚州硅谷莫菲特联邦机场的一个重要的 NASA 研究中心。ARC 成立于 1939 年，是第二个国家航空咨询委员会（NACA）实验室。ARC 的名字是为了纪念约瑟夫·斯威特曼·艾姆斯（Joseph Sweetman Ames），他是世界著名的物理学家，也是 NASA 的创始人之一。根据近年来的统计，ARC 拥有超过 30 亿美元的固定资产和设备设施，2300 名研究人员，平均年度

163

预算为 8.6 亿美元。ARC 的概况如表 3-1 所示。

表 3-1　艾姆斯研究中心的基本情况

内　　容	概　　况
成立时间	1939 年 12 月 20 日
行政主管	Eugene Tu 主任
互联网址	https://www.nasa.gov/ames
资产总值	30 亿美元
人力资源	2300 位科研人员
年度经费预算	8.6 亿美元

　　ARC 成立的最初目的是开展对螺旋桨飞机的风洞研究，历经几十年的发展，其作用已经扩大到包括航天和信息技术的诸多领域。ARC 在 NASA 的许多重大任务中都扮演着重要角色，它支持了在诸多领域中的领导地位。此外，ARC 还为国家领空安全开发更安全、更有效的工具。ARC 的研究领域可分为 4 个主要方面，具体如下。

　　❑　航空学：基础空气动力学、计算流体动力学、飞行动力学与飞行控制、导航、飞机自动化、人类工程学、直升机与动力升力技术，以及高性能飞机等。

　　❑　生命科学：生物医学辅助系统、生物实验、太空运输乘客选择标准和宇宙生物研究。

　　❑　理论与实验太空科学：红外天文学、天体物理学和行星大气。

　　❑　航天飞行研究。

　　除上述 4 大研究领域外，该中心的研究内容还包括太空人类工程学、进入大气层的飞行器的热防护系统及空气热力学技术、计算物理与计算化学，以及人工智能与自动控制系统等。

　　ARC 早期执行过"先驱者"月球探索计划，但效果很糟糕，此后类似的外太空探索计划悉数转移到了 JPL。而 ARC 在该领域的研究重点则转移到航空航天所需的计算工作，领导月面环形山观测和遥感卫星的研发。

　　当前，ARC 的重点研究领域是信息技术，包括计算机建模和模拟、高性能计算机、网络和存储、软件技术、灵巧传感器系统、人工智能和人的因素学。近年来，ARC 和 Google 公司又联合推出了"Google 火星""Google 宇宙"，让人们能在网络上看到高精度的火星表面照片，能看到各种各样的恒星与星系。2006 年后，ARC 领导了 NASA 的"新太空探索计划"的热防护和信息技术研究工作，包括飞船的热防护系统和减速伞的开发，为新太空计划的训练项目研发新软件，等等。

随着 NASA "新政"的实施，ARC 重新规划了其未来的战略目标，具体体现为以下 4 个方面。

1. 通过新的科学发现扩展人类的知识

ARC 在航空学、天体生物学、天体物理学、行星学、生物学和地球科学等领域进行基础与应用研究和技术开发。该中心是 NASA 火星气候模型中心、NASA 地球交流中心和虚拟研究组织 NASA 天体生物学研究所的所在地。

ARC 还建造了科学仪器和有效载荷，在红外和紫外 / 可见光光谱仪、外行星成像技术、生命探测技术、机载地球科学仪器和环境生命保障系统方面拥有丰富的经验。

ARC 设计并操作开普勒太空望远镜，它将为 NASA 的凌日系外行星勘测卫星处理数据；ARC 还负责索菲亚机载望远镜的科学运作，指导低成本月球机器人探测器的设计和开发。

2. 将人类的持续存在扩展到宇宙更深处的太空和月球，以实现可持续的长期利用

ARC 在生命、月球、行星科学和进入系统技术方面的工作对 NASA 将人类探险者送上月球、登上火星并最终遍及整个太阳系的努力至关重要。

ARC 负责该机构在细胞和动物生物学方面的基本太空生命研究，并计划进行机器人探测任务，以评估水和其他资源的质量和数量，这些资源可以支持航天员在月球上生存。ARC 还主办了美国国家航空航天局的太阳系探索研究虚拟研究所，该研究所邀请美国各地的科学家研究月球和其他可能的目的地。

ARC 拥有独特和必要的设施，如电弧射流装置，用于在模拟超高速飞行条件下测试隔热材料和航天器结构。这进一步发展了能够访问行星表面、收集岩石和土壤样本并将其带回地球的探测器。它还有助于确保将乘坐美国国家航空航天局（NASA）的"猎户座（Orion）"载人飞船进行太空旅行的航天员的安全。

3. 应对国家挑战，促进经济增长

ARC 开发能够在复杂和变化的环境中运行的自主和智能系统的经验使社会和经济受益。最典型的应用是在国家领空运行的无人机。ARC 通过研发专用的碰撞避免系统和交通管理技术，支持无人机在较低空域中更加安全、高效地飞行。

ARC 将 NASA 与工业、学术界和政府的合作伙伴联系起来，以促进技术交流，既提高该机构的技术能力，又使其合作伙伴能够获得 NASA 的技术组

合。其中一个受益者是该国不断增长的私人太空部门，其商业船员和货物运输开发商可以获得专业的材料技术，如飞行弹道射程和电弧喷射测试，以及数值模拟。

4. 优化能力和操作

ARC 管理和运营着几个主要的、独特的联邦研究和测试设施，并作为保障 NASA IT 基础设施安全的神经中枢。它拥有安全运营中心（Security Operations Center），该中心负责保护 NASA 内超过 10 万台设备和用户。

ARC 的研究和测试能力包括：NASA 的高级超级计算设施，它拥有最大的量子计算机之一；弹道射程综合体、电弧激波管和该机构唯一的电弧喷射综合体。所有这些都是为了模拟超高速飞行条件和高保真的人在回路模拟器的情况，这些模拟器再现了航空系统和操作的一系列条件、人为因素和航空安全。

ARC 拥有两个独一无二的仿真设施，用于模拟在其他星球上开展探索的情形：埃姆斯垂直射击场有助于表征陨石坑的形成，行星风成实验室模拟风成粒子的运动。

3.2.2 阿姆斯特朗飞行研究中心

阿姆斯特朗飞行研究中心（Armstrong Flight Research Center，AFRC）的主要任务是：保证美国拥有最先进的航空航天技术，获得创造性发现，进行安全而及时的研究。它是美国宇航局主要的大气飞行试验基地，在航空航天和相关技术领域的研究开发与技术转让方面的工作已经持续了 50 多年。

AFRC 的主要试验区位于加利福尼亚州的爱德华兹空军基地内，被认为是 NASA 开展航空研究的首要场所。AFRC 试飞了绝大多数世界上最先进的飞机，以打破航空史上许多次第一而闻名于世，包括贝尔 X-1 的首次超音速飞行，北美 X-15 打破的载人有动力飞机的最快飞行速度，F-8 DFBW（Digital-Fly-By-Wire）的首次纯数字电控飞行，等等。AFRC 在加利福尼亚州的帕姆代尔还拥有另一处试验区，被称为 703 号楼，其前身是洛克韦尔国际/北美航空生产设施，邻近空军 42 号基地。在此试验区，AFRC 停放和运行很多种 NASA 的主要科学任务航空器的科研设施，包括天文红外同温层观测站（Stratospheric Observatory For Infrared Astronomy，SOFIA）和 DC-8 飞行实验室等。

2014 年 3 月 1 日，该中心为纪念尼尔·A. 阿姆斯特朗（Neil A. Armstrong）而重新命名。阿姆斯特朗曾是该中心的试飞员，也是第一位在月球表面行走的人。该中心之前被称为 NASA 德莱登飞行研究中心（Dryden Flight Research

Center，DFRC），始于 1976 年 3 月 26 日，是为了纪念著名的航空工程师休·A. 德莱登（Hugh L. Dryden），他在 1965 年去世时是 NASA 的副局长。而 DFRC 则是由 NACA 的穆拉克飞行测试单元（创始于 1946 年）、高速飞行研究试验场（创始于 1949 年）、高速飞行试验场（创始于 1954 年），以及 NASA 的高速飞行试验场（创始于 1958 年）和飞行研究中心（创始于 1959 年）等科研和工程机构整合发展而成。

AFRC 的基本情况如表 3-2 所示。

表 3-2　阿姆斯特朗飞行研究中心的基本情况

内　　容	概　　况
成立时间	1946 年
前身	德莱登飞行研究中心、穆拉克飞行测试单元（NACA）、高速飞行研究试验场（NACA）、高速飞行研究试验场（NACA）、高速飞行试验场（NASA）、飞行研究中心（NASA）
行政主管	David D. McBride 主任
互联网址	https://www.nasa.gov/centers/armstrong/home

在 NASA “新政”下，AFRC 的战略目标调整为以下 4 个方面。

1. 通过新的科学发现扩展人类的知识

AFRC 适应并提供了一套卓越的专用飞机和能力来观察地球的物理过程，测试新的观测技术，并在全世界校准和验证地球观测卫星。通过这种方式，AFRC 使地球科学研究人员能够提高人类对地球的了解，并帮助确保科学任务委员会（Science Mission Directorate，SMD）地球科学任务的成功，特别是其航空科学项目。

AFRC 还维护和运行着美国宇航局的平流层红外天文台（SOFIA）——世界上最大的机载天文台。该中心负责 SoFIA 的硬件和软件控制系统，飞机改装、维护和飞行操作，部署计划和执行。它有联合领导地面和飞行安全的独特能力。

2. 将人类的持续存在延伸到宇宙更深处的太空和月球，以实现可持续的长期探索和利用

AFRC 直接参与美国宇航局促进太空商业化的努力。该中心为商业太空供应商提供支持，包括内华达山脉公司的“追梦者”活动，这是 NASA 开发低成本进入近地轨道的商业系统努力的　部分。它还开发了低成本进入近地轨道的航空聚合解决方案，如拖曳式滑翔机空中发射系统。

此外，AFRC 还参与了美国宇航局其他两项与太空相关的工作。升空中止 2 号任务是 NASA 载人飞船"猎户座（Orion）"的一项关键安全测试，该中心为此次任务开发了飞行仪表，并正在组织发射活动，其中包括安排设施和购买助推器。AFRC 还支持商业太空飞行工业以及亚轨道和小卫星轨道运载火箭市场。

3. 应对国家挑战，促进经济增长

AFRC 在航空领域有着悠久的历史，并保持了持久的兴趣。NASA 航空任务的重新启动重新激起了人们对实验性飞行演示（X-plane）研究的兴趣。AFRC 是这一领域的领导者，它带来了多年的经验，并期待获得提高飞行研究效率的新方法。美国空军研究中心还领导美国国家航空航天局向联邦监管机构提供它们需要的数据，以使无人驾驶航空系统或无人机定期在国家领空飞行。此外，该中心通过开发电动飞机和认证自主系统的方法，使新兴的航空市场成为可能。AFRC 期待新的空间探索研究与技术（Exploration Research & Technology, ER&T）组织来验证其独特的早期技术。这些研究虽然规模不大，但对整个 NASA 来说意义重大。

4. 优化能力和操作

AFRC 不断分析任务指挥、项目和未来任务的潜在需求，通过中心严格的飞行安全流程优化机构能力。技术劳动力是 AFRC 创新的关键。为此，该中心定期评估劳动力构成，并在必要时进行再平衡。

3.2.3　格伦研究中心

格伦研究中心（Glenn Research Center，GRC）专门从事航空航天发动机的试验研究，位于美国俄亥俄州克利夫兰市。GRC 成立于 1942 年，是 NACA 的第三个实验室，它的第一个名字是飞机发动机研究实验室。1948 年 9 月，该实验室改称刘易斯飞行动力实验室（Lewis Flight Propulsion Laboratory，LFPL），以纪念 NACA 航空研究部主任乔治·W. 刘易斯；后来于 1958 年 10 月划归新成立的 NASA，改称刘易斯研究中心；最后于 1999 年 3 月 1 日改称现名——格伦研究中心，以纪念 1962 年驾驶"友谊 7 号"进入太空，绕地球飞行 3 圈，成为美国第一位航天员的约翰·H. 格伦。

GRC 的成立源于美国航空业界对美国发动机行业的落后状况的判断。1939 年二战全面爆发，NACA 和一些有识之士关于美国战备状况的警告在美国国内引起巨大反响。据报道，英国、法国和德国军用飞机比美国飞机更快，

作战能力更强。据专家说，部分原因在于欧洲强调发展液冷发动机，以使飞机在作战方面具有速度和高度优势；而在美国，因为国土辽阔，使发展空气冷却的发动机在航程和燃油效率方面有优势。此外，由于 NACA 早期约定把发动机的发展工作留给制造商去做，造成美国国家级飞机发动机研究设施匮乏。对此，国会迅速做出反应开展论证，并于 1940 年批准开始在俄亥俄州克利夫兰的市属机场附近的一块地方建设发动机研究实验室。新实验室专门研究动力产生和推进问题，即从燃烧的基础物理过程到在装有仪器的飞机上安装整台发动机进行飞行试验的问题。

当前 GRC 的主要研究工作范围包括航空航天推进系统、燃料与燃烧、输电、摩擦学、发动机计算流体动力学、高温发动机仪表和太空通信等。该中心还负责设计开发空间站的发电、蓄电及配电系统。总的来说，格伦研究中心在航空航天、太空动力、卫星通信领域有它的特长。GRC 除在科研方面获得重大成就之外，被外界所熟识的是其"改名癖"，其屡次改名也为美国英语的适用性研究做出了贡献。这从另一个角度说明，美国国家实验室也并非总能保持稳定的状态以支持开展科学研究，其同样会受到各种各样外界因素的影响，迫使其不得不做出妥协，哪怕是一些比较荒谬的决定。

GRC 的基本情况如表 3-3 所示。

表 3-3　格伦研究中心的基本情况

内　容	概　况
成立时间	1942 年
前身	飞机发动机研究实验室；刘易斯飞行动力实验室；刘易斯研究中心
行政主管	Marla E. Pérez-Davis 主任
下属部门	普拉姆布鲁克试验场
互联网址	https://www.nasa.gov/centers/glenn/home
人力资源	1650 位非军人正式员工，1850 位合同制员工（2012 年数据）

根据 NASA"新政"，GRC 调整后的战略目标如下。

1. 通过新的科学发现扩展人类的知识

GRC 为科学任务提供放射性同位素动力和电力推进系统，并利用材料方面的专家知识开发和测试极端环境下的电子设备，如金星的表面条件。该中心是微重力燃烧和流体物理领域的全球领导者，专注于了解火和流体在太空中的行为。GRC 的研究人员针对空间科学实验装置，从最初的概念的形成到将其送到国际空间站（ISS）之前，都要在该中心的降落设施中进行地面测试，并对大学、政府和企业界开展相关的调研和测评分析。GRC 还将这种有效载荷开发知识应用于气球载行星科学天文台和有效载荷。

2. 将人类的存在更深入地扩展到太空和月球，以实现可持续的长期探索和利用

电力推进和动力是人类探索深空的必要条件。GRC 是 NASA 在这些领域的领导，从早期阶段的研究项目到飞行系统的开发，再到工业生产的商业化。GRC 是月球轨道平台—网关的动力和推进元件的先导者，这基于其开发太阳能电力推进系统的经验。该中心继续支持空间站电力系统的运行和升级。GRC 还在开发用于行星表面操作的电力技术，包括可用于太空和地面的小型裂变发电厂。

GRC 帮助美国宇航局建造新的深空运输系统。该中心负责将"猎户座"载人飞船的主要动力和推进组件"欧洲服务舱（European Service Module）"整合到飞船中。该公司管理着通用级适配器的主合同，该适配器将用于将猎户座附加到其火箭——太空发射系统（SLS）上。

GRC 是美国国家航空和宇宙航行局就地资源利用的领导机构，协调所有能够利用太空自然资源的工作。该中心还开发和验证低温流体管理技术，为未来美国宇航局深空人类探索体系结构所需。GRC 将其在物理科学和有效载荷开发方面的专业知识应用于航天员训练设备、小型诊断工具和微重力条件下生理反应的数字模拟开发。

3. 应对国家挑战，促进经济增长

GRC 与工业界合作，解决与空气呼吸推进能力相关的航空航天问题：空间推进和低温流体管理、电力和能源的储存和转换、通信技术与发展、空间物理科学和生物医学技术、极端环境下的材料和结构。

该中心运用其在先进动力和推进系统方面的专业知识，应对与飞机噪声、排放和飞行安全相关的社会挑战。它确保了美国在电动飞机推进方面的领导地位，并通过改善通信、帮助预测和防止机身结冰的技术提高了飞机的安全性。

GRC 通过参与和向私营部门转让技术来促进经济发展。该中心还支持科学、技术、工程和数学（STEM）参与活动，让学术界参与进来，加速空间技术的发展。

4. 优化能力和操作

GRC 的空间和航空测试设施是国家资产，提供评估空间推进和动力系统的能力，并模拟从亚音速到高超音速的飞行包膜。GRC 还对机身、发动机和

其他推进系统组件进行全面和端到端评估,包括声学、材料和结构,电动飞机动力系统。在可行的情况下,该中心寻求公共—私人伙伴关系,以最大限度地提高工业效益和降低活动成本。

3.2.4 喷气推进实验室

喷气推进实验室(Jet Propulsion Laboratory,JPL)是 NASA 十大航天中心中唯一一个 GOCO 型国家实验室,也属 FFRDC 范畴,因此,其运行管理模式较其他 9 个更为灵活。其依托单位是加州理工学院(California Institute of Technology,Caltech)。JPL 是全世界最集中的太阳系探索大本营,无人探测器从设计到生产都在这里进行,此后再被运到佛罗里达州的肯尼迪航天中心(KSC)发射升空,而升空后的控制工作仍由 JPL 完成。当前 JPL 的研究领域主要包括航空航天、通信、计算机科学与数学、地球与太空科学、电子学和物理学。尽管该实验室主要致力于行星探索,但在国防、能源、生物医学和航空等技术领域也有很强的研究能力。

JPL 的基本情况如表 3-4 所示。

表 3-4 喷气推进实验室的基本情况

内　容	概　况
成立时间	1936 年 10 月 31 日
行政主管	Michael M. Watkins 主任
依托单位	加州理工学院
下属部门	JPL 科学研究室
互联网址	https://www.nasa.gov/centers/jpl/home
人力资源	员工数超过 6000 人
年度经费预算	近 15 亿美元(2012 年数据)

JPL 的历史可以追溯到 1936 年加州理工学院的古根海姆航空实验室(Guggenheim Aeronautical Laboratory),在导师西奥多·冯·卡门(Theodore von Kármán)的指导下,包括钱学森在内的研究生们进行了第一套火箭实验。冯·卡门在此基础上于 1939 年获得了美国陆军对"GALCIT 火箭计划"的支持。1941 年,该计划研究成员向陆军展示了第一枚喷气助推起飞(Jet-Assisted Take-Off,JATO)火箭。1943 年,冯·卡门等人成立了航空喷气公司(Aerojet Corporation)来制造 JATO 火箭。该计划在 1943 年 11 月被命名为喷气推进实

验室，正式成为美国陆军下属的实验室，并以合同形式由加州理工学院负责运行管理。

在 JPL 归属美国陆军的年代，该实验室开发了两种用于实战的武器系统："MGM-5 下士"和"MGM-29 中士"两种中程弹道导弹。这些导弹是美国开发的第一批弹道导弹。之后的十几年间，JPL 还为美国军方开发了很多密级很高的军事项目。

JPL 于 1958 年 12 月移交给 NASA，成为该机构主要的行星宇宙飞船中心。从陆军脱胎换骨，投入 NASA 的怀抱后，JPL 开始转变研究方向，由对火箭的"喷气推进"研究，渐渐转变为星际探索，而原来对火箭"喷气推进"的研究，慢慢转移到人迹罕至的 SSC。JPL 的工程师们设计并操作了"徘徊者（Ranger）"号和"勘测者（Surveyor）"号的探月任务，为阿波罗登月铺平了道路。JPL 还在金星、火星和水星的航行任务中引领了星际探索。1998 年，JPL 为 NASA 开设了近地天体项目办公室。截至 2013 年，JPL 已经发现了95% 的直径在 1 km 或 1 km 以上、穿过地球轨道的小行星。

依据 NASA "新政"，JPL 调整了其战略目标，具体如下。

1. 通过新的科学发现扩展人类的知识

JPL 从科学驱动的机器人太空任务中制订、开发、操作和利用数据来回答人类的基本问题。JPL 开发自主的机器人系统，用新的望远镜对遥远的物体成像，利用遥感仪器进行现场科学调查，通过深空网络（DSN）将这些机器人航天器的数据传回给科学家和地球上的公众，并带回样本。

2. 将人类的持续存在延伸到宇宙更深处的太空和月球，以实现可持续的长期探索和利用

JPL 开发先进的探测系统，并进行前驱任务，以实现人类探测和科学研究的目标。这包括注入革命性的技术，旨在克服人类太空飞行面临的最棘手的挑战。喷气推进实验室通过其任务设计以多种方式应对挑战：航天器进入、下降和着陆系统，深空跟踪、导航和通信系统，地面机器人和移动系统，资源勘查与利用技术，化学推进飞行系统集成，先进的电力推进系统及相关的低推力任务设计，空间飞行器和生态环境监测系统，耐辐射、硬化的航空电子系统和电子、机电（EEE）部件，电力技术与系统集成，深空自主操作技术。

3. 应对国家挑战，促进经济增长

喷气推进实验室涉及广泛的国家利益和对社会的直接利益，与它在机器人太空探索中的领导作用相一致。例如，应用空间技术应对医疗工程和卫生保

健、国防和情报服务以及能源生产方面的挑战。JPL 与学术和商业机构合作，将 NASA 开发的技术进行商业化和转让。喷气推进实验室通过开放参观活动、关键任务活动的网络直播、三大洲的 DSN 访客中心以及喷气推进实验室研究人员的演讲活动来吸引公众。JPL 获奖的社交媒体平台、应用程序和内容在全球范围内被广泛浏览，为公众提供信息，鼓励活动多样化，并刺激经济增长。

4. 优化能力和操作

JPL 通过确保飞行计划和项目、人员、环境、关键基础设施（如 DSN 和高级多任务操作系统）的安全和任务成功（SMS）来支持这一目标。JPL 开发机器人太空探索任务，使用可靠、真实、严格的过程来识别、交流和管理相关的风险。该中心强调持续的工艺改进和引进先进技术以提高效率。JPL 还为该机构提供基于科学、工程和新技术开发集成的任务和飞行系统工程能力。同时，喷气推进实验室追求在通信、导航、人工智能、电力推进、仪器和传感器、航空电子设备和机器人等领域的先进能力。

3.2.5　兰利研究中心

兰利研究中心（Langley Research Center，LaRC）是 NASA 最早的领域研究中心，其主要任务是从事航空航天技术的基础研究，其中，航空研究在 LaRC 的研究工作中所占比例最大，约占总量的三分之二。当然也包括阿波罗登月舱测试等重要航天任务。LaRC 的研究领域非常广泛，包括空气动力学、声学和降噪、航天飞机结构及材料、信息系统、空气热力学、航空电子、环境监测、传感器技术、远程飞机及专用飞机等。LaRC 每年都会为联邦政府机构、工业界和大学提供大量设备支持。

LaRC 的基本情况如表 3-5 所示。

表 3-5　兰利研究中心的基本情况

内　容	概　况
成立时间	1917 年
前身	兰利航空纪念实验室（隶属于 NACA）
行政主管	Clayton P. Turner 主任，Trina M. Chytka 副主任
互联网址	https://www.nasa.gov/langley
人力资源	1821 人（2017 年数据）

1916 年前后，第一次世界人战中的美德关系从中立恶化为敌对，美国有

可能参战。1917 年 2 月 15 日，新成立的《航空周刊》（Aviation Week）中警告说，美国的军用航空能力还不足以应付欧洲战争。时任总统的伍德罗·威尔逊派遣杰罗姆·亨塞克到欧洲进行调查，调查报告促使威尔逊总统下令建立了美国第一个航空实验室，也就是后来的 LaRC。

1917 年，NACA 在兰利机场建立了兰利航空纪念实验室。LaRC 的航空研究在 1920 年开始，最初只有 4 名研究人员和 11 名技术人员。随着空中力量在第一次世界大战中发挥作用，LaRC 也不断发展壮大，成为美国航空研究的"国家队"。该实验室开展的大量研究和试验工作为美国在两次世界大战中拥有先进的航空装备奠定了基础。二战中使用的大部分飞机是战前或战争初期设计的，这些飞机都使用了很多包括 LaRC 的 NACA 研究成果。LaRC 的研究人员利用 40 多个风洞试验设施来研究和改进航空器和航天器的安全、性能和效率。1958—1963 年，NASA 实施了"水星计划"，LaRC 被作为航天任务研究组的主要管理机构。

根据 NASA 新一任领导机构的"新政"，LaRC 也适时调整了其战略目标，具体如下。

1. 通过新的科学发现扩展人类的知识

LaRC 的研究人员致力于了解空气质量、辐射和气候以及大气成分。他们还开发了主动遥感技术，以提高大气数据的质量。在追求这些目标的过程中，LaRC 的领导者们力争使先进仪器的发展、现场和星载实验以及数据检索、分析和存档保持平衡。

LaRC 还主持国家发展项目，通过合作研究项目将 NASA 的数据与全球的区域关注联系起来，解决环境和公共政策问题。大气科学数据中心拥有世界上最全面的大气数据收集技术。

2. 将人类的持续存在延伸到宇宙更深处的太空和月球，以实现可持续的长期探索和利用

LaRC 为人类探索太阳系创造了必要的概念和工具，特别是为了确保安全、高效地进入近地轨道、探月轨道以及更远的外太空。LaRC 领导开发新的大规模进入、下降和着陆技术，先进的辐射防护和传感器系统，SLS 的先进结构和材料以及深空居住系统。

LaRC 通过领导"猎户座"发射中止系统与开发防热板和着陆系统来支持"猎户座"乘员车辆的开发。LaRC 开发了辐射传输和设计代码，并建立了计算框架，这将为人类探索者开发生物对抗措施。LaRC 还通过创新的公私伙伴

关系，为太空制造、组装和培育新技术。

3. 应对国家挑战，促进经济增长

LaRC 的研究帮助美国应对航空和太空探索的快速发展所带来的根本挑战。该中心的工作促进了传统商业航空和航天技术以及新兴市场的经济增长。LaRC 是该机构在 X-plane 中的新航空地平线计划（Aviation Horizon initiative）的主要贡献者，该计划从低爆轰飞行演示开始，帮助实现在陆地上的超音速飞行。LaRC 还支持随后的超高效亚音速运输演示，用于改进商用亚音速飞机。LaRC 正在贡献关键的研究、技术和发展，以帮助按需机动的出现，这将增加国家的定期商业航空运输基础设施，为任何人在任何时间提供空中旅行。LaRC 的重点是解决传统和新兴航空市场增长的关键技术障碍：降低噪声、车辆效率、安全和自动驾驶。LaRC 的工作是消除或减少车辆以及国家领空系统操作的这些障碍。

LaRC 还领导和支持包括复合结构和材料的制造活动。该中心促进与太空制造和组装的公私合作伙伴关系，并支持行业伙伴开发商业太空运输系统，以进入近地轨道和更远的地方。LaRC 确保 NASA 充分利用蓬勃发展的自主技术，使 NASA 的各种任务受益。

4. 优化能力和操作

与实验室强大的伙伴关系和安全文化相一致，LaRC 吸引了高技能的劳动力，并提供成功所需的基础设施和工具。多年劳动力转型计划在战略上符合任务优先级和新的商业机会。LaRC 的振兴计划继续改造实验室的中心，使设施与任务需求保持一致，并扩大能力。维护设施是振兴战略的关键。基于状态的维护和大数据分析，允许 LaRC 监控设施的健康状况，进行预防性维护，增加任务准备并降低成本。振兴的目标是在 20 年内使实验室设施的拥有成本减少2 亿多美元。

3.3 研发、测控一体型国家实验室

研发、测控一体型国家实验室主要是指脱胎于早期的航天测控中心，即与航天发射和航天器运行密切相关的指挥与控制任务中心，由于航天测控需要大量基础学科和应用领域前沿技术的支持，因此，逐渐发展成为研发、测控一体型国家实验室。这类国家实验室有戈达德航天飞行中心和马歇尔航天飞行中心。

3.3.1　戈达德航天飞行中心

戈达德航天飞行中心（Goddard Space Flight Center，GSFC）是美国最大的科学家和工程师联合组织，致力于通过从太空观测来增加对地球、太阳系和宇宙的了解。GSFC 是美国研发和运行无人科学飞船的国家实验室，其任务是扩展人类对地球及其环境、太阳系、宇宙的认识，保证美国在上述研究领域有先进的科学和技术。GSFC 在航天科学及其应用方面从事广泛的活动，在国际空间站（International Space Station，ISS）计划中负责设计、建造、试验和鉴定；还作为美国国立航天数据中心，管理 NASA 全部太空飞行的跟踪网；指导"德尔它"运载火箭的发射活动，也是"泰罗斯""古斯气象卫星""哈勃太空望远镜"的管理者。GSFC 还与许多大学密切配合，从事地球物理学、航空物理学、天文学、气象学方面的研究。GSFC 还运行两个航天跟踪和数据采集网络（空间网络和近地网络），开发和维护先进的空间和地球科学数据信息系统，并为国家海洋和大气管理局（National Oceanic and Atmospheric Administration，NOAA）开发卫星系统。GSFC 的科学家 John C. Mather 由于对宇宙背景探测器（Cosmic Background Explorer，COBE）的研究而获得 2006 年诺贝尔物理学奖。

GSFC 的基本情况如表 3-6 所示。

表 3-6　戈达德航天飞行中心的基本情况

内　容	概　况
成立时间	1959 年 3 月 1 日
前身	贝茨维尔航天中心
行政主管	Dennis J. Andrucyk 主任
下属部门	沃洛普斯飞行设施，戈达德航天研究院，凯瑟林约翰逊独立校验与确认设施
互联网址	https://www.nasa.gov/goddard
人力资源	正式员工与合同制员工共 10 000 人

GSFC 成立于 1959 年 3 月 1 日，是 NASA 的第一个航天飞行中心，其最初的宗旨是代表 NASA 履行 5 项主要职能：技术开发与制造、规划、科学研究、技术运营和项目管理。GSFC 按几个独立的研究室来组织，每个研究室负责其中一项关键职能。GSFC 为美国第一个载人航天项目"水星计划"做出卓越贡献，在该项目之初承担了领导角色，并管理了首批参与项目的 250 名员工，直至 1961 年该计划的主体被转移到 JSC。时至今日，GSFC 仍参与 NASA

的每一个关键项目，特别是为行星探索开发的仪器，比其他任何组织都要多，其中包括发送到太阳系每颗行星的科学仪器。

根据新一任 NASA 领导机构的"新政"，GSFC 的战略目标调整如下。

1. 通过新的科学发现扩展人类的知识

GSFC 同时支持和开展在太空进行的科学研究。它在地球科学、行星和月球科学、太阳物理学和天体物理学等领域的测量、建模和理论研究，扩大了知识、国家能力和在各种飞行任务、实地活动中进行合作的机会。GSFC 团队与其他 NASA 中心、学术界和工业界合作，概念化、设计、建造、测试、集成和操作空间、机载和地面任务、航天器和最先进的仪器。该中心著名的内部空间和地球科学家帮助集中每个任务的科学需求，然后处理、分析和使用数据，以促进对地球、太阳系和宇宙的基本了解。

2. 将人类的持续存在延伸到宇宙更深处的太空和月球，以实现可持续的长期探索和利用

GSFC 支持美国国家航空航天局以多种方式扩大人类在太空存在的目标。GSFC 管理的空间和近地网络为所有载人航天项目以及其他机构项目提供空间通信。该中心在瓦勒普斯飞行基地的发射范围、运载工具处理和有效载荷处理能力有助于为国际空间站提供实验和维持生命的必需品。GSFC 还开发技术，以提高如今的船员安全，并使未来的探索概念，如先进的机器人和太空装配系统，科学仪器、模型和研究，能表征未知，识别威胁，并突出机会，为人类探索者服务。

3. 应对国家挑战，促进经济增长

GSFC 的创新文化促进了全国范围内的商业和经济增长。GSFC 的使命推动和影响着人们的技术创新。该中心开发的卫星及其搜救技术可以挽救生命，全球天气预报也成为可能。GSFC 探测并模拟太空天气事件，以保护轨道上的航天员和卫星，以及地面上的通信和电力基础设施。此外，GSFC 还将其创新应用于工业领域，如用于新通信和医疗成像系统的先进激光和 X 射线系统，以及用于更安全的采矿和钻探的太空机器人。该中心的科学驱动组件小型化，正在支持下一代消费和工业系统。

GSFC 直接将大学、教师、学生和研究人员作为其所有工作阶段的主要合作伙伴。它利用 STEM 实验学习活动、实习、奖学金和博士后机会，将其核心使命转化为激励各级学生和教育工作者的经验。每年都有成千上万的学生申请该中心的实习和其他工作机会。

4. 优化能力和操作

GSFC 管理着该机构与工业界、其他政府机构和国际合作伙伴之间最大的合作和可偿还协议组合之一。其中包括一项长期协议：向美国国家海洋和大气协会与美国地质调查局提供气象和地面观测卫星。

GSFC 的航天器集成设施、发射设施、仪器测试设施、科研实验室、全球通信和计算机网络是美国宇航局和国家的重要组成部分。该中心与弗吉尼亚州联邦政府合作，支持从弗吉尼亚州瓦勒普斯岛发射补给站的商业发射任务。它在西弗吉尼亚州费尔蒙特的独立验证和验证（IV&V）设施为 NASA 的项目提供软件保证服务。该中心为该机构管理电气、EEE 部件服务。

3.3.2 马歇尔航天飞行中心

马歇尔航天飞行中心（Marshall Space Flight Center，MSFC）是美国联邦政府的民用火箭和航天器推进研究中心，是 NASA 最大的中心，以陆军上将乔治·马歇尔的名字命名，其主要任务是管理航天飞机及国际空间站，开发新的登月火箭，对前沿的推进力进行研究，同时也开展计算机、网络和信息管理等方面的研究。MSFC 还包括亨茨维尔运行支持中心（Huntsville Operations Support Center，HOSC），HOSC 也被称为 ISS 有效载荷运行中心，HOSC 支持 ISS 发射、有效载荷以及在 KSC 的实验活动。当 MSFC 的有效载荷在火箭上时，HOSC 还监测从卡纳维拉尔角空军基地发射的火箭。MSFC 在其他方面的任务有：研究太空试验室、高能天文台、"钱德拉"太空望远镜等。亨茨维尔如今是美国军事高科技产业中心，美国陆军太空和导弹防御司令部甚至也设于此地。此外，阿拉巴马州有 300 多家航空航天公司，波音、洛克希德·马丁、麦道公司等在这里都有生产设施。欧洲的空中客车公司也在该州建造了一个空中客车飞机的工程中心。亨茨维尔集中了一大批与航天技术有关的高科技公司，因此亨茨维尔也是美国久负盛誉的航天城。

MSFC 的基本情况如表 3-7 所示。

表 3-7　马歇尔航天飞行中心的基本情况

内　容	概　况
成立时间	1960 年 7 月 1 日
前身	红石兵工厂
行政主管	Jody Singer 主任

续表

内　　容	概　　况
互联网址	https://www.nasa.gov/centers/marshall/home
人力资源	6000 人，包含 2300 位正式员工
年度经费预算	20 亿美元

　　MSFC 的早期发展史与"美国火箭之父"沃纳·冯·布劳恩密切相关。1945 年 5 月，美德战争结束后，美国启动了一项计划，将一批曾在德国先进军事技术中心工作的科学家和工程师引进美国。1945 年 8 月，由沃纳·冯·布劳恩领导的 127 名导弹专家与美国陆军军械队签订了工作合同，以继续开展V-2 导弹的研制工作。二战后，美国陆军将阿拉巴马州亨茨维尔附近的 3 个军火库合并起来形成了红石兵工厂，主要开展导弹研究。由于在与苏联早期的航天争霸过程中一直处于劣势，美国联邦政府在 NACA 的基础上成立了 NASA，随后时任美国总统的艾森豪威尔于 1959 年 10 月 21 日批准将所有与陆军太空相关的活动移交给 NASA，并于 1960 年 9 月 8 日正式开始运行。MSFC 的第一个任务是为"阿波罗计划"开发土星运载火箭。随后，MSFC 还支持了美国第一个空间站——天空实验室和航天飞机等重要任务。

　　近年来，随着 NASA 高层领导的调整，为了适应其"新政"，MSFC 制订了相应的战略目标，具体如下。

1. 通过新的科学发现扩展人类的知识

　　MSFC 开发科学任务和仪器来扩展人类对地球、太阳系和宇宙的知识。MSFC 在开发利用天基地球观测仪器数据的应用程序方面的专业知识，通过SERVIR 项目造福全球发展中国家，通过短期预测研究和过渡项目造福美国。MSFC 的科学家们通过研究太阳的动力学来改进预测，并使用钱德拉天文台和其他仪器来研究宇宙。MSFC 使用最先进的技术来开发仪器，如成像 X 射线偏振计探测器，它可以帮助人类了解宇宙的起源。

　　MSFC 是有效载荷操作和集成中心的所在地，该中心昼夜不停地管理着国际空间站上的所有科研工作。在国际空间站上进行的实验为进一步探索和增加人类对太空的认识提供了宝贵的信息。

2. 将人类的持续存在延伸到宇宙更深处的太空和月球，以实现可持续的长期探索和利用

　　纵观其历史，MSFC 一直是太空运输设计、开发和制造的领导者。MSFC利用其大规模、复杂系统的专业知识，开发推进结构、生命支持和工程系统，

从而打开空间前沿。

MSFC 正在建造 SLS，这种火箭将使人类比以往任何时候都能深入太空。MSFC 在化学推进方面有专长，它仍然处于创新和发展先进的太空推进系统（化学动力、核动力和混合动力），以及上升、制动和着陆器推进系统的前沿。这些系统和相关技术的发展，包括引领长期低温流体管理飞行系统的发展，对人类探索深空至关重要。MSFC 还通过空间站上的环境控制和生命保障系统来维持目前人类在太空中的生存，并将这些系统推向更远的太空。

3. 应对国家挑战，促进经济增长

MSFC 在人类太空探索方面的领导地位，通过激发经济增长机会、激励和教育几代人以及改善地球上的生活，造福了人类。SLS 项目在 43 个州雇用了 1100 多名承包商。MSFC 还与工业界和学术界合作，推进用于太空的制造技术（如添加剂、焊接、复合材料），同时建立使用这些先进技术和太空飞行部件的标准和资格。

MSFC 通过 STEM 教育活动和其他推广活动，包括为学生提供实践学习机会，如人类探索漫游者挑战和学生启动计划等，来激励学生。此外，MSFC 通过技术转让、技术示范任务和创新的百年挑战竞赛来刺激技术创新。这些活动为工业和学术界提供了商机，同时也改善了普通人的生活。

4. 优化能力和操作

MSFC 继续寻找优化其机构绩效和运营的方法。MSFC 管理可持续设施，促进安全，接纳不同的观点，并为年轻的工程师和科学家提供指导——他们操作国际空间站实验，测试火箭引擎，研究宇宙。MSFC 通过各种机制寻求合作伙伴关系，以确保资金得到明智的走向，并确保商业化活动的成功，使 NASA 能够做只有 NASA 才能做的事情。MSFC 为 NASA 的发射服务计划提供技术推进支持，为商业乘员计划（CCP）提供工程支持。

3.4 发射为主型国家实验室

第三类是发射为主型国家实验室。这类国家实验室的最初功能是支持火箭发射任务，包括提供发射场、着陆场，完成航天器的总装、测试，以及航天员训练等。随着支持技术方面需求的增加和功能的拓展，逐渐发展为综合型国家实验室，但其主业仍然是火箭发射任务。这类国家实验室包括：约翰逊航天中心（Johnson Space Center，JSC）、肯尼迪航天中心（Kennedy Space Center，

KSC）和斯坦尼斯航天中心（Stennis Space Center，SSC）。这 3 个航天中心虽然看起来区别不大，实则各有分工。肯尼迪航天中心主要负责发射；约翰逊航天中心主要负责指挥、追踪和航天员训练；斯坦尼斯航天中心则负责火箭的测试组装。火箭从马歇尔太空飞行中心设计完成后，承包商去生产，后送斯坦尼斯航天中心测试组装，之后用拖船运到肯尼迪航天中心发射，发射后由约翰逊航天中心指挥控制。

3.4.1　约翰逊航天中心

约翰逊航天中心（Johnson Space Center，JSC）是 NASA 下属的载人航天中心，负责载人航天训练、研究和飞行控制。与其他 9 个 NASA 航天中心甚至与其他美国国家实验室不同的是，JSC 是一个为数不多的典型的民有国营型（Contractor-Owned, Government-Operated，COGO）国家实验室，它是由约瑟夫·L. 史密斯联合公司建造并租赁给 NASA 的。

JSC 的基本情况如表 3-8 所示。

表 3-8　约翰逊航天中心的基本情况

内　　容	概　　况
成立时间	1961 年 11 月 1 日
前身	航天任务研究组
行政主管	Mark Geyer 主任
互联网址	https://www.nasa.gov/centers/johnson/home
人力资源	3200 位正式员工

JSC 由指挥控制中心、研究中心、航天员训练中心以及大型展览馆 4 部分组成，主要任务是指挥控制飞行的航天器、训练航天员、试验航天设备和帮助民众探索太空奥妙等。在 KSC 的飞船或航天飞机一旦发射成功，其飞行和降落指挥、追踪等活动，全部交给 JSC。每当有太空任务时，指挥控制中心的上千名工程师、技术人员和医生就会坐镇这里，监控发射状况、电气系统、舱内压力、飞行轨迹和航天员健康状况。"阿波罗"登月和航天飞机飞行都是在这里指挥飞行成功的。JSC 和俄罗斯加加林航天员训练中心、中国航天员科研训练中心（北京）是全球三大设施完备的航天员训练基地。

JSC 源自 NASA 的航天任务研究组 STG，该组织成立于 1958 年 11 月 5 日，在 LaRC 的 Robert Gilruth 领导下，支持"水星计划"和后续的载人航天计划，并且行政关系上隶属于 GSFC。20 世纪 90 年代末，NASA 首任局长格伦南意识到，随着美国航天的蓬勃发展，STG 的规模将超过 LaRC 和 GSFC，因此需要有自己的位置。1961 年，时任美国总统的肯尼迪制订的载人登月目标中已经表现出成立新的载人航天中心的意图。同年，美国国会举行了听证会，并通过了一项 17 亿美元的 1962 年 NASA 拨款法案，其中 6 千万美元用于新的"载人航天实验室"。在经历了旷日持久的选址后，地址终于确定为得克萨斯州休斯顿。

在 NASA "新政"中，涉及包括重返月球在内的诸多大型航天计划，JSC 据此规划其未来的战略目标，具体体现为以下 4 个方面。

1. 通过新的科学发现扩展人类的知识

JSC 管理国际空间站，为持续和互动的研究提供长时间的微重力。在空间站进行的人类研究项目试验正在加强保护航天员健康和安全的能力，包括未来在"猎户座"上执行的深空任务。JSC 负责管理 NASA 所有的外星样本收集工作。该中心还将该机构在轨道碎片建模与微流星体和轨道碎片风险分析方面的知识应用于航天器、图像分析和地球观测。

2. 将人类的持续存在延伸到宇宙更深处的太空和月球，以实现可持续的长期探索和利用

JSC 负责载人探索任务的设计和需求开发。国际空间站继续寻找创新的方法来测试深空探索所需的硬件。这包括一些关键的先进的环境控制、生命保障系统和宇航服组件，这些组件将使用加速和精简的飞行硬件开发过程进行测试，由 JSC 管理。该中心还负责"猎户座"载人飞船的研发，其设计足够灵活，可以支持近至月球、远至火星的深空任务。"猎户座"配备了先进的技术和备份能力，以确保其任务性能是安全、可靠和成功的。JSC 负责月球轨道平台——Gateway 的开发，这是一个在月球轨道上由航天员管理的太空港。

3. 应对国家挑战，促进经济增长

在空间站上的实验和 JSC 的先进技术工作的应用改善了人类生活。飓风遥感、先进的医疗诊断技术和药物调查只是众多例子中的一小部分。国际空间站、"猎户座"和人类研究等 JSC 项目，以及该中心对商业船员活动的支持，为美国各地提供了数十亿美元的开发活动。通过商业和学术合作以及技术转让，JSC 加强了高技术产业基础，并支持发展近地轨道市场。该中心还为该机构让公众参与实验室的使命做出了努力。它为来自世界各地的媒体提供支持，为公众与航天员互动提供机会，并为 STEM 活动的赞助者提供广泛而多样的

学生群体。

4. 优化能力和操作

JSC 与美国国家航空航天局（NASA）肯尼迪航天中心（KSC）的商业乘员计划（CCP）合作，为美国航天员往返国际空间站提供一个新的开发和认证过程。空间站计划和 JSC 的飞行操作理事会已经成功地降低了操作成本，开发了新的能力，同时增加了科学利用和商业利用。

3.4.2 肯尼迪航天中心

肯尼迪航天中心（Kennedy Space Center，KSC）是世界最大的航天器发射场，其前身是NASA航天发射运行中心，曾以发射过"双子星座"飞船、"阿波罗"飞船、航天飞机而驰名全球。KSC 占地 58 275 hm²，约有 700 个具有明显航天特色的设施和建筑。因此，KSC 也被作为美国向公众展示航天发展的一个重要宣传窗口。

KSC 的概况如表 3-9 所示。

表 3-9　肯尼迪航天中心的基本情况

内　容	概　况
成立时间	1962 年 7 月 1 日
前身	发射运行研究室，航天发射运行中心
行政主管	Robert D. Cabana 主任，Janet E. Petro 副主任
互联网址	https://www.nasa.gov/centers/kennedy/home
人力资源	10 150 人（2019 年数据）
年度经费预算	3.24 亿美元

自 1949 年开始，美国军方就一直在卡纳维拉尔角空军基地执行发射任务。1959 年 12 月，DoD 将 5000 名人员和导弹发射实验室移交给 NASA，成立发射运行研究室，归属 MSFC 管理。时任美国总统的肯尼迪于 1961 年提出载人登月目标后，航天发射任务激增，因此在 1962 年 7 月 1 日，发射运行研究室从 MSFC 分离出来，成为航天发射运行中心（Launch Operations Center，LOC）。为了提升卡纳维拉尔角的发射能力，肯尼迪总统批准 NASA 自 1962 年开始建设发射场。肯尼迪总统遇刺后不久，1963 年 11 月 29 日，总统林登·B. 约翰逊根据第 11129 号行政命令，为肯尼迪航天中心正式命名，以纪念这位对航大发展做出重大贡献的美国总统。

KSC 除负责美国重要的发射任务之外，近年来也在不断拓展其商业业务。1984 年美国颁布了《商业太空发射法案》，KSC 的发射职能发生巨大变化，NASA 只协调自己和 NOAA 的火箭发射任务，而商业公司能够"运行自己的运载火箭"并使用 NASA 的发射设施。由私营公司负责的载荷处理也开始在 KSC 之外进行。里根总统在 1988 年的太空政策进一步推动了这项工作从 KSC 转向商业公司。同时，与军事相关的发射也由 NASA 转移到空军管理部门。

随着 NASA"新政"的实施，KSC 制订了相应的战略目标，具体如下。

1. 通过新的科学发现扩展人类的知识

KSC 为 NASA 的科学和机器人任务采购了所有类型的商业发射服务，从最小和最轻的立方体卫星的风险级别到最大和最重的太空望远镜的重型级别。该中心还负责在微重力环境下的植物研究和生产。

2. 将人类的持续存在延伸到宇宙更深处的太空和月球，以实现可持续的长期探索和利用

KSC 以多种方式为 NASA 的探索任务提供项目和项目管理支持。它负责处理、装配、集成和测试载荷飞往国际空间站的飞行科学实验。KSC 还支持先进飞行系统和转换技术的研究、开发、测试和演示，以推进探索空间系统。该中心设计、开发、操作和维持飞行系统、地面系统和基础支持设施。KSC 主持的"地面系统开发和运营计划"，为推动载人空间探索提供对集成化运载器和航天器的研发程序方案。该方案包含对运载器和航天器的处理、维修、保养、指挥、控制和遥测，发射、着陆和回收以及机组人员的支持。KSC 支持人居空间系统的开发和运营，支持就地资源利用。

3. 应对国家挑战，促进经济增长

KSC 与包括其他 NASA 中心和外部实体在内的合作伙伴合作，推进和分享技术，促进 STEM 学习，并就 NASA 的任务与公众进行交流。

4. 优化能力和操作

KSC 为国家杰出的多用户太空港领导伙伴关系发展战略和运作，支持政府和商业运作。KSC 的 CCP 获得并管理商业运输服务，包括综合商业乘务系统的开发和人员认证，以及每个乘务人员往返国际空间站的飞行认证。KSC 通过主持的"发射服务计划"，承担并管理商业发射服务，包括为支持 NASA 的科学和机器人使命任务，对相关商业运载器的认证，对支撑技术的调研和批准使用。

KSC 使美国宇航局的任务得以成功，并使美国宇航局的航天企业以及其

他政府机构和商业部门更有能力和负担得起成本。

KSC 安全且有策略地优化其员工队伍，并提供创新的、经济有效的中心服务来支持机构的使命。KSC 凭借对其高级人才和程序化、体系化功能的不断评估和调整，实现关键且具有创新性的安全、工程、IT 和其他类型服务，并保障服务的质量、及时性和可靠性。

3.4.3　斯坦尼斯航天中心

斯坦尼斯航天中心（Stennis Space Center，SSC）是 NASA 下属的一个以火箭测试为主任务的国家实验室。SSC 为超过 30 个航天研发机构提供火箭测试设施和测试服务。SSC 在航天飞机发动机研究中起着关键作用，此外，它还在遥感技术、环境科学和其他有关应用领域进行研究与开发。

SSC 的基本情况如表 3-10 所示。

表 3-10　斯坦尼斯航天中心的基本情况

内　容	概　况
成立时间	1961 年
前身	密西西比试验指挥部，国家航天技术实验室联盟
行政主管	Richard J. Gilbrech 主任
互联网址	https://www.nasa.gov/centers/stennis/home

火箭测试由于其特殊性，不能在人口密集的城市中进行，因此，在美国的航天事业开始之初，选址问题成为 NASA 的重大困扰。NASA 最初提出的要求是，该试验场必须位于路易斯安那州新奥尔良东部的米克豪德组装厂的火箭制造车间和佛罗里达州 KSC 的发射场之间。试验场还需要支持驳船进入，因为"阿波罗计划"需要测试的火箭发动机太大，不适合陆上运输。此外，"阿波罗计划"所设计的发动机声音太大，无法在阿拉巴马州亨茨维尔附近 MSFC 已有的测试台进行测试，需要一个更远的地点。经过一个详尽的选址过程和更加复杂的建设过程，1961 年 12 月 18 日，NASA 正式将该试验场命名为 NASA 密西西比试验指挥部。从 1971 年开始，所有航天飞机的主引擎都需要在此获得飞行认证。1974 年 6 月 14 日，该试验场被重新命名为国家航天技术实验室联盟；1988 年 5 月 20 日，该试验场被命名为斯坦尼斯航天中心，以纪念密西西比州参议员、空间计划支持者约翰·C. 斯坦尼斯。随着"阿波罗计划"和航天飞机项目的结束，对 SSC 的应用明显减少，对该区域的经济也造

成重要影响。

针对 NASA"新政"，SSC 的战略目标如下。

1. 将人类的持续存在延伸到宇宙更深处的太空和月球，以实现可持续的长期探索和利用

SSC 持续测试 SLS 推进元件，如 RS-25 发动机、核心级和上层探索级。B-2 试验台的设计和分尺度测试正在进行中，以测试勘探的上层阶段。SSC 将继续操作和维护 A-1 和 B-2 试验台以及支持 SLS 推进系统元件测试的低温、高压工业水和高压气体设施。此外，该中心将努力满足国家对推进试验的需求。

2. 应对国家挑战，促进经济增长

SSC 是一个由政府、商业和学术利益组成的多元化社区的国家经济驱动力。该中心提供世界级的推进测试能力，以支持美国宇航局以及国防部和商业客户。SSC 致力于与政府机构以及现有和新兴的商业公司合作，测试各种发动机和零部件，从而促进经济增长。该中心将致力于利用现有技术简化操作和开发自主技术，以减少技术人员操作测试设施。与此同时，SSC 将继续通过双重用途伙伴关系与工业界进行合作，并与商业和学术伙伴保持积极的技术转让计划。利益相关者的参与仍将是 SSC 的一项关键活动，其重点是协调 NASA 和 SSC 之间各项任务的优先级和连续性。

3. 优化能力和操作

SSC 的高级领导积极支持机构的任务支持架构计划，以评估和调整任务支持功能，同时保持任务重点、提高效率和重视员工。2016 年，SSC 实施了联合运营和合同维护，优化了 SSC 和 MSFC 的 Michoud 组装工厂（MAF）的能力和运营。结果包括精简管理职能，减少多个支持承包商固有的冗余以及增加 SSC、MSFC 和 MAF 之间的合作。在这些成功的基础上，SSC 正在开发一个战略采购合同，即多合同模式。该合同将是 SSC、MSFC、MAF、JSC 和 KSC 之间的区域合同。

3.5 其他类型的国家实验室

NASA 除上述十大航天中心外，还不定期根据重大航天计划建立临时或永久性实验室，以作为航天领域相关科学研究的支撑平台，由于未能形成系统，因此，在本书中不做介绍。这里简单介绍一下"最不像国家实验室的所谓国际实验室"——国际空间站国家实验室（International Space Station National

Laboratory，ISS NL）。在 ISS NL 的名字中，明确含有"国家实验室"字样，但该实验室的主体位于太空中，因此有上述一说。

ISS NL 是美国最新成立的一个国家实验室。2006 年，国际空间站完成装配，其中的美国舱段进行的科学实验过去一直局限于美国航空航天局业务范围内，科研能力有一定剩余。为支持美国国立卫生研究院、国防部、能源部、商务部等部门充分利用这一稀缺的空间科技研究资源，2005 年，美国国会批准《2005 财政年度美国航空航天局授权法案》，同意以国际空间站美国在轨舱段为基础，建设国际空间站国家实验室；计划向美国公众和私营实体开放使用，以进一步增强国际空间站与美国航空航天局、其他联邦实体和私营公司的合作。

经过长达 5 年的筹备，2010 年，美国国会批准《2010 财政年度美国航空航天局授权法案》，同意向国际空间站国家实验室每年拨款 1500 万美元。2011年 7 月，美国航空航天局正式遴选空间科学促进中心（Center for Advancement of Science in Space, Inc.，CASIS）作为国际空间站美国国家实验室的唯一管理者，按照 GOCO 模式进行管理和运营。空间科学促进中心为《美国联邦税收法典》501（c）-（3）条款规定的非营利性机构，有组织所得税豁免和纳税人捐赠的税收抵税等优惠。该国家实验室由一个国家级的独立董事会领导，负责提出管理建议、保证寻求资金赞助并维护国家实验室发展；董事会成员由多学科专业相关专家组成，覆盖大部分支持者和赞助者。国家实验室的最高一级组织机构为常务董事，下设首席科学家、战略主管、运营主管、外部关系主管、发展主管、高级法律顾问、行政主管和首席信息官。

参考文献

[1] 龚钴尔. 别闹了，美国宇航局 [M]. 上海：上海文艺出版总社，2008.

[2] REBECCA W, SANDRA J, STEVEN J D. NASA at 50: interviews with NASA senior leadership[M]. Washington, DC: Library of Congress Cataloging-in-Publication Data, 2009.

[3] Committee on the Assessment of NASA Laboratory Capabilities, Laboratory Assessments Board, Space Studies Board, et al. Capabilities for the Future - An Assessment of NASA Laboratories for Basic Research[R]. Washington, DC: The National Academies Press, 2010.

为国家节省经费。

——兰德公司

第4章 联邦政府资助的研究与发展中心和大学附属研究中心

联邦政府资助的研究与发展中心（Federally Funded Research and Development Center，FFRDC）和大学附属研究中心（University Affiliated Research Center，UARC）是美国政治、经济、社会与科研等各方面特性相互作用的典型产物，其总数、规模和职能等方面与其他国家的国家级重点实验室大体相当，因此，被很多研究人员（特别是国内的）直接等同于美国国家实验室。本质上，FFRDC 和 UARC 都是美国联邦政府借助民间资源支撑国家利益实现的一种特殊形式：对上，其领域的必要性和重要性尚不及 DOE 国家实验室和 NASA 国家实验室等由美国联邦政府上层直接所有和监管的"核心"国家实验室；对下，这些实验室在使命、规模、成就及运行管理方面又明显不同于普通研究单位、高校内设实验室或私营公司的内设研发部门。因此，本质上 FFRDC 和 UARC 都属于 GOCO 类型；反之却不成立。

第一个 FFRDC 是大名鼎鼎的兰德公司，其名称取自 Research 和 Development 的首字母缩写，由美国空军于 1947 年建立。与其他国家实验室相似，很多 FFRDC 都脱胎于二战时期的研发机构。例如，MIT 林肯实验室（MIT Lincoln Laboratory，MIT LL）创立于 1951 年，其前身是 MIT 的辐射实验室，而海军运筹学小组进化为海军分析中心。兰德公司作为第一个 FFRDC，一直为 DoD 提供服务。此后，各联邦政府部门，如 NIH、NASA、DOT、NSF 和 DOE，都创办了 FFRDC 以满足其特殊需求。作为 FFRDC 在功能上的进一步拓展和补充，UARC 始于 1996 年，其初衷是通过与大学合作，为军方（主要是 DoD）培育能够支撑先进军事能力的基础。

4.1 联邦政府资助的研究与发展中心性质的国家实验室

FFRDC 在美国科研体系中是一类独特的存在，虽然它们在美国国家的发展和国防安全中一直发挥着重要的作用，但是它们的存在非常神秘，甚至对美国公众来说也都还是未知的，而即使是熟悉 FFRDC 的专业人士，也很难搞清楚 FFRDC 的历史、目标和运行情况。

一般认为，FFRDC 的本质是支持美国联邦政府实施研究、技术开发、系统采购和政策指导的"三腿凳"体系的重要支撑。如图 4-1 所示，该体系的三条"腿"分别指的是工业界、学术界和相关的非营利组织。其中，非营利组织中包括 FFRDC。这些既成体系中的每一部分都从某个不同的角度解决问题，并且在驱动创新和解决实际问题方面扮演重要角色。

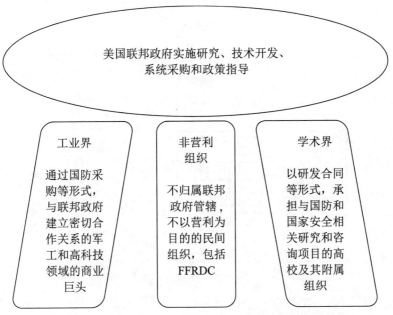

图 4-1　美国联邦政府实施研究、技术开发、系统采购和政策指导的"三腿凳"模型

4.1.1　概况

FFRDC 是一类以相对松散的运行管理形式存在的美国国家实验室，它们

没有统一的上级和监督管理部门，但这并不表示 FFRDC 处于完全独立的"失控"状态。相反，FFRDC 在各个方面都受到严格监管，以确保其使命不偏离正确的方向，并保持良好的可持续发展态势。对 FFRDC 的监管，大体可归纳出 3 个维度，具体如图 4-2 所示。在第 1 维，是以立法形式建立 FFRDC 的监督管理体系，由美国《联邦规章典》第 48 卷第 35 款第 17 节，具体规定了 FFRDC 的定义，以及对 FFRDC 的发起、建立或更改、应用、评估及撤销的具体实施途径。在第 2 维，FFRDC 由来自联邦政府的发起者（Sponsor）发起并终身为其使命提供支持和服务。在第 3 维，FFRDC 日常的运行管理由其合同商（Contractor，或称依托单位）来具体实施。其中，对于同一个 FFRDC，其发起者（Sponsor）可能不止 1 个，但主发起者（Primary Sponsor）只能有 1 个；合同商（Contractor）也只能有 1 个。另外，在这个 3 维结构中，第 1 维与整个 FFRDC 系统共存，第 2 维与每个 FFRDC 相绑定，只有第 3 维是可变的，平均每 5 年更换一次，但为了确保每个 FFRDC 的稳定，其合同商 / 依托单位的更换频率并不高。

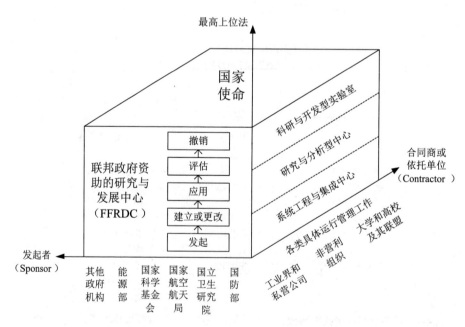

图 4-2　针对 FFRDC 的三维管理结构

同时，国防部（DoD）根据每个 FFRDC 的特点和职能，将所有 FFRDC 进一步分为三大类，具体如下。

（1）科研与开发型实验室，填补了"内设型（In-House）"和民营机构下属的科研与开发中心无法满足联邦政府各部门核心领域需求的空白。这些 FFRDC 的具体目标是：① 在联邦政府无法依赖内设型或私营机构职能的领域中保持长期能力；② 研发重要的新技术，从而使联邦政府能够从更宽广的实践范围中获益。研究与开发型实验室承担的研究项目强调对先进概念和前沿技术的创新和演示，以及技术的转移与转化。

（2）研究与分析型中心，在对其发起者极端重要的核心领域开展独立和客观的分析，并提供建议，以支持政策制定、重大决策，以及关于重大问题的备选方案和新的措施。

（3）系统工程与集成中心，在发起者通过其内设型实验室无法获得技术和工程能力的核心领域提供所需的支持，以确保这些复杂系统满足作战需求。这类研究中心提供的辅助职能包括：设计与选择系统方案和体系结构，确定技术系统及其子系统的需求和接口，开发和采购新的系统。

由于 FFRDC 没有统一的监管部门，为了维护和发布有关 FFRDC 的日常信息，自 1990 年开始，美国国家科学基金会（National Science Foundation，NSF）依据《联邦采办规章》（Federal Acquisition Regulation，FAR）的 "35.017-6 FFRDCs 管理列表" 一节，开始对 FFRDC 的相关信息实施管理和维护，具体内容如下："国家科学基金会（NSF）负责维护一个 FFRDC 的政府管理列表。主发起者将根据国家科学基金会的要求，向其提供关于每个 FFRDC 的信息，包括发起协议、任务说明、经费数据和正在进行的研发项目的类型。"

据此，国家科学基金会负责维护一个 FFRDC 的政府管理列表，但不负责确定哪些实验室符合 FFRDC 标准。相反，当作为发起者的联邦政府部门的领导者以书面形式通知 NSF 该政府部门已经批准了一个新的 FFRDC 时，NSF 负责将新的 FFRDC 添加到列表中。

除了负责维护 FFRDC 的列表外，NSF 还负责提供关于 FFRDC 的年度报告，包括：《联邦政府资助的研究与发展项目》报告，其内容包含 R&D 项目所要完成的具体内容，以及由联邦政府各局提供的关于 R&D 平台的信息；《FFRDC R&D 支出》报告，其内容包括 FFRDC 上报的数据；《FFRDC 博士后》报告，其内容包括 FFRDC 博士后的统计信息、研究领域和项目来源等情况。

根据 NSF 维护的 FFRDC 政府管理列表，当前正常运行的 FFRDC 共计 43 个，如表 4-1 所示（更新至 2019 年 4 月）。

表 4-1　FFRDC 政府管理列表

序号	名　　称	主发起者	合　同　商	实验室类型	互　联　网　址
1	航天 FFRDC	DoD	航天公司	系统工程与集成中心	http://www.aero.org/
2	艾姆斯实验室	DOE	爱荷华州立大学	科研与开发型实验室	http://www.ameslab.gov/
3	阿贡国家实验室	DOE	芝加哥大学阿贡有限责任公司	科研与开发型实验室	http://www.anl.gov/
4	阿罗约中心	DoD	兰德公司	研究与分析型中心	http://www.rand.org/ard.html
5	布鲁克海文国家实验室	DOE	布鲁克海文科学联合公司	科研与开发型实验室	http://www.bnl.gov/world/
6	国家安全工程中心 1	DoD	MITRE 公司	系统工程与集成中心	http://www.mitre.org/centers/national-security-and-engineering-center/who-we-are
7	国家安全工程中心 2	DoD	MITRE 公司	系统工程与集成中心	http://www.mitre.org/centers/national-security-and-engineering-center/who-we-are
8	高级航空系统发展中心	DOT	MITRE 公司	科研与开发型实验室	http://www.caasd.org/
9	企业现代化中心	财政部	MITRE 公司	系统工程与集成中心	http://www.mitre.org/about/ffrdcs/cem.html
10	海军分析中心	DoD	CAN 公司	研究与分析型中心	http://www.cna.org/centers/cna/
11	核废料管理分析中心	核管理委员会	西南研究所	研究与分析型中心	http://www.swri.org/4org/d20/home/who/CNWRA.htm
12	通信与计算中心	DoD	国防分析研究所	科研与开发型实验室	https://www.ida.org/IDAFFRDCs/CenterforCommunications.aspx
13	现代化卫生保健 CMS 联盟	DHHS	MITRE 公司	研究与分析型中心	http://www.mitre.org/centers/cms-alliances-to-modernize-healthcare/who-we-are
14	费米国家加速器实验室	DOE	费米研究联盟有限责任公司	科研与开发型实验室	http://www.fnal.gov/
15	国土安全运筹分析中心	DHS	兰德公司	研究与分析型中心	https://www.rand.org/hsrd/hsoac.html

序号	名　称	主发起者	合　同　商	实验室类型	互联网址
16	国土安全系统工程与发展研究所	DHS	MITRE 公司	系统工程与集成中心	https://www.mitre.org/centers/homeland-security-systems-engineering-and-development-institute/who-we-are
17	爱达荷国家实验室	DOE	巴特尔能源联盟有限责任公司	科研与开发型实验室	http://www.inl.gov/
18	喷气推进实验室	NASA	加州理工学院	科研与开发型实验室	http://www.jpl.nasa.gov/
19	司法工程与现代化中心	美国最高法院	MITRE 公司	系统工程与集成中心	https://www.mitre.org/centers/judiciary-engineering-and-modernization-center/who-we-are
20	劳伦斯伯克利国家实验室	DOE	加利福尼亚大学	科研与开发型实验室	http://www.lbl.gov/
21	劳伦斯利弗莫尔国家实验室	DOE	劳伦斯利弗莫尔国家安全有限责任公司	科研与开发型实验室	http://www.llnl.gov/
22	MIT 林肯实验室	DoD	MIT	科研与开发型实验室	http://www.ll.mit.edu/
23	洛斯阿拉莫斯国家实验室	DOE	三联国家安全有限责任公司	科研与开发型实验室	https://www.lanl.gov/
24	国家生物防御分析与应对中心	DHS	巴特尔国家生物防御研究所	研究与分析型中心	http://www.bnbi.org/
25	弗雷德雷克国家癌症研究实验室	DHHS	雷多斯生物医学研究公司	科研与开发型实验室	https://frederick.cancer.gov/
26	国家赛博安全卓越中心	NIST	MITRE 公司	系统工程与集成中心	https://nccoe.nist.gov/
27	国家大气研究中心	NSF	大气研究大学公司	科研与开发型实验室	http://www.ncar.ucar.edu/
28	国防研究所	DoD	兰德公司	研究与分析型中心	http://www.rand.org/nsrd/ndri.html
29	国家光学天文学观测站	NSF	天文研究大学联盟公司	科研与开发型实验室	http://www.noao.edu
30	国家射电天文学观测站	NSF	大学联合公司	科研与开发型实验室	http://www.nrao.edu/

序号	名　　称	主发起者	合　同　商	实验室类型	互　联　网　址
31	国家可再生能源实验室	DOE	可持续能源联盟有限责任公司	科研与开发型实验室	http://www.nrel.gov/
32	国家太阳观测站	NSF	天文学研究大学联盟公司	科研与开发型实验室	http://www.nso.edu/
33	橡树岭国家实验室	DOE	UT-巴特尔有限责任公司	科研与开发型实验室	http://www.ornl.gov/
34	太平洋西北国家实验室	DOE	巴特尔纪念研究所	科研与开发型实验室	http://www.pnl.gov/
35	普林斯顿等离子体物理实验室	DOE	普林斯顿大学	科研与开发型实验室	http://www.pppl.gov/
36	空军计划	DoD	兰德公司	研究与分析型中心	http://www.rand.org/paf.html
37	桑迪亚国家实验室（联盟）	DOE	桑迪亚国家技术与工程解决方案有限责任公司	科研与开发型实验室	http://www.sandia.gov/
38	萨凡纳河国家实验室	DOE	萨凡纳河核对策有限责任公司	科研与开发型实验室	http://srnl.doe.gov/
39	科技政策研究所	NSF	国防分析研究所	研究与分析型中心	http://www.ida.org/stpi/
40	SLAC国家加速器实验室	DOE	斯坦福大学	科研与开发型实验室	http://www6.slac.stanford.edu/
41	软件工程研究所	DoD	卡内基梅隆大学	科研与开发型实验室	http://www.sei.cmu.edu/
42	系统与分析中心	DoD	国防分析研究所	研究与分析型中心	https://www.ida.org/en/SAC.aspx
43	托马斯·杰斐逊国家加速器实验室	DOE	杰斐逊科学联合有限责任公司	科研与开发型实验室	http://www.jlab.org/

注：两个国家安全工程中心是同一个 FFRDC 分别在马萨诸塞州和弗吉尼亚州的分部，统计上作为两个 FFRDC。

从表 4-1 中可以看出，在当前正常运行的 43 个 FFRDC 中，科研与开发型实验室有 26 个，研究与分析型中心有 10 个，系统工程与集成中心有 7 个。从任务使命、职能、规模和成就等方面看，科研与开发型实验室中的绝大多数可纳入国家实验室范畴，另外两类中则关注科技咨询和科研管理的比重较大，自身开展科学研究、工程实践或引领科研工程计划的相对较少。

在图 4-3 中，给出了 FFRDC 的地理分布概况。从图 4-3 中大致可以看出，FFRDC 在沿海地区分布较多，内陆地区相对较少，而且呈多处聚集状态，这些聚集区域多为美国科技高度发达的城市，或知名高校周边。

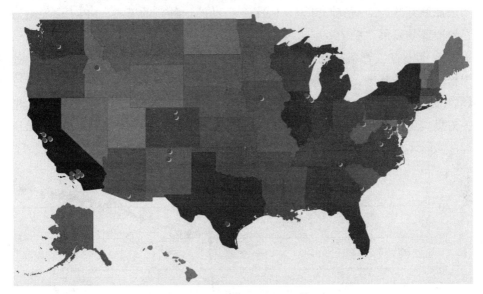

图 4-3　FFRDC 的地理分布概况

4.1.2　起源和发展历程

FFRDC 的起源和发展历程，再次验证了美国国家实验室及其所掌控的顶级核心技术体系本质上是为国防和国家安全服务的，或者更进一步说，美国国家实验室诞生于战争。第一次世界大战为全世界各个国家引入了机械化的变革，但是技术开发的深度和广度的急剧扩张，以及对高新技术的大量应用，都是在二战期间开始的。二战期间，科学家、工程师、数学家及其他领域专家已经发展成美国战争资源的一部分——促进了雷达、飞机和计算机等的发展，最著名的是通过"曼哈顿计划"的实施发明了核武器。但是，武装冲突的结束，并没有终结美国联邦政府对有组织地开展研究与开发的需求。

随着冷战成为新的对抗形式，美国联邦政府的官员及其科学顾问提出构建体系化平台的思想，以支持研究、开发和国防采办，使其独立于市场的上游和下游，并不受民用领域的限制。根据这一思想提出了 FFRDC 的概念——几乎不受联邦政府干预的私营实体，管理上鼓励学术自由，并保持由受过高等教育的天才组成的稳定研究团队。通过 FFRDC，联邦政府能够获得可靠的技术、国防采办装备和政策方面必需的指导；与之相应地，由以商业形式运行的工业部门持续制造产品和提供必要的服务。

20 世纪 40 年代后半期，美国联邦政府各局逐渐接受将 FFRDC 作为增强和增加联邦政府对研究与开发（R&D）资助的一种新的模式，FFRDC 如雨后春笋般蓬勃发展，到 1969 年，FFRDC 的数量达到峰值（74 个）。但是，由于美国一直没有主管科技的政府部门，因此，对 FFRDC 的监督与管理长期处于松散无序的状态，作为政府部门的各发起者各自为政。直至 1990 年，通过《联邦采办规章》明文规定由美国国家科学基金会（NSF）负责对 FFRDC 的相关信息实施管理和维护。NSF 对 FFRDC 前期的大量历史信息进行了收集和梳理，如图 4-4 所示（1979—2019 年）。

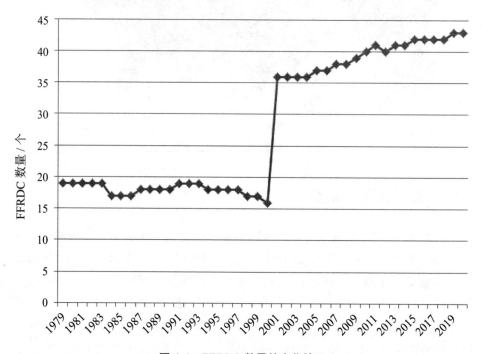

图 4-4　FFRDC 数量的变化情况

为什么 FFRDC 的总数量会变化？其原因在于：在很大程度上 FFRDC 必须跟上联邦 R&D 范围的变化。当早期的 FFRDC 于 20 世纪 40 年代成立时，它们所能提供的很多能力是私营公司或公共服务资源所不具备的。随着技术发展环境的变革，工业界和联邦政府部门在国家范围 R&D 中的角色发生了改变，FFRDC 的角色也随之发生改变。

随着时间的推移，联邦政府不断重新确认 FFRDC 在这一模式中所承担的国家使命，同时调整内设型研发机构、商业合同商和 FFRDC 资源之间的平衡。FFRDC 自身也根据其感知不断调整，以更好地体现其价值。在调整过程中，一部分 FFRDC 转化为 UARC，如约翰霍普金斯大学应用物理实验室；还有一些从 FFRDC 体系中脱离，这样它们能够在不受管理约束的情况下与工业界竞争。尽管过去的几十年间，转化和重构导致了 FFRDC 数目的缩减，但现存的 FFRDC 在政治和技术环境不断发生变化的情况下，仍然为其联邦政府创立者提供了持续的价值。

需要由 FFRDC 解决问题的特性也在不断变化。最初是为了应对冷战的挑战和威胁，FFRDC 持续在应对冷战和"9·11"事件后时代的挑战中发挥有效和关键的作用。在近几年，联邦政府选择建立新的 FFRDC 以应对更广泛领域的复杂问题。在这样的需求和动态环境中，FFRDC 持续应对当前的挑战，充分发挥其在深入技术实践、公众兴趣导向和客观性承诺方面独一无二的综合能力。

从图 4-4 中也可以看出，FFRDC 的规模在固定的历史阶段还是保持持续的稳定。事实上，在 FFRDC 整个历史发展过程中，能够产生重大影响的历史事件并不多，如表 4-2 所示。

表 4-2　FFRDC 相关的重要历史事件

序　　号	相关 FFRDC	事件的时间及概况
1	阿罗约中心，空军计划	兰德公司的下属部门中，有一部分是 FFRDC，包括：国防研究所（原国防/参谋长联席会议办公室）、空军工程、阿罗约中心
2	MIT 林肯实验室	2018 年 2 月 1 日起，美国国防部负责采办、技术和后勤的次部长办公室被分为两个办公室：一个是负责采购与维持的次部长办公室，另一个是负责研究与工程的次部长办公室。拆分后，负责研究与工程的次部长办公室成了 MIT LL 的发起者。2011 年 4 月 25 日起，国防部负责采办、技术和后勤的次部长办公室成为 MIT LL 的发起者。之前的发起者是空军部
3	软件工程研究所	同第 2 项，2018 年 2 月 1 日起，美国国防部负责采办、技术和后勤的次部长办公室拆分后，负责研究与工程的次部长办公室成了 SEI 的发起者。2011 年 4 月 25 日起，国防部负责采办、技术和后勤的次部长办公室成为 SEI 的发起者。国防部长办公室是 2010 年 4 月 28 日至 2011 年 4 月 24 日的发起者，美国陆军是 2004 年 12 月至 2010 年 4 月 27 日的发起者，国防部长办公室是 1997 年 6 月至 2004 年 12 月的发起者，DARPA 是 1984 年到 1997 年 6 月的发起者

续表

序　号	相关 FFRDC	事件的时间及概况
4	爱达荷国家实验室	2005 年 2 月 1 日起，爱达荷国家工程与环境实验室更名为 INL。同时，INL 的依托单位——贝克特尔 BWXT 爱达荷有限责任公司更名为巴特尔能源联盟有限责任公司
5	劳伦斯利弗莫尔国家实验室	2007 年 10 月 1 日起，LLNL 接受一家新的工业公司劳伦斯利弗莫尔国家有限责任公司作为依托单位，之前的依托单位是加利福尼亚大学
6	洛斯阿拉莫斯国家实验室	2018 年 6 月 9 日起，LANL 接受一家新的工业公司三联国家安全有限责任公司作为依托单位。2006 年 6 月至 2018 年 6 月，LANL 的依托单位是洛斯阿拉莫斯国家安全有限责任公司。2006 年 6 月之前，LANL 的依托单位是加州大学
7	萨凡纳河国家实验室	2007 年 8 月 1 日起，SRNL 接受一家新的工业公司萨凡纳河核解决有限责任公司作为依托单位
8	阿贡国家实验室	2007 年 1 月 1 日起，ANL 接受一家新的大学机构芝加哥大学阿贡有限责任公司作为依托单位，之前的依托单位是芝加哥大学
9	费米国家加速器实验室	2006 年 10 月 1 日起，FNAL 接受一家新的大学机构费米研究联盟有限责任公司作为依托单位，之前的依托单位是大学研究联合公司
10	布鲁克海文国家实验室	1998 年 3 月 1 日起，BNL 接受一家新的非营利机构布鲁克海文科学联盟有限责任公司作为依托单位，之前的依托单位是一个大学财团
11	国家可再生能源实验室	2008 年 7 月 29 日起，NREL 接受一家新的非营利机构可持续能源联盟有限责任公司作为依托单位
12	橡树岭国家实验室	2000 年 4 月 1 日起，ORNL 接受一家新的非营利机构 UC-巴特尔有限责任公司作为依托单位，之前的依托单位是一家工业公司：洛克希德·马丁能源研究公司
13	弗雷德雷克国家癌症研究实验室	2013 年 9 月 27 日起，FNLCR 的依托单位名称由 SAIC-弗雷德雷克公司（科学应用国际公司的一个子公司）改为雷多斯生物医学研究公司。2012 年 2 月 28 日起，国家癌症研究所的弗雷德雷克分部（NCI-Frederick）更名为 FNLCR。2008 年 9 月 26 日起，NCI-Frederick 接受一家新的工业公司 SAIC-弗雷德雷克公司作为依托单位，之前的依托单位由 4 家工业公司联合承担。2001 年，该 FFRDC 的名字从 FNLCR 改为 NCI-Frederick
14	国土安全运筹分析中心	于 2016 年 9 月 15 日成立
15	国家光学天文学观测站	2009 年 10 月 1 日起，国家太阳观测站从国家光学天文学观测站分离，二者均保留 FFRDC 地位。1984 年 2 月至 2009 年 9 月，国家光学天文学观测站包含 3 个 FFRDC 的前身：Cerro Tololo 美洲观测站、Kitt Peak 国家观测站和国家太阳观测站（前身为萨克拉门托峰观测站）

续表

序　号	相关 FFRDC	事件的时间及概况
16	科技政策研究所	2003 年 12 月 1 日起，国防分析研究所取代兰德公司成为其依托单位
17	企业现代化中心	2018 年 7 月起，社会安全局被指定为 CEM 的联合发起者。2013 年起，财政部为 CEM 的主发起者，美国国税局（IRS）代表财政部具体管理、监督和执行 CEM 的合同内容。2008 年 10 月 1 日起，退伍军人事务部被指定为 CEM 的联合发起者。2001 年 8 月起，IRS FFRDC 更名为 CEM。1998 年起，IRS 成立了 IRS FFRDC
18	国土安全系统工程与发展研究所	2009 年 3 月 5 日，该 FFRDC 成立，国土安全研究与分析研究所取代了国土安全研究所
19	SLAC 国家加速器实验室	2008 年 10 月 15 日，斯坦福直线加速器中心更名为 SLAC 国家加速器实验室
20	国家安全工程中心	同第 2 项，2018 年 2 月 1 日起，美国国防部负责采办、技术和后勤的次部长办公室拆分后，负责研究与工程的次部长办公室成了国家安全工程中心的发起者。2011 年 4 月 25 日，C3I FFRDC 更名为国家安全工程中心，并将其发起者由国防部长办公室改为国防部负责采办、技术和后勤的次部长办公室
21	系统与分析中心	同第 2 项，2018 年 2 月 1 日起，美国国防部负责采办、技术和后勤的次部长办公室拆分后，负责采购与维持的次部长办公室成了系统与分析中心的发起者。2013 年 6 月 11 日，研究与分析中心更名为系统与分析中心。2011 年 4 月 25 日起，其发起者由国防部长办公室改为国防部负责采办、技术和后勤的次部长办公室
22	司法工程与现代化中心	于 2010 年 9 月 2 日成立
23	国防研究所	同第 2 项，2018 年 2 月 1 日起，美国国防部负责采办、技术和后勤的次部长办公室拆分后，负责采购与维持的次部长办公室成了国防研究所的发起者。2011 年 4 月 25 日起，其发起者由国防部长办公室改为国防部负责采办、技术和后勤的次部长办公室。兰德公司的下属部门中，有一部分是 FFRDC，包括：国防研究所（原国防 / 参谋长联席会议办公室）、空军工程、阿罗约中心
24	现代化卫生保健 CMS 联盟	2013 年 8 月 15 日，CMS FFRDC 更名为现代化卫生保健 CMS 联盟。CMS FFRDC 于 2012 年 9 月 27 日成立
25	国家太阳观测站	2009 年 10 月 1 日起，国家太阳观测站从国家光学天文学观测站分离，二者均保留 FFRDC 地位
26	国家赛博安全卓越中心	于 2014 年 9 月 19 日成立

序　　号	相关 FFRDC	事件的时间及概况
27	桑迪亚国家实验室	2017 年 5 月 1 日，SNL 接受一家新的公司作为依托单位——桑迪亚国家技术与工程解决有限责任公司。该公司是霍尼韦尔国际公司的一个子公司。上任依托单位是桑迪亚公司，其是洛克希德·马丁公司旗下的一个子公司
28	海军分析中心	海军分析中心于 2014 年从弗吉尼亚州的亚历山德里亚搬到了弗吉尼亚州的阿灵顿

　　鉴于 FFRDC 数量众多，无法一一描述，本章后续选择其中最有代表性的 FFRDC 进行介绍。其一是 MIT 林肯实验室，该实验室是 FFRDC 中科研与开发型实验室的典型代表；其二是兰德公司，该公司最初直接以 FFRDC 身份存在，后期演化为 3 个独立的 FFRDC，即国防研究所、空军工程和阿罗约中心，这 3 个 FFRDC 既是兰德公司的下属单位，也以兰德公司为依托单位；其三是国土安全运筹分析中心，也以兰德公司为依托单位。

4.2　麻省理工学院林肯实验室

　　麻省理工学院林肯实验室（Massachusetts Institute of Technology Lincoln Laboratory，MIT LL）又被称为林肯实验室，位于马萨诸塞州的列克星敦，是以 DoD 为发起者的 FFRDC，通过与 DoD 下属空军部签署主合同，旨在将先进技术应用于国家安全问题。该实验室为从雷达到航天再入物理的军用电子设备提供技术基础，所开展的研究与开发项目侧重于长期的技术开发以及快速的系统原型构建和演示验证。这些工作在关键的任务领域内与国家使命是一致的，来源于 DoD 的国家军事需求，通过已有的联邦政府内设科研机构或私营公司均无法满足，且需要长期、持续、稳定的经费支持。同时，该实验室还与工业界合作，为系统开发和部署提供新的方案和技术支持。

4.2.1　基本情况

　　MIT LL 是典型的依托大学建立的 FFRDC，其基本情况如表 4-3 所示。近年来，MIT LL 始终保持着良好的发展态势，所承担的研究与开发项目在级别和体量方面都较为重大，许多新技术和系统原型已经完成到工业或商业公司的转化。实验室所承担的 DoD 项目都与当前国防技术的使命优先级相一致，实验室继续为高级领导层提供未来技术需求的输入。实验室与 MIT 的教师、员工和学生的合作研究继续增长，在先进电子、人工智能和量子信息科学方面有更多的合作项目。

表 4-3　MIT 林肯实验室的基本情况

内　　容	概　　况
成立时间	1951 年
类型	前沿科学 / 技术实验室
主实验区所在地	汉斯科姆空军基地，列克星敦，马萨诸塞州
实验室主任	Eric D. Evans
互联网址	https://www.ll.mit.edu/
依托单位	麻省理工学院
人力资源	总共 3875 人，其中，1772 名专业技术人员，1068 名管理支持人员，574 名技术支持人员，461 名合同制人员
年度经费预算	10.1 亿美元

1. 发展简史

MIT LL 成立于 1951 年，是 MIT 下属的一个 FFRDC，主要通过对先进电子学的研究提升美国的防空系统。该实验室的雏形源自防空系统工程委员会 1950 年的报告，该报告论证了当时的美国不具备防御空中打击的能力。由于 MIT 在二战期间对辐射实验室进行管理，其工作人员具有防空系统工程委员会需要的经验，并且在电子学方面具有很强的竞争力，因此，美国空军认为 MIT 能够提供建立防空所需的研究能力，以实现对空中威胁的发现、辨识以及最终的拦截。

当时 MIT 的校长是 James R. Killian，他并不热衷于令 MIT 涉足防空。他询问美国空军，能否先开展一项研究来评估建立一个新的实验室的需求，并确定该实验室的研究范围。Killian 的提议获得了通过，该项研究被命名为"查尔斯计划"（因为查尔斯河流经 MIT），在 1951 年 2 月到 8 月之间进行。"查尔斯计划"最终的报告认为，美国需要改进防空系统，并明确地支持在 MIT 建立一个实验室，专门解决防空问题。

这项新的任务最初被称为"林肯计划"，新实验室的所在地选在 Laurence G. Hanscom 试验场（现在被称为 Hanscom 空军基地），是贝德福德的马萨诸塞镇、列克星敦镇和林肯镇的交界处。由于当时名称"贝德福德计划"和"列克星敦计划"都已经在用了，分别是关于反潜战和飞行器的核推进的，因此，负责起草新实验室许可证的 Putt 少将，决定以林肯镇的名字为新的实验室命名。

半自动化地面环境（Semi-Automatic Ground Environment，SAGE）防空系统是 MIT LL 开发创新技术的开端，在 MIT LL 发展史上具有重要地位。该系统设计用于应对美国本土大陆防空的挑战。SAGE 设计用于对来自大量雷达数据的收集、分析，并最终中继传播，所有的过程足够快，从而可以根据需要启动防空响应措施。该系统的关键是能够实时提供可靠分析结果的计算机。

MIT 的"旋风"计算机，于 20 世纪 40 年代建立，可以作为该系统的合适备选。但是，"旋风"计算机在可靠性和速度方面，无法胜任对来自数十个或数百个雷达的数据处理任务。因此，MIT 负责"旋风"计算机研制的教授 Jay Forrester，在研究中取得重大突破，能够使计算机获得很高的可靠性和双倍的速度——通过磁芯内存。磁芯内存推动了计算机的跨代创新，从此计算机不再仅仅是庞大的快速计算器，它们的应用领域得到很大扩展。工业界立即跟进了该项技术进步，采用磁芯内存扩展了计算机的能力。

TX-0 计算机，其本质是"旋风"计算机的晶体管版本，于 1955 年研制成功，并在 1956 年投入使用。该计算机比"旋风"更小、更快。

旋风 II 最终没有完成，但 AN/FSQ-7 是以其方案为基础开发的，并成为 SAGE 防空网络的指挥与控制系统。MIT LL 的第六子部门参与了该项研究。

MIT LL 很快获得了在防空系统中对先进电子学创新的声誉。很多技术开发后来都被应用于改进对航空器和地面交通工具的空中侦察与跟踪系统中，构成了当前研究的基础。

2. 组织结构

MIT LL 依据以下基础特性，按市场化模式运营：高水平的工作人员、高效率的组织结构、高质量的基础设施、良好设计的决策核心以及与 MIT 之间的强联合。技术工作按 8 个技术部门进行组织，这 8 个技术部门分别是：航空、导弹与航海国防技术，国土保护与空中交通管制，赛博安全与信息科学，通信系统，工程学，前沿技术，航天系统与技术，以及情报、侦察和监视（ISR）与战术系统。

MIT LL 的成功是建立在技术卓越和诚实的核心价值观之上的，被实验室的卓越工作人员作为典型。该实验室设置 3 层组织结构——主任办公室、技术部门和服务部门、研究组——鼓励工作人员之间的交互和线性管理（见图 4-5）。MIT LL 通过来自 6 个服务部门的服务基础设施来支持其研究与开发工作：合同服务、设备服务、财务服务、人力资源、信息服务和安全服务。大约有 1300 名工作人员在这些服务部门工作，或作为技术专家支持实验室的研究与开发任务。发起者的兴趣在于开展更复杂、集成化系统的研究与开发，提升了不同技术部门之间合作的水平。此外，服务部门与关键管理和基础设施支持的提供者一样，加上作为主要顾问的安全与任务担保及计划支持办公室，联合支持技术部门之间的交叉研究团队的合作，并实施对大规模开发中技术和课题方面挑战的管理。MIT LL 对多个杰出团队项目进行支持。这些项目推动了在科学、技术、工程和数学领域对高校预科班学生的教育，这些学生将被实验室内部的团队所接纳，他们的教育由来自实验室的志愿者提供支持。MIT LL 的团队服务项目缘起于实验室本身和国家的需求，通过筹措经费和杰出的科技成果来支持所选择的慈善组织、医疗研究和美国驻海外的军队。

图 4-5　MIT 林肯实验室的组织结构

MIT LL 在其组织结构设置方面的一个特色部门是海狸工作中心。该中心是由 MIT LL 和 MIT 的工程学院联合成立的一个冒险组织，其目的是支持基于科研计划的学习，强化 MIT 教育的印记，并充分利用专业知识和激情的作用，使得 MIT 的教师、学生和科研人员，以及 MIT LL 的工作人员，能够共同扩展在研究和教育方面的合作。海狸工作中心的一个标志性部分是顶点计划，该计划与 MIT 的两学期设计与建造课程相配合，挑战学生针对真实世界的问题提供工程解决方案。

  MIT LL 保持其卓越水平的关键在于其技术工作人员和杰出的科研与工程人员。实验室从全国范围的高校招募人才，实验室新引进的专业技术人员中70% 直接来自国家最好的技术大学。实验室人员所属的学科和学位的比例如图 4-6 所示。实验室雇员总数为 3988 人，其中，专业技术人员 1863 人，支持人员 1613 人（包括技术支持人员），下级承包商 512 人。技术人员主要从事科研、原型建立和领域演示相关的工作。这些技术人员来自广泛的科学和工程领域，主要包括电气工程、物理学、计算机科学和数学等。

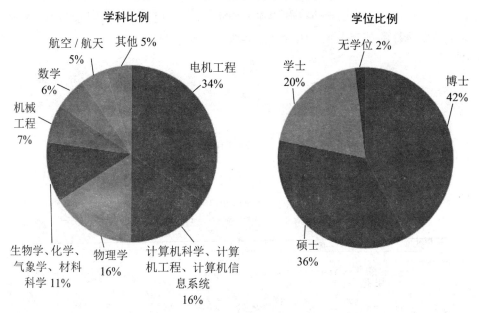

图 4-6　MIT 林肯实验室专业技术人员所属的学科和学位的构成比例

3. 地理分布

  MIT LL 的主要实验区包括 3 个部分。

  （1）林肯空间救援复杂性实验区。自 1995 年开始，位于马萨诸塞州韦斯特福特市的林肯空间救援复杂性实验区，就在空间状态感知和实验室所有的空间救援任务中扮演关键角色。该实验区由 3 台主雷达构成：Millstone 深空跟踪雷达（L 波段雷达）、Haystack 远程成像雷达（W 波段和 X 波段雷达）以及 Haystack 辅助雷达（Ku 波段雷达）。MIT LL 同时也在位于美国大陆和太平洋地区的各实验区开展相关领域的工作。

  （2）里根测试靶场。MIT LL 为里根测试靶场提供科技咨询服务，该靶场位于美国陆军的夸贾林环礁驻扎点（位于太平洋西部），大约在夏威夷的西—西南方向约 4000 km 处。实验室也支持对该领域范围内的指挥与控制基础设施的更新，以将实时目标分辨和决策辅助应用集成到指挥与控制系统中，这些更新的设备都是由实验室研发的。

（3）白沙导弹全程试验测试靶场。MIT LL 的试验测试区（ETS，观测站代号：407）拥有一台电子—光学设备，位于新墨西哥州索科罗市的白沙导弹全程试验测试靶场的场区。该 ETS 由 MIT LL 负责运营，为美国空军提供服务；其主要任务是开发、评估与转化先进的电子—光学空间监视技术。该 ETS 是美国空军航天司令部中一个有效的传感系统。林肯近地小行星带研究项目（LINEAR）是为 NASA 开展的一项创新项目，使用白沙基地的地基电子—光学深空监视望远镜，来发现彗星和小行星，重点是近地轨道。通过该项目，发现了太阳系中所有已知较小行星中的大部分。截至 2018 年，小行星中心通过 LINEAR 项目对 1997—2012 年发现的 149 083 颗小行星进行了编目。就所发现的小行星数量而言，LINEAR 可以称得上是目前最成功的小行星研究项目。

2013 年，NASA 的月球大气和尘埃环境探测器（LADEE）携带一台由 MIT LL 研发的光学通信终端，与位于白沙导弹全程试验测试靶场中另一地点的地面终端实现了通信。该系统名为月球激光通信演示系统（LLCD），能够以最快的速度向各个方向传输数据，以支持深空通信所获得信息。该演示系统当前的后续版本是一系列光学系统，能够实现更高容量的数据传输，以支持科学发现和载人空间探索。

4.2.2　重要成就与特色

成立半个多世纪以来，MIT LL 取得了重大成就，其研究领域从最初的防空扩展到空间救援、导弹防御、地面监视与目标识别、通信、赛博安全、国土防御、高性能计算、空中交通管制以及 ISR。实验室的核心竞争力在于传感器、信息提取（信号处理与嵌入式计算）、通信、集成传感测量以及决策支持，所有领域都由强有力的先进电子学技术活动作为支持。

1. 重要成就

MIT LL 所开展的科学和技术研究与国家安全相关，主要包括军队服务部门、国防部长办公室和其他政府业务局。科研计划（型号研究）主要是对新技术和能力的研发与原型实现。项目活动（非型号科研项目）包括从基础科研到仿真与分析，再到对原型系统的设计和领域测试。特别强调技术向工业界的转移。

　　MIT LL 所开展的工作围绕以下几个任务领域：空间控制，航空、导弹和舰艇的国防技术，通信系统，赛博安全与信息科学，ISR 系统和技术，前沿技术，战术系统，国土防御，空中交通管制，工程学。

　　2018 年 MIT LL 的运营收入达到 98 130 万美元，比上一年度增加 120 万美元，同比增长 1.2%。其年度收入在整个 MIT 中的占比如图 4-7 所示。

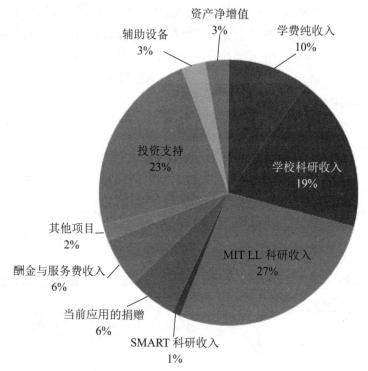

图 4-7　MIT 林肯实验室 2018 财年的收入组成

　　在表 4-4 和表 4-5 中分别给出了 MIT LL 在 2014—2018 财年中获得的直接/非直接经费数，以及各类型经费数和总经费。其中，关于"直接经费""非直接经费（即间接经费）"和"联邦政府发起项目""设备与管理费"等美国国家实验室运行管理相关的专有术语，将在后续章节给出详细定义。

表 4-4　2014—2018 财年 MIT 林肯实验室直接/非直接经费

单位：万美元

类　　型	2014 财年	2015 财年	2016 财年	2017 财年	2018 财年
直接经费	79 129.2	84 458.8	90 850.6	92 687.1	94 079.8
非直接经费	3736.7	3473.9	4748.8	4238.6	4049.5

表 4-5　2014—2018 财年 MIT 林肯实验室经费构成

单位：万美元

类　　型	2014 财年	2015 财年	2016 财年	2017 财年	2018 财年
联邦政府发起项目	80 901.1	88 663.7	92 027.2	96 583.0	96 617.9
非联邦政府发起项目	233.3	360.9	635.5	543.7	724.0
设备与管理费及其他经费调整	1731.5	(1091.9)	2936.7	(201.0)	787.4
总计	82 865.9	87 932.7	95 599.4	96 925.7	98 129.3

备注：表中带括号数据为 MIT LL 官方公布数据，并未最终核实。

MIT LL 也开展非 DoD 部门的工作，如 NASA 和 NOAA 的空间激光通信、空间科学和环境监视领域的项目。

MIT LL 技术任务中的首要核心是向联邦政府、学术界和工业界传播信息。对技术信息的广泛传播是通过由实验室组织的年度技术研讨会、讲习班和授课形式来实现的。面向知识共享的目的，实验室出版了《林肯实验室期刊》，该刊物包含关于当前主要研究的综合性文章和先进计划中主要进展的简讯。实验室其他的出版物包括技术进展简讯，实验室能力和技术成果的简要介绍，列出技术成果、在研合作项目和团队高水平创新的年度报告，以及概况宣传册《MIT 林肯实验室：支持国防的技术》。关于实验室技术里程碑的信息在实验室的网站上列出。

MIT LL 与 MIT 学校保持着一种强联系。实验室与学校之间对人才、设备和资源的共享途径包括：在研的合作、学生实习计划、互助性质的系列研讨班以及合作团队和教育超越计划等。

2. 主要特色

MIT LL 的主要特色可归结为以下 4 个方面。

（1）富于创新精神。MIT 林肯实验室发展的历史，可以说是一部不断创新雷达技术的历史。首部超千千米雷达 AN/FPS-17，首部 5000 km 跟踪雷达磨石山（Millstone Hill）、世界上威力最大的多用途雷达 Haystack、世界上首部宽带成像雷达 ALCOR、远程毫米波雷达 MMW 和上千千米的火池激光雷达等，都是雷达发展史上具有里程碑意义的产品。

通过半个多世纪的锲而不舍，MIT 林肯实验室最终解决目标识别问题。众所周知，目标识别是弹道导弹防御最棘手、最困难的任务，该实验室花费巨大的人力、财力建立目标数据库，并通过精密测距和测速，特别是宽带和超宽带（子频段的连接）达到 10 GHz 带宽的极高分辨力，可产生高分辨三维目标图像，并利用超高速并行处理器获得准实时目标图像，完成了目标识别算法，帮助导引头识别目标。

（2）身份特殊、权限大。MIT 林肯实验室可以说是美军手中的一张王牌，出现任何雷达方面的军事难题，首先想到的都是该实验室。两个反导系统均由实验室牵头，就连越战时防游击队"哨兵"的雷达也要实验室解决。它既是技术支撑方，同时又是关键技术的研制方，例如，未段高空区域防御系统（THAAD）地基雷达（GBR），实验室负责任务书的拟定，并负责雷达的验收，而其中的目标识别算法等又由实验室提供并负责试验数据的录取和分析。

实验室拥有两个自己的大型雷达群：一个是实验室附近的"实验室空间监视组合体（LSSC）"，拥有 MillStone、Haystack、HAX、火池 4 部大型雷达，并建成自己的一个目标识别中心；另一个是位于夸贾林的"基尔南再入测量站（KREMS）"，拥有 ALTAIR、Tradex、ALCOR 和 MMW 4 部大型雷达，使实验室成为掌握国外导弹、卫星和空间碎片最全、最具权威的单位。Haystack 具有对 3 mm 碎片的测量能力，因此实验室编目的空间目标的数量最多。

MIT 林肯实验室重视国外导弹数据的收集分析，专门建设了 Cobra Dane、Cobra Judy 和 Cobra Gemini 三种大型宽带雷达，而且后两部是可移动的。Cobra Gemini 又有陆用和海用两种。陆用型可以空运到世界的任何地方，专门收集各国弹道导弹试验的数据，特别是弹头图像，以用作目标识别的基础。这对实验室是一个重要警示，可能靶场的周边就有这种数据收集雷达。

（3）极重视预先研究和基础研究。1958 年进入反导领域后，实验室工作的切入点是再入物理现象的研究。在再入模拟靶场（RSR）和阿西纳导弹、AMRAD 雷达等方面付出了巨大的人力、物力，这是目标识别的基础工作。1977 年，实验室开始反巡航导弹的工作，又是极基础的工作，如杂波测量、传播研究、机载导引头试验台，仅导引头试验台飞行就达 550 架次。反巡航导弹的基础研究花费了 20 年时间，只有这样，才对反导弹中的复杂问题有了清楚而深刻的认识。

实验室拥有两个大型雷达组合体。大多数雷达是 20 世纪六七十年代研制的，磨石山雷达建成于 1957 年，Tradex 雷达建成于 1962 年。这些雷达经过不断的升级、改造，一直使用到今天。磨石山原是特高频（UHF）圆锥扫描，现已改成 L 波段单脉冲。1999 年这两个组合体雷达用货架产品（COTS）进行了新一轮的改造，使之现代化。如 ALCOR 雷达改造后的计算机运算速度达到 50 亿次 /s，可进行准实时图像处理。

（4）掌控核心关键技术。该实验室在雷达关键技术，包括关键元器件方面的研究始终处于前沿。在 20 世纪五六十年代，风琴管扫描器、相位编码脉冲压缩、噪声系数为 0.5 dB 量级的冷参放和精密滤波器组速度测量都是极先进的技术。进入反导领域后除识别工作外，该实验室从移相器、相控阵理论、T/R 模块、声表面波反射阵信号处理器及超大型天线形面公差控制测量到当今的超导移相器研究等，对雷达先进技术的研发充满了进取精神。

4.3　兰德公司

兰德公司（Research and Development，RAND）既是美国联邦政府建立的第一个 FFRDC，也是一家美国非营利全球政策智库，其在 1948 年由道格拉斯飞机公司创建，为美国军方提供研究和分析支持。兰德公司是由美国政府和私人捐赠基金，公司、大学和个人资助的。该公司能够帮助其他政府、国际组织、私人公司和基金会，解决包括医疗保健在内的一系列国防和非国防问题。兰德公司的目标是通过应用科学和运筹学，将理论概念从形式经济学和物理科学转化为其他领域的新应用，从而实现跨学科和定量的问题解决。

兰德公司的基本情况如表 4-6 所示。这里需要说明的是，在 NSF 维护的FFRDC 列表中，兰德公司已经不再单独作为 FFRDC，而是作为其下属 3 个子部门（阿罗约中心、国防研究所和空军计划）的依托单位，另有一个 DHS 发起的 FFRDC——国土安全运筹分析中心，也以兰德公司为依托单位。

表 4-6　兰德公司的基本情况

内　容	概　　况
成立时间	1948 年 5 月 14 日
前身	道格拉斯飞机公司的子公司
类型	全球政策研究智库，非营利公司
总部	圣莫尼卡，加利福尼亚州
领导	Michael D. Rich，公司总裁兼 CEO
互联网址	https://www.rand.org/
上级部门	美国陆军研究、开发与工程司令部
主要组成	计算机与信息科学研究室（CISD）、人体研究与工程研究室（HRED）、传感器与电子设备研究室（SEDD）、生存能力/致命性分析研究室（SLAD）、交通工具技术研究室（VTD）、武器和材料研究室（WMRD）

4.3.1　基本情况

1. 基本职能

使命：兰德公司是一家致力于通过研究与分析来改善政策和决策的非营

利性研究机构。

组织：兰德公司的研究单位包括 3 个负责社会和经济政策问题的研究部门、4 个受联邦政府资助重点研究美国国家安全的研发中心（"联邦政府资助的研发中心"）、由教授和研究生组成的帕地兰德研究生院、兰德欧洲——兰德在欧洲独立注册的子公司以及兰德澳大利亚——兰德最新的子公司。

帕地兰德研究生院：该学院致力于培养下一代的政策领袖，以此帮助兰德屹立于创新领域的最前沿。目前，帕地兰德研究生院已发展成为世界领先的政策分析学博士孵化基地。

经费筹集：研究工作得到全球各地客户的支持，包括政府机构、基金会和其他非营利组织。此外，兰德探索事业部（RAND Ventures）依靠慈善捐助来支持员工高瞻远瞩的构想，解决一些尚未成为重点研究主题的关键问题，形成新兴政策辩论，设计创新方法来解决复杂的政策问题。

兰德政策圈：这是一个由慈善人士组成的社会团体，他们通过支持无党派、客观的研究与分析活动，引导更明智的决策和结果。圈内成员有机会参与特殊活动，引导来自世界各地的兰德研究员、政策制定者和思想领袖。他们捐款 1000 美元以上，用于资助兰德探索事业部以及可能围绕新兴政策课题开展的创新工作。

2. 发展简史

兰德公司正式成立于 1948 年 11 月。总部设在美国加利福尼亚州的圣莫尼卡，在华盛顿设有办事处，负责与政府联系。二战期间，美国一批科学家和工程师参加军事工作，把运筹学运用于作战方面，获得了显著的成绩，颇受联邦政府重视。二战后，为了继续这项工作，1944 年 11 月，当时的陆军航空队司令亨利·阿诺德上将提出一项关于《战后和下次大战时美国研究与发展计划》的备忘录，要求利用这批人员，成立一个"独立的、介于官民之间进行客观分析的研究机构"，"以避免未来的国家灾祸，并赢得下次大战的胜利"。根据这项建议，1945 年年底，美国陆军航空队与道格拉斯飞机公司签订了一项 1000 万美元的"研究与发展"计划的合同，这就是有名的"兰德计划"。不久，美国陆军航空队独立成为空军。1948 年 5 月，阿诺德在福特基金会 100 万美元的赞助下，使"兰德计划"脱离道格拉斯飞机公司，正式成立独立的兰德公司。

3. 概况

兰德公司作为一个"思想库"，通常与其客户建立合同关系。兰德公司的很多合同是同美国联邦政府签订的，比如，国防部、卫生部、人力资源部、教育部、国家科学基金、国家医学研究院、统计局等。兰德公司和许多上述客户有着 3～5 年或每年更新的服务合同，合同数额在数千万美元。在合同所规定的范围内，有时兰德公司的研究人员提出具体的项目建议，有时是客户自己提出需求，然后双方通过会谈、电子邮件以及其他形式的通信方式进行交流讨论，对具体内容进行修改，最后形成《项目说明书》文件，包括问题、方法、背景、数据、进度、预算、时间表等。接下来，项目开始执行，预算到位，兰德公司按时间表提供报告研究的结果，完成项目。兰德公司每年有 700～800 个项目同时进行。除大部分根据长期合同和政府预算来安排的政府项目外，还有部分项目是兰德公司认为有意义或会造成重大影响而自主选择的。针对后一类项目，开题后兰德公司会向可能的用户推荐和兜售，或研究结束后，以粗线条方式告诉潜在用户，动员他们来购买研究成果。一般情况下，兰德公司会向项目委托人提供多达 5 个决策咨询选择，并将每一种选择在政治、经济、公共关系等方面可能产生的后果及利弊，一并告知用户，并对决策者提供科学、客观、公正而全面的决策建议。不同的人和不同性格的决策者，会从这些选择中做出不同的决策，从而得到不同的结果。根据 2018 年 10 月的统计报告，兰德约有 1600 名员工，其中有 800 名左右的专业研究人员。兰德集团除自身的高素质结构之外，还面向社会聘用了约 600 名全国有名望的知名教授和各类高级专家，作为自己的特约顾问和研究员。他们的主要任务是参加兰德公司的高层管理和对重大课题进行研究分析和成果论证，以确保研究质量及研究成果的权威性。

兰德公司共设有 9 个办事处，其地理分布情况如图 4-8 所示。在北美的办公室包括：总部和帕地兰德研究生院所在地加州圣莫尼卡、弗吉尼亚州阿灵顿、宾夕法尼亚州匹兹堡以及马萨诸塞州波士顿。兰德公司海湾各州政策研究所位于路易斯安那州的新奥尔良。此外，兰德公司还在旧金山湾区设立了最新的办事处。兰德公司欧洲分部则位于英国剑桥和比利时首都布鲁塞尔。

图例
★ 总部
● 办事处

图 4-8 兰德公司的地理位置

兰德公司目前在全球的办事机构共有 1850 多位员工，汇聚了来自 40 多个国家的顶尖人才。公司员工在项目组中发挥了多元化的专业、教育和文化背景等优势。员工中半数以上（1175 人）持有一个或多个博士学位，占全体员工数量的 53%，具体如图 4-9 所示。员工的研究领域分部非常广泛，包括：数学、物理、生命科学、工程、计算机，行为科学、政治、社会、经济、政策、国际关系、商务和法律、文学和艺术等，具体如图 4-10 所示。公司员工多数为双语或多语人士，其工作语言包括阿拉伯语、汉语、波斯语、法语、德语、日语、韩语、俄语和西班牙语，累计达 80 余种语言。

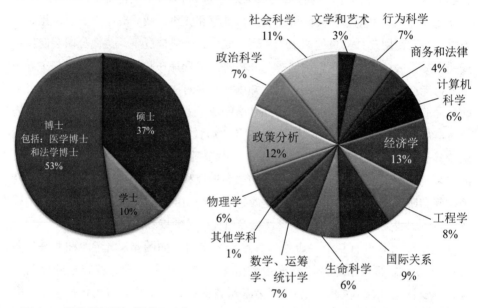

图 4-9　兰德公司员工的学历分布　　图 4-10　兰德公司员工的研究领域分布

4. 组织结构

兰德公司内部目前设有 17 个分支机构，具体如下。

- ❑ 兰德理事会。
- ❑ 兰德国家安全调查部与国家防卫调查研究所。
- ❑ 图书资料的获取与技术发展政策研究中心。
- ❑ 军事力量与资源政策中心。
- ❑ 国际安全与防御研究中心。
- ❑ 亚太地区政策研究中心。
- ❑ 中东国家政策研究中心。
- ❑ 俄罗斯与欧洲研究中心。
- ❑ 兰德人类健康课题中心。

- ❏ 兰德劳动力与人口研究计划处。
- ❏ 兰德国内司法研究所
- ❏ 兰德教育与培训研究所。
- ❏ 重建公共教育研究中心。
- ❏ 兰德空军策划部。
- ❏ 兰德公司欧洲分部。
- ❏ 兰德公司董事会。
- ❏ 兰德研究学院。

此外，还有 4 个 FFRDC 由兰德公司负责运行管理，分别是：阿罗约中心、国防研究所、空军计划和国土安全作战分析中心。

4.3.2 重要成就与特色

根据兰德公司 2017 年的一份统计报告，该公司近年来平均每年为美国联邦政府及其下属部门节省经费高达 77.8 亿~141 亿美元。可见，兰德公司在美国联邦政府特别是军方中的重要地位和作用。

1. 成就

兰德公司为全球各地客户提供研究服务、系统分析和创新思想，累计项目数量超过 1900 个（包括近 650 个新项目）。2017 财年，兰德公司收入在扣除分包和其发起的研究之后，累积达 31 870 万美元，具体收入类别如图 4-11 所示。兰德公司的经费支出，四分之三用于研究与分析，其余部分用于员工发展、信息技术与其他管理，以及基础设施建设等，具体如图 4-12 所示。

兰德公司的长处是进行战略研究。它开展过不少预测性、长远性研究，提出的不少想法和预测是当事人根本就没有想到，而后经过很长时间才被证实了的。兰德公司正是通过这些准确的预测，在全世界咨询业中建立了自己的信誉。成立初期，由于当时名气不大，兰德公司的研究成果并没有受到重视。但有一件事情令兰德公司声名鹊起。朝鲜战争前夕，兰德公司组织大批专家对朝鲜战争进行评估，并对"中国是否出兵朝鲜"进行预测，得出的结论只有一句话："中国将出兵朝鲜。"当时，兰德公司欲以 500 万美元将研究报告转让给五角大楼。但美国军界高层对兰德公司的报告不屑一顾。在他们看来，当时的中国无论人力还是财力都不具备出兵的可能性。然而，战争的发展和结局却被兰德公司准确言中。这一事件让美国政界、军界乃至全世界都对兰德公司刮目相看。战后，五角大楼化 200 万收购了这份过期的报告。虽然这个故事是否真实一直存在争议，但确实体现出兰德公司在国家层面战略决策中的巨大影响力，本文作者认为此事是真实的可能性很大。二战结束后，美苏称霸世界。美国一直想了解苏联的卫星发展状况。1957年，兰德公司在预测报告中详细地推断出苏联发射第一颗人造卫星的时间，结果与实际发射时间仅差两周，这令五角大楼震惊不已。兰德公司也从此真正确立了自己在美国的地位。此后，兰德公司又对中美建交、古巴导弹危机、美国经济大萧条和德国统一等重大事件进行了成功预测，这些预测使兰德公司的名声如日中天，成为美国政界、军界的首席智囊机构。

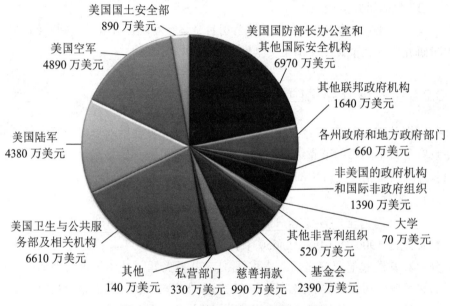

图 4-11　2017 财年兰德公司的收入来源

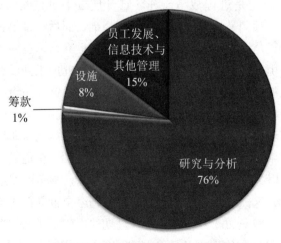

图 4-12　兰德公司的经费支出情况

兰德公司的研究成果举世瞩目。兰德公司为 350 多家客户和资助单位开展研究工作，包括政府机构、国际组织和基金会。此外，兰德公司还拥有大量的捐赠者。捐赠者的慷慨奉献有助于兰德公司开展严谨的分析研究，提供既切合实际又可操作的解决方案。这些捐赠让员工、思想、卓越中心和外展工作有了用武之地。兰德公司已发表研究报告 18 000 多篇，在期刊上发表论文 3100 篇，出版了近 200 部书。在每年的几百篇研究报告中，5% 是机密的，95% 是公开的，而这 5% 的保密报告随着时间的推移也在不断解密。这些报告中，有"中国 21 世纪的空军""中国的汽车工业""日本的防御计划""日本的高科技""俄罗斯的核力量""韩国与朝鲜""数字化战场上的美国快速反应部队"等重大课题。兰德公司被誉为美国的"思想库""大脑集中营"，它影响和左右着美国的政治、经济、军事、外交等一系列重大事务的决策。

在为美国政府及军队提供决策服务的同时，兰德公司利用它旗下大批世界级的智囊人物，为商业界提供广泛的决策咨询服务，并以"企业诊断"的准确性、权威性享誉全球。兰德分析家认为，世界上每 100 家破产倒闭的大企业中，85% 是因为企业管理者决策不慎造成的。随着全球商业化竞争的加剧，一个企业管理者决策能力的高低，在很大程度上决定了这个企业的前途和命运。

2017 年，日益充实的数字图书馆又新增 460 份兰德出版物和大约 450 篇期刊文献（原有馆藏 24 000 份），包括报告、播客、视频和评论文章，这些文献可以通过兰德网站阅读或下载。兰德公司的信息资源通过网页累积下载达 550 万次，拥有超过 15 万的推特追随者。

此外，兰德公司的研究人员在学术研究方面独树一帜，在社会上有"兰德学派"之称。兰德公司不仅以高水平的研究成果和独创的见解著称于世，还为美国政府和学术界培养了一些屈指可数的顶尖人才。如数理逻辑学家兼经济学家、芝加哥大学教授艾伯特·沃尔斯蒂特，他提出的"第二次打击"概念对美国军事战略影响巨大；又如前中央情报局长、国防部长、能源部长詹姆斯·施莱辛格，前军备控制和裁军署署长、里根政府的国防部副部长弗雷德·伊克尔，前总统经济就业局局长、前国防部长唐纳德·拉姆斯菲尔德，战略问题专家、赫德森研究所的创建人赫尔曼·卡恩，纽约市立大学教授、苏联问题专家唐纳德·扎戈里亚，迈阿密大学教授、苏联民防问题专家利昂·古里，密执安大学教授、著名中国问题专家、曾任美国驻香港代总领事的艾伦·惠廷和乔治·华盛顿大学教授，中国和亚洲问题专家哈罗德·欣顿，著名的未来学家康恩和布朗等。为了广泛传播兰德的智慧，兰德公司在 1970 年创办了兰德研究学院，它是当今世界决策分析的最高学府，以培养高级决策者为宗旨，并颁发了全球第一个决策分析博士学位。兰德公司学员现已遍布美国政界、商界。

2. 运行管理特色

兰德公司特有的独立性和审查机制是其运行管理的重要特色。

（1）独立性。长期以来，兰德公司坚持自己只是一个非营利的民办研究机构，独立地开展工作，与美国政府只有一种客户合同关系。兰德公司努力通过拥有不同性质的客户的形式来保持其独立性。虽然兰德公司的客户大部分是美国联邦政府，但是即使就一个客户而言，如五角大楼，其内部也有陆、海、空、情报、国防部长办公室等机构，有许多不同的部门。兰德公司通过与不同部门打交道，来实现一定的独立性。同时，兰德公司还有许多非政府部门和私营部门的客户。20世纪90年代以后，兰德公司65%的收入来源于美国的联邦政府，也就是说，兰德公司65%的生意来自美国联邦政府，剩余35%的生意分布在不同的客户间，诸如美国的州政府、外国政府、私营公司、提供资助的基金会等。兰德公司一直保持着具备独立性的文化传统。兰德公司有发表研究结果又让公众获取研究结果的自由。作为政策研究机构，兰德公司能够讲真话，无论这个真话对客户有利或是不利。花钱雇兰德公司的客户要准备接受这种可能，就是兰德公司的研究结果同他们的政策不相符甚至相互冲突。因此，兰德公司的客户应该更注重兰德公司研究的客观性和公正性，而不是要兰德公司告诉他们其想听的东西。而恰恰有一些人，因为害怕兰德公司的这种独立性而不敢雇用兰德公司。兰德公司的这种独立性是利用一个由20多人组成的监事会来保障实现的。监事会成员对兰德公司具有管理支配权力，也就是说，他们才是兰德公司真正的主人，但是他们并不拥有兰德公司的任何财产。

（2）审查机制。兰德公司有一套每4～5年对公司的某一个研究分部进行审查的机制，目的是考察其研究是否有价值。在兰德公司有各种不同的审查，包括独立审查。首先，负责该项目或研究的部门管理层要对自己的研究进行质量审查。其次，交给项目审查人员进行审查，其中有一个审查人员不属于兰德公司，而是从外边请来的，其他有3～4个审查人员来自兰德公司内部，但都没有参加被审查的项目或研究。兰德公司有一套内部质量标准，公司要求审查人员按这套质量标准审查研究人员的研究结果。兰德公司有800名左右的专业研究人员。任何一个专业研究人员都会参与审查工作，且在他的兰德职业生涯中会不止一次参与审查工作。

3. 成功经验

兰德公司的成功经验大体可归纳为以下 5 个方面。

（1）大手笔经营，推动公司快速发展。1948 年，刚刚创立 1 年多的兰德公司项目组第一次对外招聘就招募了 200 多人，专业涵盖数学、物理、化学、经济、心理等多个领域。在获得福特基金会的第一笔投资后，兰德公司便开始筹划建立自己的大楼。2 年后，羽翼未丰、寂寂无闻的兰德公司敢于向五角大楼以 500 万美元的高价叫卖自己关于朝鲜战争的研究成果。这些做法实在是普通创业者很难想象的。确实，从一开始兰德公司的领导者就具有较大的野心，希望自己的公司能够成为全球顶级咨询公司。

但是，2014 年 11 月 20 日，中国互联网意见领袖访美代表团成员与美国兰德公司华盛顿分部做坦诚交流。其间，兰德公司高管否认曾就中国出兵朝鲜做出提前预测，此说法类似一个"童话故事"，颇有"此地无银三百两"的意味。

较高的定位决定了兰德公司的一系列大动作，虽然高投入存在一定的风险，但是正如中国古语所说的"取法乎上，仅得其中；取法乎中，仅得其下"，无论对个人还是组织来说，缺乏远大的志向是很难有大的作为的。如果兰德公司按照他们第一个研究课题《实验性环球空间飞行器的初步设计》按部就班地走下去，把研究方向锁定在卫星领域，不去关注朝鲜战争等非专业问题，则很可能丧失了快速发展的机会，虽然之后也可能成为某专业技术领域内较为突出的研究机构，但论及影响力则绝对无法和今日的兰德公司相比。可以说，正是兰德公司创始者在发展初期的"胆大妄为"和"扩张性"的投入，才成就了后来的兰德奇迹。

（2）选题讨巧，扩大知名度。在兰德公司 50 多年的历史上完成过无数的研究课题，其中很多在咨询界影响巨大，但如果同一个中国人谈起兰德公司，他首先想到的就是兰德公司成功地预测了中国将出兵朝鲜。这个在兰德公司创建之初自发研究的"小"课题，却给它带来了如此巨大且长久的声望，恐怕是很多人没有想到的。

应该说，兰德公司的不少研究选题是很讨"巧"的。

一巧，巧在关注国际热点问题。从 1950 年的朝鲜战争，到 20 世纪 60 年代的越南战争，70 年代的信息技术，再到八九十年代的苏联解体、两德合并、后冷战时代战略，乃至最近的中东问题、朝鲜问题等，无一不是全球万众瞩目的"明星"问题。对这些问题开展研究，其成果很容易引起公众的关注，从而在无形中扩大了自己的知名度，吸引到更多业务的投资。兰德公司能够在创立后不久就得到各大银行和基金会的资金支持，并受到美国军方和政府部门的重视，除其发起人的个人背景外，其在朝鲜战争预测方面取得的成就应该说功不可没。

二巧，巧在其开展了大量预测性的课题。预测性课题最大的特点是其结果是可以量化的，准还是不准、差距有多大，与最终发生的实际情况一对照就知道了。尽管预测类课题带有一定的风险性，但从实际效果来看，预测准确为咨询机构所带来的声望要远远大于预测失败所造成的损害。

三巧，巧在其很多课题的研究角度往往更偏于宏观管理、规划层面，而不是深入研究一些专业技术问题。这样做的好处是十分明显的：一是层次高、角度新，更容易引起高层管理者的重视；二是研究方法具有一定的通用性，虽然课题可能来自多个领域，但研究人员不必精通每个领域，管理学的理论方法在各方面都可以应用；三是辐射范围广，更容易为该领域之外的人甚至普通民众所接收，从而形成更广泛的社会影响。

兰德公司通过巧选研究课题，成功地占据了咨询业的高端领域。高端咨询不仅社会影响力大，而且由于接触的多是政府、企业的高层管理者，资金和项目来源也更容易得到保证。

（3）善假力于人，拓展业务领域。兰德公司虽然在建立之初就招募了各个专业的大量技术人才，但它仍然不可能做到对所有领域都十分精通。这时如果要迅速进军自己不熟悉的领域，开展新课题研究，该怎么办？面对这个问题，兰德公司采用的是"假力于人"的方法，即充分借助各领域专家的才能。

1950年朝鲜半岛局势风雨飘摇之时，兰德公司才刚成立不久，对中国各方面情况的了解可能不是很多，但它通过组织大量专家进行研讨、分析中国参战的可能性，最后得出了"中国将出兵朝鲜"的结论，并因此震惊世界。

聘请专家为自己的课题研究献计献策是大多数咨询机构惯用的手段。兰德公司的过人之处不仅在于它胆子大，对于一个自己不太熟悉的问题敢于充分依赖专家的力量开展研究，还在于它并不是只把专家请来了就万事大吉，而是一直在倾力研究如何充分发挥专家的力量，真正让专家的知识对自己有用。正是由于其对专家咨询方式方法不断进行的思考与改进，最终有了德尔菲法、头脑风暴法等一系列著名方法的产生，而这些理论方法也帮助兰德公司从专家那里获得了更多、更深入的智力支持。

（4）高瞻远瞩，选对研究方向。兰德公司的研究领域除了国际热点问题，还包括一部分技术性较强的问题，如航天、计算机等。这类问题相比管理决策类课题对专业知识的深度要求更高，很难借助外力，通常只能依赖研究人员自我努力来取得突破。兰德公司本身只是一个咨询公司，研究资源有限，不可能面面俱到，因此必须选择一些重点领域来发展。

那么，到底应该选择怎样的领域呢？也许是受其一贯重视的未来学理论影响，兰德公司把目光主要放在了一些刚刚产生和兴起的新技术、新产品上，如卫星、空间飞行器、人工智能、数值计算、网络、系统科学、新型毒品等。在兰德公司的决策者眼里，这些新生事物必将对未来世界产生巨大影响。事实证明，他们的选择是正确的，而兰德公司也由于在这些专业方向上预先开展的研究成为该领域内的权威机构。

1946 年兰德公司项目组刚刚成立，开展的第一个项目就是有关人造卫星的初步设计；20 世纪 50 年代初，兰德公司向美国国防部提出过不少有关卫星的研究报告，详细论述了人造卫星在未来作战中可能会发挥的无与伦比的作用，但当时五角大楼的官员们却搞不清卫星到底为何物，并没有引起重视。直到 1957 年苏联抢先发射了第一颗人造卫星，美国政府高官才回想起兰德公司在该领域所做的一系列研究与预测，自此把兰德公司奉为上宾。

不妨把兰德公司的这种战略选择看作经济学上的长远投资或风险投资，当预测到某一事物有可能极大地改变未来世界，就预先投入一定研究人员开展相关研究，并极力宣扬与该新事物有关的各种信息，借此引起全社会的重视。即使这种宣传暂时不被接受，只要最初的判断没有错，人们或早或晚总会意识到这种新事物所具有的强大力量，届时必然会求助于兰德公司这个该领域的先行者。这使兰德公司之前的先期研究投入将如风险投资一样获得十倍、百倍的回报。

（5）研究自主性强，促进创新。这里所说的"自主性"，突出体现在兰德公司咨询产品的形式上，其不少研究项目都是由研究人员自行立题开展的。兰德公司鼓励研究人员特别是年轻人充分发挥想象力，提出独特的见解，进而开展相关研究。公司内有一条特殊的规定，叫作"保护怪论"，即对于那些看似异想天开或走极端的"怪论"不但不予以禁止，反而会作为创新之源加以引导和保护。为了给这些自发课题提供充足的物质保证，兰德公司在成立后不久与福特基金会达成了援助协议，建立了公司内部基金，专门用来资助那些面向新领域的研究课题。正是这种开放的思维，使得兰德公司的研究领域迅速扩大，服务对象也从原来的只针对军方甚至仅仅是空军扩散到政府的多个部门及私人企业。

兰德公司的自主性还体现在研究内容独立性较强，敢于说"不"。兰德公司在建立之初就强调自己是一个独立、客观、非营利性、不代表任何派别的咨询机构，并在自己的各项研究工作中自始至终贯彻这种理念。这种特立独行的工作作风帮助兰德公司取得了其他咨询公司无法做到的新颖成果，为公司树立起了良好的声望，也因此赢得了客户的尊重。美国各级政府开展有关政策制定的研讨会时，往往要邀请兰德公司的专家参与，除借助他们在专业领域的丰富知识外，更看重的是其独立的研究精神。

20 世纪以来，我国随着专家咨询在政府决策中地位的不断提高，越来越多的国内咨询机构开始涉足政府咨询领域，大力开展战略咨询、国防咨询服务。作为该领域的先行者与成功者，兰德公司的发展历程具有重要的借鉴意义。

4.4　大学附属研究中心性质的国家实验室

大学附属研究中心（University Affiliated Research Center，UARC）是美国国防部与大学联合建立的战略研究中心。UARC 正式成立的时间是 1996 年 5 月，其目的是支持 DoD 需要保持的在某些特殊领域非常必要的工程和技术能力。这些非营利组织维持着科研、开发和工程方面的"核心"能力，长期与其对应的 DoD 的发起者保持着战略关系，根据公众需求开展研究，允许已存在或潜在的学术争议。每一个 UARC 通过利用在大学中的教育和科研资源，增强了满足其发起者的能力。在很多场合，UARC 与 FFRDC 具有同等地位。二者之间的区别是：UARC 更强调对国防领域基础研究的支撑作用，而 FFRDC 的通用性更强一些。

4.4.1　大学附属研究中心概况

UARC 是大学或高校内部的研究组织，其成立目的是通过与 DoD 建立长期战略合作关系，以提供或保持必不可少的工程、科研和 / 或开发的能力。每个 UARC 都有其专门的领域，作为一种与其他科研组织相区分的核心资质，这也是该 UARC 必须提供的，以支持 DoD 的任务。

最初的 DoD 发起的 UARC 实验室源自二战时期的研究计划，并且这些研究计划被证实在实现国家安全研究的创新中卓有成效。这种能力一直持续到今天，通过使 UARC 作为其对应的 DoD 的发起者的战略合作者来运营，提供对公众关心事务的服务，并将技术上的卓越成就与目标合并。UARC 作为一类主观的业务专家，以独立的、可信的咨询者和诚实的中间人的身份行使职责，并仅对其对应的 DoD 的客户负有完全的责任。

ASD（R&E）批准和指派研究组织成为 UARC，并为每个 UARC 正式指派一个 DoD 主发起者，以协助在政策和合同方面的监管。UARC 创建的目的是研发和维持政府预定义的研究、开发或工程能力，这些能力被作为必不可少的要求，并且通过与 DoD 保持长期战略合作的形式为 DoD 提供。

每个 UARC 都被要求按照公众兴趣运营，而非法人股东的兴趣，并且以某种适应其与 DoD 特殊关系的形式开展业务。由于 UARC 按照公众兴趣运营，因此能够为政府提供独立且客观的建议，没有优先考虑股东利益的义务，因此不受干扰。UARC 被希望能够保持兴趣冲突中的自由。每个 UARC 必须具有一种广泛的兴趣冲突解决策略，能够覆盖组织的和个人的对兴趣的冲突，以确保 UARC 工作的完整性和客观性，不会因为对竞争经费的需要或个人的兴趣而妥协或出现妥协的趋势。由于不存在研究兴趣的冲突，不论是实际情况还是感觉上的，所以能够允许 UARC 获取政府合同商的数据，包括一些敏感和私有的信息，并能够充分利用雇员和设施，而不必考虑这对 DoD 的合同关系是否特殊。

在对长期战略合作关系所具有价值的辨识中，UARC 的责任是维持各种必不可少的能力，并禁止与工业界竞争。DoD 根据《美国法典》（U.S.C.）2304（c）（3）（B）第 10 款中的授权，许可与 UARC 签订单一资源合同的权利。该授权许可以奖励形式签订单一资源合同，"以建立或维持一种必不可少的工程类、研究类或发展类型的能力，由教育界或其他非营利研究机构或 FFRDC 来提供"。该授权适用于 UARC，因为它们是作为教育界研究机构的一部分建立的。该法定授权通过 FAR 的 6.302-3 部分具体实施。

主发起者必须每 5 年对其 UARC 开展一次综合评估。该评估将对与发起者任务领域密切相关的核心能力进行检查与评估，以确保分配给 UARC 的所有任务与其使命和核心竞争力的一致性，并评估 UARC 的绩效、经费使用的合理性以及对保持兴趣冲突自由要求的遵循情况。对主发起者这项特殊的监督责任，在 DoD UARC 管理方案中明确规定，由 ASD（R&E）签署执行。

4.4.2　现有的大学附属研究中心及其主发起者

DoD 已经建立了 13 个 UARC，每一个都是大学内部的研究组织。表 4-7 中列出了 13 个 DoD UARC，以及其所属大学和主发起者。

表 4-7　美国国防部 UARC 及其发起者和所属大学

序　号	UARC	主发起者	所属大学
1	佐治亚技术研究协会（GTRI）应用系统实验室（ASL）	陆军	佐治亚理工学院
2	作战人员纳米科技研究所	陆军	麻省理工学院
3	合作生物技术研究所	陆军	加利福尼亚大学圣巴巴拉分校
4	创新技术研究所	陆军	南加州大学
5	约翰霍普金斯大学应用物理实验室	海军	约翰霍普金斯大学
6	宾夕法尼亚州立大学应用研究实验室	海军	宾夕法尼亚州立大学
7	夏威夷大学应用研究实验室	海军	夏威夷大学
8	得克萨斯大学奥斯汀分校应用研究实验室	海军	得克萨斯大学奥斯汀分校
9	华盛顿大学应用物理实验室	海军	华盛顿大学
10	空间动力学实验室	导弹防御局（MDA）	犹他州立大学
11	系统工程研究中心	DASD（系统工程）	史蒂文斯理工学院
12	语言高级研究中心	国家安全局（NSA）	马里兰大学帕克分校
13	国家战略研究院	战略司令部（STRATCOM）	内布拉斯加州立大学

这些 DoD UARC 由这些大学运营，通过 U.S.C. 2304（c）（3）（B）第 10 款的授权与政府签署长期合同。

4.4.3　大学附属研究中心的特性

UARC 在 DoD UARC 管理方案中被定义为高校和大学的科研组织，接受单一的经费资助，根据 U.S.C. 2304（c）（3）（B）第 10 款的授权，平均年度经费为 600 万美元；建立或维持必不可少的工程、科研或开发能力；与 DoD 保持长期战略合作关系；由 USD（AT&L）指派为 UARC。UARC 与 DoD 之间战略合作关系的特性如下。

- ❑ 对开展与发起者需求相关研究的响应能力。
- ❑ 针对发起者需求和问题的广泛知识。
- ❑ 对信息广泛的获取渠道，包括私有数据。
- ❑ 广泛的法人相关的知识。
- ❑ 独立性与客观性。

- ❏ 快速响应能力。
- ❏ 先进的运营实践。
- ❏ 对实际的和 / 或预期的研究兴趣冲突的自由。
- ❏ DoD UARC 在研究开发周期的全谱段开展研究，这些阶段用编号为 6.1~6.7 的活动来描述，其定义如表 4-8 所示。

表 4-8　美国国防部 UARC 在研究与开发各阶段的使命任务

研究与开发 的阶段	描　　述
6.1 基础研究	体系化的研究，直接面向更广泛的知识，或对现象基础科学方面更深层次的理解，以及面向过程或头脑中概念在不需要特殊辅助应用情况下可观测的事实。这类研究是有前途的高回报类研究，能够为技术发展提供基础支撑
6.2 应用研究	体系化的研究，以理解通过验证的和特殊的需求。通过对知识的体系化扩展和应用，以开发有用的材料、设备和系统或方法。直接面向通用的军事需求，并兼顾开发和评估所提出解决方案的可行性和实用性，并确定其具体的参数
6.3 先进技术 开发	开发子系统、元器件，以及将子系统和元器件集成到系统原型中的技术，以支持在仿真环境中开展领域实验和 / 或测试。证明技术的可行性，评估元器件的可操作性和可生产性，而非出于服务应用的目的开发硬件
6.4 演示与验证	在高逼真度和实际的运行环境中，对集成技术、典型模式或原型系统进行评估。加速从实验室到军事应用的技术转化。其重点是对子系统成熟度的证明，这要优先于对整个复杂系统的集成
6.5 系统开发与 演示	开展工程和制造方面的开发任务，目标是满足已被证实的需求，这要优先于整个产品。原型的性能要接近或等同于计划的作战系统水平。包含热试验测试与评估，以及产品典型规程的初始运行测试与评估
6.6 研究、开发、 测试与评估 管理支持	对所需的安装或操作的支持和 / 或现代化所做的工作和提供的经费资助，以支持通用的研究、开发、测试与评估。包含测试范围、军队编制、对实验室的维持支持、测试飞机和舰船的操作与维修，以及研究和分析，以支持研究、开发、测试与评估计划
6.7 可运行系统 开发	包括更新系统的开发工作，这些系统在当前或下一财年中已经列入计划或已获得全系统产品生产的许可。所有的条目都是主线条目计划，被列入其他项目中 RDT&E 武器系统组成要素的成本中

4.4.4　大学附属研究中心的任务范围

如果某个 DoD 下属部门在检验某个 DoD UARC 的能力过程中对此实验室非常关注，则该部门可以进一步查阅每个 UARC 的核心能力。该下属部门也可以与该 UARC 签订合同，并且 / 或者基于 DoD 与该 UARC 合同的联系信息，进一步确定该 UARC 能否提供所需的研究和分析方面的支持。

UARC 可以申报竞争类科研和技术研究工作，除非在它们与 DoD 的合同中明确禁止。通常，UARC 不可以与工业界竞争，以响应对开发和生产的竞争类征询方案，该方案包含了通过授予合同开发或维持的工程能力，授予合同依据 U.S.C. 2304（c）（3）（B）第 10 款签署。主发起者的合同定义了对竞争的限制。如果与 UARC 还签署了其他合同，那么这些合同一定不能与主发起者的合同相冲突。如果情况特殊，需要编写针对竞争条款的弃权声明书，并且弃权声明书中的要求必须呈报给 ASD（R&E），以获得批准。UARC 一定不能承担可能引入实际的或明显的兴趣冲突的工作，也不能损害其为 DoD 开展工作的能力。UARC 必须确保不能在非授权的应用中使用来自 UARC 活动中的私有的或保密的信息。如果 UARC 的能力被设定为对某个工业界合作者可用，那么该 UARC 的能力也必须被设置为对所有潜在工业界合作者都可用。

参考文献

[1] 罗德恩. 美国第一智库 [M]. 北京：电子工业出版社，2011.

[2] 钟少颖，梁尚鹏，聂晓伟. 美国国防部资助的国家实验室管理模式研究 [J]. 政策与管理研究，2016，31（11）：1261-1270.

[3] SOL G. FFRDCs - A Primer[R]. The MITRE Corporation, 2015.

[4] MIT Lincoln Laboratory. MIT Lincoln Laboratory Facts 2016-2017[M]. Lexington: Massachusetts Institute of Technology, 2016.

[5] Communications and Community Outreach Office. MIT Lincoln Laboratory Annual Report 2018[R]. Lexington: Massachusetts Institute of Technology, 2018.

[6] National Research Council of the National Academics. National Laboratories and Universities: Building New Ways to Work Together: Report of a Workshop [R]. Washington, DC: The National Academies Press, 2005.

政府应当维持具有超大规模的研究型实验室……只有依托这类实验室，才能……开发那些没有海量投资就无法获得进步的陆军和海军所必需的技术。

——爱迪生，1915 年 5 月《纽约时报》

第 5 章　美国其他类型的国家实验室

本章将对 3 类特殊的美国国家实验室进行介绍，它们分别是军队"内设型（In-House）"国家实验室、非军队"内设型"国家实验室以及民营"国家实验室"。

5.1　国防部的内设型国家实验室

美国国防部主持设立或顶层监管的国家实验室大体包括 3 个部分：一是在国防部支持下由各军兵种设立的"内设型（In-House）"国家实验室；二是 FFRDC 性质的国家实验室；三是 UARC 性质的国家实验室。其中，第一类是完全属于军方和联邦政府的 GOGO 国家实验室，后两类都是 GOCO 国家实验室。第 4 章中涉及的是后两类，在本章中将对第一类，也就是完全归属国有的军队内部设立的国家实验室进行介绍。

作为美国同时也是全世界科研经费和科研资源消耗最多的部门，美国国防部除了以国防采办、项目资助等形式支配海量经费调动举国科研力量开展研究外，在军队内部一直保留一小块独有的"自留地"——军队的"内设型"国家实验室。这些实验室一直以低调且神秘的状态存在，甚至几乎不为外人所知晓，但它们的贡献和成就却渗入了人们的日常生活之中。本节将尝试揭开这些国家实验室的神秘面纱。

5.1.1　概况

美国国防部（DoD）是美国联邦政府的一个行政部门，负责协调和监督与国家安全和所有武装部队直接相关的所有机构和职能单位。

DoD 是世界上最大的雇主，截至 2016 年，拥有近 130 万现役军人，雇员中有超过 82.6 万名国民自卫军和预备役军人，以及超过 73.2 万名非军人，使雇员总数超过 280 万。DoD 总部位于弗吉尼亚州阿灵顿的五角大楼，就在华盛顿特区外，国防部的任务是提供"阻止战争和确保我们国家安全所需的军事力量"。

国防部由国防部长领导，国防部长是一个内阁级别的领导，直接向美国总统报告。国防部下面有 3 个下属的军事部门：美国陆军部、美国海军部和美国空军部。此外，4 个国家情报机构隶属于国防部：国防情报局（DIA）、国家安全局（NSA）、国家地理空间情报局（NGA）和国家侦察局（NRO）。其他国防机构包括国防高级研究计划局（DARPA）、国防后勤局（DLA）、导弹防御局（MDA）、国防卫生机构（DHA）、国防威胁降低局（DTRA）、美国国防安全服务（DSS）和五角大楼保安局（PFPA）。此外，国防合同管理署（DCMA）通过向作战人员提供可操作的采办情报，提供重要的采办信息。军事行动由 10 个地区或职能统一的作战指挥部管理。美国国防部还开办了几所联合服务学校，包括国防大学（NDU）和国家战争学院（NWC）。

美国在陆海空三军都设立了单独的研究实验室，分别归属陆军部、海军部和空军部下属的部门运行管理，具体如图 5-1 所示。

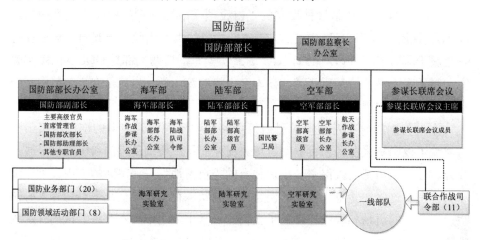

图 5-1　美国陆海空三军设立的国家实验室在国防体系中的地位

陆海空三军的研究实验室又各具特点，具体如下面各章节所述。

5.1.2　陆军研究实验室

美国陆军研究实验室（Army Research Laboratory，ARL）是以美国陆军为法人的研究型实验室，其基本情况如表 5-1 所示。ARL 的总部设在阿德尔菲实验室中心（Adelphi Laboratory Center，ALC），该中心位于马里兰州的阿德尔菲市。ARL 最大的独立实验区域位于马里兰州的阿伯丁试验场（Aberdeen Proving Ground，APG）。ARL 其他的主要实验区域包括：位于北卡罗来纳州的三角研究园区（Research Triangle Park，RTP）、位于新墨西哥州和佛罗里达州奥兰多市的白沙导弹试验场（White Sands Missile Range，WSMR）以及 NASA 的位于俄亥俄州的格伦研究中心（Glenn Research Center，GRC）和位于弗吉尼亚州的兰利研究中心（Langley Research Center，LaRC）。

表 5-1　美国国防部陆军研究实验室的基本情况

内　　容	概　　况
成立时间	1992 年 10 月
隶属于	美国陆军
类型	研究与开发型实验室
驻地 / 司令部	阿伯丁试验场，马里兰州
实验室主任	Patrick J. Baker 博士
互联网址	https://www.arl.army.mil/
上级部门	美国陆军研究、开发与工程司令部
主要组成	计算机与信息科学研究室（CISD）、人体研究与工程研究室（HRED）、传感器与电子设备研究室（SEDD）、交通工具技术研究室（VTD）、武器与材料研究室（WMRD）

1. 陆军研究实验室简史

在成立 ARL 之前，美国陆军拥有的研究设施可追溯至 1820 年建立在马萨诸塞州沃特敦兵工厂的实验室，该实验室主要研究烟火使用和防水纸质弹壳，后来该设施逐渐发展成材料技术实验室。直到二战以前，军事研究都是在军队内部由军事人员开展的，但是在 1945 年，美国陆军发布了一项政策，肯定了军事计划和武器生产对民间科学研究的需求。尽管在此之前非军事的介入已经非常频繁，但应用于战争的技术贡献都是在受限和附属的基础上实现的。在 1946 年 6 月 11 日，陆军总参谋部成立了一个新的研究与开发分局；由于军队高层认为这些服务按传统应由军队内部来完成，因此，这个分局被关闭了。在其后的 40 年间，进行了各种各样的重组，在陆军研究与开发司令部形成了很多组织。通常情况是，这些组织的最高长官支持重组，但中间层的管理者反对。

ARL 的成立，是以陆军实验室总部司令官于 1989 年 6 月 6 日发出的一份备忘录的实现为标志的，该备忘录建议将陆军所有的实验室合并为一个单独的实体。由于 ARL 在 1989 年和 1991 年再次经历了重组和关闭，因此认为其主体研究设施主要位于阿德尔菲实验室中心（Adelphi Laboratory Center，ALC）和阿伯丁试验场（Aberdeen Proving Ground，APG）。ARL 也将主要活动从材料技术实验室转移到 APG。联邦顾问委员会追溯并承认 ARL 的正式成立时间为 1992 年。

2. 陆军研究实验室近况

作为美国陆军经营的实验室，ARL 的任务是实现科学和技术中的发现、创新和转化，以确保陆军的主导战略地位。2013 年，ARL 重组了正在进行的和计划中的研究和开发组合，以配合其 2015—2035 年的科技运动计划。ARL 保持了它的组织结构，具体如图 5-2 所示。其中，陆军研究办公室（Army Research Office，ARO）是 ARL 的科研管理部门，其任务是资助额外的基础研究，即学术和工程组织之外的研究，资助对象的范围包括：独立的研究者、大学附属研究中心以及颠覆性研究计划。ARL 自身的科研力量主要由 5 个研究室构成：计算机与信息科学研究室（Computational and Information Sciences Directorate，CISD）、人体研究与工程研究室（Human Research and Engineering Directorate，HRED）、传感器与电子设备研究室（Sensors and Electron Devices Directorate，SEDD）、交通工具技术研究室（Vehicle Technology Directorate，VTD）、武器与材料研究室（Weapons and Materials Research Directorate，WMRD）。原有的生存能力 / 致命性分析研究室（Survivability and Lethality Analysis Directorate，SLAD）自 2019 年开始被拆分合并到其他部门。该研究组合已被集成到科技运动计划的实施过程中。科技运动的每一项具体工作，都是由多个研究室的成员共同合作完成的。在表 5-2 中列出了在 2017 至 2018 年度，由 ARL 各个研究室所支持的科技运动项目的具体内容。ARL 所制订的愿景非常令人振奋，并提出了一个创新研究计划，旨在响应"下一代未来陆军（Army after next）"的需求。该愿景在当前 ARL 的体系结构设置中还未完全显现。为了适应科技运动计划中关键部分的实施，ARL 正在酝酿对当前体系结构进行重塑，但这还需要时间，以实现具体的转化和研究项目的进一步成熟，并且还需要与新的关键发展途径保持一致。

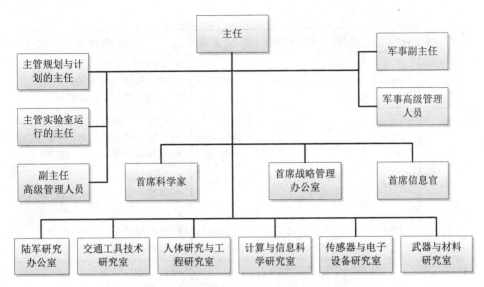

图 5-2　美国国防部陆军研究实验室的组成结构

表 5-2　美国国防部陆军研究实验室参与科技运动的计划情况

序　号	年　度	参与的 ARL 研究室	运动主题	运 动 内 容
1	2017	SEDD、WMRD	材料研究	<ul><li>高能量—效率电子学和光学</li><li>为战士和平台供电系统所用的材料</li><li>量子科学</li></ul>
2	2017	WMRD、SLAD、SEDD、CISD	对致命性和人体防护的科学研究	<ul><li>战场损伤机械学</li><li>定向能武器</li><li>武器—目标交互</li></ul>
3	2017	CISD、SEDD、HRED	信息科学	<ul><li>传感测量与干扰</li><li>系统智能与智能系统</li><li>人—信息交互</li><li>大气科学</li></ul>
4	2017	CISD、SLAD、SEDD、VTD、WMRD	计算机科学	<ul><li>先进计算机体系结构</li><li>数据密集型科学</li><li>预测科学</li></ul>
5	2017	VTD、HRED、SEDD、CISD	支持机动能力的科学研究	<ul><li>智能与控制</li><li>机—人交互</li><li>感知</li></ul>
6	2017	HRED、SLAD、CISD	人体科学	<ul><li>赛博安全中的人</li><li>多智能体系统中的人</li><li>人的变化属性</li><li>真实世界行为</li></ul>

续表

序　　号	年　　度	参与的 ARL 研究室	运动主题	运 动 内 容
7	2018	SEDD、WMRD	材料研究	• 敏捷应急制造 • 高速材料与机械装置 • 自适应型与响应型材料
8	2018	WMRD、SLAD、SEDD、CISD	对致命性和人体防护的科学研究	• 颠覆性含能材料与推进技术 • 目标—弹道学与爆炸学的效果 • 飞行的制导、导航与控制
9	2018	CISD、HRED、SEDD	信息科学	• 网络与通信 • 赛博安全：侦查与敏捷性
10	2018	VTD、SEDD	支持机动能力的科学研究	• 平台机械学 • 能源与推进 • 后勤与支持
11	2018	SLAD、SEDD、CISD、HRED	分析与评估	• 电子战 • 赛博安全 • 复杂适应系统分析
12	2019	CISD、SEDD、HRED	网络与信息科学	• 信息科学 • 网络赛博
13	2019	CISD、SEDD、VTD、WMRD	计算科学	• 计算科学 • 大气科学
14	2019	HRED、CISD、VTD	人体科学	• 人—自主系统团队交互及人理解自主系统 • 自主系统理解人及对人—自主系统团队输出的评估 • 人类兴趣侦测 • 赛博科学和运动机能学 • 神经科学、训练效果及通过新团队加强团队合作以实现健壮作战（Strengthening Teamwork for Robust Operations with Novel Groups，STRONG）

从表 5-2 中还可以看出，ARL 的核心能力突出表现在对军事应用的支撑方面，共性基础能力保持稳定，先进的应用技术有小规模调整。核心能力在各研究室中分布也不均匀，传感器与电子设备研究室（SEDD）几乎拥有全部核心能力。

总体而言，ARL 当前所开展研究的质量、领导团队的能力、科研人员的知识和能力以及提出的未来方向都比过去有所提高。此外，在发表论文的数量和质量、博士后研究人员的数量以及与 ARL 以外的相关同行的合作方面也有显著的进展。ARL 具有独特的科研环境，其用以支持研究的独特资源和技术能力是其他类型国家实验室无法比拟的。总的来说，这些都是杰出的成就，标志着 ARL 的持续进步。

3. 科研合作及其所发挥的引领作用

在实验室合作方面，从 1996 年开始，ARL 加入了工业界和学术界合作的创新合作协议，从而形成"实验室联盟（Federated Laboratories，FedLabs）"，在对美国陆军非常重要的广泛领域开展研究。通过这种联盟形式，ARL 能够发挥重要的杠杆作用，从商业或学术领域所开展的工作中提炼成果。最初的 3 个实验室联盟分别处于先进显示、先进传感器和远距离通信领域。每个实验室联盟都是由很多公司、高校和非营利组织组成的大型联盟，由一名来自所有工业界的领导和一名 ARL 领导共同管理。作为实验室联盟基础的合作协议在某些方面比较特殊，ARL 不仅是研究的资助者，也是在联合研究中发挥作用的参与者。首批 3 个实验室联盟于 1999 年获时任副总统的阿尔·戈尔（Al Gore）颁发的国家成就奖。

此外，ARL 还创造性地引入了协作技术与研究联盟（Collaborative Technology and Research Alliance，CTRA）的概念，用以表征和实体化 ARL 及其他美国陆军研究中心、民营工业界和学术界之间的合作关系。通过开展预期的研究和技术开发，为美国陆军提供帮助。这些合作研究由美国陆军提供经费资助。当前运行的 CTRA 典型代表包括如下 4 方面。

- ❑ 网络安全协作研究联盟（Cyber Security Collaborative Research Alliance，CSCRA）。
- ❑ 极端动态环境中的材料协作研究联盟。
- ❑ 电子材料多尺度、多学科建模协作研究联盟。
- ❑ 分布式分析与信息科学国际技术联盟（Distributed Analytics and Information Science International Technology Alliance，DAIS ITA）。

通过研究与开发、技术转化实践两方面与工业界和高校中的优势单位开展广泛的合作，ARL 发挥了重要的引领作用，为美国陆军的技术进步和能力保持提供了非常重要的支撑。

5.1.3 海军研究实验室

美国海军研究实验室（Naval Research Laboratory，NRL）是以美国海军

和海军陆战队为法人的综合研究型内设国家实验室，其基本情况如表 5-3 所示。NRL 开展的研究范围很广，包括基础科学研究、应用研究、技术开发和原型设计。实验室中专家的研究领域包括等粒子物理学、空间物理学、材料科学和战术电子战。NRL 是第一个美国政府的科学研究与开发实验室，在托马斯·爱迪生的支持下于 1923 年成立，当前处于美国海军研究办公室（Office of Naval Research，ONR）的管辖之下。NRL 的研究经费每年约 10 亿美元。

表 5-3　美国国防部海军研究实验室的基本情况

内　　容	概　　况
成立时间	1923 年
隶属于	美国海军，美国海军陆战队
类型	研究与开发型实验室
实验室规模	86 名军人，2538 名非军人（2015 年数据）
驻地 / 司令部	华盛顿
指挥官	Ricardo Vigil
科研管理主任	Bruce Danly 博士
互联网址	http://www.nrl.navy.mil/
上级部门	美国海军研究办公室（ONR）
主要组成	系统研究室（代号 5000）、材料科学与组件技术研究室（代号 6000）、海洋和大气科学与技术研究室（代号 7000）、海军空间技术中心（代号 8000）

　　NRL 在海军国防体系中的地位如图 5-3 所示，其使命可以简要概括为：在科学研究和前沿技术开发相关领域开展广泛的多学科项目研究，直接面向海军应用，包括新型和改进型的材料、技术、设备、系统，海洋、大气和空间科学，及相关的技术。NRL 的使命可分解为 5 个方面。

- ❏ 引领开展内设型研究，领域包含物理学、工程学、航天和环境科学。
- ❏ 开展广泛的支撑性探索研究和先进开发项目，以辨识和满足海军和海军陆战队的需求。
- ❏ 为海军作战中心提供广泛的多学科支持。
- ❏ 提供对空间和空间系统技术的开发和支持。
- ❏ 承担作为海军内设型实验室的职责。

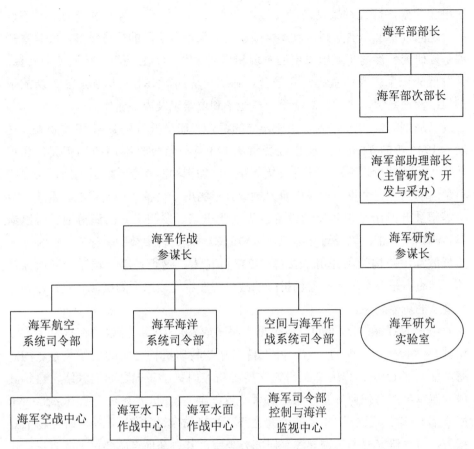

图 5-3　美国国防部海军研究实验室在海军部中的地位

1. 海军研究实验室简史

NRL 的建立源自托马斯·爱迪生的想法。1915 年 5 月，在《纽约时报》上，爱迪生写道："政府应当维持具有超大规模的研究型实验室……只有依托这类实验室，才能……开发所有那些如果没有海量投资就无法获得进步的陆军和海军所必需的技术。"该断言主要针对美国在第一次世界大战中所面临的问题。随后爱迪生同意担任海军咨询委员会的领导，该委员会由具有专业经验的非军人组成。海军咨询委员会的核心职能是为美国海军提供与科学和技术相关的咨询。该委员会提出了一个为海军生成先进装备的平台方案。1916 年，国会分配了 150 万美元用于实现该方案。但是，由于第一次世界大战的影响，加上海军咨询委员会内部也没有达成一致，该平台的具体构建延迟到 1920 年。

美国海军研究实验室作为美国第一个现代研究机构，产生于美国海军内部，在 1923 年 7 月 2 日 11 时正式开始运行。实验室最初的两个子部门——无线电和声学，研究领域是高频无线电和水下声音传播。实验室研制了通信设备、定向设备、声呐阵列，以及美国建立的第一台实用的雷达设备。实验室开展基础研究，参与了对电离层的发现和早期探索。NRL 逐渐形成其研究目标，并发展成一个广泛的基础研究平台。到二战初期，NRL 又增加了 5 个新的子部门：物理光学、化学、冶金学、机械学和电学以及内部通信。

二战期间，NRL 得到了快速发展的机会。雇员数量从 1941 年的 396 人猛增为 1946 年的 4400 人，支出经费量从 170 万美元增加到 1370 万美元，建筑数从 23 栋增加到 67 栋，项目数从 200 个增加到约 900 个。二战期间，必要的科学活动几乎完全集中于应用研究领域。新的电子设备——无线电、雷达、声呐等都被开发出来，其反制设备也被发明出来。发明了新的润滑油、防腐涂料、辨识发光带，以及海洋标记，以辅助在海洋灾害中救助幸存者。一种新的热耗散程序被构想出并用于支持 U-235 同位素，这正是第一颗原子弹所需要的。同时，很多新装备从急剧扩张的战时工业中完成原型测试，并定性作为美军舰队的可靠装备。

由于 NRL 在二战期间取得了重大科研成就，美国联邦政府在战后决定固化其科学和技术方面的成就，并维持军队与科研机构之间的工作关系。同时海军成立了 ONR，作为基础研究支持者与应用科学研究之间的联络，自从其成为海军部的合作研究室以来，海军一致鼓励 NRL 扩展其研究范围。在 ONR 成立后，NRL 被置于 ONR 的监管之下。NRL 的指挥军官向海军研究秘书处报告。海军研究秘书长领导海军研究办公室，其办公地点主要位于弗吉尼亚州阿灵顿的鲍尔斯顿区域。重组也导致了实验室的研究重点向整个物理科学领域的长期基础和应用研究的转移。

但是，战时的快速扩张导致了 NRL 形成了不合理的结构，无法应对海军的长期需求。因此，NRL 迫切需要完成重组，并利用外部资源开展协作研究，但这并不容易完成，也需要较长时间。重组需要将大量自主科研子部门所构成的大型群体转化为具有明确任务和全面协作研究计划的独立研究实体。针对重组需求，首先的尝试是将力量合成一个执行委员会，该委员会由所有子部门领导者组成。由于没有经验，导致该委员会过于庞大，因此在 1949 年，NRL 又设置了一个非军人的科研管理主任职位，并授予其管理所有项目的最高权利；在 1954 年又增加了一个副主任的职位。

1992 年，先前独立出去的海军海洋学与大气研究实验室（Naval Oceanographic and Atmospheric Research Laboratory，NOARL）重新回归 NRL。从此，NRL

也是海军海洋和大气科学研究的主要中心，在物理海洋学、海洋地球科学、海洋声学、海洋气象学以及海洋和大气遥感等方面具有特殊优势。2012 年 3 月，NRL 又成立了自主系统研究实验室（Laboratory for Autonomous Systems Research，LASR），这是一个 4645 m² 的实验设施，用于支持自主系统的基础和应用研究。LASR 大楼拥有 4 个独特的"高湾（High-Bay）"环境，用于现场研发，包括模拟沿海水域、热带雨林、沙漠和"高湾"原型。

2. 海军研究实验室近况

历经一个多世纪的发展，NRL 已经形成了较为完备的科研和运行管理体系结构。NRL 的主体由 1 个运行管理部门、1 个财务管理部门和 4 个研究室组成。所有部门的总部都设在华盛顿。很多部门在其他地方还拥有其他设施，主要位于密西西比州圣路易斯湾的斯坦尼斯航天中心（SSC，与 NASA 共用）和加利福尼亚州的蒙特雷。

NRL 在运行管理方面实施严格的军事化管理，所有管理部门、科研部门、各类重要人员都设有代号，其组成结构具体如图 5-4 所示。值得注意的是，NRL 在运行管理中好像更喜欢使用数字代号，这点与前面的 ARL 以及后面的美国空军研究实验室（AFRL）都有所不同。

NRL 的内设型科学研究工作主要由其所属的 4 个研究室完成，具体如下。

（1）系统研究室（代号 5000）负责开展从基础研究到工程开发的广泛的科研工作，目的是扩展美国海军的作战能力。该研究室共包含 4 个子部门：雷达、信息技术、光学和电子战。

（2）材料科学与组件技术研究室（代号 6000）开展一系列材料学研究，目的是通过对材料的深入研究开发改良先进的材料供美国海军使用。该研究室有 7 个子部门：物质结构实验室、化学实验室、材料科学与技术实验室、计算机物理学与流体力学实验室、等离子体物理学实验室、电子科学与技术实验室以及生物分子科学与工程研究中心。

（3）海洋和大气科学与技术研究室（代号 7000）开展研究的领域包括声学、遥感、海洋学、海洋地球科学、海洋气象学及空间科学。该研究室有 6 个子部门：声学、遥感、海洋学、海洋地球科学、海洋气象学及空间科学。

（4）海军空间技术中心（代号 8000）是 NRL 在空间系统中所应用技术的聚焦点和综合集成部门。该中心提供了对空间系统开发与采办的系统工程和技术支持。该研究室有两个子部门：空间系统开发和航天器工程。

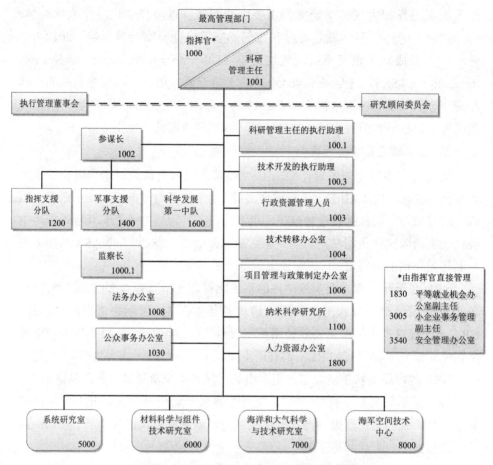

图 5-4　美国国防部海军研究实验室的组成结构

NRL 的运行管理主要由两个支持部门实现，具体如下。

（1）最高管理部门由 NRL 的指挥官直接领导。指挥官通常由一名海军上校担任，主要通过参谋长及其下属开展工作。其中的科学发展第一中队（Scientific Development Squadron ONE，VXS-1）位于马里兰州帕图克森特河的海军航空基地，为 NRL 和美国政府的其他部门提供航空运输研究设施，职能更像支持部门。

（2）商务运营部门为商务计划提供项目管理，以支持 NRL 各研究室的科研工作，具体包括为科研项目提供合同管理、财务管理和供应实践。

2001 年，在与 NRL 科研人员之间传统工作关系分离后，纳米科学研究所成立，以在材料学、电子学和生物学的领域开展多学科研究。这些科研人员可能既是纳米科学研究所的一部分，同时仍然开展他们在各自子部门的研究。

NRL 大部分的工作人员都是非军人，还有相对较少数量的海军军队人员或军官，此外，还有一部分支持的合同人员也在 NRL 内部工作。NRL 在确定人员薪酬方面具有特权，对其非军人雇员使用 Pay-Band（薪酬等级）薪酬系统，而非使用传统的 GS（Goal Setting，工作目标设定）薪酬系统。这给了 NRL 更多的灵活性，基于雇员的工作绩效和取得的成绩来支付薪酬，而非根据随时间晋升的级别或其他与资历相关的条件确定薪酬水平。在 NRL 有多个不同的 Pay-Band 群组，每个群组对应不同级别的非军人雇员。截至 2015 年 12 月 31 日，NRL 中享受 NP 薪酬系统的有 1615 名非军人科研 / 工程人员，享受 NR 薪酬系统的有 103 名非军人技术人员，享受 NO 薪酬系统的有 383 名非军人管理层专业人员，享受 NC 薪酬系统的有 238 名非军人管理层支持人员。根据 NRL 在 2016 年的统计报告，NRL 的非军人全职固定雇员中，有 870 名具有博士学位，417 名具有硕士学位，576 名具有学士学位。NRL 还招收博士后研究人员，在 2013 年博士后最佳工作单位调查中排名第 15。

NRL 主持开展一系列广泛的基础和科学研究与技术开发工作，这些对于海军来说非常重要。该实验室在漫长的历史中取得了科研上的重大突破和技术上的成就。但是由于其内设型实验室的属性和较高的密级，很多成就在很长时间内都不为人们所知。关于实验室对军队技术进步贡献的很多具体实例，经过几十年后被解密并被广泛地应用。在 2011 年，NRL 研究者发表了 1398 项不涉密的学术论文。2008 年，NRL 在全美国拥有纳米技术相关专利的研究机构中排名第 3，仅次于 IBM 和加利福尼亚大学。

5.1.4   空军研究实验室

美国空军研究实验室（Air Force Research Laboratory，AFRL）是一个科学研究组织，由美国空军物资司令部（Air Force Materiel Command，AFMC）管理，负责组织开展对可用的航空航天作战技术的发现、研发与集成，规划和实施美国空军的科学和技术项目，为美国在空中、太空和赛博空间的军事力量提供作战能力。该实验室掌控着美国空军在科研方面的全部经费，2006 年这些经费高达 24 亿美元。AFRL 的基本情况如表 5-4 所示。通过与 NRL 的对比可以发现，AFRL 偏好使用大写字母作为下属部门代号，而 NRL 则偏好使用数字。

表 5-4　美国国防部空军研究实验室的基本情况

内　容	概　况
成立时间	1997 年 10 月
隶属于	美国空军
类型	研究与开发型实验室
实验室规模	1224 名军人，4603 名非军人（2015 年数据）
驻地 / 司令部	怀特—帕特森空军基地，俄亥俄州
指挥官	Brig Gen Evan C. Dertien
副指挥官	Col. Paul Henderson
行政主任	Mr. Jack Blackhurst
首席技术官	Morley O. Stone 博士
互联网址	https://afresearchlab.com/，https://www.wpafb.af.mil/afrl/
上级部门	美国空军材料司令部
主要技术部门	航天系统研究室（代号：RQ）、定向能研究室（代号：RD）、信息研究室（代号：RI）、材料与制造研究室（代号：RX）、装备研究室（代号：RW）、传感器研究室（代号：RY）、航天飞行器研究室（代号：RV）、第 711 号人绩效联队（代号：711 HPW）、空军科研办公室（代号：AFOSR）
主要职能部门	两个核心管理部门（代号分别为：PA 和 DP）、计算部门（代号：RC）、安防办公室（代号：SE）、计划和项目管理部门（代号：XP）、小企业创新计划管理部门（代号：SB）、合同管理部门（代号：PK）、法务部门（代号：JA）、财务管理与审计部门（代号：FM）、监察长办公室（代号：IG）、工程与技术管理部门（代号：EN）、作战管理部门（代号：DO）

　　AFRL 于 1997 年 10 月在对美国空军内部科研资源整合的基础上正式成立，事实上，AFRL 的历史并非如此短暂，可追溯至 20 世纪 50 年代。该实验室将美国空军的 4 个实验室平台（怀特、菲利普斯、罗马和阿姆斯特朗）与美国空军科研办公室（Air Force Office of Scientific Research，AFOSR）进行合并，由一个独立的总部统一进行管理。该实验室包括 7 个技术研究室、1 个空军联队以及 AFOSR。每个技术研究室专攻一个战略方向，以支持 ARFL 的特殊使命，同时还负责与大学、合同商联合开展科研实验的特殊职能。该实验室自从成立后，进行了大量的科学试验和技术验证，合作者包括 NASA、DOE 国家实验室、DARPA，以及隶属于国防部的其他研究机构。其主要成就包括 X-37、X-53、HTV-3X、YAL-1A 以及高级战术激光器和战术卫星计划。未来该实验室可能面对的问题是，自 20 世纪 80 年代以来，美国没能根据需求提供足够的

科研人员，其 40% 的工作人员将于未来 20 年间陆续退休，导致无人可用。

需要注意的是，在本质属性上，AFRL 与 ARL 和 NRL 有一定差别，前者属于"科学研究组织（Scientific Research Organization）"，后两者则是"企业型研究实验室（Corporate Research Laboratory）"。称呼上的差异主要源于各实验室使命的不同。虽然同为 DoD 的内设型国家实验室，但是 AFRL 的职能更侧重于科学探索，因此，与大学和科研机构的合作相对较多；而 ARL 和 NRL 的职能更多体现在军事技术的研发和应用中，因此，与工业界私营企业的合作相对较多。同时 AFRL 的规模更为庞大，运行管理体系结构中的层次更多、分工更细。AFRL 这一特性，在其人员特性分布中也可以看出来，图 5-5 为基于 2015 财年统计结果给出的 AFRL 的人员构成比例。

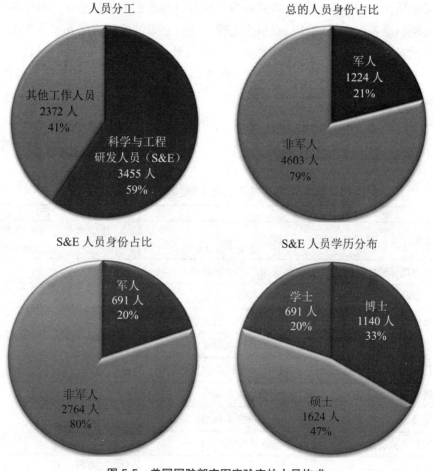

图 5-5　美国国防部空军实验室的人员构成

1. 空军研究实验室简史

1945年，美国空军剑桥研究实验室联盟成立。这些实验室在1945—2011年一直保持运营，后来在《2005年基地重组与关闭授权案》的要求下重组为莱特—帕特森空军基地和科特兰德空军基地。AFRL的前身可以认为是美国空军剑桥研究中心（Air Force Cambridge Research Center，AFCRC），是伴随冷战组建的研发组织，曾在1949年为数字雷达中继而发明了电话调制解调器通信。AFCRC于1945年由Henry H. Arnold将军建立，曾参与太空跟踪计划和半自主地面环境的研发。

AFRL的改组始于《古德沃特尔—尼尔克斯法案》的通过，该法案的目的是提高DoD对资源利用的效率。除了该法案，在冷战末期美国还开始了一系列对军队在经费和人员上的缩减，为从准备与苏联的全球战争中"解除战备"的过渡做准备。在20世纪90年代之前，美国空军的实验室体系扩展为13个不同的实验室和罗马空军发展中心，每个实验室都要向两条指挥线报告：向生产中心汇报人事情况，向美国空军系统司令部的科学与技术主任汇报经费预算目标。受限于经费和人员缩减的约束，美国空军只能将当时已有的研究实验室合并为4个"超级实验室"，时间是1990年12月，具体如表5-5所示。在同一历史时期，空军的系统司令部和后勤司令部合并，成立美国空军物资司令部，时间是1992年7月。

表 5-5　合并前后的美国国防部空军实验室

合 并 前	合 并 后
武器实验室，科特兰空军基地，新墨西哥州	菲利普斯实验室，科特兰空军基地
地球物理实验室，汉斯科姆空军基地，马萨诸塞州	
航天实验室，爱德华兹空军基地，加利福尼亚州	
航空电子实验室，怀特—帕特森空军基地，俄亥俄州	
电子技术实验室，怀特—帕特森空军基地，俄亥俄州	
飞行动力学实验室，怀特—帕特森空军基地，俄亥俄州	怀特实验室，怀特—帕特森空军基地，俄亥俄州
材料实验室，怀特—帕特森空军基地，俄亥俄州	
航空推进与动力实验室，怀特—帕特森空军基地，俄亥俄州	
武器装备实验室，埃格林空军基地，佛罗里达州	
罗姆航空发展中心，格雷菲斯空军基地，纽约州	罗姆实验室，格雷菲斯空军基地，纽约州

续表

合 并 前	合 并 后
人类资源实验室，布鲁克斯空军基地，得克萨斯州	阿姆斯特朗实验室，布鲁克斯空军基地，得克萨斯州
哈利 G. 阿姆斯特朗航空医学研究实验室，怀特—帕特森空军基地，俄亥俄州	
药物检测实验室，布鲁克斯空军基地，得克萨斯州	
职业与环境健康实验室，布鲁克斯空军基地，得克萨斯州	

空军各实验室最初的合并减轻了来自高层和经费预算方面的压力，同时，另一个建立统一实验室的推动来自《1996 财年国防授权法案》的第 277 节。该法案内容指导 DoD 产生了一个关于对所有国防实验室进行合并和重组的 5 年计划。当前的 ARFL 体系结构形成于 1997 年 10 月，由位于新墨西哥州阿尔布开克的菲利普斯实验室总部领导完成。这一建立统一实验室的方案由 Maj Gen Richard Paul 和 Gen Henry Viccellio Jr. 设计和坚持完成，AFRL 成立后，由 Maj Gen Richard Paul 担任 AFMC 科学与技术部的主任，Gen Henry Viccellio Jr. 则成为 AFRL 的第一任指挥官。

随着将美国空军下属的所有实验室合并为一个独立的实体，在各个实验区的所有办公室的历史职能也随之终止。所有对 AFRL 历史信息记录的职能转移到位于怀特—帕特森空军基地的 AFRL 总部的中心历史办公室。为了纪念组成 AFRL 的各前身实验室，新的 AFRL 延续原有实验室的名字，对它们改称实验区，这样就保留了每个前身实验室的独有历史。

2. 空军研究实验室近况

根据不同的研究领域，AFRL 分为 1 个总部、7 个技术研究室、1 个空军联队，以及空中科研办公室（AFOSR），其组成和地理分布如图 5-6 所示。

（1）AFRL 总部。设在怀特—帕特森空军基地（Air Force Base，AFB），负责运营 AFRL 主要的共享资源，也是 DoD 的 4 个高性能计算中心之一。该中心能够处理以前的计算平台无法处理的大尺度问题，并在一个包括政府、工业和学术界在内的协作环境中提供大量服务。

（2）航天系统研究室（代号：RQ）。总部设在怀特—帕特森 AFB，在爱德华兹 AFB 还有一个分部。航天系统研究室针对战略军事航天器的需求，领导开展前沿技术的开发和转化工作，重点领域包括航天器动力学、飞行控制、航天推进、能源、火箭推进、航天结构和涡轮发动机。通过开展项目研究，推动各类航天技术的发展，包括无人飞行器、航天发射、先进燃料、高超声速飞行器、未来空间打击和能源管理。

图 5-6　美国国防部空军研究实验室的组成与地理分布

（3）定向能研究室（代号：RD）。定向能研究室总部设在科特兰 AFB，是美国空军定向能武器和光学技术的研究中心，主攻 4 项核心技术：激光系统、高功率电磁学、武器建模与仿真、定向能和电光学的空间军事应用。定向能研究室拥有全美唯一一个兆瓦级机载激光器，也是地基空间侦察的领导部门。该研究室正在实现对能够降低电子系统伤害或避免被摧毁的反电子武器技术的转化。

（4）信息研究室（代号：RI）。总部设在纽约州罗姆市，信息研究室为航天指挥与控制开发信息技术，并向航空、空间和地面系统转移。其核心领域范围很广，包含信息融合与获取、通信与网络构建、协作环境、建模与仿真、防御信息战及情报信息系统技术。该研究室的科研和工程人员开发系统、方案和技术，以提高空军成功应对信息时代挑战的能力。除其主要任务外，该研究室还与联邦政府的其他部门、国家情报机构、大量联盟国家、州和地方政府，以及 50 多所知名大学开展科研合作。

（5）材料与制造研究室（代号：RX）。总部设在怀特—帕特森 AFB，在廷德尔 AFB 还有一个分部，材料与制造研究室为航天应用开发新材料、新工艺和新的制造技术。应用对象包括航空飞行器、航天飞行器、导弹、火箭和地基系统，以及这些装备的结构电子和光学器件。通过集中现代材料和分析设施，该研究室同时为空军武器系统采办办公室、地面组织和维修库房提供快速响应支持和实时解决方案，以应对与材料相关的困扰和难题。该研究室计划、执行和整合先进制造技术项目和可行的倡议，以解决与军事需求相关的制造工艺技术、计算机集成制造和性能提升。该研究室还负责处理环境问题的空军技术项目，并为空基装备提供材料领域的支持，包括跑道、基础设施和支撑技术，以实现远程兵力投送任务。

（6）装备研究室（代号：RW）。总部设在埃格林 AFB，装备研究室通过对科技的开发、演示和转化来支持、控制发射装备对地面固定、机动/非固定，以及空中和太空中目标的打击能力，以确保美国在空中和空间的战略优势。该研究室还开展基础研究、探索研究、先进技术研究和演示验证，同时参与技术转化、军民两用技术和以小企业开发为主的项目合作。该研究室的目标是致力于为空军提供一个强大的具有创新性和发展能力的技术基础，以支持未来向空军交付的武器装备能够消除对美国的可能潜在威胁。

（7）传感器研究室（代号：RY）。总部设在怀特—帕特森 AFB，传感器研究室通过领导开展科学发现、技术开发和集成可用的传感器与反制技术来支持空军。通过与 AFRL 其他研究室和 DoD 组织的合作，该研究室为空中和空间的侦察、监视、精确打击装备和电子战系统开发各类传感器。传感器研究室的愿景是提供先进的传感器和自适应的反制技术，以确保美国军队在空中、太空和赛博空间作战能获得最大自由度，并阻止美国的对手获得这些能力。该研究室的核心技术领域包括：射频与光电传感、传感器融合与开发、网络支持下的信息战，以及创新的技术设备和元器件。

（8）航天飞行器研究室（代号：RV）。总部设在科特兰 AFB，在阿拉斯加州高科纳还有一个分部，航天飞行器研究室是为美国航天研究与开发提供服务的"卓越中心"。该研究室通过对航天技术的研发和转化实现更有效、更经济地完成作战任务，其主要任务包括：天基监视（空间对空间、空间对地面）和空间能力保护（保护空间资产免受人为和自然影响）。该研究室还利用商业、民间和其他政府资源确保美国的国防优势，所针对的主要领域包括：防辐射电子技术、空间武器、空间结构与控制、天基传感、空间环境影响、自主机动、探空气球和卫星飞行实验。该研究室保持了一个由 900 多名来自军方、非军方及合同商组成的研究团队，以领导全国的空间优势研究和发展。

（9）第 711 号人绩效联队（代号：711 HPW）。总部设在怀特—帕特森 AFB，第 711 号人绩效联队是第一个以人为中心的作战联队，其将研究、教育和咨询职能整合到一个统一的组织中。该组织于 2008 年 3 月在 AFRL 指导下成立，其下包含：人效能研究室（代号：RH）、美国空军航空航天医学院（United States Air Force School of Aerospace Medicine，USAFSAM）和人绩效整合研究室（代号：HP）。该组织的主要任务领域包括：航天医学、科学技术及系统整合。

（10）空军科研办公室（代号：AFOSR）。AFOSR 位于阿灵顿的 AFRL 总部，其主要职能是作为资助外部研究的实体机构，而其他部门开展"内设型"研究，或以合同形式与外部实体开展合作研究。AFOSR 的主要研究任务是组织国际范围的科研和工程人员，开展与航空航天相关领域的长期的、基础广泛的研究。AFOSR 与其他政府机构、工业界和学术界建立了强大而富有成效的联盟，其近 80% 的研究是在学术界和工业界进行的，剩下的 20% 是在 AFRL 内部进行的。AFOSR 的基础研究项目经费被分配给大约 300 个学术机构、145 个合同商和超过 150 个 AFRL 内设型研究项目。

除了上述主要技术部门，AFRL 还拥有庞大的职能部门体系，以负责 AFRL 自身的管理和 AFRL 主导科研活动的管理。这些职能部门分为两个层次。第一层次与上述 9 个技术部门同级，设在 AFRL 总部，完成实验室级的运行管理任务，具体包括：2 个核心管理部门（代号分别为：PA 和 DP）、计算部门（代号：RC）、安防办公室（代号：SE）、计划和项目管理部门（代号：XP）、小企业创新计划管理部门（代号：SB）、合同管理部门（代号：PK）、法务部门（代号：JA）、财务管理与审计部门（代号：FM）、监察长办公室（代号：IG）、工程与技术管理部门（代号：EN）以及作战管理部门（代号：DO）。AFRL 的一个研究室与一个空军联队在规模上相当。在各技术部门内部，每个研究室由一定数量的研究组构成，典型的设置是在研究组之外至少有 3 个支持管理组。其中，运营与集成组为整个研究室提供具有良好构想并可执行的商务计算、人力资源管理以及商业开发服务，财务管理组管理财务资源，采购组提供签订"内设型"合同的职能。在任一给定实验区，这些支持管理组通常集中办公，以最小化运行管理成本。每个研究组进一步分为独立的分支机构，每个分支机构在规模上与空军的中队相当。

5.2　其他国家实验室

5.2.1　国家标准与技术研究院

美国国家标准与技术研究院（National Institute of Standards and Technology, NIST）是一个物理领域的科学实验室，也是美国商务部（United States

Department Of Commerce，DOC）下属的一个非管理性质的部门，其前身是美国国家标准局。NIST 的任务是推动创新和促进工业界的竞争。NIST 的各项任务按实验室计划的形式进行组织实施，包括：纳米尺度的科学与技术、工程、信息技术、中子研究，以及材料测量和物理测量。NIST 的基本情况如表 5-6 所示。

表 5-6　美国国家标准与技术研究院的基本情况

内　　容	概　　况
成立时间	1901 年 3 月 3 日，前身是国家标准局，1988 年更名为国家标准与技术研究院
类型	科学实验室，非管理性质的联邦政府部门
总部地址	盖瑟斯堡市，马里兰州
实验室规模	约 2900 人
年度经费	12 亿美元（2018 年数据）
最高领导	Walter Copan，商务部负责标准和技术的次部长，兼任国家标准与技术研究院主任
隶属于	美国商务部
互联网址	http://www.nist.gov

商务部是美国政府中负责促进经济增长的内阁部门，成立于 1903 年 2 月 14 日，总部设在华盛顿特区宪法大道赫伯特·C. 胡佛大楼 1401 号。DOC 负责美国国际贸易、进出口管制、贸易救济措施等。此外，与很多美国其他联邦政府部门一样，DOC 除具有行政职能外，还兼具决策咨询、科研管理甚至执行具体科研任务的职能。国家标准与技术研究院和国家海洋与大气管理局等，都是 DOC 下属以具体科研任务和科研管理为主要职能的机构，其核心职能与其他政府部门下属的国家实验室基本相同，因此在本文也纳入美国国家实验室范畴。本小节主要对 NIST 做简要介绍。

1. 国家标准与技术研究院简史

NIST 的历史可追溯至美国建国之初。1781 年批准的《联邦条例》中，就首次包含了对标准的制定和应用方面的条款，主要对象是金属和货币。此后，在 1789 年的《美国宪法》中，1790 年 1 月时任总统的乔治·华盛顿在他首次向国会的年度消息中，以及 1791 年 10 月 25 日的再次呼吁中，都曾提出过标准化的思想。但直到 1838 年，才制定出第一套标准。1830—1901 年，监督度量衡的职责由标准度量衡办公室执行，该办公室是美国财政部的一部分。

1901 年，作为对国会议员 James H. Southard 提出一项法案的响应，美国国家标准局成立，其任务是为重量和长度提供标准，同时国家标准局也被作为美国的国家物理实验室。当时的罗斯福总统任命 Samuel W. Stratton 为国家标准局的首任局长。国家标准局第一年的经费预算为 4 万美元。该局保管了作为美国计量标准的实物，并为美国的科研和商业用户提供计量服务。该局在华盛顿特区建立了一个实验区，并从欧洲国家的相关物理实验室购买各种仪器设备。除了质量和长度外，该局还研发了用于测量电子单位和光学单位的测量仪器，并于 1905 年召开了第一次"全国度量衡会议"。

国家标准局最初被设想为一个纯粹的计量机构，在 Herbert Hoover 的领导下设立了一些部门来制定材料和产品的商业标准。其中一些标准是为政府使用的产品制定的，但产品标准也影响了私营部门的消费。所开发出的产品质量标准主要针对特种织物、汽车制动系统和前大灯、防冻剂和电气安全等。在第一次世界大战期间，该局参与了与战时生产有关的多个问题的解决，甚至在欧洲供应中断的情况下利用自己的设备生产光学玻璃等战争物资。在第一次世界大战和二战之间，该局的 Harry Diamond 研发出一种对无线电飞机着陆系统的盲测方法。二战期间，该局开展了军事研究与开发，具体包括无线电传播预测方法及其应用、近距离引信以及最初用于"鸽子计划（Project Pigeon）"的标准机身设计，还包括用于二战的自主雷达制导的"蝙蝠（Bat）"反舰制导炸弹和"翠鸟（Kingfisher）"系列鱼雷系统发射导弹。

1948 年，在美国空军的资助下，该局开始设计和建造标准东部自动计算机（Standards Eastern Automatic Computer，SEAC）。这台计算机于 1950 年 5 月投入应用，使用的是真空管和固态二极管的逻辑组合。大约在同一时间，标准西部自动计算机（Standard Western Automatic Computer，SWAC）由 Harry Huskey 在美国国家统计局的洛杉矶办公室研制成功，并用于那里的研究。1954 年，该局还为信号部队制造了一款名为 DYSEAC 的该型号计算机的移动版本。

由于使命的转变，1988 年 8 月，经美国总统批准，"国家标准局"正式更名为"国家标准技术研究院"。NIST 下设 4 个研究所：国家计量研究所、国家工程研究所、材料科学和工程研究所以及计算机科学技术研究所。所下设中心，中心下分组，组下设实验室，形成 3 层运行管理结构。其中，计算机科学技术研究所负责发展联邦信息处理标准，参与发展商用自动数据处理（Automatic Data Processing，ADP）标准，开展关于自动数据处理、计算机及有关系统的研究工作；在制定联邦自动数据处理政策方面向白宫管理和预算办公室以及国会总审计局提供科学和技术咨询；在计算机科学和技术方面向政府其他机构提供咨询和技术帮助。为完成各项具体任务，保持计算机科学和技术的能力，该研究所设有程序科学与技术和计算机两个中心。

1990 年，NIST 进行重大改组，改设电子电工、制造工程、化学科学技术、物理、建筑防火、计算机与应用数学、材料科学工程以及计算机系统 8 个研究所。另外，NIST 在科罗拉多州有一个分部，从事电磁、时频、无线电、光纤计量和材料实验研究。

2001 年 9 月 11 日之后，NIST 对世贸中心大楼的倒塌事件进行了官方调查。

2. 国家标准与技术研究院近况

一个多世纪以来，NIST 成功地完成了美国联邦政府赋予其的职能，消除了美国工业竞争力所面临的挑战，摆脱了美国工业水平落后于英国、德国和其他经济竞争对手的窘境。时至今日，从智能电网和电子健康记录到原子钟、先进的纳米材料和计算机芯片，无数的产品和服务在某种程度上依赖于 NIST 提供的技术、测量和标准。NIST 支持了从最小的技术到最大、最复杂的人造物——从一根头发丝就能容纳数万个纳米级设备到抗震的摩天大楼和全球通信网络。

NIST 的科研人员主要从事生物技术、化学、半导体电子学、陶瓷、物理学、光电子学、防火、聚合物、信息技术、制造工程和计量科学等方面的研究。NIST 每年的运行经费大约为 86.4 亿美元。目前 NIST 拥有 4600 多位研究人员和流动人员，其中，科研、技术、后勤和管理人员有 3000 多人，包括 2 位诺贝尔奖获得者；另外，还有 1600 余名客座研究人员。此外，NIST 在全国的附属中心还有 2000 名制造业专家和工作人员。

NIST 的主要职能包含以下几个方面。

❑ 建立国家计量基准与标准。
❑ 发展为工业和国防服务的测试技术。
❑ 提供研制与销售标准服务。
❑ 提供计量检定和校准服务。
❑ 参加标准化技术委员会并制定标准。
❑ 进行技术转让，帮助中小型企业开发新产品。

此外，NIST 还承担防火、抗地震技术及应用计算技术等研究工作。

NIST 的组成结构如图 5-7 所示，其最高领导是研究院的主任，由 DOC 负责标准和技术的次部长兼任。同时，在 DOC 下还有一个与 NIST 行政上平级的部门——国家技术信息服务局（National Technical Information Service，NTIS）。与 NIST 不同的是，NTIS 的主要任务是联合与组织由美国联邦政府发起的研究和开发项目，为私营企业、政府、学术界和公众提供相关科学、技术、工程和商业信息。NTIS 与 NIST 在职能上有一定关联。NIST 的具体工作由 3 位副主任领导完成。其中，负责实验室项目的副主任负责对 NIST 下属的实验室进行管理；负责创新与工业服务的副主任主要负责对 NIST 领导的三大计划进行管理；负责资源管理的副主任主要负责 NIST 的运行管理工作。

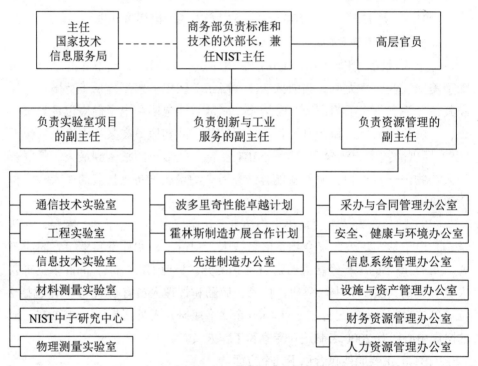

图 5-7　美国国家标准与技术研究院的组成结构

2010 年 10 月 1 日，NIST 对其下属的实验室进行了改组，从原来的 10 个减少到 6 个，具体如下。

（1）通信技术实验室（Communications Technology Laboratory，CTL）成立于 2014 年，旨在将与 NIST 的许多无线通信相关的研究联合成一个统一的研发组织。通过对物理现象、材料性能和复杂的高速通信系统的计量和研究，CTL 为正在进行的无线革命提供所依赖的技术基础。

（2）工程实验室（Engineering Laboratory，EL）通过提高工程系统的测量所涉及的科学、标准和技术，以提高经济安全并改善生活质量，促进美国的创新和工业竞争力。致力于成为世界测量科学、标准和技术的引领者，以通过工程系统的创新实现造福社会的根本目的。

（3）信息技术实验室（Information Technology Laboratory，ITL）是全球公认和可信的高质量、独立和公正的研究和数据的来源。作为一个涵盖计算机科学、数学、统计和系统工程等广泛领域的世界级测量和测试实验室，ITL 通过项目研究支持 NIST 的使命，即通过推动测量相关的科学、标准和相关技术来促进美国的创新和产业竞争力。

（4）材料测量实验室（Material Measurement Laboratory，MML）。作为 NIST 的两个计量实验室之一，MML 通过作为化学、生物和材料科学测量的国家参考实验室来支持 NIST 的使命。其任务范围从工业、生物和环境材料以及工艺的组成、结构和性能的基础研究与应用研究，到参考测量程序、认证参考材料、关键评估数据及最佳实践指导的开发和推广，从而实现对测量质量的保障。

（5）NIST 中子研究中心（NIST Center for Neutron Research，NCNR）的主要任务是向美国研究部门提供中子测量能力支持。NCNR 作为拥有热中子和冷中子的国家研究中心，为所有符合条件的申请人提供独有的仪器设备支持。其主要使命包括：安全运营 NCNR，使其成为高效的国家资源；利用中子技术开展广泛的研究，并开发和应用新的中子测量技术；为工业界、大学和其他政府机构的中子相关研究人员提供国家资源。

（6）物理测量实验室（Physical Measurement Laboratory，PML）的任务范围包括从基础测量研究到提供测量服务、标准和数据。通过与工业界、大学、专业的标准制定机构以及其他政府机构合作，将其测量能力应用于具有国家重要性的问题。所支持的研究领域包括：通信、国防、电子、能源、环境、卫生、照明、制造、微电子、辐射、遥感、空间和交通。根据国家需要生成、评估和编辑原子、分子、光学、电离辐射、电子和电磁数据，测量和提高基本物理常数的精度，开发和运行测量科学和计量学所需的主要辐射源。

除了上述内部实验室，NIST 的一个独特之处是引领外部计划（Extramural Program）研究，主要包括三大计划，具体如下。

（1）波多里奇性能卓越计划综合运用奖励、框架体系，先进管理方法和支撑工具来实现对各种类型企业的综合管理，以提高整体效率，促进各类企业特别是中小企业的良性发展。

（2）霍林斯制造扩展合作计划（Hollings Manufacturing Extension Partnership，

HMEP）是一个全国性的中心网络，帮助中小型制造商创造和保留工作岗位，通过工艺改进提高效率，减少浪费，并通过创新和增长战略增加市场渗透。

（3）先进制造办公室（Office of Advanced Manufacturing，OAM）是落实2014年美国国会通过的《振兴美国制造业和创新法案》（Revitalize American Manufacturing and Innovation Act，RAMI）的专职机构，旨在管理 NIST 在先进制造领域的拓展，包括为 AMTech 和开放主题竞争制造研究机构等提供联邦财政资助。

依靠内部实验室和外部引领计划，NIST 努力实现其目标：成为在计量和标准技术方面的全球领导者，为国家创造突出价值。

5.2.2 冷泉港实验室

本小节以冷泉港实验室（Cold Spring Harbor Laboratory，CSHL）为例，介绍重要民营科研机构中的 COCO 类型的国家实验室。

CSHL 成立于 1890 年，通过开展癌症、神经科学、植物生物学和定量生物学等领域的研究，形成了美国乃至全世界当代的生物医学研究和教育重要平台。CSHL 虽然是私营的非营利实验室，但在学术界具有重要地位，其中共产生 8 位诺贝尔奖得主。现有 1200 名员工，其中包括 600 名科学家、学生和技术人员。通过会议和课程计划的形式，CSHL 在美国长岛和中国苏州的校区每年要接待 12 000 多名科研人员。CSHL 的教育部门还包括 1 个学术出版社、1 所研究生院和针对初高中学生、教师的项目管理部门。冷泉港实验室的基本情况如表 5-7 所示。

表 5-7 美国冷泉港实验室的基本情况

内　　容	概　　况
成立时间	1890 年
类型	私营、非营利的医学科学实验室
地址	长岛市，纽约州
实验室规模	约 1200 人
年度经费	1.5 亿美元
实验区面积	100 英亩
最高领导	Bruce Stillman
互联网址	http://www.cshl.edu，www.dnalc-asia.org（冷泉港亚洲 DNA 学习中心）

1. 冷泉港实验室简史

1890 年，CSHL 的前身生物实验室成立，这是一个专为大学和高中教师开设的研究动物学、植物学、比较解剖学和自然科学的暑期项目。这个项目是由 Eugene G. Blackford 和布鲁克林艺术与科学研究所的所长 Franklin Hooper 共同发起的。1904 年，华盛顿的卡内基研究所在邻近的冷泉港建立了实验进化站。1921 年，该站被改组为卡内基研究所的遗传学部。

1910—1939 年，该实验室成为优生学记录办公室（Eugenics Record Office，ERO）的基础平台。ERO 所开展关于种族差异的研究在一定程度上影响了 20 世纪上半叶美国的移民政策。

冷泉港卡内基研究所的科学家们对遗传学和医学做出了许多贡献。1908 年，George H. Shull 发现了杂交玉米及其背后的遗传原理，称之为杂种优势。该发现成为现代农业遗传学的基础。Clarence C. Little 在 1916 年发现的日本圆舞病鼠可移植性肉瘤易感性遗传的成就被认为是最早发现癌症遗传成分的科学家之一。1928 年，E. Carleton MacDowell 发现了一种叫作 C58 的小鼠生理变化，发展出了自发白血病——一种早期的小鼠癌症模型。1933 年，Oscar Riddle 分离出催乳素、乳汁分泌激素；同期 Wilbur Swingle 参与发现了用于治疗阿狄森氏病的肾上腺皮质激素。

1941 年，Milislav Demerec 被任命为实验室主任，他将实验室的研究重点转移到微生物的遗传学上，研究人员开始研究该基因的生化功能。二战期间，该实验室的研究成果使青霉素的产量大幅度增加。此后的几十年间，实验室的研究对象包括癌症、神经生物学、植物遗传学、基因组学以及生物信息学，其主要成就在分子生物学领域。

1962 年，华盛顿卡内基研究所不再支持遗传学部，该部与生物实验室正式合并，成为冷泉港定量生物学实验室；1970 年更名为冷泉港实验室并保持至今。John F. Cairns 被任命为合并后的冷泉港实验室的首任主任，其贡献是在华盛顿卡内基研究所不再为实验室提供经费支持的情况下使其保持稳定并健康发展，直至 1968 年 James D. Watson 成为其继任。

James D. Watson 自 1968—1994 年一直担任 CSHL 的主任，他将实验室的研究重点转移到癌症研究领域，使 CSHL 进一步发展壮大。

1994 年至今，生物化学家和癌症生物学家 Bruce Stillman 一直担任 CSHL 的主任，并从 2003 年开始担任董事长。Bruce Stillman 主持了实验室的一次大规模扩建，自他担任主任以来，实验室的规模扩大了两倍。CSHL 于 2009 年在 Hillside 校区建成了 6 座相连的实验室大楼，为癌症和神经科学研究增加了急需的新实验室空间，同时也为一个新的定量生物学项目提供了空间，让数学、计算机科学、统计学和物理学的专家来解决生物学中的问题。

CSHL 诞生了 8 位诺贝尔奖获得者，如表 5-8 所示。这些成就即使在其他类型的美国国家实验室中，也是不多见的。

表 5-8　美国冷泉港实验室产生的诺贝尔奖得主

序　　号	获奖年度	获奖者	主要成就
1	2009	Carol Greider	发现了细胞衰老与染色体端粒损伤之间的关系，即染色体是如何被端粒和端粒酶保护的
2	1993	Richard J. Roberts	发现了揭示 RNA 剪接机制的不连续或"分裂"基因
3		Phillip A. Sharp	
4	1983	Barbara McClintock	发现了可移动的遗传元素
5		Max Delbrück	
6	1969	Salvador Luria	发现了病毒的复制机制和遗传结构
7		Alfred Hershey	
8	1962	James D. Watson	在核酸分子结构方面的发现及其对生物材料信息传递的意义

2. 冷泉港实验室近况

当前，CSHL 的研究主要集中于 5 大领域，分别是：癌症学、神经系统科学、植物生物学、基因组学和定量生物学。整个实验室实施扁平化管理结构，除高层领导和董事会之外，实验室分为科研、教育和运行管理三大部分。

（1）科研方面，以顶级科学家为核心，形成独立的研究团队。当前 CSHL 共包含 62 个独立的专业实验室。

（2）教育方面，分设班伯里中心、CSHL 出版社、DNA 学习中心、会议与课程项目部、董事会办公室、沃森生物科学院 6 个部门。

（3）运行管理方面，分设 12 个机构，分别是：商务开发与技术转化部、餐饮服务部、发展部、设施设备管理部、财务部、人力资源部、信息技术部、法务部、图书档案馆、采购部、公共事务部和发起者项目部。

CSHL 在 2018 财年的经费构成如图 5-8 所示。

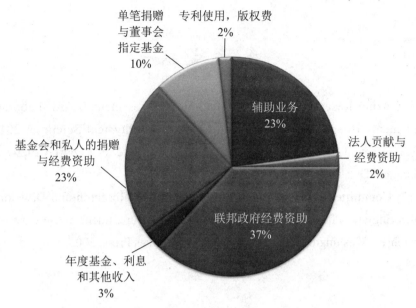

图 5-8　美国冷泉港实验室的 2018 年度收入构成

冷泉港实验室的科研工作是众多科学家集体协作的成果，具有世界影响力。每年，实验室还举办大约 20 场学术会议，加强交流与互动，吸引来自世界各地的 7000 多位科研人士参与。冷泉港实验室的科学家们还与其他实验室和大学，以及生物科技和制药行业的科研人员合作，旨在把基础科研领域的新进展转化为拯救生命、丰富生活的实践。冷泉港实验室资源丰富，环境优美，年轻的科研人员都非常有兴趣在这里进行研究工作。

除此之外，CSHL 的另一特色是与中国的合作关系。冷泉港亚洲 DNA 学习中心坐落于中国苏州，由苏州工业园区管委会与 CSHL 合作成立于 2015 年 7 月，为目前亚太最大、国内首家专注于基因科学教育及知识分享的机构。中心的筹办和建立得到了 DNA 双螺旋结构发现者之一、诺贝尔奖得主詹姆斯·沃森博士的大力支持和亲自关怀。学习中心占地约 2.5 hm^2，总建筑面积 0.4455 hm^2。目前设有 8 个设施一流的教学实验室，配备先进的实验设备，拥有强大的国际教学团队，为学生和教师提供生物方面专业的课程和讲座。学习中心致力于向大众普及生命科学知识，分享基因科学教育研究的进展，让更多的人领略生命在分子层面的精妙和美丽，提高青少年学生发现问题和实际动手解决问题的能力。学习中心先后获得江苏省科普基地、苏州工业园区生物医药科技教育基地等殊荣。

参考文献

[1] Army Research Laboratory Technical Assessment Board, Laboratory Assessments Board, Division on Engineering and Physical Sciences. 2019—2020 Assessment of the Army Research Laboratory: Interim Report（2020）[R]. Washington, DC: The National Academies Press, 2020.

[2] Committee on Department of Defense Basic Research and Division on Engineering and Physical Sciences. Assessment of Department of Defense Basic Research[R]. Washington, DC: The National Academies Press, 2005.

下篇
美国国家实验室的运行管理

联邦政府资助实验室开展的科学研究，不能代替或排挤私营公司和基于高校的研究。

科学研究应该以科学和国家的需求为驱动，而非特殊的政治兴趣。

华盛顿应该实施对国家实验室顶层监管，而非微观管理。

——美国国会咨文《对能源部国家实验室和科学活动的监督与管理》

第 6 章　美国国家实验室的管理体制和运行机制

通过上篇的介绍，可以对美国国家实验室体系有一个相对清晰的概念。但是，正如前文所述，美国联邦政府没有全国统一的科技管理部门，因此，对美国国家实验室体系的管理呈现一种非常"混乱"的状态；同时，包括国家实验室在内的各级各类实验室和研究组织在命名上的随意性加剧了这种"混乱"状态。那么，美国国家实验室体系是如何在"混乱"的表象下较好地发挥国家顶级科研平台职能，完美填补了大学和工业界无法支持的重要、持续性的国家使命任务和社会服务需求的？在"混乱"和"有效"之间到底是什么在发挥作用？这正是本书下篇所要回答的问题。

6.1　概　述

科学合理的管理体制和运行机制对保障美国国家实验室的建设和运行具有重要作用。不论是哪个联邦政府部门，还是哪一类国家实验室，其成功经验充分表明，一流的国家实验室必然拥有一流的管理体制和一流的运行机制。管理体制和运行机制直接或间接地影响国家实验室作用和效能的发挥。

管理体制，简单地说，就是管理决策的形成和传递的形式。管理体制是管理系统的结构和组成方式，即采用怎样的组织形式以及如何将这些组织形式结合成一个合理的有机系统，并以怎样的手段、方法来实现管理的任务和目的。具体地说，管理的体制是规定联邦政府、实验室发起者、依托单位、合作机构和其他相关部门在各自方面的管理范围、权限职责、利益及其相互关系的准则。它的核心是管理机构的设置、各管理机构职权的分配以及各机构间的相互协调。

它的强弱直接影响到管理的效率和效能，在整个国家实验室体系的管理中起着决定性作用。进一步地，可将管理体制看作由管理制度和实现管理制度的管理系统构成的有机整体。根据管理系统和管理对象的不同，管理体制也各不相同。

运行机制，是指在人类社会有规律的运动中，影响这种运动的各因素的结构、功能及其相互关系，以及这些因素产生影响、发挥功能的作用过程和作用原理及其运行方式，是引导和制约决策并与人、财、物相关的各项活动的基本准则及相应制度，是决定行为的内外因素及相互关系的总称。各种因素相互联系、相互作用。要保证社会各项工作的目标和任务真正实现，必须建立一套协调、灵活、高效的运行机制，如市场运行机制、竞争运行机制和企业运行机制。从系统科学角度分析，运行机制是事物各组成部分为实现整体目标，发挥各自功能，而相互联系与制约，所形成的结构、依据的原理、呈现的状态。

广义而论，体制和机制都属于制度范畴。一般而言，体制是相对宏观与静态的，涉及的是组织结构的设置与各机构职能的划分；机制则是相对微观与动态的，涉及的是组织各机构或要素在实现组织功能的过程中所体现的一种动态关系。而机制既然是动态的，那么也是不可见的，必须要有相应的载体作为其实现的途径，而制度与体制就是机制在实践中得以体现的载体。

运行机制与管理体制的区别在于：运行机制指的是有机体的构造、功能和相互关系，泛指一个工作系统的组织或部分之间相互作用的过程和方式，如市场机制、竞争机制、用人机制等。管理体制指的是国家机关、企业、事业单位等的组织制度，如学校体制、领导体制、政治体制等。两个词的中心语和使用范围不一样，运行机制由有机体喻指一般事物，重在事物内部各部分的机理，即相互关系；管理体制指的是有关组织形式的制度，限于上下之间有层级关系的国家机关、企事业单位。"体制决定机制，机制决定活力。"

对于国家实验室来说，管理体制和运行机制是一个有机的整体，密不可分。一方面，国家实验室更多地强调自我管理，外界因素往往只起促进和支撑作用，国家实验室既是管理的实施系统，也是管理的对象；另一方面，许多美国国家实验室还承担着引领某个重大科研计划、某一特殊研究领域的实施，包括对科研项目的监管和支撑，因此，其运行管理的体制更完备，机制更高效。

6.2　体系架构

美国国家实验室体系的运行管理架构如图 6-1 所示，大体可分为上层监督管理和下层自我管理两大块。上层监督管理主要来自美国联邦政府的最高权力机构、联邦政府各业务部门，以及由这两大类政府部门授权委托的机构和部门。下层自我管理主要是国家实验室内部的管理，由实验室的代理监管部门或依托单位具体实施，并根据要求定期向上层监督管理部门汇报。下层自我管理又可分为实验室运行管理和实验室研发管理两大部分，分别负责对实验室日常运行和所开展的科学与工程任务进行管理。另外，由于大多数美国国家实验室除了承担科研和开发任务外，还负责科研管理及相关使命，因此，在下层自我管理中还包含很大一部分内容——对外管理，即由国家实验室负责的对外管理，包含项目管理、设施设备管理、服务咨询管理等。上层监督管理与下层自我管理之间以各种灵活有效的方式实现相互衔接，并且因国家实验室的属性和类别的不同而有所差异，一般可分为直接行政关系、合同管理、董事会制度等几种模式，或几种模式的复合。

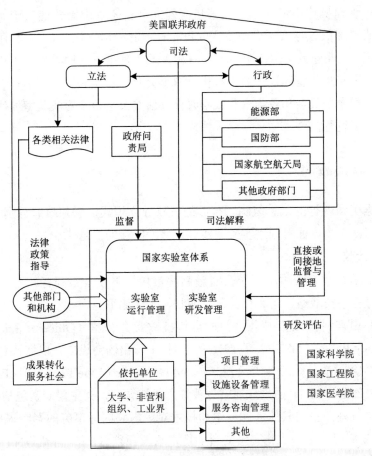

图 6-1　美国国家实验室体系的运行管理架构

美国作为典型的三权分立的国家，在国家实验室监管的顶层，立法、司法、行政的职能是完整的。但是由于美国没有全国统一的科技管理部门，因此，联邦政府对国家实验室的上层监督管理是以"分—总—分"模式实施的。首先，是以顶层的最高行政领导（总统）、立法部门和司法部门以命令和法律形式，批准国家实验室的设立和各类活动；其次，由联邦政府下属各业务局依据命令和法律，指导国家实验室上层领导部门完成顶层规划和重大决策，如国家实验室选址、使命变更等；最后，由各业务局根据国家实验室建设和运行情况，将有关法律法规固化并以此为上位法指导国家实验室及其依托单位完成其内部的运行管理。

国家实验室内部，则普遍实施事务性管理与科研管理分开的模式，分别由两套管理机构负责实施。对于"内设型"和GOGO类型的国家实验室，运行管理机构由上级部门委派或相关机构兼任；对于GOCO和纯私营国家实验室，运行管理机构由依托单位或其自身建立。科研管理则普遍实施课题负责制，由研究部门领导或课题负责人（Principle Investigator，PI）以科研计划或独立的项目/课题为单位，负责与科研相关的管理事宜。同时，出于权力分散的考虑，国家实验室还设有监察机构、董事会负责对实验室内部运行管理的监督，设有学术委员会和各类永久或临时性评估委员会负责对实验室科研和开发成果的水平进行监督。

6.2.1　联邦政府

根据美国现行的以总统制为核心的三权分立模式，联邦政府分别从行政、立法和司法3个方面对国家实验室实施直接或间接的监管。

1. 行政

在美国行政系统中，总统具有最高决策权，下设一系列行政部门直接辅助总统进行科技战略决策和相关预算编制，具体如下。

（1）白宫科技政策办公室。白宫科技政策办公室（Office of Science and Technology Policy，OSTP）于1976年5月11日由国会设立，以取代总统科学顾问委员会，是总统行政办公室（Executive Office of the President，EOP）的重要组成部分。OSTP的主任通常也被称为总统顾问，其主要职责包括：① 向总统及总统办公室的其他人就科学和技术对国内和国际事务的影响提出建议；② 牵头多部门制定和实施完整的科学技术政策和预算；③ 与私营部门合作以确保联邦政府对科技的投入能够促进经济繁荣、环境改善，保障国家安全；

④ 在联邦政府、州政府、地方政府，以及国家和科学团体之间建立强有力的合作关系；⑤ 评估联邦政府在科学和技术方面举措的规模、质量和成效。

在特朗普任期内，OSTP 的工作人员从 135 人一度降至 45 人，主任一职也空缺了两年多，这也是 OSTP 成立以来该职位空缺最长的时间。当前由大气科学家 Kelvin Droegemeier 担任主任。

（2）国家科学技术委员会。美国国家科学技术委员会（National Science and Technology Council，NSTC）于 1993 年 11 月 23 日依据第 12881 号行政命令成立，作为内阁级别的委员会，是美国联邦政府行政部门内协调科学和技术政策的主要手段，这些政策跨越组成联邦研究和开发企业的各种实体。NSTC 由总统和科学技术政策办公室主任担任主席，成员由副总统、内阁部长和承担重要科学技术责任的机构负责人组成，必要时成员中还要加入其他白宫官员。

NSTC 的重要使命是为联邦政府的科学和技术投资制订明确的国家目标，所涉及的范围广泛，几乎涵盖行政部门的所有任务领域。NSTC 制定研究和发展战略，并协调各联邦政府部门，形成旨在实现多个国家目标的一揽子投资计划。

NSTC 的工作在其 5 个子委员会的支持下完成，分别是科学，技术，环境、自然资源与国土，科学、技术、工程和数学（Science, Technology, Engineering and Mathematics，STEM）教育，科技企业与国家安全。每个子委员会对其下属不同科技领域的分委员会和工作组进行监督，并致力于协调整个联邦政府的工作。

（3）总统科技顾问委员会。美国的总统科技顾问委员会（President's Council of Advisors on Science and Technology，PCAST）是一个在每届联邦政府中授权（或重新授权）的民间咨询委员会，其主要任务是为总统和总统执行办公室提供科学与技术方面的建议。PCAST 最早可追溯至罗斯福总统在 1933 年成立的科学顾问委员会。当前的 PCAST 是 2001 年 9 月 30 日由乔治·布什总统颁布的第 13226 号行政令授权设立的，2010 年 4 月 21 日由奥巴马总统颁布的第 13539 号行政令重新授权，最近一次由特朗普总统于 2019 年 10 月 22 日颁布的第 13895 号行政令重新授权。总统科技顾问和总统指定的一个非政府部门代表共同主持 PCAST，成员由总统直接任命，主要包括美国产业界、教育界、研究院所和非政府机构的知名科学家，自成立以来规模一直在扩大，目前共有 18 名成员加上 OSTP 主任组成；行政关系上 PCAST 隶属于 OSTP。PCAST 与 NSTC 在科技决策方面相辅相成，NSTC 代表联邦政府，从政府官方角度制订符合国家目标的科技发展计划；而 PCAST 则代表倡导组织

（Interest Groups），从民间角度对此进行评估，并提供反馈意见，促使这些计划更加合理可行，同时，还积极向 NSTC 提出事关国家发展的科技问题的建议。

（4）白宫管理和预算办公室。白宫管理和预算办公室（Office of Management and Budget，OMB）可以说是美国联邦政府中最具实权的部门，也是美国总统执行办公室（Executive Office of the President of the United States，EOP）中最大的办公室，其最重要的职能是形成总统提交国会审议的预算方案，与国会就预算进行沟通，并负责监督政府各行政部门的预算执行情况。同时，OMB 也衡量各政府部门的方案、政策和规程的质量水平，以确定是否符合总统的施政纲领。OMB 通过评估各部门上报的计划、政策、报告、规定等，与 OSTP 一起制定预算的优先领域及每年的部门预算。具体而言，OMB 首先汇总各联邦部门的预算支出计划，经初步研究审核后提交总统核准；然后在总统批准该年度政府预算的基本框架基础上，OMB 与各部门商议确定具体的支出计划，核定各部门的年度财政预算。自 2002 年起，OMB 推出了项目绩效评估等级工具（Program Assessment Rating Tool，PART），对各部门预算项目进行评估，评估结果成为预算制定的重要参考。

（5）美国创新办公室。美国创新办公室（Office of American Innovation，OAI）是特朗普政府于 2017 年 3 月 27 日在白宫设立的办公室。该办公室的目的如下："就改善政府运作和服务的政策和计划向总统提出建议，改善美国人当前和未来的生活质量，并刺激就业机会的创造。"但是，从特朗普总统上任后的表现来看，OAI 似乎对国家实验室这种典型的非商业科研组织并不是特别感兴趣。

（6）各州政府相关机构。美国的州政府在科技方面的职权与联邦政府有明确分工。在技术利用、发展和推广服务等方面，州政府可从自身职权范围出发，采取有关政策措施加以促进。例如，通过改进本地教育提高科学教育水平；通过成立各种非政府、非营利机构，提供技术开发和成果推广服务；通过营造良好的科研环境和投资环境，吸引高科技企业。美国州政府的这些具体工作与美国国家实验室的具体业务相差较远，因此在本文不再予以讨论。

2．立法

美国的立法机构是国会，主要通过立法推动科技政策的制定和实施，对科研活动也起到一定的监督作用。美国联邦政府的科技计划和预算须经国会审议并通过，经总统签署后才能生效。国会影响联邦政府科技决策的委员会主要有两个：一个是授权委员会，通过颁布法令对科研机构进行授权；另一个是拨款委员会,对科技计划和科研机构分配经费。年度预算由 13 项拨款法案构成,每项法案由众议院和参议院的授权委员会分别进行讨论。众议院涉及科技事务最多的授权委员会是科学委员会,下设基础研究、能源和环境、航天和航空、技术 4 个小组委员会。参议院涉及科技事务最多的授权委员会是商务、科学与运输委员会,下设 5 个小组委员会,分别负责航空、通信、消费者事务、海洋与渔业、科技与空间、陆运与海运等领域。国会参、众两院各种常设会议中与科技密切相关的会议有 20 多个。国会还下设 3 个与科技相关的支撑机构,分别是国会研究服务局(Congressional Research Service,CRS)、政府问责局(Government Accountability Office,GAO)和立法顾问办公室(Office of Legislative Counsel,OLC)。这些机构对全国科技立法、大型科技项目审批和拨款起决定性作用。它们有权单独委托有关科研部门组成特别咨询小组,对任何科研项目的有关疑点进行质询,对其可行性进行评估认证,还可要求联邦政府有关部门对某些项目重新进行设计。特别咨询小组由委托部门聘请相关领域知名科学家、教授、专业人士及工商企业界高级管理人员组成。

美国与其国家实验室体系以及科学和技术、科技创新等相关的法律法规大体可分为以下两大类。

(1)直接法。直接法是与国家实验室设立与运行管理直接相关的法律,其最典型的代表如美国《联邦规章典》第 48 卷第 35 款第 17 节:《联邦政府资助的研究与发展中心》。该法共分为 8 个部分。

首先是法律条文的概述部分,对 FFRDC 做简要介绍,并给出"发起者"等几个重要定义。

第 1 节 发起协议:明确联邦政府部门作为 FFRDC 发起者,与 FFRDC 之间的长期关系,确立 FFRDC 的使命,并确保对 FFRDC 定期进行再评估。

第 2 节 建立或更改 FFRDC:为了建立 FFRDC 或更改已有 FFRDC 的目标和使命时,发起者应确保的先决条件。

第 3 节 应用 FFRDC:发起者或非发起者应用 FFRDC 的能力和资源时,所应满足的条件和所需遵循的程序和要求。

第 4 节 评估 FFRDC:在发起者对与 FFRDC 的合同或协议进行续签之前,需要对该 FFRDC 的应用和需求情况进行全面的评估。

第 5 节 撤销 FFRDC:当发起者不再需要 FFRDC 所提供的能力时,其发起权利可以转移给其他联邦政府机构,新的政府机构继续充当该 FFRDC 的发起者。但如果没有合适的发起者完成转移,则该 FFRDC 应逐步淘汰。

第 6 节 FFRDC 列表管理:明确由国家科学基金会(NSF)维护 FFRDC

的总清单，主发起者需要向 NSF 提供每个 FFRDC 的重要信息。

第 7 节 对组建新 FFRDC 的限制：依据《美国法典》第 10 卷第 2367 节：《应用联邦政府资助的研究与发展中心》，对 DoD 及其下属三军总部、DOT 和 NASA 在组建新的 FFRDC 方面的具体限制。

类似的还有《美国法典》第 10 卷第 2304（c）（3）（B）节，对 DoD 与 UARC 签订运行合同做了详细规约。此外，如设立 NASA 的《美国国家航空航天法案》等，也可算作美国国家实验室的直接法范畴。

（2）间接法。间接法即与国家实验室在科技创新方面相关的各种法律法规，涵盖了基本法、科技创新和知识产权相关的各个方面，具体如下。

1980 年的《史蒂文森—怀德勒技术创新法案》。该法是这一系列法案当中第一部定义和促进技术转让的法律，它主要以联邦实验室为规范客体，允许联邦实验室将技术移转给产业界，并要求其在产学研技术合作中发挥积极作用；要求联邦实验室对外发布信息；在主要的联邦实验室内部成立研究和技术应用办公室（ORTA）；在国家信息技术中心（NTIS）内部成立联邦技术利用中心，协调各联邦实验室的工作；要求将联邦实验室预算的 0.5%（后修订为充足的经费）用于支持技术转让活动；设立了国家技术奖，由总统授予在技术创新和技术人才培养方面有突出贡献的个人或者企业。

1980 年的《拜杜法案》。该法主要以大学、中小企业和非营利研究机构为规范客体，允许上述类型机构对政府资助所得的研发成果拥有知识产权，并可以专有或者非专有方式授权给产业界，进行技术转让；研发成果的运用须符合美国工业优先原则，即该研发成果之商品必须在美国境内生产、制造；有关发明的描述受到法律的保护不向公众扩散，《信息自由法》要求为专利的申请提供合理的期限；联邦政府在一定条件下（取得专利的机构在合理长的时间内未有效实施该发明，或未能满足国家安全或者公众合理使用该发明方面的要求，或成果转让违反了美国工业界优先受让的原则）可使用介入权。《拜杜法案》在美国技术转让立法史上具有划时代的意义，在这个法案及其相关修订法政策的激励下，美国的大学与产业界的合作情况大为改观，大学开始在科技和经济的互动发展中扮演重要的角色。

1982 年的《小企业创新研究法案》。该法设立了小企业创新研究计划，要求政府机构对与其任务相关的小企业研发提供资助。

1984 年的《国家合作研究法》。该法允许两家以上的公司共同合作从事同一个竞争前研发项目，而不受《反托拉斯法》的限制，并成立了若干个大学和产业界组成的技术移转联盟，如半导体研究公司和微电子与计算机技术公司等。

1984 年的《商标明确法》。该法主要修订了《拜杜法案》中的有关条款，主要内容包括：① 允许由承包人运作政府所有 GOCO 的实验室，对于奖励性专利许可拥有决定权。② 允许实验室运行方接受专利权使用费，用于研发、奖励和教育。③ 允许私营企业，不论大小均可获得独占性专利许可。④ 允许由大学或者非营利组织运行的实验室在一定条件下拥有发明权。⑤ 对于实验室管理和运行方所拥有的发明，政府保留世界性的、非专有的、不可撤销的、不需授权使用费的使用权。

1986 年的《联邦技术转让法案》。该法对《史蒂文森—怀德勒技术创新法案》进行了修订，其目标在于建立国家实验室与企业合作进行研发的机制，加速推动技术移转和商品化，主要内容包括：① 技术转让工作是联邦实验室研究人员的职责，技术转让的成果将纳入绩效考核的指标；② 开放国家实验室，允许国家实验室与企业、大学、州政府进行合作研发，签署共同合作及研发协议，协议适用于政府所有并运作 GOGO 的实验室，但不适用于 GOCO 的实验室，联邦实验室可将合作研发所产生的专利授权给企业使用；③ 设立联邦实验室联盟，从事技术转让支持和培训工作，并为该组织从事此项工作建立资助机制；④ 要求给予 GOGO 实验室的发明人不低于 15% 的专利权使用费，但除总统特许外，每年不得超过 10 万美元；⑤ 为联邦实验室增加了具体要求、激励机制及授权；⑥ 允许各政府机构授权给 GOCO 实验室主任，签署合作研发协议和就专利许可协议进行谈判，但需要保证政府机构的审查权；⑦ 允许实验室和企业就共同合作研发协议（CRADA）产生的专利所有权和许可权进一步达成协议；⑧ 允许 GOGO 实验室主任就其实验室发明的许可协议进行谈判；⑨ 允许 GOGO 实验室的人事、服务和仪器设备与其研究伙伴进行交换和共享；⑩ 允许 GOGO 实验室主任在共同合作及研发协议下放弃实验室的发明权和其他知识产权；⑪ 允许现任和离任的联邦雇员从事商业化活动，前提是没有任何利益冲突。

1987 年的《12591 号总统令》。其目的是要确保联邦实验室和政府机构通过转让技术支持大学和私营企业。总统令要求联邦政府机构和实验室的负责人识别和鼓励在联邦实验室、大学和企业之间积极充当信息管道的个人，强调政府对技术转让的承诺，并促进 GOGO 实验室在法律允许的范围内签署合作协议；总统令还要求联邦实验室在法律允许范围内，可将完全或者部分使用联邦资助获得专利的所有权转让给实验室的运行方，前提是联邦政府有免费使用专利的许可。

1988 年的《综合贸易与技术竞争法》。该法强调公共机构与私营企业在充分利用成果和资源上合作的必要性，与技术转让相关的主要内容如下：① 授权商务部资助成立地方制造技术转让中心。② 针对各州及地方成功的技术项目，在州政府内部成立信息交换站和产业拓展局。③ 将国家标准局更名为国家标准与技术研究院，并扩大其技术转让的职能。④ 授权国家标准和技术研究院建立两项试验性国家计划：一是《先进技术计划》，是旨在播种未来经济增长和就业机会创新种子的政府企业合作计划；二是《制造业发展合作计划》，主要为美国中小企业提供技术和管理援助。⑤ 将专利权使用费的有关规定推广至联邦实验室的非政府雇员。⑥ 授权教育部管理技术转让培训中心。

1989 年的《国家竞争力技术转让法案》。其主要内容包括：① 对共同合作研发协议（CRADA）的使用新增了指导意见，允许 GOCO 联邦实验室与大学和私营企业签署 CRADA 和其他合作协议，具体操作方式与 1986 年的《联邦技术转让法案》对 GOGO 联邦实验室的规定相同。② 为了保护 CRADA 的商业性，法案要求由 CRADA 产生或者带入 CRADA 的信息和创新技术不向第三方公开。③ 对能源部的核武器实验室提出技术转让的任务。

1991 年的《美国技术卓越法》。其主要内容包括：① 要求联邦实验室联盟在其提交国会和总统的年度报告中加入独立年度审计的内容。② 将知识产权视为 CRADA 之下的潜在贡献。③ 允许知识产权在 CRADA 的参与方之间进行交换。④ 允许联邦试验室主任将多余的仪器捐赠给教育机构和非营利组织。

1992 年的《小企业研发加强法》。其主要内容包括：① 延续了小企业创新研究计划，并增加了各部门预算投入该计划的比例。② 在国防部、能源部、卫生与公共服务部、国家航空航天局和国家科学基金会 5 个机构启动小企业技术转让计划（STTR）的 3 年试点计划，资助由小企业与大学、联邦资助研发中心或非营利研究机构共同参与的合作研发项目。③ 责成小企业局监督和协调 STTR 计划的执行情况。

1995 年的《国家技术转让促进法》。其主要内容包括：① 向美国的企业保证，为加快与联邦实验室签署 CRADA 所产生专利的商业化步伐，将给予企业充分的知识产权，并允许非联邦政府合作伙伴选择专有或者非专有的专利许可，在事先商定的领域内使用 CRADA 合作研究产生的专利。② 为 CRADA 下新产生技术的快速商业化采取了激励措施，确立了加快 CRADA 谈判的指导方针。③ CRADA 伙伴可以保留尤其是自身雇员单独取得的发明权，同时允许政府拥有在全世界范围内使用发明的许可。④ 对联邦科学家在 CRADA 下开发可市场化技术的奖励规定进行了修订，将每年每人从实验室获取的专利权使用费中获取奖励的上限从 10 万美元增至 15 万美元。

2000 年的《技术转让商业化法》。该法以联邦政府研发成果为规范客体，主要内容包括以下几个方面：① 联邦机构可就其拥有的发明进行独占性或部分独占性的授权，只要该授权行为能合理、有效地激励技术商业化获取所需经费，或能促进研发技术的广泛运用，且不会导致市场竞争减缓或违反《美国竞争法案》规定。② 扩大了 CRADA 授权权限，允许联邦实验室对 CRADA 签署之前所产生的联邦所属发明进行授权。③ 联邦机构进行技术授权前，以适当方式公告授权标的期限由 30 d 缩短为 15 d，且公告不限于纸本形式，亦可通过网络公告。④ 技术转让申请人需向联邦机构提供技术开发计划书，并承诺于合理的期限内能有效达成技术商业化目标，且同意该授权技术有关的商品制造在美国本土完成。此外，技术授权后，被授权人需定期说明技术商业化情况。⑤ 增加了中小企业优先条款，技术转让申请人若为中小企业，且其技术商业化能力等于或优于其他企业者，联邦机构需优先将研发成果授权给中小企业。⑥ 技术移让后，被授权人若违反《授权合约》和《美国竞争法案》相关规定，或基于公众利益，且法律有明文规定者，联邦机构可适时终止协议。⑦ 特别新增白宫科技政策办公室（OSTP）审查技术移转程序的权限。OSTP 主任需参酌联邦机构、国家实验室或相关人员意见，审查各联邦机构的技术转移政策与程序是否涉及国家机密和严重影响国内或国际竞争力。此外，本法经国会通过正式施行一年后，OSTP 主任必须确定实施中的技术商业化程序与方法是否妥当。若有不妥之处，OSTP 需负责提出技术转让政策与程序的修正案。

3. 司法

在美国宏观科技体制中，司法部门也发挥着十分重要的作用。如果对科技相关法律的具体解释存在不同意见，则由司法部门负责相关法律条文的最终解释。涉及科技管理、高科技产业等的一些重大法律问题的解释，也都根据司法体系做出决定。司法部门的判决不受国会和行政部门左右。

虽然，按惯常理解，在美国联邦政府中，国会颁布法律，行政部门执行这些法律，司法部门解释这些法律。但这并不是事情运作的真正方式。实际情况是每个部门似乎都在从事制定法律的工作：国会通过法律，行政机构颁布与国会通过的法律具有相同约束力的法规；而事实上，司法部门（即法院）解决纠纷的过程也是在立法。美国国家实验室的立法过程，事实上也是美国国家实验室建设和发展过程的法律体现。

6.2.2 各直属部门

美国联邦政府中与科技相关的主要部门包括 DOE、NASA、DoD、NSF、NIH、DOC、DHHS 等，这些部门分别负责相应领域的科研管理和资助。与国家实验室相关的具体行政工作包括以下几种类型。

- ❑ 实施对 GOGO 类型国家实验室的直接管理。
- ❑ 作为发起者（Sponsor）创建新的国家实验室并提供持续的监督和管理。
- ❑ 通过规划和评估实现对国家实验室的上层管理。

在具体实施方面，联邦政府各直属部门主要通过 3 种途径实施其对所属国家实验室的监督与管理：一是根据国家实验室的使命设计和构建国家实验室的核心能力和专长领域，并以此为依据，指导各个国家实验室设置其内部的研究单元，主要以研究室的形式设置；二是通过以每个财年经费预算的形式，实现对国家实验室持续问题的支持，同时预算内容在细节上的小幅度调整，也体现了对各个国家实验室中新兴创新领域的引导和促进；三是通过各类固定周期和随机的考核与评估来掌控各个国家实验室的运行状况，判断国家实验室依托单位是否发挥作用。

由于经费资助、考核与评估所涉及的内容较多，对于国家实验室的运行管理所占的比重也很大，因此，在本章只针对 DOE、NASA 和 DoD 在国家实验室能力体系设置这一途径做详细分析。其余两种途径在后续章节专门介绍。

1. 美国能源部

DOE 在特朗普政府上台后，根据其在科技领域的决策调整和上层建筑的重新构建，适时调整了对整个 DOE 国家实验室系统的发展战略，也取得一定效果。

DOE 将其所辖所有国家实验室的总体目标定位为：提供最高质量的研发（R&D）和生产能力，强化与 DOE 总部的合作关系，并提升对国家实验室物理设施的管理，以实现在科学、技术和国家安全领域的引领作用。

根据上述定位，DOE 通过以下 13 项措施，确保对 DOE 国家实验室系统的有效管理，从而确保各个 DOE 国家实验室的卓越成就和巨大影响力。

（1）实现成功的组织管理：增强组织的一致性和协调性。DOE 的中高层领导直接负责对整个 DOE 国家实验室的全面管理，具体如前文的图 2-2 所示。自 2013 年开始，根据通过创新链路加速科学和能源技术发明的愿景，能源部莫尼兹部长将主管科学的副部长和主管能源的副部长的职能合并，从而

形成 DOE 新的高层管理体系，即负责科学和能源的副部长（Under Secretary
for Science and Energy，US/SE）、负责管理和绩效的副部长（Under Secretary
for Management and Performance，US/MP）以及负责核安全的副部长（Under
Secretary for Nuclear Security，US/NS）。US/NS 还兼任国家核安全局（National
Nuclear Security Administration，NNSA）局长。3 个副部长都有专门的办公室
支持其管理工作，每个副部长负责管理多个业务局，DOE 国家实验室由不同
的业务局负责管理。其中，管理国家实验室最多的是科学局，该局由 US/SE
负责，下面管理着 10 个科学与能源类国家实验室。对 DOE 高层的改革和 US/
SE 的建立，是 DOE 国家实验室系统内部在基础科学、应用研究、技术演示验
证与部署等方面发展的关键的第一步，进一步梳理了 DOE 国家实验室系统在
基础研究、国家安全及核设施处置方面的国家战略。

（2）建设共同体：国家实验室主任理事会。国家实验室主任理事会
（National Laboratory Directors' Council，NLDC）是 DOE 国家实验室系统管理
的又一项独特的创新模式。NLDC 由 17 名 DOE 国家实验室的主任组成，他们
聚在一起讨论如何通过国家实验室系统更好地完成国家使命。NLDC 具有常设
组织部门，这为能源部组织提供了一个接口，解决共同关心的问题和关注点，
包括战略和业务。NLDC 还被作为信息交流、建立共识和协调影响所有国家实
验室事项的研讨平台。DOE 局长定期与执行委员会（由 NLDC 成员选出的 4
名实验室主任作为代表）会面，并通常每年组织两次 NLDC 全员会议。

（3）利用资源：实验室伙伴关系和系统协作。自 2013 年以来，DOE 开始
从顶层和系统角度支持 DOE 国家实验室系统与外界联合开展超大规模、有重
大影响力的合作项目。一方面，因为 DOE 国家实验室在能源创新生态系统中
的独特地位，它们拥有独一无二的 DOE 大型研发设施，因此在解决具有较长
研究周期的复杂多学科问题上具有独特优势；另一方面，大学更擅长科研领
域的早期发现，而工业界擅长提供发掘市场需求和解决竞争压力的短期解决方
案，因此，国家实验室、大学和工业界具有先天的互补关系。DOE 支持国家
实验室主要采取两种合作途径：一是国家实验室与学术界和工业界的外部合
作，以联合开展大型科研项目的形式实现；二是在实验室内部的合作，实验室
利用外部资源完成其目标，从而支撑其使命的实现。

（4）保持适应性：通过灵活的合作关系模式实现创新。DOE 国家实验室
的创新是国家创新生态系统的重要组成部分，通过与工业界合作，将这些创新
技术推向市场，从而对美国经济的繁荣做出重大贡献。为了支持这一创新生
态系统，DOE 设计了大量灵活的 R&D 合作模式，以支持国家实验室的创新合

作。这些创新机制主要包括以下 6 个方面。

❑ 单项研究和小规模多项研究项目，开展以科学发现为目标的研究，平均每 3 年检查一次，没有具体的时间节点要求。

❑ 能源前沿研究中心（Energy Frontier Research Center，EFRC），是由研究者自发形成的研究组织，通常是跨学科和跨部门的。

❑ 能源创新枢纽，吸引来自大量科学、工程和公共政策 / 经济领域研究者的关注，以解决关键的国家需求问题，通过汇集来自学术界、工业界、非营利组织和国家实验室的顶级科研人员，形成世界领先的研发中心。

❑ 制造创新研究院（Manufacturing Innovation Institute，MII），是通过能源部和其他几个联邦政府部门之间的伙伴关系建立的，包括商业、国防和农业，被作为国家制造业创新网络（National Network for Manufacturing Innovation，NNMI）的一部分。

❑ 生物能源研究中心（Bioenergy Research Center，BRC），其目标是加速实现对生物燃料和生物能源的低成本生产所需的创新突破，这些中心汇集了来自国家实验室、工业界和学术界的科研人员。

❑ 年度运营计划与实验室项目征集，基于 DOE 应用能源技术局的年度运营计划（Annual Operating Plan，AOP）类项目，实现对具有长期价值的先进战略和计划目标中核心技术的支持。

（5）促进合作：国家实验室重大创意峰会。除建立实验室主任理事会之外，DOE 还通过其他形式促进国家实验室之间的相互协作，其中，国家实验室重大创意峰会（National Laboratory Big Ideas Summit，BIS）就是 US/SE 办公室在战略技术规划方面实施的一项关键机制，专门针对国家能源问题的早期阶段、具有大规模潜在应用的挑战性创意，由 NLDC 的首席研究官负责组织。

（6）弥合鸿沟：倡议开展交叉学科项目。虽然科学和能源规划办公室努力实现自己的使命和目标，但科学和技术研究机会经常与规划办公室的工作范围重叠。基础科学的进步可以创造潜在的技术应用，而技术的进步可以为更好地理解基础物理、化学和传输现象提供支持。为了解决这些互补性问题，US/SE 办公室监督跨多个项目办公室和实验室的"交叉学科创新"，通过加速发展应对高优先级的挑战。这些项目不仅集中于科学和能源挑战，事实上，能源部的一些交叉学科创新明显覆盖与国家安全相关的项目研究，如艾级计算、网络安全、先进材料和制造。NNSA 国家实验室也参与了其他交叉学科创新相关的合作。

（7）培育创新：实验室主导研发。实验室主导研发（Laboratory Directed Research and Development，LDRD）计划是支持创新和保持国家实验室活力的最重要机制之一，也是 DOE 国家实验室支持 R&D 可任意使用经费的主要来源。DOE 于 1991 年正式建立了 LDRD 计划，赋予实验室主任分配资金的权力，以支持实验室人员提出的探索科学技术前沿领域的建议。LDRD 计划的目标是：① 保持国家实验室的科学和技术活力；② 加强实验室应对当前和未来 DOE/NNSA 任务的能力；③ 培养创新精神，激发前沿科技探索；④ 作为研发新概念的试验基础；⑤ 支持高风险、潜在高价值的研发。

（8）确保卓越：管理核心能力。DOE 每年通过绩效评估和度量计划（Performance Evaluation and Measurement Program，PEMP）设定目标，并分配适当的资源，以实现对国家实验室的全面管理；督促国家实验室对所提交的研究成果负责（尽量保证不妨碍研究工作的完成）；通过管理竞争来获得资金以应对重大挑战。通过该计划，还审查 DOE 科学局和应用能源实验室的年度实验室计划。DOE 国家实验室的合作机制是以一种特殊的合同形式为基础的，称为管理与运营（Management and Operating，M&O）合同。M&O 模式主要包含 4 个基础方面，即领导关系、责任、竞争与合作，通过这 4 方面保障了国家实验室总能够满足国家需求，保持智力竞争，并与国家的研究机构保持合作。同时，在对 DOE 国家实验室系统的年度审查中，DOE 高层特别注意确保实验室系统的核心能力得到适当的和战略性的支持。几十年来，DOE 国家实验室系统已形成了稳定的核心能力体系，具体如前面的表 2-2 所示，其中共包含 24 项核心能力，每年 DOE 都要逐项对相应的国家实验室开展评估。

（9）影响最大化：国家实验室为核心、动态、快速反应网络。除促进国家实验室之间的合作和竞争外，DOE 还通过利用每个实验室独特的科学工具、设施和智能环境，最大限度地发挥其作用，特别是每个实验室所拥有的综合科学工程和项目管理专业知识。这些能力使国家实验室区别于工业界和大学，并使实验室在国家科技生态系统中发挥独特的作用。DOE 所承担的使命是复杂的，需要持续多年，且没有一个研发组织可以完全覆盖这些任务领域。为了使影响最大化，能源部将国家实验室组织成核心的、动态的、快速的网络，从而有利于提供多样化和灵活性的专业知识，以应对紧迫和复杂的挑战。DOE 国家实验室网络还提供许多学科的高深专门知识，以便能够根据不断变化的国家需要建立全新的研究领域。

（10）保持科学卓越：出版物。DOE 国家实验室之间的合作构成了能源创新生态系统的另一个关键方面。每个 DOE 国家实验室都有一套独特的科学工具、设施和智能环境。通过相互合作，DOE 国家实验室利用这些独特的基础扩展了能源研究的前沿，并且在合著的期刊文章中得到了证明。与此同时，DOE 国家实验室与学术界的合作也显著提升，主要体现在使用 DOE 国家实验室特殊设施的用户数量有了大幅增长，在进行科学研究时，高性能计算得到了更广泛的使用。如前文所述，包括计算能力在内的独特设施是与国家实验室合作的主要动力，支持了大量合作出版物的发表。

（11）实现创新：国家实验室获得的 R&D 100（研发）奖励。DOE 技术商业化活动成功与否的一个重要衡量标准是技术到达商业部门所制定的质量和影响方面的标准，其核心体现为 R&D 100 奖励的获奖情况。该奖项被工业界、联邦政府和学术界广泛认可为年度最具创新理念的卓越标志，是唯一一项奖励科学的实际应用的全行业竞赛。R&D 100 奖每年由 R&D 杂志颁发，以表彰在过去一年中开发并引入市场的杰出新产品或新工艺。该奖项由一个独立的评审组织根据工业界、联邦政府和学术界的技术重要性、独特性和实用性进行评选。

（12）社会效益：技术转化。自 1980 年通过《史蒂文森—怀德勒技术创新法案》和《拜杜法案》以来，技术转化一直是美国联邦政府政策的目标。1989年，《国家竞争力技术转让法案》确认了这一目标，将技术转化确立为包括 DOE 在内的联邦研发机构的使命。然而，直到 2005 年《能源政策法》（Energy Policy Act of 2005，EPAct 2005）颁布后，DOE 的技术转化职能才正式在其内部建立起来。EPAct 2005 规定 DOE 部长任命一名技术转化协调员（Technology Transfer Coordinator，TTC），担任"与技术转化和商业化有关的所有事项的部长首席顾问"。2015 年 2 月，DOE 部长创建了技术转化办公室（Office of Technology Transitions，OTT），并将 TTC 重新任命为 OTT 主任，以使部门得到协调和优化，从而通过技术转移、商业化和部署活动使早期研发过渡到应用能源技术。

（13）为未来做准备：培养下一代科学家和工程师。由于 DOE 使命相关领域的不断发展，加上研发的动态性，意味着人才在 DOE 国家实验室未来具有无比重要的意义，迫切需要开发未来人力资源的输送管道，以提供应对挑战的方案和潜在的解决方案，同时鼓励新的人才进入该领域。DOE 国家实验室高度重视科学、技术、工程和数学（Science, Technology, Engineering and Mathematics，STEM）教育，并针对 DOE 的使命、需求和资源制订了独特的教育计划。国家实验室参与 DOE 的人才培养项目，包括本科生实验室科研实习（Science Undergraduate Laboratory Internship，SULI）、社团大学实习（Community College Internship，CCI）、访问学者计划（Visiting Faculty

Program，VFP）和科学局研究生科研（Office of Science Graduate Student Research，SCGSR）计划。一些国家实验室已经开发了博士后奖学金项目，以吸引有才华的早期职业化研究人员；国家实验室也在扩大与研究生的接触。此外，国家实验室还开发了符合其特定实验室任务和满足联邦政府 STEM 目标的大学预科 STEM 项目。

2. 美国国家航空航天局

与 DOE 不同的是，NASA 下属的国家实验室中，仅有一个喷气推进实验室（JPL）是 GOCO 型国家实验室，也属 FFRDC 范畴，而其他 NASA 国家实验室都是 GOGO 型。也就是说，NASA 对其下属国家实验室的掌控权力和范围更大一些。同时，由于航空航天专业领域的特殊性和工程发展的相对封闭性，NASA 下属国家实验室系统更多地被作为一个整体实施监督与管理。

NASA 在美国联邦政府各部门中的特殊之处在于，NASA 的领导班子历来与美国总统的更替保持同步，也就是说，历届美国总统对 NASA 的发展和运行管理都保持了高度的关注。特朗普政府上台后，NASA 前局长 Charles Bolden 立即于 2017 年 1 月 19 日从 NASA 退休，虽然此后 NASA 局长一度空缺，但并不妨碍 NASA 根据新任政府的执政思想进行自上而下的改组。同时为了迎合特朗普政府喜欢将战略思想体系化、结构化的偏好，NASA 从愿景、战略目标等方面进行了自上而下的全面梳理。首先确定了 NASA "发现""探索""开发""使能"的四大战略方向，进而在此基础上不断细化和深入，直至可操作的层面，并将最终目标确定为 2024 年"重返月球"，围绕此终极目标，将各领域研发计划逐层展开，形成管理闭环。

当然，在 NASA 国家实验室系统中，也有很多内容是一直保持不变的，特别是在立法、监督与管理、成果转化等方面。依据《1990 年首席财务官法》（Chief Financial Officers Act of 1990，CFO Act）和《2010 年政府绩效与成果法案的现代化法案》（Government Performance and Results Act Modernization Act of 2010，GPRAMA），NASA 实现了对其资源的管理和创造成果的责任。NASA 的财务方面是根据《美国通用会计法则》（U.S. Generally Accepted Accounting Principles，GAAP）核算的。GAAP 是由联邦会计法则顾问委员会（Federal Accounting Standards Advisory Board，FASAB）规定的标准。

通过对近年来 NASA 在国家实验室运行管理和支持国家科技发展方面的重大举措和成功经验，NASA 对国家实验室监管的特点可概括为以下 3 个方面。

1）战略规划管理

依据 GPRAMA，NASA 建立了一个战略绩效框架，该框架的结构旨在提高对机构优先事项的关注，并提供支持数据驱动决策的可衡量结果。该框架非常具有代表性，具体如图 6-2 所示，描述了 NASA 战略规划管理的层次化体系结构，从无时间限制的战略方向到每年更新的年度绩效指标。战略方向确定了 NASA 及其国家实验室的使命，主要解决与国家需求、挑战和机遇相关的顶层议题。战略目标是为实现战略方向提供详细的长期规划。绩效目标（Performance Goal，PG）是与战略目标相一致的多年任务；年度绩效指标（Annual Performance Indicator，API）是短期的活动，包括目标和时间框架，以定义实现每个 PG 所需的绩效水平。NASA 在新任政府的主导下，特别是其新的领导班子的规划指导下，已经确定了战略方向、战略目标、PG 和 API，具体如表 6-1 所示。同时，在表 6-2 中还列出了 2020 年 NASA 的顶层管理与绩效挑战，及其与战略目标之间的对应关系。

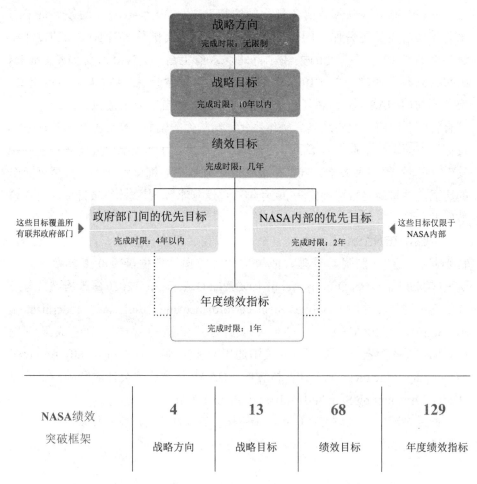

图 6-2　美国国家航空航天局的战略规划管理框架

表 6-1　美国国家航空航天局的战略计划框架

战略方向	战略方向描述	具体战略目标
发现	战略方向 1：通过新的科学发现扩展人类的知识	战略目标 1.1：了解太阳、地球、太阳系和宇宙 战略目标 1.2：了解物理和生物系统对太空飞行的反应
探索	战略方向 2：将人类的存在延伸到更深处的太空和月球，以实现可持续的长期探索和利用	战略目标 2.1：为美国在近地轨道上通过商业市场保持持续的人类存在奠定基础 战略目标 2.2：进行深空探测，包括月球表面探测
开发	战略方向 3：应对国家挑战，促进经济增长	战略目标 3.1：开发和转让革命性技术，为 NASA 和国家提供探索能力 战略目标 3.2：通过革命性的技术研究、开发和转让，改造航空事业 战略目标 3.3：激发公众对航空、太空和科学的兴趣
使能	战略方向 4：优化能力和运营	战略目标 4.1：参与伙伴战略 战略目标 4.2：启用空间访问和服务 战略目标 4.3：确保安全和任务的成功 战略目标 4.4：人力资本管理 战略目标 4.5：确保企业保护 战略目标 4.6：维持基础设施的能力和运营

表 6-2　美国国家航空航天局的顶层管理和绩效挑战

序　号	挑　战	对应的战略方向和战略目标
1	2024 年实现载人登月	战略目标 2.2：进行深空探测，包括月球表面探测
2	提升主要项目的管理水平	战略方向 1：通过新的科学发现扩展人类的知识 战略方向 2：将人类的存在延伸到更深处的太空和月球，以实现可持续的长期探索和利用 战略目标 4.3：确保安全和任务的成功
3	吸引和维持具有高技术水平的科研团队	战略目标 4.4：人力资本管理
4	支持人类在近地轨道的活动	战略目标 2.1：为美国在近地轨道上通过商业市场保持持续的人类存在奠定基础
5	提高对合同、拨款及合作协议的监管水平	战略目标 4.1：参与伙伴战略
6	解决与政府和安全相关的长期存在的信息技术问题	战略目标 4.5：确保企业保护
7	对设备和设施的持续维护	战略目标 4.6：维持基础设施的能力和运营

注：此表中战略目标和战略方向的序号内容与表 6-1 中的序号内容对应。

2）绩效管理

NASA 的绩效管理非常有特色，使用一个彩色编码的评分系统来评估对绩效目标（PG）和年度绩效指标（API）的进展情况，并针对 PG 和 API 预先确定了一组成功标准，根据如表 6-3 所示的评级因素对其完整性进行评测。NASA 根据一系列对项目和计划的绩效进行监督的内部评估来确定最终评级。同时，还要由包括科研领域同行评审委员会和航空技术评估机构在内的外部实体对最终评级结果进行确认。在某些情况下，PG 和 API 可能处于"未评级"（灰色）状态，这是由《政府部门财务报告》（Agency Financial Report，AFR）的上报日期与内部报告计划之间的时间脱节造成的。

表 6-3 美国国家航空航天局的彩色编码绩效管理标准

颜　色	等　级	概　况
绿色	完成或按预定目标完成	NASA 已经完成，或正按计划完成各项 PG 和 API
黄色	略低于目标	NASA 基本完成，或按预期完成该绩效指标，但结果略低于目标要求，或时间上略落后于计划
红色	明显低于目标	NASA 没有完成，或没有在预期的时间内完成该绩效指标。整个计划显著低于目标要求，或明显落后于计划时间节点
白色	撤销	NASA 不再对相关的 PG 或 API 开展任何活动
灰色	未评级	NASA 尚未确定 PG 或 API 的最终评级

下面以 2019 财年报告中的绩效评估为例，说明 NASA 绩效管理的应用特点。NASA 的绩效管理系统遵循图 6-2 中的战略规划管理框架，将其使命按层次具体分解后，形成以绩效目标（PG）和年度绩效指标（API）为主体的任务指标集。其中，PG 表示一个项目或计划持续多年的活动，通常根据战略方案以 4 年为周期运行；而 API 是对 PG 的进一步分解，以 1 年为周期运行。PG 和 API 在逻辑上构成父子关系，每一个 PG 至少都要有一个 API 作为支撑，而任何一个 API 都与一个上级 PG 相关联。在图 6-3 中，给出了 NASA 在 2019 财年中，顶层绩效管理的具体情况。从图中可以直观地看出，NASA 的国家实验室系统在 2018—2019 财年运行状况良好，但在顶层和部分具体方面仍然存在一定问题。战略方向 2 和战略方向 3 的发展状况非常好，特别体现在 NASA 与商业企业的持续合作伙伴关系发展（体现在战略目标 2.1 中），以及在科学、技术、工程和数学（STEM）参与项目中取得的成就（体现在战略目标 3.3 中）。但是，由于战略方向 1 和战略方向 4 中的一些不可预见因素，对整体发

展产生负面影响，这些影响因素包括：航天飞行中的不规范行为轻微影响了国际空间站（ISS）的计划研究日程（体现在战略目标 1.2 中），以及对 NASA 基础设施能力中能源使用强度（Energy Use Intensity，EUI）的增加（体现在战略目标 4.6 中）。

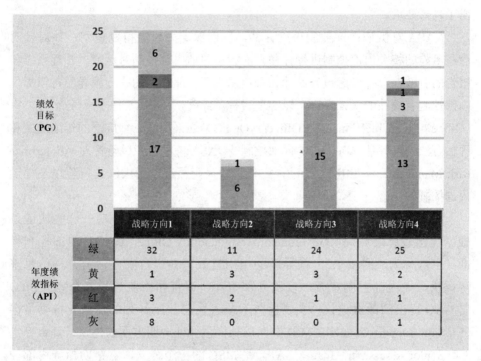

图 6-3　美国国家航空航天局 2019 财年绩效管理应用举例

体系化的绩效管理有助于 NASA 国家实验室从静态结构和动态发展两方面实现直观精准的掌控，从而适时调整 NASA 国家实验室系统的整体运行管理和具体细节方面的改进措施，确保各个国家实验室及其所负责的重大科研项目的良性发展。

3）系统、控制与法规的统一

NASA 对其下属国家实验室监督和管理的另一个重要特色是实现了系统、控制与法规三者的统一。依据《联邦经理人财务诚信法案》（Federal Managers' Financial Integrity Act，FMFIA），NASA 要求各国家实验室的负责人对内部控制和财务系统进行评估和报告，以确保在实施联邦计划和运营过程中遵守诚信。其旨在提供合理的保证和可靠的财务报告，以确保国家实验室的高效运作，并遵守适用的法律和法规。

内部控制是 NASA 在保护政府资源的同时完成其使命和目标的核心。

NASA 管理层负责实施内部控制活动，以支持国家实验室目标的实现。NASA 实施内部控制所遵循的上位法是编号为 A-123 的白宫管理和预算办公室（Office of Management and Budget，OMB）通告《企业风险管理和内部控制的管理责任》，该文件以 FMFIA 为基础，对整个国家实验室的内部控制和责任提出了具体要求。

NASA 对机构内部控制进行评估，以确保重大风险得以识别，并对针对这些风险的相关内部控制进行评估。NASA 评估内部控制对运营、管理系统和报告的有效性，并考虑审查其他相关信息来源。NASA 的执行领导层每年提供内部控制有效性的认证报告，以实现目标。此外，NASA 的首席财务官办公室（Office of the Chief Financial Officer，OCFO）还采用了一种广泛的年度测试和评估方法，以评估财务报告的内部控制。NASA 考虑企业风险管理（Enterprise Risk Management，ERM）活动，审查机构风险概况，考虑欺诈风险以及提供内部控制的保证。

FMFIA 的保证声明主要基于 NASA 官员提交的自我证明。这些认证是根据美国政府问责局（Government Accountability Office，GAO）内部控制标准（也被称为"绿皮书"）指导下的组织自我评估。自我评估由各种信息来源提供，如内部控制审查，以及外部审计、调查和由监察长办公室（OIG）与 GAO 提出的改进建议。负责监督 NASA 内部控制计划的使命支持委员会（Mission Support Council，MSC）向局长提供保证声明方面的建议。高级评定组（Senior Assessment Team，SAT）是 MSC 的一个分支，它帮助指导内部控制评估和报告过程。

管理系统工作组（Management System Working Group，MSWG）执行对国家实验室年度成果的第一级评估，并作为 NASA 内部控制活动的主要顾问机构。MSWG 分析可能对 SAT 内部控制的有效设计和操作产生重大影响的年度评估结果和报告问题。图 6-4 描述了 NASA 国家实验室系统 FMFIA 年度保障声明的程序和组织参与者。

第 A-123 号 OMB 通告还要求包括所有 NASA 国家实验室在内的联邦机构实施企业风险管理（ERM），以确保联邦管理者有效地管理可能影响机构战略目标实现的风险。风险管理深植于 NASA 的文化中，这些原则和做法也存在于每个 NASA 国家实验室的日常运行管理中。NASA 的首席财务官办公室——质量保证部门（Quality Assurance Division，QAD）负责领导 NASA 所有国家实验室的 ERM 工作。NASA 的统一综合运营风险网络（Unified

Comprehensive Operational Risk Network，UNICORN）是 NASA 职能组织和领导层之间交流和交换风险信息的框架。UNICORN 的基础是 NASA 的风险管理活动与决策委员会。

图 6-4 美国国家航空航天局的 FMFIA 年度保障声明的程序

2019 财年内，NASA 在其 ERM 过程的实施和发展上继续成熟。其间，NASA 的企业风险管理工作组（Enterprise Risk Management Working Group，ERMWG）成立，以支持辨识企业级风险，并与各国家实验室联合解决识别出的企业风险。通过这个由股东组织代表组成的机构，NASA 提出了企业级风险的具体内容，并集成到代理风险配置文件中。ERMWG 主席每季度向 NASA 的副局长报告 ERM 活动的状态，并每年向由该副局长担任主席的机构计划管理委员会提交机构风险概况，以供批准。

美国宇航局利用各种渠道来辨识潜在的企业风险，并依赖决策委员会的机构治理结构，以及其他机构等，如政府部门风险管理工作组（Agency Risk Management Working Group，ARMWG），在各国家实验室管理层面辨析可能存在的风险。其中，ARMWG 与 ERMWG 的不同之处在于：ARMWG 的职能覆盖整个 NASA、计划和项目级别的风险管理活动的范围，而 ERMWG 侧重于各国家实验室级别的风险。NASA 努力促进各国家实验室内部各级员工之间风险和数据的沟通，以使决策者能够有效地评估风险和机遇并采取行动。NASA 的国家实验室风险管理资源系统如图 6-5 所示。

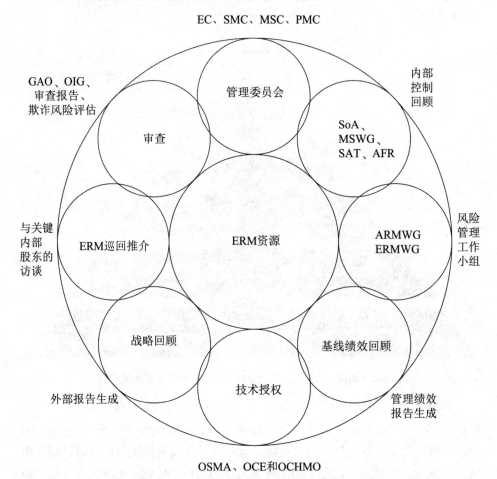

图 6-5　美国国家航空航天局国家实验室风险管理资源系统

3. 美国国防部

从对国家实验室的监督管理、支持和引导的角度看，DoD 与美国联邦政府其他部门有着截然不同的特色。首先，DoD 拥有在支持科研和工程方面全球最高的经费管理权。2020 年 DoD 公布的国防财务预算申请，经费总额高达 7500 亿美元，延续了过去 3 年的增长势头。从特朗普政府执政以来的国防预算规模和结构看，美国正在用真金白银维护其在大国军事竞争中的绝对优势地位。在 7500 亿美元的经费预算中，绝大部分被直接或间接用于国防基础科研和工程方面的开支。最具代表性的例子是，为规避 2011 年《预算控制法》对基础预算的限制，DoD 将 980 亿美元基础预算放到"海外应急基金"帽子里（海外应急行动资金预算一共才 1640 亿美元），利用制度漏洞，变相地增加了基础预算额度。从这一点可见美国对国防基础科研和工程研发的重视程度。其次，DoD 对国家实验室的掌控呈现多元化特征，没有任何一个其他联邦政府部门所涉及的国家实验室能够像 DoD 这样涵盖所有类型。DoD 除了拥有陆海空三军总部的"内设型"国家实验室，还作为发起者，建立了 11 家 FFRDC，并与大学联合建立全部的 UARC。此外，还以各类经费资助、国防采办等形式，实现对其他国家实验室的间接管控。再次，DoD 作为美国在国防和军事领域战略决策的主导部门，在很大程度上决定了美国科研和工程领域的发展趋势。例如，为加快提升美军整体实力，实现 2018 年《国防战略》以"竞争、慑止、打赢"为核心的战略目标，美军新预算明确了国防资源投入的优先顺序，重点发展太空和网络空间等新兴作战域、陆海空作战能力的现代化、人工智能和高超音速等技术创新以及维持战备四大领域。最后，DoD 在美国国家实验室监管和国防科技战略的发展方面，开展与美国联邦政府各部门，特别是 DOE、NASA、NSF 等的密切合作，在国家使命、重大科研计划、国家实验室管理方面形成了许多协同工作的模式。

DoD 尽管特殊，但终究是美国联邦政府业务局中的一个，在很多基础方面需要与其他部门保持一致，并接受来自总统、国会和法院的协同管理。DoD 在自身监管方面，很多模式与 NASA 相似，特别是对其"内设型"国家实验室的监督和管理。DoD 对内监管的法律基础是编号为 A-11 的白宫管理和预算办公室（OMB）通告《2010 年政府绩效和成果及现代化法案》（Government Performance and Results and Modernization Act，GPRAMA），以及《国防授权法案》（National Defense Authorization Act，NDAA）的相关章节。

近年来，在对以 DoD 国家实验室在内的内设型企业的运行管理方面，DoD 形成了以首席管理官（Chief Management Officer，CMO）及其办公室为核心的管理体制，可将 DoD 对其直接管辖的国家实验室的监督与管理特点归纳为以下 4 个方面。

1）重塑战略目标体系

为了贯彻新任特朗普政府的施政理念，美国联邦政府在 2018 年 1 月颁布的《国防战略》（National Defense Strategy，NDS）中阐明了 DoD 在日益复杂的安全环境中竞争、威慑和取胜的战略。2018—2022 财年的《国防商务运营计划》（National Defense Business Operation Plan，NDBOP）从商务运营的角度直接促进了 NDS 的实施，并从企业商务运营和支持的角度重点提出了 DoD 部长施政的 3 条主线，即 DoD 的战略方向（Strategic Goal，SO）。

❑ 在建立更具杀伤力的联合部队的同时重建战备能力。

❑ 加强军事联盟并吸引新的盟友。

❑ 重构 DoD 的商务活动以提高绩效和可承受能力。

NDBOP 的战略目标来自 NDS，以及所有 DoD 下属部门的输入。同时，这些战略目标还受到总统管理日程（President's Management Agenda，PMA）的倡议以及政府问责局（GAO）和国防部监察长（Inspector General，IG）建议的影响，最终形成的战略计划框架如表 6-4 所示。

表 6-4　美国国防部的战略计划框架

战略方向	战略方向描述（SO）	具体战略目标
重塑	战略方向 1：在建立更具杀伤力的联合部队的同时重建战备能力	战略目标 1.1：重建战备能力以形成更致命的军事力量 战略目标 1.2：增加武器系统的使命能力，同时降低运营成本 战略目标 1.3：加强信息技术和赛博安全防御能力 战略目标 1.4：向作战人员和决策人员提供及时和相关的情报，以实现相对于对手的决定性和支配性的优势 战略目标 1.5：通过创新支持新兵招募并维持最佳总兵力部署，以加强能力和战备水平 战略目标 1.6：确保美国的技术优势 战略目标 1.7：加强安全、弹性的国防部部署 战略目标 1.8：加强国防采办并维持研发人力资源
强化	战略方向 2：加强军事联盟并吸引新的盟友	战略目标 2.1：改革安全合作商务模式 战略目标 2.2：与主要国际合作伙伴共同推进国防采办和局势维持的创新研发
改革	战略方向 3：重构 DoD 的商务活动以提高绩效和可承受能力	战略目标 3.1：通过将重心转向 DoD 企业（含国家实验室）或与其他部门共享的服务平台，提升和强化企业商务运营能力；减少行政和监管负担 战略目标 3.2：通过扩展数据分析能力和培养数据驱动求解能力，实现将数据作为战略资源的充分利用 战略目标 3.3：提高对 DoD 管理最有价值的预算和财务信息的质量 战略目标 3.4：支持创新的国防采办方式，以实现高度相关情况下迅速交付作战能力 战略目标 3.5：建设安全、可靠、有弹性的国防工业平台（包括商业化运营的和内设的）

DoD 每年的年度绩效计划（Annual Performance Plan，APP）都将在表 6-4 所示的战略方向和战略目标基础上提供更为详细的信息，包含最终结果和里程碑信息的绩效目标和指标。这些更为详细的目标和指标以表 6-5 中具体战略目标二级标题下的三级标题、四级标题或更深层次标题的形式体现。

表 6-5　美国国防部的优先发展战略方向

战略方向	优先发展战略方向的领导者	DoD 在 2020—2021 财年的优先发展战略方向
战略方向 3.1	首席管理官（CMO）	优先战略方向 3.1.1：到 2021 年 9 月 30 日，在整个 DoD 内部形成创新、增强和提升的实验室文化，以降低业务成本；节省经费总额达到 164 亿美元（其中，2020 财年节省 77 亿美元，2021 财年节省 87 亿美元）
战略方向 3.1	首席管理官（CMO）	优先战略方向 3.1.7：在 2019 年 10 月 1 日到 2021 年 9 月 30 日之间，DoD 每年将颁布 50 项法规，以实施对 DoD 监管改革工作队的建议，并将当前已有法规的总数量减少 35%
战略方向 3.3	主管审计和首席财务官的国防部次部长 [USD（C）/CFO]	优先战略方向 3.3.1：到 2021 年 9 月 30 日，完成年度审计，获得可供实施的反馈，并修改结果，以实现为 DoD 形成清晰审计意见的目标

DoD 的首席管理官（CMO）负责提供优化的国防企业（含国家实验室）业务操作和共享服务，以确保 NDS 的成功。首席管理官办公室（Office of the Chief Management Officer，OCMO）是 DoD 不可或缺的参与者和变革推动者，特别是在提高 DoD 承担能力和绩效方面，这与国防战略的第 3 个战略方向相符合。作为实现这一战略方向的一种手段，CMO 推动整个 DoD 的企业（含国家实验室）商务运营的转型和可持续改革，重点是简化业务流程，最大限度地利用共享服务和企业信息技术，同时消除重复建设和重复研发。

为应对复杂的全球安全环境，DoD 继续执行其在 NDS 中概述的使命目标，还阐明了应对全球安全挑战和提供共同防御的有效战略。NDS 为美军未来的能力、态势和准备提供战略方向。新战略文件将作为推动国务院优先事项、投资和规划决策的关键战略文件。依据国会一直支持的《2020 年两院预算法案》《2020 财年国防授权法案（NDAA）》和《2020 年国防部拨款法案》，DoD 继续忠实地执行部长的工作方针。这种支持使 DoD 能够根据需要继续调整和改进，以实现对总统、国会和美国人民的重要承诺。通过使用创造性的方法、持续的投资和在各领域的严格执行，DoD 将继续培养一支具有支配作用的联合部队，以保护国家安全，增加美国的影响力，提高美国人民的生活水平，并加强盟国和合作者之间的关系。

《企业（国家实验室）商务运营计划》中的战略目标和绩效目标反映了DoD 的长期改革议程和组成部分的优先级，与未来几年的国防计划（Future Years Defense Program，FYDP）相一致。此外，DoD 设有具体的优先方向，预期将在两年内完成。这些目标与战略目标下的其他绩效目标不同，因为它们旨在突出目标优先级政策和管理领域，在这些领域中，DoD 的领导者希望通过集中高层的注意力来实现短期绩效提升；为 DoD 的高层领导每个人分配一个优先战略方向，负责每个季度对相应的 DoD 管理实体进行更行，以确保在所有管理层次上都为实现目标而努力，保障有足够的时间、资源和专注程度来解决各种问题，把握各种机遇。

2）实现风险管理

除监督和管理过程之外，风险评估也是 OCMO 为 DoD 管理企业商务运营（Enterprise Business Operation，EBO）战略的一个关键原则。DoD 通过辨识改进内容以提升效率和效应的关键手段就是审计过程。本质上，审计产生的数据为改革提供了信息。这些工作还得到了 IG 和 GAO 的审计支持和审查，以及包括内部控制在内的企业风险管理的整合。

DoD 实现风险管理的主要途径包括以下 4 个方面。

（1）评估过程、产品和服务是否满足需求的最佳方法是直接与客户沟通。进行客户体验评估是确保军事部门和其他组织获得满足使命需求所需支持的关键。OCMO 将确保客户体验作为绩效评估中的关键组成部分，这也将有助于确定改革和过程改进的需要。

（2）DoD 财务审计。国防部的审计符合国防战略的战略方向，包括 DoD 内部的改革，目的是获得更高的绩效并更好地履行责任。DoD 年度财务报表审计包括 24 项独立审计和 1 项由 DoD 监察长办公室（Office of Inspector General，OIG）进行的综合审计。

（3）企业风险管理。与 NASA 一样，DoD 同样使用第 A-123 号 OMB 通告指导其内部实施企业风险管理（ERM）的流程。DoD 的领导部门在整个规划、计划、预算与执行制度（Planning, Programming, Budgeting and Execution，PPBE）过程中处理并平衡企业级的风险。DoD 的全面风险管理框架包括对 4 个交叉维度的评估：作战风险、军队管理风险、惯有风险以及未来挑战风险。这 4 方面风险构成评估委员会主席的年度风险评估的基础。该评估将风险的 4 个维度根据战略和军事方面的不同特性，进一步定义为"使命风险"和"部队风险"，以便于为每个周期的项目组合预算编制阶段提供信息。此外，在规划阶段，《国防规划指南》（Defense Planning Guidance，DPG）提供了风险承受力方面的指导，反映和更新了通过 NDS 开发确定的优先级。反过来，国防部的组成部分在 5 年计划的开发中平衡风险。内部控制有助于该部有效地运作，报告有关其运作的可靠资料，并遵守适用的法律和条例。国防部的企业风险管理能力与战略规划、PPBE 和内部控制相协调，提供了一个综合的治理结构，将改善国防任务交付，降低成本，并集中纠正关键风险的行动。

（4）GAO/IG 的建议。国防部监察长负责对 DoD 的计划和行动进行审计和调查，以确保防止和发现部门计划和行动中的欺诈、浪费和滥用行为。政府问责局向国会、行政机构负责人和公众提供及时的、基于事实的、无党派的信息，这些信息可以用来改善政府，并为纳税人节省数十亿美元。GAO 的工作是在国会委员会或小组委员会的要求下完成的，或根据美国国会规程进行，这是法律或委员会报告的法定要求。政府问责局和独立检察官办公室都向 DoD 提出了改进运营方式的建议。这些建议构成 DoD 改革的基础。GAO/IG 建议的具体实施途径，包括审计长管理的审计过程、财务改进与审计建议（Financial Improvement and Audit Remediation，FIAR）监督过程以及 OCMO 审计管理部门。

3）高效的管理程序

DoD 对其内设国家实验室的高效管理主要是通过 PPBE 和绩效管理来完成的。

PPBE 过程是一个 4 年规划周期内的年度全局性资源分配过程。DoD 部长提供集中的政策、优先事项和目标，通过国家战略、部队发展指导、国防计划指导、财政和预算指导以及其他需要的指导来促进公私伙伴关系的进程。程序开发、执行和授权给国防部各下属部门。DoD 副部长负责管理 PPBE 程序的整体日常运作。PPBE 整合了国防部的计划，包括国家军事战略和计划，解决了现有的和紧急的需求，在一个有纪律的审查和批准过程中，平衡了部门优先级的风险。其目标是在财政紧张的情况下实现部队、人力、物资和支持的最佳组合，以支持国家安全的优先事项。国防部的组成部分包括绩效评估和管理，作为制定年度预算理由的关键要求——将战略目标与部门目标联系起来，建立具体的绩效目标，并确定和坚持最佳实践。

DoD 是一个基于绩效的组织，致力于使用绩效数据来推动决策和改善其内部企业（国家实验室）的商务运作。由 CMO 代表副部长作为绩效提升的主要负责官员，确保 DoD 的使命和目标能够通过策略和表现规划、衡量和分析而达到。DoD 各下属部门的领导者负责根据 NDBOP 中建立的战略方向和战略目标，在 APP 中发布的每条业务线的绩效目标、指标和成果中，纳入军事部门对其各自职能领域的投入。这些目标和措施中的一些也被用来告知高管绩效计划中包含的"结果驱动"的关键因素。这使领导人能够关注与 NDBOP 和 NDS 一致的可衡量的结果。DoD 采用数百种绩效指标来跟踪和评估关键领域的进展，如改革、数据分析、采购绩效、军事准备、审计准备、业务流程改进等。这些数据是用来确保资源的最佳利用和保障部队整体的良性发展的。DoD 内部的绩效目标和措施以不同的方式组合在一起，为决策提供信息。例如，应用程序中的性能信息是关注企业业务操作的性能信息的一个小子集。DoD 内部的主要工作表现措施之一，是为主要的后台职能部门，包括人力资源、资讯科技、物业、收购、财务管理和医疗保健，制订一致的工作表现措施。这些"共享"的绩效指标将处理平衡计分卡的每个类别，包括客户满意度和经验，以确保达到预期的结果，同时也用于未来的计划，以促进持续的创新和成功。整个 DoD 内部、联邦政府和所有相关工业部门都将对"偏好"功能的一致措施进行基准测试，以继续加强改进。此外，一致的措施将帮助国防部领导层决定在何处为整个部门提供共享服务，这也可能包括在国防部副部长的"核心指标"NDS 实施审查、国防预算展示中，并通过向国会提交的全面报告提供。

4）严格的监督机制

OCMO 提供跨部门的企业业务操作的管理和监督，包括军事部门。这一过程得到多个监督委员会，支持改革操作、企业管理和赛博防护管理的职能项目组等的支持。这些委员会和组织确保性能度量、数据管理和分析、改革和国防业务系统管理的一致使用和实现。具体包括以下 5 个方面。

（1）副部长管理行动小组（Deputy's Management Action Group，DMAG）：主要支持国防部长，由非军人和军人成员组成，讨论具有资源、管理和广泛的战略和政策影响的最高层议题。DMAG 的主要任务是在协作环境中为国防部副部长提供建议，并确保 DMAG 的执行符合国防部长的优先事项以及规划和规划时间表。DMAG 由 DSD 和参谋长联席会议副主席（Vice Chairman of the Joint Chiefs of Staff，VCJCS）共同主持，其成员还包括 DoD 下属部门的领导、军事服务的领导以及 DoD 的其他重要工作人员。

（2）国防商务理事会（Defense Business Council，DBC）：作为主要的监督主体，其负责审查与管理有关的问题，改进 DoD 国家实验室的业务运作。

根据需要和授权的规定安排会议。

（3）改革管理小组（Reform Management Group，RMG）：是作为 DoD 的监督职能而设立的，用于确定改革的机会，确定投资回报的优先次序，以及裁定负责人之间的分歧。OCMO 将继续使用 RMG 作为一种机制，就企业业务管理优先级和业务系统集成以及支持 NDS 的投资向军事部门和其他国防部部门提供透明和知情的政策指导。

（4）数据管理与解析操控委员会（Data Management and Analytics Steering Committee，DMASC）：是一个数据监督部门，为公共企业数据提供数据管理和分析，作为 DoD 的共享服务，支持数据驱动的决策。通过 DMASC 实现的数据监督策略和过程确保存在高质量的数据，并在整个数据生命周期中提供数据，为数据质量差的不利影响提供改进措施，促进决策中的一致性和信心。为了与商业部门的最佳实践保持一致，DMASC 的成员包括国家实验室领导、DoD 财务管理主管和军事服务代表。

（5）国防企业商务运营（Defense Enterprise Business Operation，DEBO）高级操控小组（Senior Steering Group，SSG）：根据其章程规定，为 DEBO 过程提供跨功能的审查、治理和战略领导。这些治理委员会决定了国防部如何全面管理和告知资源分配过程。

6.2.3 依托单位

作为美国国家实验室系统的主体构成部分，GOCO 型国家实验室在整个系统中占有较大比重，而且政府所有、私人运营的模式也是美国国家实验室的一个非常突出的特色。这一特性导致每个 GOCO 型国家实验室都拥有两个监管机构：发起者（Sponsor）是国家实验室的拥有者，决定了国家实验室的使命和研究方向，与国家实验室严格绑定；依托单位，或称合同商（Contractor）则是国家实验室的实际运行管理机构，一般由大学、私营公司承担。在 GOCO 型国家实验室主体的 FFRDC 中，除了兰德公司，规模最大的要数米特雷（MITRE）公司了，该公司是 7 个 FFRDC 的依托单位。本小节以 MITRE 公司为代表，讨论依托单位在美国国家实验室运行管理中的作用和特点。

从实际职能来看，MITRE 既充当了美国联邦政府机构之间的桥梁，也是它们与产业界和学术界合作的渠道，如图 6-6 所示。因为 MITRE 运营着 7 个不同的 FFRDC，其客户能够从公司整个组织的研究和专业知识中获益。

MITRE 运营的 7 个 FFRDC 具体如下。

    ❑ 国家安全工程中心（发起者：DoD）。

    ❑ 高级航空系统发展中心（发起者：DoD）。

    ❑ 企业现代化中心（发起者：财政部）。

    ❑ 现代化卫生保健 CMS 联盟（发起者：DHHS）。

    ❑ 国土安全系统工程与发展研究所（发起者：DHS）。

    ❑ 司法工程与现代化中心（发起者：美国最高法院）。

    ❑ 国家赛博安全卓越中心（发起者：NIST）。

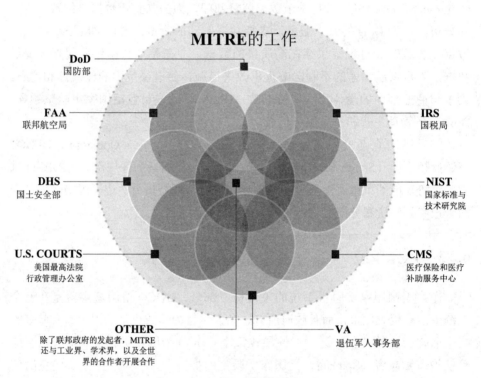

图 6-6　MITRE 公司的工作内容

1. 米特雷公司概况

米特雷公司（以下简称为"MITRE"）成立于 1958 年，是美国的一个非营利公司，其两个总部分别位于马萨诸塞州的贝德福德和弗吉尼亚州的麦克林。历经 60 余年的发展，MITRE 已经发展为连接美国联邦政府、国家实验室、学术界、工业界和倡导组织的庞大组织。MITRE 在美国本土拥有 58 处试验和办公区域，国外还拥有 9 处，员工总数达到 8425 人（2017 财年数据），年均营业额达 15 亿美元以上，自 1970 年以来完成 181 项专利授权、264 项受理，自 2000 年以来出版各类材料 966 部。良好的工作氛围使得 MITRE 员工的满意度超过 87%，是美国国内很多人向往的公司。

MITRE 的愿景是：通过在安全和保障方面的突破，建设一个更强大的国家和更美好的世界。

MITRE 的使命是：作为一家公共利益公司，与工业界和学术界合作，推进和应用科学、技术、系统工程和战略，使政府和私营部门能够做出更好的决策并实施解决方案，以应对具有国家和全球意义的复杂挑战。

MITRE 的目标主要包括 3 个方面。

❑ 提供技术转化解决方案，推动任务成功，提升全球领导力。

❑ 为全球卓越的系统工程设立标准。

❑ 成为一个世界级的组织。

作为私营的非营利公司，MITRE 保持相对松散的运行管理模式，其组织结构特色在于：选择了一群在技术、商业和公共服务领域有着不同背景的领导人，以提供解决政府面临的最大挑战所需的高水平专业知识。MITRE 的组织结构如图 6-7 所示，具体如下。

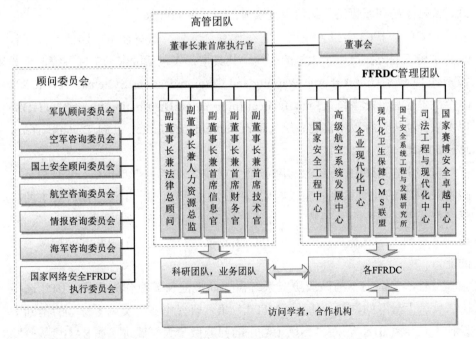

图 6-7　MITRE 的组织结构

❑ 高管团队。为 MITRE 提供愿景、技能和决策，塑造 MITRE 的工作计划，并指导员工的活动。

❑ 董事会。其业绩与良好治理和健全公司政策的承诺相匹配。

❑ FFRDC 管理团队。大多由高管团队中的领导兼任，主要负责对 MITRE 所属的 7 个 FFRDC 的运行进行管理。

❑ 顾问委员会。将 MITRE 的知识和研究成果向政府部门等客户输出。

❑ 精选的科研团队和业务团队。其在快速发展的技术世界中贡献了宝贵的观点和专业知识。

❑ 访问学者与合作机构。其杰出成员在关键领域带来多年的高水平经验，帮助 MITRE 解决问题，建立一个更安全的世界。

2. 米特雷公司简史

MITRE 成立于 1958 年，是一家为联邦政府提供工程和技术指导的私营、非营利性公司。从那时起，MITRE 就一直致力于先进技术和至关重要的国家问题的交叉领域研究。通过对联邦政府资助的研究和发展中心（FFRDC）的运行管理，MITRE 已经发展为服务于最高级别的各种政府机构的专职公司。

MITRE 最初的重点是称为半自动化地面环境（Semi-Automatic Ground Environment，SAGE）的地面防空项目。SAGE 依靠第一台数字计算机将雷达站、武器系统和军事决策部门以近实时的方式联系起来。

SAGE 于 1963 年投入使用。它在计算、软件、信息显示、通信、程序管理和系统工程方面产生了大量的创新，其典型代表包括：国家空域系统、机载警戒与控制系统（Airborne Warning and Communications Systems，AWACS）、联合战术信息分配系统（Joint Tactical Information Distribution System，JTIDS）以及联合监视目标攻击雷达系统（Joint Surveillance Target Attack Radar System，Joint STARS）。

事实上，MITRE 的起源与麻省理工学院（MIT）密切相关，可追溯至二战期间 MIT 的计算机实验室（联盟）。在 20 世纪四五十年代早期，MIT 的科学家们开发了第一台大型数字计算机，称为"旋风Ⅰ号（Whirlwind Ⅰ）"。一群在麻省理工学院林肯实验室（MIT LL）第六研究室的工程师继续扩展了它的能力。

当时，美国空军的高级防空系统需要高性能计算机作为支持，因此选择了"旋风Ⅰ号"的框架。随后，MIT LL 第六研究室在"旋风Ⅰ号"的基础上设计了"旋风Ⅱ号"，对"旋风Ⅰ号"的问题做了大量改进。在 SAGE 从研发阶段进入运营阶段的过程中，他们选择了 IBM 来为其提供计算支持。

MIT 的管理人员决定，这一阶段的工作需要一个私人的、非营利的公司来实施技术转化工作。该公司将成为空军的技术指导中心，以支持 SAGE 及其未来的发展，并且该公司不会因商业利益冲突而影响其建议和援助。针对这一需求，1958 年 7 月 17 日，MITRE 公司正式成立。MITRE 的核心管理人员来自 MIT LL 的第六研究室，Robert Everett 是公司的技术总监，他的同事 John Jacobs 是副技术总监。H. Rowan Gaither 被推选为公司第一届董事会主席，他也是兰德公司和福特基金会的主席。

20 世纪 60 年代，美国的国防和军事领域发生了翻天覆地的变化，同时美国空军指挥与控制的现代化建设也在进行之中。其间，在紧张的 5 个月里，MITRE 进行了多方面的分析，后来被称为"冬季研究（Winter Study）"，探讨了该团队面临的挑战和开创性报告的结果。

1959 年，新成立的联邦航空署（现在在联邦航空局）与美国空军建立了合作关系，并委托 MITRE 参与一个名为"萨丁（SAGE Air Traffic Integration，SATIN）"的项目。SATIN 的目标是开发一个独立统一的系统来管理国家的空域。

20 世纪 80 年代末至 90 年代初，信息技术的快速发展极大地影响了 MITRE 工作的演变。1989 年，该公司在新泽西州的蒙茅斯堡开设了一个新装置，以支持陆军不断增长的战场可视化工作。1991 年，空军为沙漠风暴行动部署了两架联合恒星飞机原型，以识别和跟踪伊拉克地面车辆的移动。多年来，MITRE 一直担任联合 STARS 项目的系统工程师，负责设计、分析和测试。1990 年，在 MITRE 与美国联邦航空局（FAA）首次合作 30 多年后，FAA 又建立了一个新的 FFRDC，被称为高级航空系统发展中心。1999 年，MITRE 与 FAA 和工业界合作，评估了原型自动依赖监视广播（Automatic Dependent Surveillance-Broadcast，ADS-B）技术。在 2008 年，ADS-B 团队赢得了久负盛名的科利尔奖，以表彰他们在提高国家航空系统的安全性、容量和效率方面做出的开创性努力。

随着 FFRDC 模式的发展，MITRE 也在进步。1996 年，MITRE 分为两个实体。MITRE 继续专注于为 DoD 和 FAA 提供服务，而新成立的 Mitretek 系统（现在称为 Noblis）则与其他机构合作。1998 年，美国国税局选择 MITRE 运营其 FFRDC——企业现代化中心，以支持其老化的信息系统的现代化；2008 年，退伍军人事务部成为企业现代化中心的共同发起者。

2001 年 9 月 11 日的恐怖袭击对 MITRE 产生了深远的影响。"9 • 11"事件发生后，美国联邦政府成立了国土安全部。2009 年，新的国土安全系统工程与发展研究所成为 MITRE 运营的第四家 FFRDC。

2010—2014 年，MITRE 又成为另外 3 个 FFRDC 的依托单位：2010 年，联邦司法部成立了司法工程和现代化中心；2012 年，医疗保险和医疗补助服务中心、美国卫生与公众服务部创立了现代化卫生保健 CMS 联盟，以实现医疗保健的现代化；2014 年，国家标准与技术研究院成立了国家赛博安全卓越中心。这些 FFRDC 中的每一个都通过创新的系统开发和组织变革帮助推进了政府运作。

当前，MITRE 的信息系统和技术能力继续增强，尽管取得了这些进展，但是预算压力也迫使政府机构精简、节约和集中其资源。要应对这些相互交织的挑战，需要政府、学术界、工业界和非营利组织（包括 MITRE）的共同努力。正如在 1958 年一样，MITRE 的使命始终如一——实现对组织利益和边界的超越，为公众利益服务，并通过解决各类重大问题确保国家和世界的安全。

6.3 联邦政府监管的主要模式

由于美国国家实验室所属性质的不同，决定了美国联邦政府对国家实验室实施监督与管理的模式不同。总体来说，对于与发起者或所属政府部门在行政关系上比较紧密的 GOCO 型国家实验室，如 DOE 国家实验室，通常采用合同制的监管模式；对于与发起者或所属政府部门在行政关系上比较松散的 GOCO 型国家实验室，如 MIT LL，以及兰德公司和 MITRE 公司运营的各 FFRDC，通常采用任务式的监管模式；而对于 GOGO 型和内设型国家实验室，由于发起者或直属部门的行政性质，则通常采用直辖式监管模式，本质上将国家实验室作为发起者或直属部门的一个子机构。以下将对这 3 类监管模式的特征进行分析。

6.3.1 合同制模式——以费米国家加速器实验室为例

合同制是美国联邦政府对 GOCO 型国家实验室的主要监管模式之一，主要被 DOE 用于对其下属的 16 个 GOCO 型 DOE 国家实验室的监督与管理。合同制的精髓在于"计划—合同—评估"三位一体的循环管理过程。

每年冬季，由能源部科学局（SC）组织实施对 DOE 国家实验室的年度计划编制工作。该项工作已形成固定模式，每个国家实验室的年度计划都需要完整包含下属内容，并遵循如图 6-8 所示的过程。

（1）任务 / 概述：本部分内容公开，包括实验室的顶层概要，涵盖了从实验室的历史和位置到当前核心能力的列表和工作人员的概况等所有内容。

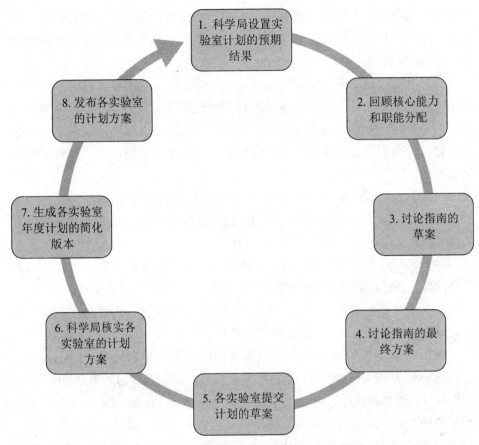

图 6-8　美国能源部国家实验室的计划制订过程

（2）实验室概况：本部分内容公开，概述了实验室的主要资金来源和总体运营成本，并简要介绍了实验室的人力资本资产。

（3）当前实验室核心能力：本部分内容公开，依据 SC 为 DOE 国家实验室设定的核心能力标准和具体的核心能力指标进行编制，主要统计分析每个 DOE 国家实验室对于各核心能力指标的发展建设情况，以及每个 DOE 国家实验室的独特之处。关于 DOE 国家实验室的核心能力，如前面的表 2-2 所示。

（4）未来科学战略 / 主要举措：本部分为实验室和 SC 领导层就实验室的未来愿景进行深入讨论提供了基础。该讨论的目标以建设一个健康的、世界一流的实验室的完整愿景为背景，此外，还涉及与实现这个愿景相关的资源需求和风险。本部分内容除两段摘要公开之外，剩余部分仅供内部使用。

（5）战略伙伴计划（Strategic Partnership Project，SPP）：本部分内容仅供实验室内部使用，要求实验室就其 SPP 计划的总体战略和远景进行沟通，并阐明 SPP 活动如何有助于和加强实验室的核心能力，以及实现能源部使命的能力。作为实验室计划的补充，SC 还要求实验室提供它们正在进行的 SPP 活动的说明和 SPP 下一财年的最高资助水平要求。

（6）基础设施 / 使命准备情况：本部分通过确定差距和填补这些差距的计划，将使命准备情况与实验室设施和基础设施联系起来。这部分内容也被 SC 作为等价的 10 年的实验区计划，该计划的依据是美国能源部命令 430.2b 号。该部分内容除关于实验区可持续性发展部分是内部的以外，其余部分都是公开的。

（7）人力资源：本部分内容仅供内部使用，要求提供所需的信息，从实验室的角度说明目前的人力资本差距和最优目标，以估算完成使命所需的人力资源，以及提供这些人力资源所需的行动。

（8）经营成本：本部分内容仅供内部使用，支持实验室确定主要的成本驱动因素，并讨论减轻这些因素的方法。

从上述内容可以看出，DOE 国家实验室的计划制订，需要与实验室的愿景、使命、核心能力及一些具体的监管措施密切配合，形成顶层的闭环控制。

DOE 对其下属国家实验室实施监管的核心是管理与运营（Management and Operating，M&O）合同，目前被编制在《美国能源部国防采办指南》中，作为现行的法规来执行。M&O 合同具有悠久的历史，伴随 DOE 国家实验室一起产生和发展，其前身可追溯至建立原子能委员会的《1946 年原子能法案》。1983 年 10 月 5 日 "M&O 合同" 这一专有名词被正式提出，其当时出现在 DOE 部长的一份正式备忘录中。M&O 合同的使用需遵循以下 3 条基本原则。

❑ 对 M&O 合同的使用必须获得能源部长的授权。

❑ 在《联邦采办规章》中规定了 M&O 合同的特殊属性和要求。

❑ M&O 合同对于 DOE 持续获得其任务的成功应具有关键作用。

为了保证国家实验室日常运行的稳定性，与 DOE 通过签订 M&O 合同负责国家实验室日常管理的私营机构具有稳定性，每次签署 M&O 合同的固定周期为 5 年，而且，通过在实验室年度评估中取得较好成绩，还能为这些私营机构获得额外的奖励性合同时间，固定周期加上奖励性时间，因此每个 M&O 合同的时间为 10 ~ 30 年不等，具体如表 6-6 所示。需要补充说明的是：该表中仅以科学局管理的 10 个国家实验室为例；同时，有关 DOE 国家实验室当前新一轮 M&O 合同的具体情况，DOE 并没有予以公布。

表 6-6　部分美国能源部国家实验室的 M&O 合同概况

序号	实验室名称	委托管理单位	合同编号	合同时间/年	本届终止日期	合同任期情况	获得奖励周期数	最终可能的终止日期
1	艾姆斯实验室	爱荷华州立大学	DE-AC02-07CH11358	2007	2021-12-31	2007 年获得完整合同，5 年固定周期加 15 年奖励性时间	12	2026-12-31
2	阿贡国家实验室	芝加哥大学阿贡有限责任公司	DE-AC02-06CH11357	2006	2021-09-30	2006 年获得完整合同，5 年固定周期加 15 年奖励性时间	12	2026-09-30
3	布鲁克海文国家实验室	布鲁克海文科学联合有限责任公司	DE-SC0012704	2015	2020-01-04	2015 年获得完整合同，5 年固定周期加 15 年奖励性时间	4	2035-01-04
4	费米国家加速器实验室	费米研究联盟（芝加哥大学的联合风险公司）	DE-AC01-07CH11359	2007	2021-12-31	2007 年获得完整合同，5 年固定周期加 15 年可能的奖励性时间	10	2024-12-31
5	劳伦斯伯克利国家实验室	加州大学	DE-AC02-05CH11231	2005	2020-05-31	2005 年获得完整合同，5 年固定周期加 15 年可能的奖励性时间	14	2025-05-31
6	橡树岭国家实验室	UT-巴特尔有限责任公司	DE-AC0500OR22725	1999	2020-03-31	1999 年获得完整合同，获得 5 年非竞争延长时间	无	2020-03-31
7	太平洋西北国家实验室	巴特尔纪念研究所	DE-AC05-76RL01830	1965	2022-09-30	该 M&O 合同具有更高优先权，从未修改过，获得 5 年非竞争延长时间	无	2022-09-30
8	普林斯顿等离子体物理实验室	普林斯顿大学	DE-AC02-09CH11466	2009	2022-03-31	2009 年获得完整合同，5 年固定周期加 5 年可能的奖励性时间	无	2022-03-31

续表

序号	实验室名称	委托管理单位	合同编号	合同时间/年	本届终止日期	合同任期情况	获得奖励周期数	最终可能的终止日期
9	SLAC国家加速器实验室	斯坦福大学	DE-AC03-76SF00515	1962	2022-09-30	该M&O合同具有更高优先权，从未修改过，获得5年非竞争延长时间	无	2022-09-30
10	托马斯·杰斐逊国家加速器实验室	杰斐逊科学协会有限责任公司	DE-AC05-06OR23177	2006	2021-05-31	2009年获得完整合同，5年固定周期加15年可能的奖励性时间	11	2024-05-31

下面以费米国家加速器实验室（FNAL）为例，探讨合同制模式国家实验室的具体特点。作为典型的GOCO型国家实验室，FNAL受到多重监管，具体如图6-9所示。

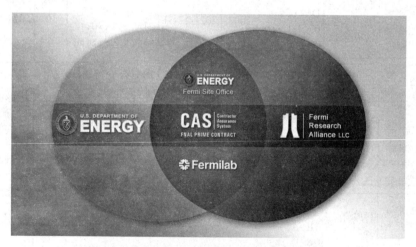

图6-9　费米国家加速器实验室的多重监管关系

FNAL由费米研究联盟（Fermi Research Alliance，FRA）有限责任公司负责管理和运营，所依据的是与DOE能源局（SC）签订的编号为DE-AC02-07CH11359的主合同。主合同的第H.13项"承包商保证系统"，要求FRA建立一个由三方联合拥有的合同商保障系统（Contractor Assurance System，CAS）：DOE作为发起者/监管机构，M&O合同商（即国家实验室的依托单位）作为主合同持有者，国家实验室作为任务的实施者。对于FNAL，CAS由首席运营官（Chief Operating Officer，COO）负责管理和监督。FRA 负责对主合同的具体执行，使用 10 个管理系统，具体如下。

- ❏ M5—财务管理。
- ❏ M6—采购管理。
- ❏ M7—环境、安全与健康（Environment, Safety and Health，ES&H）管理。
- ❏ M8—质量管理。
- ❏ M9—工程管理。
- ❏ M10—信息系统与赛博安全管理。
- ❏ M12—合作管理。
- ❏ M13—物理安全与紧急情况管理。
- ❏ M14—资产与设施管理。
- ❏ M15—人力资源管理。

这 10 个管理系统包含了 FNAL 的所有工作活动，适用于在 FNAL 和 FNAL 所租赁实验区开展工作的所有人员，包括下级合同商和客户。管理系统通过各种途径定期进行审查和改进，这些途径包括自评估、同行评议、基准比较和业务就绪情况审查。

FNAL 将 CAS 视为确保国家实验室运营使命一致、安全、可靠、高效并向客户提供高质量产品和服务的主要工具。保障活动贯穿于实验室的每一个功能，并被用作强调、促进变化和持续改进的学习工具。

根据主合同，CAS 至少必须包括以下关键属性。

（1）对保障的全面描述，明确定义过程、关键活动和责任。

（2）一种通过验证 / 确保有效的保障程序的方法，可以使用第三方审核、同行评议、独立评估和外部认证（如 VPP、ISO 等）。

（3）在保障系统发生重大变更之前，及时通知 DOE- 费米现场办公室（Fermi Site Office，FSO）的合同官员。

（4）严格、基于风险、可信的自我评估、反馈和改进评审，以评估和改进 FNAL 的工作流程，并开展独立的风险和脆弱性研究。

（5）辨识并修正负面的性能 / 遵从趋势，在它们成为重大问题之前。

（6）实现保障系统与其他管理系统的集成，包括集成安全管理（Integrated Safety Management，ISM）。

（7）评估绩效的标准和目标，包括与 DOE 的其他合同商、工业界和研究机构对关键职能领域进行基准测试，确保指标和目标的发展，以达到预期成效和低成本的绩效。

（8）持续的反馈和性能改进。

（9）考虑并降低风险的实施计划（如果需要的话）。

（10）及时并适当地与 FSO 的合同管理官员联络，包括以电子方式取得有关保障的信息。

FNAL 的使命是在科学和工程的关键领域（主要与粒子物理和加速器相关）进行前沿研究和创新。通过 CAS 管控的 10 个交叉领域管理系统，实现对 FNAL 实现其使命的管理，但不干涉 FNAL 具体做了哪些工作。也就是说，CAS 提升 FNAL 的效率和集成水平，而其使命则驱动其运营绩效和影响。

FNAL 采取一切合理措施，努力确保建立充分的内部控制和监督系统，并通过合适的运营实现以下 3 个方面。

❑ 及时发现不足和改进的机会。

❑ 及时准确地向负责的实验室管理者、DOE 或其他权力部门报告缺陷和改进机会。

❑ 及时有效地实施纠正措施。

FNAL 的保障委员会（Assurance Council，AC）是合同商保障实现的关键因素。AC 的成员是管理系统的所有者和主要流程的所有者。通过了解实验室运行环境的变化、适用的法律法规、自我评估和实验室的各种审查过程，委员会确定并跟踪出现的问题。

6.3.2 任务式模式——以麻省理工学院林肯实验室为例

对于发起者与国家实验室之间没有明确隶属关系的 GOCO 型国家实验室，主要通过承担其发起者赋予实验室的使命任务接受发起者的监管，这类国家实验室主要是以大学、研究机构或非营利组织作为依托单位的 FFRDC，以及全部 UARC。为了维持这类国家实验室的正常运营，其发起者定期向实验室以定向方式发布各类科研计划或项目，国家实验室通过科研项目或课题，获得来自其发起者的稳定经费支持，从而使其发起者完成使命。

从本质上看，不论是合同制模式，还是任务式模式，国家实验室与其发起者之间都需要通过持续稳定的合同来维系其长期的关联关系，以确保国家实验室与其发起者在使命方面的一致性。但不同的是，合同制模式的合同相对比较单一，而且覆盖国家实验室经费来源的主要方面；而在任务式模式下，国家实验室与其发起者之间的合同非常复杂，国家实验室为了获得足够的经费支持，往往与多个联邦政府部门签订科研合同。

下面以 MIT 林肯实验室为例，详细介绍任务式模式下发起者对国家实验室的监督与管理。

MIT 林肯实验室在 MIT 中处于非常重要的地位，根据 2019 财年的统计结果，林肯实验室开展研究与开发的经费总量在 MIT 年度总收入中占比超过四分之一，如图 6-10 所示。MIT 的收入主要由学费、科研经费、捐赠三大部分构成。具体来看，MIT 从 DoD 获得的经费中，很大一部分来自美国空军，如图 6-11 所示（以 2017 财年为例）。

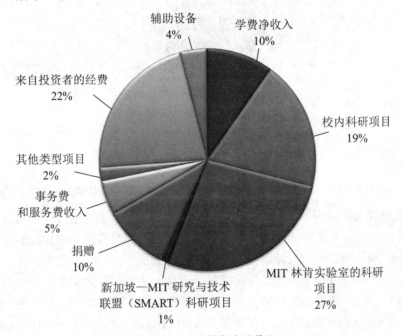

图 6-10 MIT 的年度总收入

从程序上看，MIT LL 的前沿研究与开发主要是通过国会拨款的经费来源得到支持的，资金来源由负责研究和工程的国防部助理部长办公室管理。这笔经费具有稳定性和持续性，用于支持现有和构想中的使命领域中的长期战略技术能力。对这些研究项目选择的依据是为了解决当前和正在演变的国家安全的关键问题。对 MIT LL 的支持不限于稳定持续的经费，还会在前期投入基础上进一步追加投入，这类项目以专项任务的形式开展。此外，对实验室的拨款中还包括与大学之间有限的学术合作研究的资助。通过这些合作，实验室获得了与任务领域需求相关的前沿研究，大学生也有机会及时处理相关问题。

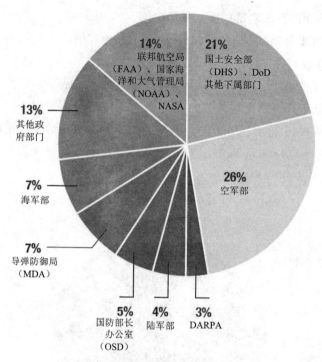

图 6-11 MIT 林肯实验室的发起者提供经费的具体情况

除自身承担并开展大量科学研究之外，MIT LL 还与一些公司签订合同，支持设计和制造开发用的硬件和材料。这些公司在实验室资助的概念验证阶段开发的技术专业知识将被带到生产阶段。通常情况下，这种原型工作为后来商业化生产硬件或材料的公司带来了商机。该实验室还与各大学签订基础研究和应用研究合同，通过这些伙伴关系形成的合作促进了技术和知识的交流。

MIT LL 从事有限数量的合作研发协议（Cooperative Research And Development Agreement，CRADA）和小企业技术转让计划（Small Business Technology Transfer，STTR）。这两类模式都是加强与工业界互动的机制，从而促进相互的知识交流和技术转让，并通过向双方提供各自可能无法在其预算和设施内完成的研发，从而实现共赢。通过这些模式进行研究的技术是那些与实验室定义的任务区域相一致的技术，并且通常是能够使过程和设备得到改进的技术。

6.3.3 直辖式模式——以国家航空航天局下属国家实验室为例

直辖式模式与前两种相比要简单得多，因为发起者与国家实验室之间具有明确且稳定的上下级关系，甚至国家实验室仅作为其发起者下属的一个科研机构的形式存在，在行政上具有明确的隶属关系。这种模式多见于 GOGO

型国家实验室和内设型国家实验室。对于 DoD 下属的内设型国家实验室,如 ARL、NRL 和 AFRL,实验室人员中既有军人也有非军人;对于其他政府部门的 GOGO 型国家实验室,实验室人员中有联邦政府正式雇用的公务员,也有合同制的科研人员和访问学者、设备用户等。因此,在直辖式模式的国家实验室内部实施"分类 + 分级管理"的模式。对于军人,按军人相关的法律法规实施管理;对于正式雇用的公务员(体制内人员),按联邦政府雇员相关的法律法规实施管理;对于合同制等非正式人员,则按照实验室内部的管理规定实施管理。

直辖式模式的国家实验室一个突出的特点是其经费来源渠道:一方面,这类国家实验室的经费在联邦政府的财年预算中占有与其所属领域相关的比例额度;另一方面,这类国家实验室对"竞争类"科研项目的参与受到诸多限制,各国家实验室在承担竞争类项目的级别(国家级、部委级)、研究内容和经费额度方面都有明确规定。以 NASA 为例,NASA 每年可用的经费预算信息由预算资源报表(Statement of Budgetary Resources,SBR)提供。NASA 的经费主要来源于以下两个方面。

❏　国会当年度的拨款,以及上一年度拨款的结余。

❏　通过合同方式从其他政府部门、科研机构或私营公司获得的经费资助。

如图 6-12 所示,2019 财年,NASA 的总经费收入为 263.54 亿美元。固定经费超过 240 亿美元,约占 NASA 总经费的 91%,其中,当年拨款 215.01 亿美元,约占总经费的 82%,上年度结余 25.16 亿美元,约占总经费的 9%。此外,还有 23.37 亿美元的合同经费,约占总经费的 9%。

直辖式模式国家实验室所能承担的竞争类(non-funded)项目及签署的合同类型如表 6-7 所示。

表 6-7　直辖式模式国家实验室所能承担的竞争类项目

序　号	协议类型	合同概况
1	合作研发协议(Cooperative Research And Development Agreement,CRADA)	针对普通的研究与开发(R&D)目标,一个或多个国家实验室与一个或多个非联邦政府机构之间的合作
2	测试服务协议(Testing Service Agreement,TSA)	• 直接支付的服务测试费用,不包含合作 • 客户拥有测试数据的所有权限,国家实验室不可以公布数据
3	专利授权协议(Patent License Agreement,PLA)	包括独享专利授权、部分独享专利授权和非独享专利授权 3 种形式
4	教育合作协议(Education Partnership Agreement,EPA)	出于在某些学科领域鼓励和加强研究的目的,在各个层次教育领域的合作

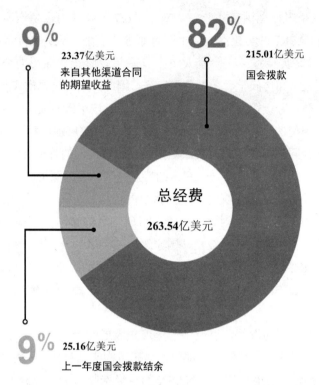

图 6-12　美国国家航空航天局的经费构成

依据 CRADA，国家实验室在设定联邦政府和工业/学术方面的技术目标的基础上，按以下情况具体实施。

❑ 对于联邦政府下属机构性质的合作者，可以为国家实验室提供人员、服务、设施和设备，但对非联邦政府机构提供这些资源有严格具体的限制。

❑ 对于非联邦政府下属机构的合作者，可以为国家实验室提供人员、服务、设施和设备。

❑ 对于参与合作的各方，独立获得的专利权归各自所有，联合获得的专利权归所有参与者共同所有。

❑ 联邦政府对基于 CRADA 所获得的所有专利拥有非独享专利权，所有专利均可由联邦政府直接或间接使用。

❑ 对基于 CRADA 获得的联邦政府拥有的专利，联邦政府允许通过协商方式议定独享专利的所有权归属。

TSA 则支持国家实验室将其所独有的设施和资源提供给私营公司开展测试应用研究，需要依据以下原则。需要注意的是，TSA 仅作为简单的两方协议合同，具有较短的有效期。

❑ 乙方的成本等于国家实验室提供测试服务的成本（即国家实验室不可通过此合同营利）。

❑ 乙方对测试结果拥有独享权，禁止国家实验室及其上级政府部门将数据透露给第三方。

❑ 国家实验室及其上级政府部门不能获得乙方的知识产权所衍生或包含的任何权限。

❑ 国家实验室及其上级政府部门被禁止直接参与任何与私营测试服务公司的任何竞争活动。

6.4 高级研究计划局、国防高级研究计划局和能源部高级研究计划局

　　美国国防高级研究计划局（Defense Advanced Research Projects Agency，DARPA）已成为当前世界在国防科研领域关注的热点，特别是国内科研人员，一旦 DARPA 在科研领域有什么新动向，就会立即积极跟进。同时，DARPA所形成的研发模式也为世界上很多国家及其相关机构所青睐和模仿。事实上，DARPA 当前模式的形成也是几十年来适应国防科技发展规律的结果。

　　DARPA 最初的设置目的是应对苏联在航天领域的威胁。毫不夸张地说，DARPA 诞生自一个未能获取成功的"夹生"计划。1957 年，苏联发射了第一颗人造地球卫星 Sputnik 1 号，对美国社会和政坛造成了重大影响。1958 年成立的 ARPA 就是美国应对苏联航天优势的两项重大策略之一，但并未收到应有的效果。之后，ARPA 在民用领域的基础全部被移交给 NASA，军用领域的绝大部分研究被移交给军方，ARPA 一度陷入被撤销的危险境地。随着美苏冷战的加剧，ARPA 逐渐获得了发展机遇，随着 1972 年更名为 DARPA，开始在国防基础研究领域崭露头角，并在随后的 20 世纪 80 年代逐步发展壮大，形成所谓的"DARPA 模式"。DARPA 是 DoD 体系网络的一个重要节点，以相对较小的规模编制几乎撬动了整个美国国防科研体系的发展。DARPA 模式的成功吸引了美国和全世界的广泛关注，很多政府部门都效仿 DARPA 成立相关机构，如美国能源部的能源部高级研究计划局（Advanced Research Projects Agency-Energy，ARPA-E）、国土安全部的国土安全高级研究计划局（Homeland Security Advanced Research Projects Agency，HSARPA）、国家情报总监办公室的情报高级研究计划活动（Intelligence Advanced Research Projects

Activity，IARPA），以及英国的国防科技实验室、印度的国防研发组织、加拿大的国防研发部门和芬兰的 Tekes 技术与创新项目局。DARPA 及 ARPA 体系的发展历程如图 6-13 所示。

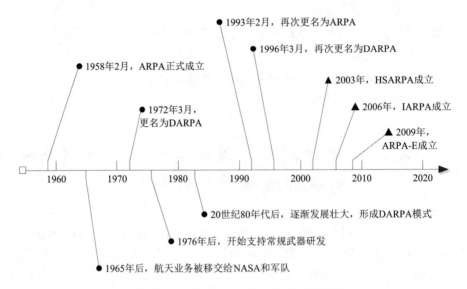

图 6-13   DARPA 及 ARPA 体系的发展历程

在讨论如何提高联邦政府通过研发投资刺激创新的能力时，"DARPA 模式"经常被美国国会和其他联邦政府机构引用。DARPA 的官员认为，其组织结构允许该部门以一种独特的方式运作，这种方式在国防部内部以及整个联邦政府都是独一无二的。具体来说，DARPA 机构相对较小的规模和扁平的结构使其具有灵活性，并允许该机构大幅度减少内部流程和规则，使得整个部门集中精力于具体的研发活动中。DARPA 将其长期以来的成功创新归功于 4 个因素：① 信任与自治；②（人事方面）有限的长期聘用与升职的紧迫感；③ 有使命感；④ 勇于承担风险和容忍失败。这些因素通常通过 DARPA 对其项目经理人的管理方法表现出来。一些人甚至断言：DARPA 成功的关键"在于它的项目经理人"。

DARPA 的研发工作通常是长期的，而且往往是在国家安全或国防需求最初并不明确的领域。这一特性决定了 DARPA 及 ARPA 体系的其他政府部门与国家实验室之间既有密切的联系，也有明确的区别：一方面，在研发工作长期性方面，DARPA 与国家实验室是完全一致的，二者都是面向与国家战略相关且需要长期持续稳定投入的研发领域；另一方面，在需求明确性方面，DARPA 与国家实验室之间则存在明确的差异，DARPA 主要面向需求不明确的新领域，而国家实验室则面向稳定的、成规模的、明确的研发领域。因此，DARPA 及 ARPA 体系中其他政府部门的工作成为国家实验室的"前端"，对于新领域的探索，一旦认定其在国家使命中的重要性，就会逐步迁移到国家实验室中去。

换句话说，DARPA 模式对其研发投资和项目活动采取了一种投资组合方式，同时兼顾广泛的技术机遇和国家安全挑战。因此，项目经理在选择由该机构支持的研发方面起着主要作用。DARPA 认为这种"自下而上"的方法是有效的，因为项目经理来自大学教师、企业家和行业领导者，他们被视为最接近某一特定领域的技术挑战、潜在解决方案和机会的个人。

下面以 ARPA-E 新建项目、计划选择和实施者管理的流程为例，进一步说明 DARPA 模式的具体流程，如图 6-14 所示。ARPA-E 的项目经理主要由项目主任担任。为了运行 ARPA-E 并对项目进行投资，ARPA-E 被授权可以雇用项目主任，这些项目主任的任期一般为 3 年，也可根据项目实施情况做适当延长。同时，在建立和管理机构项目方面享有很大的自主权和灵活性。ARPA-E 还赋予项目主任在推荐项目获得资助方面的重大决定权，并赋予他们权利和义务，建议项目主任终止未能满足预期的项目。项目主任另一个关键任务是实现从 ARPA-E 到市场的技术转化（Technology-To-Market，T2M）。

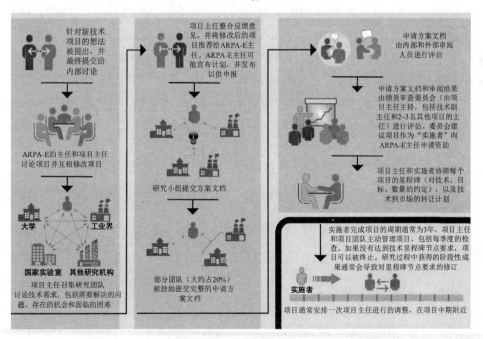

图 6-14　ARPA-E 新建项目、计划选择和实施者管理的流程

参 考 文 献

[1] 梁伟. 美国科技创新体系中的政府作用 [J]. 全球科技经济瞭望，2008，23（3）：20-25.

[2] 孙孟新. 美国科技领域法律政策框架概览 [J]. 科技与法律，2004（4）：15-21.

[3] 赵俊杰. 美国能源部国家实验室的管理机制 [J]. 全球科技经济瞭望，2013，28（7）：32-36.

[4] 徐志玮. 美国国家实验室的科研评估和启示：以美国劳伦斯伯克利国家实验室为例 [J]. 实验技术与管理，2014，31（1）：201-206.

[5] 魏俊峰，赵超阳，谢冰峰，等. 美国国防高级研究计划局（DARPA）透视：跨越现实与未来的边界 [M]. 北京：国防工业出版社，2016.

[6] ROBERT P C. Law in the Laboratory - A Guide to the Ethics of Federally Funded Science Research[M]. Chicago and London: The University of Chicago Press, 2010.

[7] PRADEEP K K, PAUL T B. An Assessment of ARPA-E（2017）[R]. Washington, DC: the National Academies Press, 2017.

[8] WILLIAM B B, RICHARD V A. ARPA-E and DARPA: Applying the DARPA Model to Energy Innovation[J]. J Technol Transf , 2011, 36（5）: 469-513.

[9] BARRY B, DENNIS W. Technical Roles and Success of US Federal Laboratory-Industry Partnerships[J]. Science and Public Policy, 2001, 28（4）: 169-178.

[10] JAMES D A, ERIC P C, JEFFREY L J. The Influence of Federal Laboratory R&D on Industrial Research[J]. The Review of Economics and Statistics, 2003, 85（4）: 1003-1020.

横看成岭侧成峰，

远近高低各不同。

不识庐山真面目，

只缘身在此山中。

——宋·苏轼《题西林壁》

第 7 章　美国国家实验室运行管理的主要特点

所谓国家实验室的运行管理，主要是指国家实验室及其监督和管理机构对实验室所拥有的人、财、物这些资源的优化配置和运用。本章主要针对人、财、物这 3 个方面，对美国国家实验室在运行管理方面的特点进行归纳和提炼。但是，也应清醒地认识到，美国国家实验室体系的多元化本质，导致其运行管理方面的千差万别，因此，无法完整梳理出美国国家实验室在人、财、物配置管理方面的统一模式，而只能从其特点方面进行挖掘，就事论事。

7.1　内部组织架构

美国国家实验室实行院所长负责制，其内部组织架构普遍采用如图 7-1 所示的基本样式。国家实验室的所有运行管理事务由以实验室主任为核心的管理高层实施决策。同时，实验室的科研工作由学术指导 / 咨询机构提供指导，这一组织既可能是国家实验室内部的，也可能由实验室外部兼职人员临时组成。国家实验室的主体由两大部分构成：第一部分是国家实验室的业务部门，主要开展与国家实验室使命任务相一致的科学、研发和工程研究，通常以层次化结构组织管理，中间层为研究室，下设研究组，研究组可能由独立的课题负责人

（PI）领导；第二部分是服务部门，负责支撑和维持国家实验室正常运行的各管理部门，包括人事管理、财务管理、设备与设施管理等。

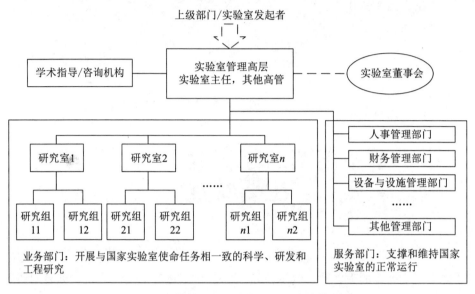

图 7-1 美国国家实验室内部组织架构的基本样式

针对 GOGO 类型的国家实验室，联邦政府或主管部门任命机构负责人，机构负责人全权负责国家实验室的事务管理，自行管理国家实验室，带领实验室实现既定发展目标、寻求新的发展机遇。对于 GOCO 类型的国家实验室，实行理事会领导下的院所长 / 主任负责制。运营方的理事会拥有对国家实验室管理的最终决定权。

上述两种主要模式具体特点如表 7-1 所示。第一种是理事会制度，这种制度类似企业董事会的做法，根据国家实验室相关的法律或章程由主要利益相关方的代表构成理事会成员，对实验室运行管理方面的重大问题做出决策。对于 GOCO 类型的国家实验室，联邦政府各局发起者通常与受托运行管理机构签订固定期限的 M&O 合同，受托单位成立理事会，根据 M&O 合同约定对国家实验室进行管理。第二种是机构自我管理模式，针对 GOGO 类国家实验室，由其上级联邦政府部门任命国家实验室的最高领导人；针对 COCO 类国家实验室，由其上级私营企业任命最高领导人。由最高领导人（一般为国家实验室主任）在学术委员会的指导下负责国家实验室的运行管理决策和具体工作。

表 7-1 美国国家实验室的内部管理模式

主要模式	适用类型	基 本 特 征	典型代表
理事会制度	GOCO	• 运营方提名理事会成员，联邦政府部门批准，理事会里有若干当然成员，包括运营方负责人、同领域杰出科学家、产业界代表等，这些成员没有任期限制 • 理事会对国家实验室的日常管理具有决定权，国家实验室的战略任务、发展方向等仍由运营方和联邦政府发起者共同决定 • 运营方在得到联邦政府批准后任命实验室主任	DOE 国家实验室
机构自我管理	GOGO 和 COCO	• 利益相关者代表组成国家层面、机构（企业）层面或研究单元层面的建议小组 • 内外部专家组成的学术委员会提供优先研究序列方面的咨询 • 联邦政府或私营企业最高领导者任命机构负责人	NASA 下属研究中心和国家实验室、NIH 下属国家实验室、私营企业下属国家实验室

7.1.1 理事会领导下的主任负责制

以 DOE 国家实验室为代表的 GOCO 类型国家实验室，长期以来形成了完备的理事会制度，通过签署 M&O 合同的方式，由大学、非营利组织或企业（运营方）负责运行管理。这种特殊的运行机制使得 DOE 国家实验室呈现出鲜明的特色。

（1）由运营方提名理事会成员，联邦政府主管或发起部门批准。如果运营方为某个（民营的）大学，则校董事会就是国家实验室的最高决策部门；如果运营方是由大学、非营利机构和企业共同成立的专门管理国家实验室的有限公司，那么该公司也要成立一个理事会作为国家实验室的最高决策部门。理事会的当然成员包括作为运营方成员的大学、非营利机构、企业的负责人，以及若干同领域的杰出代表、产业界代表等。

（2）理事会对国家实验室的日常管理具有最终决定权，但国家实验室的主要任务和发展方向仍由运营方和 DOE 共同确定。

（3）运营方和 DOE 共同确定国家实验室的主任，授权运营方正式任命国家实验室主任。运营方为大学的国家实验室，大学校长在得到校董事会和 DOE 授权后任命国家实验室主任；大学一般还设立国家实验室咨询委员会，负责就国家实验室运行管理的各个方面，向校长、董事会及国家实验室主任提供信息服务和决策建议。

7.1.2　联邦政府直接任命的主任负责制

这类国家实验室的负责人由联邦政府或私营企业最高领导者直接任命，全权负责国家实验室的具体事务，带领实验室实现既定目标、寻求新的发展机遇。为了保障这种自我管理的效率和效益，这类国家实验室普遍建立了不同层面的咨询团体，主要包括学术委员会和利益相关者委员会两大类。学术委员会主要在学术研究方面提供咨询和建议，如确定项目的优先研究序列等。利益相关者委员会可在国家层面、实验室层面或研究单元层面设立，为国家实验室的整体科研活动、经费配置甚至更细节的工作提出意见和建议。

7.2　人事管理

人才是国家实验室最重要的核心资源，对人员管理的水平直接决定了国家实验室的使命任务完成情况和整体能力水平。

7.2.1　人事制度

一般地，由于国家实验室的国防和军队性质，其科研人员都属于联邦政府雇员序列，即所谓的国家公务员或军人身份，按公务员管理制度或军队条令条例进行管理，在招聘、晋升和薪酬制度方面沿用与联邦政府和军队相同的制度。20世纪80—90年代的新公共管理运动对联邦政府的运行和管理提出挑战；同时，由于冷战结束，也导致联邦政府对国家实验室体系做出重大调整，其突出表现之一就是弱化国家实验室的国防和军事特色，直接导致国家实验室工作和科研人员中公务员和军人比例的大幅度缩减。因此，国家实验室内部的人事制度和薪酬制度也开始走上改革的道路。在原有公务员体制的基础上，国家实验室增加了科技人员管理的灵活性，包括灵活快捷的聘用机制和注重绩效管理等，形成国家实验室特有的人事制度和政策。

历经30余年的发展演化，美国国家实验室体系形成了公务员制（含军人）、任职年限制、项目合同制以及限期聘用制4种主要模式，具体如表7-2所示。

表 7-2　国家实验室的主要人事制度

序　号	模　　式	主要特征	适用对象	典型代表
1	公务员制（含军人）	• 享受公务员的待遇,具体招聘、晋升、薪酬等方面依照公务员制度执行 • 无被解雇和淘汰的风险 • 薪酬稳定,激励不足		GOGO 类型的国家实验室
2	任职年限制	• 在获得终身职位前,存在任职年限序列,具有较强的竞争 • 获得终身职位后,按照国家公务员的制度来进行人事管理 • 薪酬方面可以实施市场定价,灵活性较大	高级科研人员,含各研究单元负责人、学术带头人等	主要是由高校担任运营方的GOCO 类型国家实验室、NIH国家实验室
3	项目合同制	• 围绕具体项目聘用人员,可能随着项目的结题而离开 • 实施"固定工资＋浮动工资"的制度,一般而言,项目合同制的工资高于同级别的公务员工资 • 通过严格的绩效评价来确定是否续签聘用合同		GOCO 和COCO 类型的国家实验室
4	限期聘用制（在原有公务员制基础上引入）	• 公开招聘,签订合同,享受合同规定的工资和社会福利等 • 在任期内表现突出,可聘为长期聘用人员	一般科研人员,主要是青年科研人员	几乎所有类型国家实验室中都有采用

对于一般科研人员,特别是青年科研人员,目前各类型国家实验室普遍引入限期聘用制度。相对于以往对所有科研人员实行公务员制的做法,引入限期聘用制的优点在于:项目负责人根据项目需要招聘限期聘用人员,在项目结束后也随之离开,不会导致国家实验室人员规模的迅速扩大;国家实验室招聘的限期聘用人员,面临着在规定时间内如果不能通过竞争获得长期聘用资格就不得不离开的压力,有利于形成激励竞争的氛围,特别是有利于对刚刚取得学位离开学校的青年科研人员所进行的选拔和分流。

高级科研人员一般包括研究单元责任人、学术带头人、课题组长等,是国家实验室发展的核心力量。各类国家实验室都吸引并设法为这些高级科研人员提供终身职位,以与大学和私营科技企业、私营工业部门争夺高层次人才;但从另一角度看,终身聘用又在一定程度上导致缺乏竞争激励。为此,各类国家实验室都试图在鼓励稳定和鼓励竞争之间找到平衡。目前,高级科研人员人事制度主要有公务员制（含军队人员）、任职年限（即 Tenure Track，为大学所广泛采用）制、项目合同制 3 种模式。

公务员制的主要特征包括：① 按照联邦政府聘用人员的相关法律，除触犯国家法律等极端情况外不得解雇；② 引入评价机制，在一定程度上增强竞争和激励；③ 薪酬水平主要依据相同级别的公务员薪酬，绩效工资的比重很小。

任职年限制主要被由高校担任运营方的 GOCO 类型国家实验室所采用，实施类似美国大学教授的人事制度，主要特征包括：① 获得终身职位之前，需要经过若干年的任职年限序列期，任职年限序列期结束后，如果未获得终身职位，将被国家实验室解雇；② 每年对处于任职年限序列期的人员进行评价，优秀者可提前申请终身职位，部分人员继续保留在任职年限序列，部分人员将被淘汰；③ 获得终身职位后，采取年薪制或协议制的薪酬制度，薪酬水平依据市场价值协商确定。

项目合同制是目前国家实验室所广泛采用的一种人事制度，其主要特征包括：① 围绕具体的项目招聘合同制人员，这类人员直接服务于该项目，通常随着项目的结束而离开国家实验室；② 实施"固定工资 + 浮动工资"的薪酬制度，其中，浮动工资主要根据能力、绩效和履行职责情况来确定，一般而言，项目合同制的工资要高于同级别的公务员工资；③ 合同期内定期评价人员的绩效和履行职责情况，合同期满后如果项目尚未结束，则依据评价结果决定是否续签合同。

此外，还有各种特殊类型的兼职机制，以及在整个国家科研体系内部的人才流转机制。

7.2.2　人员管理的具体细节

招募和留住合格的人员对国家实验室的质量至关重要，同时，如果没有检查新员工的教育资格和推荐材料，可能会在未来导致很多问题。因此，作为一名国家实验室的管理高层，特别是实验室主任，在人员管理方面应把握以下基本原则。

❑ 聘用适当数目的员工，以应付实验室的使命需求和日常工作。

❑ 验证工作申请上的各项内容是否正确。

❑ 为每位员工提供完整的工作描述。

❑ 为每位员工提供培训，以使其适应具体职责要求。

❑ 为新员工提供发展方向，即使有可信的背景，实验室各项工作之间的差异也是很普遍的，所以管理者需要确保新员工有明确的发展方向和足够的培训。

❑ 实施并记录对所有人员的能力评估，实验室管理高层有责任验证经过培训的员工是否有足够的能力胜任他们的工作。

❑ 提供继续教育的机会，例如，通过学术交流或专项培训引入新技术，或对现有方法进行更新。

❑ 实施对员工的年度绩效考核。

工作在研究、开发与工程一线的项目负责人则需要履行以下职责。

❑ 为员工提供入职培训。

❑ 记录员工的工作记录并作为涉密信息进行管理。

❑ 制定与人员管理相关的实验室运行管理规定等文件。

在国家实验室的人员管理中，需要兼顾实验室人员的知识和技能，以及他们执行工作说明中所述任务的承诺和动机。同时，采取必要的激励手段和宽松的管理制度以激发实验室人员的积极性。此外，还需要考虑到实验室人员离职等流动因素对实验室能力的影响。

1. 招募与培训

国家实验室的管理人员必须为实验室的所有职位建立适当的人员资格，这些资格信息应该包括对教育、技能、知识和经验的要求。同时，还需要考虑由于国家实验室使命和能力的特殊性所需要的特殊技能和知识，如语言、信息技术和生物安全。对招募与培训人员的职位描述应清晰准确，包括每个员工职位的职责和权限的说明。职位描述中一般包含以下要点。

❑ 列出所有需要完成的活动和任务。

❑ 明确质量体系测试和实施的职责（政策和活动）。

❑ 反映员工的背景和培训情况。

❑ 保持最新，并对所有在实验室工作的人均可用。

职位描述应该以能力为基础，并反映出所需要的技能。每个工作人员职位的要求可能会根据实验室的规模和提供的测试服务的复杂性而有所不同。新员工入职培训是给新员工介绍新的工作环境和他们的具体任务或职责的过程。

2. 资格和资格评估

国家实验室人员的资格定义为在执行特定工作任务中所使用的知识、技能和行为。准确的实验室测试结果取决于工作人员有能力在整个检测过程中执行一系列的程序。资格评估被定义为任何测量和记录人员能力的系统。资格评估的目的是发现员工表现中的问题，并在这些问题影响实验室工作之前进行纠正。资格评估包括两个方面：初步的资格评估可以揭示对员工进行特殊培训的需要，在员工任职期间的定期资格评估可以揭示是否需要对员工提供继续培训。

资格评估需要遵循一定的程序，评估程序具体描述了将如何执行过程的每个元素，国家实验室通常采用的员工资格评估包含以下具体要素。

❑ 评估人提前与员工联系，通知他们评估将在预先安排的时间进行。

❑ 评估是在员工使用常规示例执行任务时完成的。

❑ 评估是按照前面描述的指定方法进行的，并记录在日志中。

❑ 评估的结果与员工共享。

❑ 制订补救行动计划，确定所需的再培训。计划应该是书面的，实验室管理者必须确保员工理解计划。该计划应列出解决或纠正问题的具体步骤，并规定相关的截止日期。计划中应该清楚地列出所需的资源。

❑ 要求员工确认评估、相关的行动计划和重新评估。

如果在培训之后仍有多人犯同样的错误，那么要考虑错误的根本原因，例如，设备故障和操作程序不明确。标准表格应该提前生成并使用，这样，所有的员工都可以以同样的方式进行评估。这将防止员工认为评估是有偏见的。所有的能力评估必须被记录，显示日期和结果，并应保存在一个地方，按有密级的文档进行管理。这些记录是实验室质量文件的一部分，应定期检查并用于持续改进。

3. 培训与继续教育

培训是一个提供和发展知识、技能和行为以满足需求的过程。在这种情况下，培训与工作描述和能力评估相联系，并解决员工在具体任务中发现的差距。在任何特定工作培训之后，都应该重新评估能力。当资格评估显示需要提高员工的知识和技能时，需要进行再培训。交叉培训为员工提供了一个学习本学科以外技能的机会。这允许在需要时灵活调动或重新分配人员；该情况可能发生在危机情况下或工作人员由于生病或休假而缺勤的情况下。继续教育是一项教育计划，可使员工在某一特定领域的知识或技能得到更新。由于国家实验室的科研工作具有高度先进性，因此，不论是业务方面还是管理方面，对员工能力的要求都是不断变化的，保持与时俱进需要员工和管理双方的共同努力。

4. 绩效评价

国家实验室往往采取企业型运营模式，因此，需要对所有员工的工作绩效进行评价。但是，由于国家实验室从事科研和工程任务的不确定性，导致对员工的绩效评价与工业界、学术界和政府部门的绩效评价具有较大差异。一般地，国家实验室对员工的绩效评价包含以下要素。

- ❑ 技能资格。
- ❑ 效率。
- ❑ 遵规守纪。
- ❑ 遵守安全规则。
- ❑ 沟通能力。
- ❑ 客户服务。
- ❑ 守时。
- ❑ 专业的行为。

评估可以影响员工的士气、动机和自尊，应该对所有员工一视同仁。人们对批评的反应是不同的，即使表达得很巧妙。因此，在为员工提供咨询时，要考虑与个性相匹配的独特方法。当发现问题时，应该提供积极的反馈和改进的建议，应与员工一起解决，以便在正式评估之前纠正出现的问题。定期评估是员工记录的一部分，不应该有以前没有与员工讨论过的项目。

5. 人事记录

国家实验室都保存包含与实验室相关工作不可分割的信息的员工记录。记录包含每个员工的职务信息及相对应的日期信息，这些信息对于计算员工福利很重要。所有雇用条款和条件都被作为人事档案的一部分。国家实验室保存的人员信息可能因地区和环境的不同而不同。虽然完整的信息清单可能包括以下内容，但在某些国家实验室或某些情况下可能不需要某些部分。

- ❑ 就业细节。
- ❑ 原始申请和简历。
- ❑ 雇员有权限进行的实验和使用的设备设施。
- ❑ 继续雇用的条件。
- ❑ 职位描述。
- ❑ 最初和后来的能力评估。
- ❑ 参加持续教育课程。
- ❑ 人事相关活动，即奖惩、违纪情况。
- ❑ 离职记录。
- ❑ 健康资料，包括工伤或职业危害暴露记录、疫苗状况、皮肤测试等。
- ❑ 绩效评估结果。
- ❑ 紧急联络资料。

人事档案被国家实验室保存在安全的场所，以保持机密性。对于 GOGO
型和内设型国家实验室，人事档案可能保存在实验室或其上级部门；对于其他
类型的国家实验室，重要的人事档案由其发起者直接保存或指定专门机构予以
保存。

人员管理对国家实验室运行管理的成功至关重要。在这个管理过程中有
几个重要的因素：工作描述应该反映所需的所有技能，并准确描述任务、角色
和权限；人员的能力需要在雇用时和在定期、经常性的基础上加以评估；管理
过程的一个非常重要的部分是设法吸引合格的人员，提供动机、适当的福利和
工作条件，以便留住工作人员。在人事管理中，应把握以下关键要素。

- ❑ 人员是实验室最重要的资源。
- ❑ 管理人员必须创造一个能够充分支持所有实验室人员的环境，以保持
  高质量的实验室绩效。
- ❑ 继续教育是至关重要的人才能力，但不需要做过多投入。随着新的技
  术和仪器设备不断开发出来，员工需要不断更新他们的知识和技能。

7.2.3　人员薪酬管理

薪酬管理是人员管理的重要部分。美国国家实验室的科研人员和辅助管
理人员在构成上，大体分为联邦公务员、合同制人员和临时人员。其中，联邦
公务员编制的人员工资构成主要来自国家财政拨款，且根据各种法律法规，从
事营利性质的工作受到很大限制。按大学模式、非营利机构、私营公司运行管
理的国家实验室中的合同制人员和临时人员，通常分别参考大学、非营利机
构、私营公司中合同制的薪酬模式。

美国国家实验室科研人员的薪酬分配具有以下两方面的特点。

1. 保障与激励互补的科研人员薪酬机制

美国联邦政府科研项目经费预算中人员费用通常是占比最大的一块，直
接人员费用加上间接费用中用于人员的部分，经常超过整个项目经费预算的半
数，甚至高达百分之六七十。尽管不缺钱，但课题负责人并不能随随便便用课
题经费给自己开高薪。美国在课题经费管理规定中对于全职教授的劳务费额度
有严格限制，如 NIH 竞争性项目中允许列支的全职教授工资预算不得超过年
薪的25%，其他的人员费用主要是供教授用于支付课题组聘用人员、博士后和
研究生的费用。在不同部门的科研项目中允许支付教授工资的额度也不一样，
一般是年薪的10%~30%，甚至有的机构如美国心脏学会干脆不允许用项目经

费给教授发工资。科研项目中支付给人员的所有费用都要求在预算中明示，并接受审计。除预算中编列的人员费用以外，不允许再有额外的资金以评审费、咨询费等变相形式发给个人。

美国国立科研院所的科研人员薪酬标准一般参照公务员的制定，大学教授的薪水由各校自行确定，上不封顶。但一般研究型大学对于从事科研活动的全职教师每年只发 8~10 个月薪水，其他时间教授可以用所承担的项目科研经费中的工资预算部分给自己发薪。但不管承担项目的大小与数量多少，从大学领取的薪水加上从科研项目中支出的劳务费不能超过其 12 个月的薪水总和。当补满全年薪水之后，即使科研经费工资预算还有剩余额度，教授也不能再多拿钱，余款要上缴学校。这样既实现了研究人员的薪酬差异，也保证了机构薪酬制度的内部公平性。这是一种有效保障与有限激励相结合的机制，既让科研人员有主动争取课题并开展研究的动力，同时也避免了科研人员盲目多申请课题以获得额外收入、科研质量难以保证的问题。

我国不少研究人员依据发达国家科研预算中有较大比例的人员费用列支条目，以为科研经费中的劳务费就是科研人员的收入，这其实是一种误解。美国的项目经费与项目承担者薪酬之间是相通的而不是相加的，不存在我国基本工资是一块、项目劳务费又是一块互不相干的"两张皮"现象。美国科研人员薪酬总量标准是相对固定的，与项目经费多少并没有直接关系。

2. 严谨与灵活结合的科研经费管理制度

在美国，科研项目预算绝不是一件简单的事情。例如，申请 NIH 的项目，要求申请人把课题研究周期内所有可能的支出事无巨细地列出，并逐条解释。一般课题申请书中的经费预算表都要足足占上好几十页的篇幅。

尽管 NIH 对项目预算要求非常细，但因为科研工作具有不确定性，NIH 允许项目承担人在规则范围内灵活调整预算，经费使用的自由度较大。如因为仪器损坏、实验动物死亡等需做较小的经费调整，只需向直接负责该课题的项目官员报批即可。而涉及改变项目参与人员、购置未列入预算设备、间接费用与直接费用之间比例变动等较重大的经费调整，则需要提交到 NIH 科学评议中心批准。另外，课题开支也并非随心所欲，如规定出行机票必须在指定航空公司订购，否则无法通过项目报销。按照 NIH 的规范来制定和执行经费预算，对美国多数科学家来说也是相当伤脑筋的事情。因此，很多学校会雇用财会专业背景的项目管理经理人，帮助教授处理项目预算和经费支出的相关问题。

美国对于科研项目的财务监控和审计非常细致规范，杜绝项目承担人虚报、滥用、套取经费谋利的可能。由于美国科研人员薪酬保障水平比较合理，所以科研经费从严管理并未受到太多诟病，得到了较为严格的执行。此外，美国的科研诚信体系也给科研经费外加了一重保险。在美国，一旦学者被发现出现财务上的恶性问题，不但将彻底丧失在学术界的生存空间，还要面对法律的制裁。极高的犯错成本对科研腐败形成了有效震慑。

GOCO 类型国家实验室是美国国家实验室的重要特色之一，由于运行管理由民营大学或非营利组织实施，这些大学和非营利组织中的科研人员的薪酬由联邦政府发起的科研任务经费支付。联邦政府对科研人员薪酬的定级采取一种设置最高薪酬（"工资帽"，Salary Caps）的间接干预模式。所谓最高薪酬，是指大学中的全职科研人员的最高年薪，如果对于同一个科研人员，其参与的多个项目的薪酬累加超过最高年薪，则需要对项目薪酬进行调整，以使其总和不超过这个极限值。

自从 1990 年开始，美国国会就通过立法形式设定科研人员的最高薪酬，由美国国防部、劳动部、卫生与公共服务部和教育部联合发布的拨款法案《公共法律 115-245》（Public Law 115-245）规定。最高薪酬由"行政等级 II"设定，2019 年 1 月 6 日至 2019 年 9 月 30 日的行政等级 II 规定的最高年薪为 192 300 美元，详情如表 7-3 所示。

表 7-3　美国科研人员最高薪酬汇总表

财年 / 年	时 间 段	类　　型	最高薪酬 /（美元 / 年）
2019	2019-01-06—2019-09-30	行政等级 II	192 300
	2018-10-01—2019-01-05	行政等级 II	189 600
2018	2018-01-07—2018-07-30	行政等级 II	189 600
	2017-10-01—2018-01-06	行政等级 II	187 000
2017	2017-01-08—2017-09-30	行政等级 II	187 000
	2016-10-01—2017-01-07	行政等级 II	185 100
2016	2016-01-10—2016-09-30	行政等级 II	185 100
	2015-10-01—2016-01-09	行政等级 II	183 300
2015	2015-01-11—2015-09-30	行政等级 II	183 300
	2014-10-01—2015-01-10	行政等级 II	181 500
2014	2014-01-12—2014-09-30	行政等级 II	181 500
	2013-10-01—2014-01-11	行政等级 II	179 700
2013	2012-10-01—2013-09-30	行政等级 II	179 700

续表

财年/年	时 间 段	类 型	最高薪酬/（美元/年）
2012	2011-12-23—2012-09-30	行政等级Ⅱ	179 700
	2011-10-01—2011-12-22	行政等级Ⅰ	199 700
2011	2010-10-01—2011-09-30	行政等级Ⅰ	199 700
2010	2010-01-01—2010-12-31	行政等级Ⅰ	199 700
	2009-10-01—2009-12-31	行政等级Ⅰ	196 700
2009	2009-01-01—2009-12-31	行政等级Ⅰ	196 700
	2008-10-01—2008-12-31	行政等级Ⅰ	191 300
2008	2008-01-01—2008-12-31	行政等级Ⅰ	191 300
	2007-10-01—2007-12-31	行政等级Ⅰ	186 600
2007	2007-01-01—2007-12-31	行政等级Ⅰ	186 600
	2006-10-01—2006-12-31	行政等级Ⅰ	183 500
2006	2006-01-01—2006-12-31	行政等级Ⅰ	183 500
	2005-10-01—2005-12-31	行政等级Ⅰ	180 100
2005	2005-01-01—2005-12-31	行政等级Ⅰ	180 100
	2004-10-01—2004-12-31	行政等级Ⅰ	175 700
2004	2004-03-03—2004-12-31	行政等级Ⅰ	175 700
	2004-01-01—2004-03-02	行政等级Ⅰ	174 500
	2003-10-01—2003-12-31	行政等级Ⅰ	171 900
2003	2003-01-01—2003-12-31	行政等级Ⅰ	171 900
	2002-10-01—2002-12-31	行政等级Ⅰ	166 700
2002	2002-01-01—2002-12-31	行政等级Ⅰ	166 700
	2001-10-01—2001-12-31	行政等级Ⅰ	161 200
2001	2002-01-01—2002-12-31	行政等级Ⅰ	166 700
	2001-01-01—2001-12-31	行政等级Ⅰ	161 200
	2000-10-01—2000-12-31	行政等级Ⅰ	157 000

续表

财年 / 年	时 间 段	类 型	最高薪酬 /（美元 / 年）
2000	2001-01-01—2001-12-31	行政等级 II	145 100
	2000-01-01—2000-12-31	行政等级 II	141 300
	1999-10-01—1999-12-31	行政等级 II	136 700
1999	2000-01-01—2000-12-31	行政等级III	130 200
	1998-10-01—1999-12-31	行政等级III	125 900
1992—1998	1991-10-01—1998-09-30	未与行政等级绑定	125 000
1009—1991	1989-10-01—1991-09-30	未与行政等级绑定	120 000

另外，在美国国家实验室的薪酬管理中还有一个特例，那就是海军研究实验室（NRL）。该国家实验室对其非军人雇员使用 Pay-Band 薪酬系统，这是一种绩效相关薪酬（Performance-Related Pay）模式，即根据个人或团队在薪酬区间内的表现，来确定其薪酬或工资支付体系。该体系与美国通用的公务员所使用的 GS 薪酬体系不同，GS 薪酬根据公务员薪酬等级和地区差异严格确定雇员工资水平。

7.3　财务与项目管理

美国的科研经费结构具有多元化特点。其原因是：第一，美国在联邦政府层面没有将科技管理的主要职责集中在某个单一部门，对联邦政府科研管理的活动主要分散在 DoD、DOE、NASA、NSF、NIH、DOC、DHHS 等部门，这些部门对联邦政府财年预算中近 90% 的科研经费进行管理、分配和使用；第二，美国科研投入的另一大来源是企业，其比重大约是联邦政府投入的 2 倍。

美国国家实验室处于如图 7-2 所示的经费环境中。首先，联邦政府以财年预算形式将经费分配到联邦政府各局。联邦政府各局以国防采购形式与企业签订各类合同。企业获得国家投资后，根据自身发展，将利润的一部分投入研发中。国家实验室作为联邦政府各局的主要研发实施和组织管理的载体，通过不同形式对所获得的联邦政府科研经费进行分配和使用。对于 GOGO 国家实验室，其内部各级的科研经费配比按垂直方式直接下拨；对于 GOCO 国家实验室，除在其内部各级组织具有一定竞争的分配外，还有不同部门之间的交叉分配。

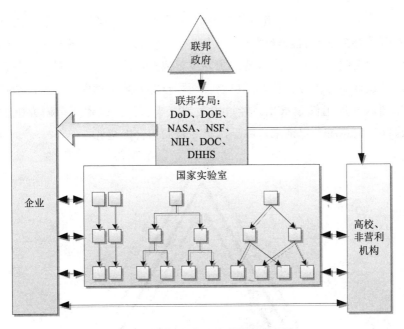

图 7-2　美国国家实验室的经费环境

7.3.1　经费来源

在美国，科研经费来源和应用有其特殊性。其中，工业界投入研发经费占全部研发经费的近三分之二，且几乎全部都是供自身开展研发活动之用的，极少部分流向高校和非营利组织，约占 1%；联邦政府投入研发经费占全部研发经费的三分之一，被国家实验室、工业界和学术界三者平分；学术界投入研发经费约占全部研发经费的 4%，几乎全部用于高校的研发活动；非营利组织的研发经费约占全部研发经费的 3%，主要流向非营利组织和高校，分别占投入的三分之二和三分之一。

1. 顶层规划

在美国政治中，由国会、政府和倡导（游说）组织构成稳固的"铁三角"关系，实现了在整个国家政治决策和经济管理方面稳固的制衡关系，如图 7-3 所示。

在这种制衡的组织体系下，实现了对联邦政府研发支出的组织形式，具有以下特点。

（1）上下联动的科研规划体系。每年春季，与联邦政府相关的研究机构开始在各个部委的监督下制定科研战略规划，明确科研目标和所需资源、经费。DoD、DHHS、DOE、NASA、NSF、DOC 等部委占每年联邦政府研发支出的90%以上，是具体负责联邦政府研发活动的主要机构。夏季，白宫科学和技术政策办公室与白宫管理和预算办公室会发布一份联合备忘录，明确全美科研投资的关键领域。以这份备忘录为主要依据，两个办公室对各研究机构的科研规划进行具体指导。秋季，白宫管理和预算办公室对提交的科研战略规划进行审核，并提出修改意见。经过修改或者申诉后，确定所有研究机构的预算，最终形成总统预算请求，并于次年2月向国会提交。

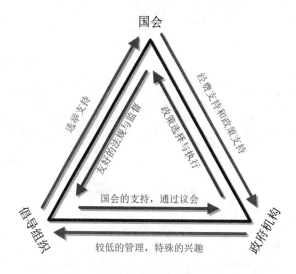

图7-3 美国政治的"铁三角"

（2）独立制衡的预算划拨体系。总统的任务是发布预算请求，但最终的审批权由国会掌握。参众两院依照《美国国会预算法》各设有12个专门负责科研经费的拨款委员会，经过反复论证、修改和听证等流程后，参众两院各自形成12个拨款法案，经由一个会议委员会统一两个版本后，将最终的12个拨款法案提交给总统，最后签字生效。整个审批流程从3月开始，一直持续到9月，总统、参议院和众议院相互制衡，以保证预算的合理性。

（3）具有影响力的倡导组织。首先，联邦政府的研发支出在参众两院一直不乏支持者。例如，1998年，两院共同通过一项法案促使美国NIH的研发经费在1999—2003年增长了1倍。其次，许多有影响力的倡导组织也在推动联邦政府的研发支出。比较著名的包括：美国大学联合会（American Association of Universities，AAU）、美国公立大学、赠予地大学联合会和美国科学促进会（American Association for the Advancement of Science，AAAS）。这些机构及其支持者对于增进公众对科研重要性的认识、协调联邦政府的科研规划和帮助科研机构争取预算起着重要的作用。

2. 分配概况

美国联邦政府科研管理职能分属于各个不同的职能部门，由它们根据自身使命设置科研项目并进行管理。国防部、卫生部、国家航空航天局、能源部和国家科学基金会 5 个部门的科研投入占联邦政府科研总投入的 85% 以上。美国联邦政府科研机构按照性质可分为联邦所属科研机构、产业界科研机构、大学科研机构以及非营利科研机构 4 类。美国联邦政府科研经费管理方式主要有拨款制、研究合同制、合作协议制和基金制。

美国联邦政府通过公开竞争、择优遴选确定科研经费分配方案，具体有 5 种分配方式。

（1）国会指定。国会根据法律以报告或其他形式确定特殊科研项目。此类项目经费指定或限定分配给一个或多个项目执行人，有时也通过竞争方式进行。

（2）直接分配项目。此类项目经费无须竞争，直接分配给具有特殊能力、过往业绩优秀的一个或多个项目执行人。特殊能力包括具有特殊设施（如粒子加速器）等。有些项目要考虑到"能够按规定时间完成"这一因素（如突发环境污染问题）。

（3）有限范围择优竞争。此类项目经费通过优先范围内的竞争进行分配，即项目申请者局限于主要为完成政府任务而设立的机构，其研究经费大多来自联邦政府。优先范围依据机构任务、特殊能力或其他限制条件确定。

（4）内部评估竞争。此类项目经费通过评估择优方式进行分配。评估不是独立评估，而是由计划负责人或其他有资格的机构内部人士进行。国防部项目往往采取这种方式。

（5）外部评估竞争。此类项目经费根据一批有资格的外部科技专家的评估意见进行分配。国家航空航天局研究开发基金通常采用这种分配方式。

3. 基本特点

根据上述分析，结合已有资料的信息挖掘，可以总结出美国国家实验室的经费来源与管理具有以下特点。

（1）经费来源多元化，但主体是联邦政府资助。联邦政府各局中，下属含有国家实验室的局，如 DoD、DOE、NASA 等，是美国联邦政府科研经费资助的主体。而且，各局之间在经费分配方面存在各个层次上的交叉，从而导致具体实验室的经费来源多样化的局面。

（2）既使用经费，也对经费进行管理。由于美国国家实验室既是科研的实施方，也是科研的组织方，因此，在经费方面，既使用经费支持其科研，也对经费进行管理，特别会对经费在实验室所属领域的分配进行管理。

（3）既注重整体布局，也鼓励有限竞争。根据美国政府每个财年计划，实际上对于国家整个科研体系的经费配置是预先设定好的，或者说，通过财年规划反复迭代实现了优化配置。但在特定层次上，仍然鼓励有限的竞争。首先通过资格审查筛除不符合的实验室，然后根据研究团队研究的综合情况确定资助优先级。

（4）长期稳定资助为主，局部按财年计划调整。不论是 DOE 国家实验室，还是 NIH 下属的实验室，或者 NASA 下属的研究中心和实验室，要么通过 M&O 合同实现长期稳定的资助（DOE 国家实验室的 M&O 合同一般 5 年一签，NIH 的 6 年一签），要么通过大型科研计划作为牵引逐年实施，如各类航天计划。但在联邦政府每年的财年计划中，会对具体的经费配比进行微调。此外，也会出现通过财年计划或专项论证对稳定资助进行调整的情况，如对 DoD 直属各部国家实验室的整合，以及新开始或终结某个大型航天计划，等等。

（5）将按计划分配的方式发挥到极致。联邦政府及其下属各局、各局下属部门、国家实验室每年根据实际制订财年计划，各级财年计划逐层向上传递汇总，形成整个联邦政府的财年计划。一般而言，处于整个国家实验室体系中的研究方向和内容都会覆盖到，但如果想获得联邦政府的经费支持，则必须逐级上报经费需求。

4. 具体模式

根据各类型美国国家实验室对经费配置的实践来看，经费配置大致有 4 种模式。

（1）目标导向的机构配置模式。根据总统确定的国家目标，科研机构基于自身使命和定位提出一揽子研发方案，主管部门协调后形成对该机构的年度预算案，白宫管理和预算办公室审核，国会批准。政府和国会定期对科研机构开展绩效评估，提高经费使用效率，保证目标实现。主要代表是 DOE 国家实验室等 GOGO 或联邦政府干预较多的 GOCO 国家实验室。

（2）基础研究稳定配置模式。定位于前沿研究的国家实验室每年可以从联邦政府获得全额稳定的预算支持。国家实验室通常在确定研究领域的基础上，在全球范围内选聘该领域最优秀的科学家组成研究团队，根据协商好的年度经费给予稳定支持，最大限度地保证科学家自由开展创造性研究。一般定期（如每两年）邀请国际著名科学家对其研究单元进行评估，（如每 6 年）对其每个领域方向进行评估，确保其研究质量处于国际前沿水平。其主要代表是 NIH、NSF 所辖的国家实验室等相对松散的国家实验室。

（3）机构配置为主、项目竞争为辅的模式。联邦政府确定科研机构的使命和定位，并给予一定的稳定支持，同时设立竞争性基金或计划，鼓励科研机构竞争、承担国家目标导向项目。稳定支持一般采取切块经费或支持科研机构牵头实施与其使命相关的战略性科技计划的方式，通常占研究机构总经费的80%以上。这种模式有效发挥作用的关键在于控制好不同研究性质科研机构的稳定支持与项目竞争支持的比例。这种模式为包括大部分 FFRDC、UARC 类型的美国国家实验室所采用，在其他国家的国立科研机构中也很常见，如法国、韩国、印度等。

（4）应用导向的市场配置模式。该模式的主要研究经费来自企业的委托合同，政府财政拨款不超过 1/3，主要用于支持其开展市场失灵情况的竞争前研究。COCO 类型的美国国家实验室主要采用这种模式。

7.3.2　经费分配与使用

美国国家实验室一般由大学或非营利机构运营管理，实验室内部对经费的管理基本遵循大学对联邦政府发起科研的管理模式，非营利机构与之类似。因此，本节选择斯坦福大学为例，通过其对联邦政府发起科研的经费管理，分析美国国家实验室内部的经费管理情况。

SLAC 国家加速器实验室位于斯坦福大学内部，由斯坦福大学负责日常的运行管理。在对国家实验室的经费管理方面，斯坦福大学以支持联邦政府发起科研的形式，实现对包括 SLAC 国家加速器实验室在内的相关国家实验室的经费管理。

1. 联邦政府发起的科研任务的定义

在美国，绝大多数以科研为主的著名大学，其科研人员所获得的经费主要以合同（如国家实验室的 M&O 合同、采办合同、WFO 合同、CRADA）或拨款的形式，由联邦政府各局提供资助，如 DoD、DOE、NSF、NIH 等，其他小部分经费来自公司、基金会，或州政府和地区部门。以斯坦福大学为例，2016—2017 年度共承担联邦政府发起的计划项目 6000 个，经费总计约 10 亿美元。

值得注意的是，大学无法通过联邦政府发起的科研任务获利，因为发起者资助的经费并没有覆盖到它们支持研究的所有支出方面。没有覆盖到的经费支出通过大学、学院、系和校友捐赠等途径获得。这些没有覆盖到的支出方面包括：设备购置、科研人员的启动经费、新的科研创新的种子经费、服务中心的补助、科研助理的教学补贴以及其他途径的经费支持。

2. 联邦政府发起的科研任务的经费支出范围

如图 7-4 所示，国家实验室开展科研的总经费支出（Total Cost）主要包括三大方面：直接费用（图中★）、间接费用（图中●）、自筹费用（图中■）。

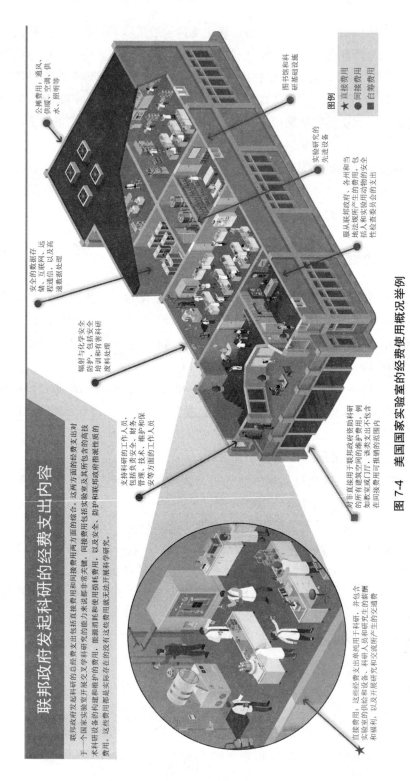

联邦政府发起科研的经费支出内容

联邦政府发起科研的总经费支出是经费开支的综合。这两方面的经费支出对于一个国家实验室的能力来说都非常关键。间接费用包括实验室及其所包含的高技术科研设备的构建和维护所产生的费用，能源消耗和使用损耗费用，以及安全、防护和联邦政府指派性质的费用。这些费用常是实际所存在的没有这些费用就无法开展科学研究。

公摊费用：通风、供暖、空调、供水、照明等

图书馆和科研基础设施

安全的数据存储、互联网、远程通信，以及高速数据处理

实验研究的先进设备

辐射与化学安全防护，包括安全培训和有害科研废料处理

服从联邦政府、各州和当地法规所产生的费用，包括人和实验动物的安全性检查委员会的支出

支持科研的工作人员，包括负责安全、财务、管理、技术、维护和保安等方面的工作人员

对非直接用于联邦政府资助科研的所有建筑空间的维护产生的费用，例如教室或门厅，该类支出不包含在间接费用可报销的范围内

直接费用：这些经费出用于科研、实验室的供给和设备、科研人员的薪酬和福利，以及开展研究所产生的新酬和开展研究所产生的交通费

图例

★ 直接费用
● 间接费用
■ 自筹费用

图 7-4 美国国家实验室的经费使用概况举例

直接科研经费支出（Direct Research Costs）包括以下两个方面。

❑ 开展专项科研计划的大学教师、实验室科研人员、学生和博士后的薪酬和相关的福利，以及支付指导研究生的部分费用（对标国内的非公务员/非军人序列之外的所有人员的人力资源成本即劳务费，以及部分研究生教学费用）。

❑ 支持实验室运营，购置小型仪器设备（单台/套价格低于 5000 美元）、出版费以及为了开展研究或传播研究成果的经济旅行（对标国内实验室管理费、小型仪器设备购置费、出版费、差旅费）。

充分科研支出费用（Full Research Costs，注意不是 Total Cost），也可描述为"基础设施使用与管理费"或"间接费用"，包含以下类别。

❑ 研究设施（对标国内仪器设施使用费）。

❑ 健康和安全的保障与管理。

❑ 对电、热、照明等资源的使用（对标国内燃料动力费）。

❑ 信息技术的基础设施与服务，图书馆建设与资料收集。

❑ 物理平台的运营与管理，例如，建筑维护、校园保安、场地照料与保管服务。

❑ 部门层次（基层部门）对经费/合同的准备与花费跟踪方面的管理。

❑ 中心层次（实验室层）对经费/合同费用的管理（斯坦福大学发起的科研管理单元，支持发起计划的建议、谈判和接受捐赠，议定匿名捐赠，以及建立账目以满足发起者的汇报要求）。

❑ 支持对科研设施和设备（原值大于 5000 美元）技术上的逐步废弃。

❑ 处理有害科研废弃物。

大学（即国家实验室的运营管理机构）的支持包括以下类别。

❑ 提供科研的建筑物和实验室。

❑ 科研设施和管理费中运营部分超过联邦政府出资最高比例 26% 之外的费用（斯坦福大学，每年大约出资 3800 万美元支持联邦政府或非政府的科研）。

❑ 支持大学教师职业生涯早期在实验室和科研活动中的启动经费。

❑ 科研管理人员薪酬。

❑ 管理与经费管理跟踪系统。

❑ 对实体化、数字化图书馆资料收集和对科研数据、结果数字化存储的投入。

❑ 某些联邦政府发起者要求大学提供的补助金（强制性成本分摊）加上

大学主动的捐赠。

3. 对设备与管理费的详细说明

联邦政府发起科研任务的经费支出中，最为特殊的一部分是设备与管理费（Facilities and Administrative，F&A），也称间接费用或充分科研支出费用（这一点与国内差异较大）。设备与管理费的实质是针对某项特定的联邦政府发起的研究计划项目，无法直接与研究工作建立联系的经费支出，主要包括基础设施相关费用和运行管理相关费用两大部分。由于这两部分费用都是与科研紧密相关的共性支出内容，因此，联邦政府通过执行一个程序，与国家实验室的运营方（大学和非营利机构）商定设备与管理费在总经费中的比率。该比率每两年协商调整一次。以斯坦福大学为例，其设备与管理费在 2017 财年中的比例为 57%。部分与美国国家实验室相关的大学在 2017 财年设备与管理费的比例如表 7-4 所示。由于针对美国国家实验室 F&A 的专门研究只在 2000 年由兰德公司开展过，20 年来没有后续的研究，因此，只能以当时的比率和当前以大学为研究对象的数据进行推算。2000 年兰德公司的研究结果是：大学的 F&A 比率最低，为 31%；国家实验室的 F&A 比率略高于 33%；私营军工公司下属国家实验室的 F&A 比率最高，为 36%。也就是说，对基础设施和重大科研设备设施投入最多的是私营工业公司下属的国家实验室。

表 7-4　部分美国大学在 2017 财年设备与管理费的比例

序　　号	大　　学	F&A 比率 /%	相关的国家实验室
1	加州理工学院	65	—
2	哥伦比亚大学	60	—
3	康奈尔大学	61	—
4	埃默里大学	56	—
5	哈佛医学院	69.5	NIH 下属国家实验室
6	哈佛公共卫生学院	58.5	NIH 下属国家实验室
7	哈佛大学	69	—
8	约翰霍普金斯大学	63	约翰霍普金斯大学应用物理实验室（UARC）
9	麻省理工学院	54.7	林肯实验室
10	西北大学	56.5	—

续表

序　号	大　　学	F&A 比率 /%	相关的国家实验室
11	宾夕法尼亚大学	61	—
12	普林斯顿大学	62	普林斯顿等离子体物理实验室
13	斯坦福大学	57	SLAC 国家加速器实验室（DOE 国家实验室）
14	圣路易斯华盛顿大学	52.5	—
15	耶鲁大学	67.5	—

设备与管理费的比率对每一个国家实验室都非常重要，其确定步骤主要包含两大步。

第一步：确定可允许的 F&A 比率。斯坦福大学首先自行根据所开展的科研任务计算 F&A 比率，其依据是联邦预算与管理办公室（Office of Budget and Management，OBM）所规定的方法。OBM 制定有专门的规章，用于确定哪些费用是被允许的，哪些是不被允许的，以及如何将这些允许的费用分配给联邦政府发起的研究计划项目和其他活动。在与联邦政府代表谈判之前，斯坦福大学将所有可允许的经费支出分配给各个拨款计划或合同。斯坦福大学所提出的预算与管理费是根据可允许的费用与研究支出基数的比值计算得到的，其中，研究支出基数通过将 3 项支出累加得到，包括：联邦政府发起的研究计划项目的直接经费支出、大学（内部的）资助研究，以及大学强制性或自愿地对联邦政府发起的研究计划项目的捐赠，最后一项也称为支出分摊。最终计算的结果就是斯坦福大学与联邦政府谈判的预算与管理费比例。

第二步：确定实际的 F&A 比率。联邦政府为斯坦福大学指派的谈判对象是美国海军研究办公室[①]（Office of Naval Research，ONR）。斯坦福大学所提交的设备与管理费建议，要受到来自国防合同审计署（Defense Contract Audit Agency，DCAA）的联邦审核人员的详细审核与调查。在谈判过程中，所有经费支出都可能受到联邦审核人员的质询。联邦审核人员和谈判人员也会对计划的研究支出基数（用于计算的分母）进行核查，因为这是设备与管理费比率计算中最重要的主导因素。

对设备与管理费（F&A）的补充说明：为什么美国联邦政府要专门提供

[①] ONR 是美国海军部下属的部门，负责协调、实施和推进美国海军和海军陆战队与高校、大学、国家实验室、非营利组织和营利组织之间联合开展的研究与开发项目。ONR 直接向海军参谋长汇报。海军研究实验室是其下属的国家实验室。

对科研中 F&A 的经费支持？

其原因如下：F&A 属于科学研究支出经费范畴。美国的大学与联邦政府之间长期保持着一种不间断且成功的关联关系，最早可追溯至二战期间。联邦政府依赖大学开展国家层面上感兴趣的研究。这些研究的目标是实现国家的特殊目的，包括健康与繁荣、经济增长和国防。大学代表联邦政府各局实施这些科学研究时，会产生一系列的费用支出，这些支出在大学的特定情况下存在。大学——而非联邦政府认为承担构建必要科研基础设施的风险，将有利于支持其科研人员成功争取到联邦政府科研拨款，因此，大学将补偿与科研基础设施建设相关的经费支出，即大学为了支持其科研人员获得联邦政府拨款的项目，与科研人员共同承担基础设施建设的成本，以及由此产生的风险。

4. 国家实验室的固定资产管理

由于大多数国家实验室都是 GOCO 类型的，重大科研设施、先进仪器设备等对于国家实验室具有重要意义，其采办、使用、维护等工作在国家实验室所依托的大学内部有明确的政策规定和管理程序。

在科研任务实施过程中，国家实验室的运行管理机构（大学或非营利组织）根据科研合同或拨款合同的要求，将（国有的）设施设备的直接控制权、维护和相关义务委托给课题负责人（Principle Investigator，PI），PI 再将设备设施的运行和维护工作根据科研项目的实施情况，分派给项目组成员、科研工作的合作人员、院系的固定资产管理员、院系管理人员或实验室从事管理的工作人员。

固定资产管理的政策和规程由大学负责固定资产管理的办公室和负责科研管理的办公室联合制定，并保证这些政策和规程与项目合同要求一致。大学通常将对仪器设备使用的监管委派给固定资产管理办公室。此外，为了保障重要仪器设备在科研任务中的使用，联邦政府还为大学设立专门的政府固定资产管理员，作为政府在大学的常设代理人。对于斯坦福大学，政府固定资产管理员来自其谈判对象——美国海军研究办公室。政府固定资产管理员主要负责大学对固定资产的控制规程，检查固定资产的使用记录，并确保联邦政府的利益得到维护。

一般地，将原值超过 5000 美元 / 台（套），或使用周期超过 1 年的科研设备定义为重要设备（Capital Equipment）。同时，集成的科研设备，如果其主要组成部分的原值累积超过 5000 美元，或使用周期超过 1 年，则也被列入重要仪器范畴。针对重要仪器，大学需要建立设备管理手册。在设备管理手册中，规定了设备的采办、控制、运输、移动和分解的规程、政策和指南，并记录其相关的租借和捐赠情况。

大学对固定资产通常使用专业的管理软件，如斯坦福大学使用的是一款名为"向日葵资产管理软件（Sunflower Assets）"的专业软件，是大学财务系统的一部分，由固定资产管理办公室使用。

5. 相关人员在经费管理中的角色

在国家实验室内部，经费管理相关的人员包括以下 5 类，具体职责如下。

（1）课题负责人（PI）职责：根据联邦政府各局（课题的甲方）的要求，实现对课题经费的管理。如果某个课题在支出薪酬方面达到了上限，则下一个类似课题中可以将支付薪酬的水平提高，由课题负责人确定是否对可获得的课题进行重新预算，即上一个课题中人工费不够，下一个同样课题预算时可以提高人工费。

（2）部门领导职责：在向联邦政府各局申请竞争类和非竞争类项目经费时，设定合适的薪酬，且符合最高薪酬的约束要求；精确地为项目成员支付薪酬，实施成本分担，控制参与多个项目的 PI 总薪酬不超过最高薪酬，计算项目组成员实际等价的全职工作时间的百分比；辨识与最高薪酬限制之外的薪酬是否符合在正式工作时间之外劳动报酬的相关规定。

（3）联邦政府资助项目管理办公室职责：保持与项目资助联邦政府各局之间的联系，以确保对联邦政府各局要求的实施；在大学各院系宣贯联邦政府各局下发的指导方针。

（4）经费支出与管理分析员职责：检查课题任何经费支出是否超出最高薪酬要求之外的薪酬支出；将最高薪酬实际支出计入按设备与管理费（F&A）比例计算的修改后总的直接费（分母）中。

（5）内部审查员职责：按常规程序审查各类人员的薪酬是否超出最高薪酬，并将其作为部门遵守各类规章要求工作的一部分。

7.3.3 国家实验室主导的研究与开发项目

美国国家实验室中的绝大多数，除作为"运动员"支持国家战略方向的使命任务之外，还作为"裁判员"开展国家重大科研计划的组织与管理任务。也就是说，国家实验室不仅要作为乙方获取科研经费、开展项目研究，而且要作为甲方指导其他科研机构开展研究，并为这些机构提供经费和项目。由于美国国家实验室的管理体制和运行机制各不相同，所支持其他科研机构开展研究的形式和渠道也各不相同。为了说明国家实验室在引领科研、工程任务实施和科研管理方面的特点，本小节以 DOE 国家实验室所实施的国家实验室主导的研究与开发（Laboratory Directed Research and Development，LDRD）项目为例，分析国家实验室在作为"裁判员"和"甲方"过程中所发挥的重要作用。

1. 国家实验室主导的研究与开发项目概况

美国能源部肩负着一项重大而复杂的使命："通过变革性的科学和技术解决方案应对能源、环境和核挑战，确保美国的安全和繁荣。"能源部这一使命的实现很大程度上依赖其下属的 17 个国家实验室。这些实验室是由联邦政府创建并支持的机构，它们在能源部重要的领域进行研究和开发任务，并在适当的情况下支持其他联邦机构进行研究和开发任务。

国家实验室正在进行研究与开发，以支持能源部的目标，促进国家能源系统的转型，确保美国在清洁能源领域的领导地位，保持充满活力的科学和工程努力，并通过国防、防扩散和环境努力加强核安全。为了支持这些国家实验室的可持续健康发展，美国国会授权国家实验室并鼓励它们资助一类体量相对较小的项目，作为国家实验室主任务中最具创造性的部分，以维持国家实验室在 DOE 和国家安全使命中的活力。自 1991 年以来，这项工作正式被称为实验室指导的研究和开发项目（LDRD）。

LDRD 服务于许多重要的目的。它使部门实验室在对国家研发项目有潜在价值的领域进行高风险研发成为可能。该类型项目具有高度灵活性，允许国家实验室汇聚来自不同领域的专家，通过团队协作获得协同效应和多学科解决方案。如果没有这类灵活项目支撑交叉学科和边缘学科的自由探索，就不能产生有效的解决方案。此外，LDRD 还作为先进研发概念的试验场，通常情况下，这些概念随后会被能源部的项目所追求，同时，它还帮助政府确定更有创造性的方法来满足未来的任务需求。

LDRD 项目是通过严格的管理和同行审查程序，在竞争的基础上选择的，从而确保最优秀和最有希望的想法被带到前台。因此，LDRD 为实验室创造了一个鼓励和支持创新的环境，并随时准备对能源部任务挑战做出反应。通过这种方式，LDRD 帮助实验室在对国家具有战略意义的领域保持和发展科学和工程能力。

LDRD 项目最有价值的方面之一是它作为一个优秀的专业开发工具的作用。LDRD 项目有助于实验室吸引有前途的年轻科学家和工程师，从而为不断更新实验室研究人员，以及为下一代科学家的教育和培训提供基础。这包括对从事 LDRD 项目的本科生和研究生的支持，与通过 LDRD 为相关的技术人员保留和磨炼科学技能的机会，以及通过 LDRD 项目促进的一系列大学合作。

多年来，由 LDRD 产生的概念获得了广泛的认可，并获得了一系列令人印象深刻的奖项，在著名期刊上发表了大量文章，并产生了与该项目相关的专利发明。LDRD 通常会产生一种基于新技术的选择来解决问题，例如，一种新的科学仪器或工具。这些技术发展反过来又会影响能源部对下一代科学用户设施的规划，这些设施在运行时既满足能源部的需要，也满足更广泛的科学界的需要。能源部的使命一直是并将继续是动态的，同样，LDRD 计划一直是并将继续是能源部能力的关键组成部分，以实现其今天和未来的重要使命。

2. 国家实验室主导的研究与开发项目的组织实施

LDRD 依据编号为 DOE O 413.2C 的能源部命令实施，其他相关的指导法案还包括诸如《1954 年原子能法案》（Atomic Energy Act of 1954）的第 3、第 31、第 33 条修正案，2015 年的《统一与未来持续拨款法案》（Consolidated and Further Continuing Appropriations Act），等等。

LDRD 项目由 DOE 相关管理部门和国家实验室共同管理，相关管理人员的具体职责如下。

（1）科学局主任（通过与相关部门合作）：①定期审查本命令及其执行情况，并根据需要提出修订建议；②为执行本命令的要求建立必要的准则；③建立一套与能源部 / NNSA 实验室一致的 LDRD 项目评价绩效指标。

（2）国家核安全管理局（NNSA）常务秘书长 / 副主任：①对国家实验室所认定的与 LDRD 有关的所有活动进行全面监督；②每年批准每个实验室的 LDRD 计划和允许的资助水平，并根据相关要求批准例外情况；③在 DOE/NNSA 实验区办公室主任的协助下，每年对每个实验室的 LDRD 项目进行一次评审；④根据需要准备向国会提交的报告。

（3）实验区办公室主任：① 协助 NNSA 常务秘书长 / 副主任对国家实验室的 LDRD 项目进行监督和审查；② 根据实验室提供的 LDRD 年度计划和资助水平，向 NNSA 常务秘书长 / 副主任提供建议；③ 在 NNSA 常务秘书长 / 副主任书面批准的基础上，正式授权国家实验室年度 LDRD 计划；④ 在项目开始或继续之前，每年对每个实验室的 LDRD 项目进行复核；⑤ 每年对 LDRD 项目检查并核实一次，并以书面形式向 NNSA 常务秘书长 / 副主任证明实验室继续对 LDRD 项目的拨款符合相关规定；⑥ 通知负责的合同管理者，必须将合同商需求文件纳入管理和操作国家实验室总合同中。

（4）合同管理者：在接到实验区办公室方面的通知后，根据指示将合同商需求文件纳入管理和操作国家实验室总合同中。

LDRD 项目的经费独立于国家实验室其他的科研和管理方面的支出，因此，在管理方面独立建立了一套管理系统。每个 LDRD 项目的周期原则上不能超过 36 个月。每年每个国家实验室的所有 LDRD 项目经费总量，不能超过该实验室运行费和设备费预算总和的 6%。此外，对 LDRD 项目经费还做了一定限制，不得用于以下支出。

（1）替代或增加国会或能源部规定的特定限制的任何任务的资金，或替代或增加由能源部 /NNSA 或实验室的其他用户提供资金的任何特定任务的资金。

（2）需要增加非 LDRD 资金以实现 LDRD 项目技术目标的基金项目，但法律另有规定的除外。

（3）前期（如概念设计、标题设计工作或任何类似或更高级的设计工作）部分或全部资助单项建设项目。

（4）为一般用途资本支出提供资金，但采购项目所需的明确的一般用途设备和实验室库存中不易获得的设备除外。

LDRD 项目的经费被作为国家实验室开展商务活动的一类支出，相当于从国家实验室总开支中拨付出的一部分独立资金。在表 7-5 中，列出了 2014 财年能源部国家实验室的年度总支出和 LDRD 项目支出的统计结果。

表 7-5　2014 财年美国能源部国家实验室的总经费支出及 LDRD 项目支出情况

国家实验室	LDRD 项目数 / 个	LDRD 实际经费 / 百万美元	国家实验室实际经费 / 百万美元	LDRD 项目占总经费比例 /%
AMES	9	1.0	53.0	1.89
ANL	107	29.2	753.6	3.87
BNL	40	9.6	566.1	1.70
FNAL	7	0.2	324.1	0.06
INL	69	17.0	827.7	2.05
LBNL	83	23.6	751.7	3.14
LLNL	147	78.2	1411.7	5.54
LANL	290	118.5	2068.0	5.73
NREL	57	10.3	356.3	2.89

续表

国家实验室	LDRD 项目数 / 个	LDRD 实际经费 / 百万美元	国家实验室实际经费 / 百万美元	LDRD 项目占总经费比例 /%
ORNL	174	36.3	1231.8	2.95
PNNL	182	38.9	982.2	3.96
PPPL	15	2.0	102.0	1.96
SNL	419	151.3	2686.3	5.63
SRNL	40	6.2	188.4	3.29
SLAC	20	4.4	283.7	1.55
TJNAF	3	0.2	107.9	0.19
总计	1662	526.9	12694.5	4.15

从表 7-5 中可以看出，LDRD 项目支出在国家实验室的总支出中所占比例并不很高。

3. 国家实验室主导的研究与开发项目的成效

自设立以来，LDRD 项目对国家实验室的发展发挥了重要的支撑作用，以相对较少的经费，撬动了很多重要项目的研发，特别是在基础研究和设备应用方面。在表 7-6 中，列出了 DOE 国家实验室对 LDRD 项目的支持情况。

表 7-6　美国能源部国家实验室的 LDRD 支持情况

财年 / 年	LDRD 支持的项目数 / 个	LDRD 项目的总经费 / 亿美元
2014	1662	5.269
2013	1742	5.686
2012	1738	5.789
2011	1692	5.812
2010	1662	5.412
2009	1663	5.158
2008	—	5.13
2007	—	4.99
2006	—	4.76
2005	—	3.84
2004	—	3.65

LDRD 是一个重要的机制，DOE 国家实验室通过该机制可以灵活地支持对其的新理论、假设和方法的规划实施；建设新的并增强现有的科学技术能力；识别和开发有潜力的技术应用以推进能源部任务。多年来，LDRD 项目实现了重大科技突破，在科学界得到广泛关注与认可。

LDRD 项目支持国家实验室吸引有前途的年轻科学家和工程师从事旨在推进能源部使命的职业，从而为不断更新实验室研究人员，以及为下一代科学家的教育和培训提供基础。这包括对从事 LDRD 项目的本科生和研究生的支持，通过 LDRD 保留和磨炼科学技能的机会而留下的技术人员，以及通过 LDRD 项目促进的一系列大学合作。此外，LDRD 项目在支持实验室的早期博士后研究人员方面发挥着重要作用，如表 7-7 所示。

表 7-7　由美国能源部国家实验室 LDRD 项目支持的博士后培养情况

财年 / 年	DOE 国家实验室的博士后总数 / 人	由 LDRD 项目全额或部分支持培养的博士后总数 / 人	由 LDRD 项目全额或部分支持培养的博士后占比 /%
2014	3188	837	26.3
2013	3527	962	27.3
2012	3265	994	30.4
2011	3339	944	28.3
2010	3143	890	28.3
2009	2417	847	35.0

除了人才培养，发表高水平学术论文也是任何研究和发展计划的重要组成部分，特别是那些最基本的科学研究。由于这些论文必须首先通过相关领域同行的专家评审，因此它们是通过研发产生的知识的科学质量的证明。

在表 7-8 中，列出了 DOE 国家实验室 LDRD 活动的出版物总数。这些统计数字表明，LDRD 正在产生大量杰出的科学成果。

表 7-8　由美国能源部国家实验室 LDRD 项目支持发表的论文数量统计

财年 / 年	2013	2012	2011	2010	2009	2008	2007
数量 / 篇	2109	2049	1869	1976	1940	2029	1871

另外，自 1989 年开始，《国家竞争力技术转让法案》（National Competitiveness Technology Transfer Act）将技术转让确立为包括 DOE 在内的联邦研发机构的一项任务。因此，DOE 鼓励其所属国家实验室设法将其开发的知识、知识产权、设施和能力推向市场，以满足公共和私人需求。

随着时间的推移，DOE 发现 LDRD 项目是推进其技术转让任务的一个富有成效的组成部分。LDRD 生产力的一个例子是来自 LDRD 项目的发明和专利数量，这是衡量技术实力和创新的一个有用指标。在表 7-9 中列出了由 LDRD 项目支持的专利授权和受理的数量。

表 7-9　由美国能源部国家实验室 LDRD 项目支持获取的专利数量

财年 / 年	2013	2012	2011	2010	2009	2008	2007
授权专利 / 个	181	103	141	150	116	117	151
受理专利 / 个	524	335	453	416	378	372	429

7.3.4　经费管理监督体系

美国建立了一套体系比较完整、职责比较明确、依据比较充分的科研经费监督体系，以保障科研经费能得到高效、合理的使用。国会、审计署和各部门内设审计监督机构共同构成政府科研经费监督体系，通过"外部监督＋内部审计监督"的模式，从科研经费申请入手，将其纳入全过程监督范畴，从而保障科研项目的顺利实施和科研经费的正当使用。

1. 美国审计署对科研经费的审计监督

美国审计署担负着审查、监督美国联邦政府所有科研经费收入、支出及项目效率、效果的职责，主要通过绩效审核、项目评估、政策分析等审计方式，对科研经费进行宏观审计监督。

第一，法律依据。

美国审计署通过制定一系列法律，有力地保障了对科研经费的审计监督。举例分析如下。

《公共法》规定了美国科研决算制度。

《单一审计法案》要求接受联邦拨款的州与地方政府组织必须接受对其援助资金的审计、报告拨款条款的遵守情况以及联邦财务拨款的内部会计与管理控制状况。管理与预算办公室对接受联邦财政援助的高等院校和其他非营利性组织的审计做出了规定。

《政府公司控制法》对企业与政府的关系和企业财务审计等方面进行了较为明确的规定。

《首席财务官法》规定联邦政府和各部门必须按统一要求提交财务报告，部门报告送本部门监察官审计，联邦政府报告由财政部提交审计署审计。

第二，审计监督内容。

随着美国联邦政府收支规模和事务范围的日益扩大，美国公共行政管理体系内部控制、财政财务管理和内部审计的完善，以及国会和公众对联邦政府项目和政策执行结果关注的加强，美国审计署科研经费审计的重点，已从对联邦政府科研管理部门财务收支进行详细审计，转向关注科研经费的经济、效率和效果，以强化政府责任意识，改进政府机构及其他公营组织运营绩效，督促政府更好地服务于美国公民。归纳起来，美国审计署对科研经费的审计内容主要有以下 5 个方面。

（1）绩效审计。美国政府绩效审计包括对政府项目或活动的经济性、效率性以及效果性的评价。它是政府审计作为国家管理手段和方法的体现，也是各国政府审计机构公认的战略发展方向和工作重点。

例如，美国审计署通过对国家卫生院、国家科学基金会和国家人文科学基金会的审计，对联邦机构同行评议的公正性进行了评估。美国审计署发现同行评议总体运行良好，但需要在某些方面进行改进：一是在评议人的选择上，级别较低的学者不多，虽然大多数评议人是该领域专家，但仍有一些人不熟悉相关问题；二是同行评议评分上的差异大多与评议人或申请人的年龄和职称等可度量的特性无关，但尽管如此，对男性的评分高于女性，在国家科学基金会中，对白种人的评分高于少数民族；三是评议人实际采用的评价标准和评分尺度与资助机构提出的标准不一致；四是同行评议的评分在不同程度上对资助的确定起到了决定性作用。

针对美国审计署的报告，国家科学基金会组织专门小组进行研究，并组织同行评议专题会议，以改进同行评议系统。

（2）项目评估。审计署根据国会（包括委员会、议员）的指令或要求，对联邦政府各部门执行的与联邦科研经费有关项目的执行结果进行评价和考察，判断是否达到项目预定的或专家认证的目标及国会和公众的要求与期望。

其方法主要包括综合性项目评估和程序化项目评估。项目评价主要是一种事后审计，实质是公共行政管理流程的一部分。美国审计署经常向立法者和在促使政府更好工作方面起主导作用的机构提供咨询，咨询的内容包括更新实务以及合并或淘汰不必要的联邦项目。

2014 年 5 月，美国审计署发布关于自闭症重复研究的报告，指出 84% 的联邦政府资助自闭症研究项目存在重复研究。

2008—2012 财年，联邦政府资助的 1206 个自闭症研究项目中，有 1018 个存在重复研究。其原因是相关部门需要资助至少一个自闭症研究项目。审计署建议卫生部及时更新数据库，并加强监管，同时建议国防、教育、卫生等部门加强协作。

（3）政策监督、检查和评价。美国审计署开展政策性评估正是借助 1973 年石油供给危机、1976 年《能源保护与生产法》、越南战争、水门事件、克林河核反应堆等一系列事例，国会对行政系统的不信任感增大，经常向美国审计署就重大问题征求意见。很多美国审计署的蓝皮书不仅涉及联邦资金是否适当使用的问题，还扩展到了联邦项目和政策是否达到了目标及满足了社会需要等问题。

美国审计署关注的是部门和机构使用纳税人钱的结果。除了指出政府失误，美国审计署还报告联邦运作良好的项目和政策，说明进展情况和待提高方面，并对一些将会出现的虽然还没达到危机程度却具有全国影响性的问题，向政策制定者和公众做出警示。

（4）财务审计。从某一角度来看，美国审计署为美国政府合并会计表的主要审计师，以财务审计结果判断联邦科研经费是否被恰当和有效地使用，但财务审计在其目前工作量中所占比例不大。

（5）其他。当美国国会可能对某一类项目特别感兴趣时，美国审计署就会加强对这一类项目的审计。

例如，美国审计署应国会要求，对国家科学基金会资助的一个地震中心项目进行审计，以判断国家科学基金会是否存在评审人员偏袒、评审人员不符合审查人员条件和经费评审程序需要改进等问题。

美国审计署调查发现，国家科学基金会不存在以上 3 个方面的问题，但却存在现有材料不能充分证明资助合理、资助要求不够明确和有条件的推荐要求起到暗示作用 3 个严重问题。此外，美国审计署开发的联邦信息系统控制审计手册被广泛用来评估信息系统的安全控制。

第三，审计监督的组织实施及结果处理。

美国审计署审计长或其合法授权代表在科研经费审计过程中有权获得经费使用单位的任何相关资料。此外，美国审计署审计长或其授权代表可以获得任何科研经费使用单位超过小额购买限值的合同。在审计监督过程中，美国审计署按照程序和要求与被审计单位交换审计结果意见，双方进行充分沟通，允许提出不同意见。

美国审计署审计长或其合法授权代表，在科研经费审计过程中有权获得经费使用单位的任何相关资料。此外，美国审计署审计长或其授权代表可以获得任何科研经费使用单位超过小额购买限值的合同。在审计监督过程中，美国审计署按照程序和要求与被审计单位交换审计结果意见，双方进行充分沟通，允许提出不同意见。

美国审计署强调对科研经费审计结果的利用，以确保审计监督工作的有效性和权威性。

一旦发现经费使用单位存在滥用资金或不合规支出款项等问题，美国审计署会要求其退回违规资金，并在错误得到纠正之前，暂时停止拨款。如果经费使用单位不改正错误，美国审计署将建议终止经费资助，甚至建议取消其获得任何政府资助的资格。对可能涉及的民事或刑事案件，转交司法部门处理。

美国颁布并实行了《信息公开法》法案，审计署在不违背国家利益的前提下，向社会公开审计监督结果，实现公众对科研经费分配和使用的社会监督。

美国审计署提出的大约五分之四的审计建议在4年内得到了采纳，有效地促进了科研机构运作和服务效率的提高。

2. 美国部门监察长办公室对科研经费的审计监督

第一，美国部门监察长办公室的设置及职责。

根据1978年的《监察长法案》和1982年的修正案，美国联邦政府部门或独立机构设置了监察长办公室，对各部门工作进行审计监督。监察长办公室具有很强的独立性，主要表现为：监察长直接向各部部长和国会负责；监察长由总统直接任命，监察长办公室经费预算直接报国会审批；监察长办公室进行独立、客观的审计监督，不受各部门干扰。

监察长办公室对科研经费的审计监督内容包括：行使内部审计监督职能，与联邦政府其他审计监督部门一起完成科研经费审计监督工作；对部门资助的科研经费负责人及其所属机构进行监督，对项目执行情况和财务状况进行必要的审计监督并给出必要的建议；与司法部合作，起诉有犯罪行为者；对违反科学道德行为和其他科研不端行为进行监督。

第二，监察长办公室对科研经费的审计监督。

美国监察长办公室按照《政府审计标准》《单一审计法案》《监察长办公室审计准则》《财务审计指南》《审计标准工作手册》等规定，对科研经费管理部门和科研经费使用单位开展财务审计和绩效审计。

（1）财务审计。财务审计包括财务报表审计和财务相关事务审计。

财务报表审计指根据公认会计原则，确定被审单位的财务报表是否公允地描述了财务状况、现金流动或财务状况变动情况，会计交易是否遵守法律法规。

财务相关事务审计指确定财务报告和有关项目是否表述充分、财务信息是否按规定标准描述、该单位是否遵守特定财务规定。

（2）绩效审计。绩效审计包括 3 个方面的内容。

一是确定科研经费是否得到经济而有效的使用，查明造成低效或浪费的原因，防止滥用职权、弄虚作假和不道德行为发生。

二是评估科研经费管理部门工作情况、法规和规则，确定部门政策产生的影响。

三是确定被审单位是否按照法律法规要求管理和使用科研经费，确保组织、计划、活动等工作符合预定标准。

监察长办公室对科研经费管理部门开展内部审计，审计重点为部门科研经费管理日常业务工作。

监察长办公室对科研经费使用单位的审计主要关注经费开支的合法合规性及其会计系统健全与否，审计重点包括经费使用中的欺诈、滥用经费和不当使用项目收入等行为。

监察长办公室每年开展抽查审计，抽查重点包括如下 3 个方面。

一是风险性项目，其经费开支容易出现问题。

二是财务保障系统较弱的单位，存在夸大匹配经费数额的可能。

三是对科研经费支出规定了解不够深入的单位，存在缺乏规范管理的可能，如第一次获得资助的单位。

第三，审计发现问题的处理。

监察长办公室可就审计发现的问题，向被审计单位提出整改意见。被审计单位应在规定时间内，提出具体行动方案，提交监察长办公室。

监察长办公室按照规定对违规经费进行直接处理，处理内容包括：对于滥用的科研经费，要求经费使用单位全额退还；在经费使用单位改正错误以前，暂停联邦部门拨款；如果经费使用单位不改正错误，将终止其获得的联邦部门资助；如果经费使用单位完全不负责任，将取消其获得任何联邦资助的资格；对于涉及民事或刑事案件的行为，进行深入调查并转交司法部门处理。

3. 美国科研经费使用单位对科研经费的监督

科研经费使用单位对科研项目实施和经费使用承担全部责任。除按照经费管理部门要求，在每季度结束后提交联邦现金交易报告、接受项目官员的实地考察和审计外，还要进行日常监督和组织调查。

日常监督指科研经费使用单位通过事前审核或审批，确保遵循拨款条款，在规定时间内完成科研任务，同时保证科研经费支出的合规与合法性。组织调查指科研经费使用单位可以自行调查研究中出现的不端行为，但须有专业同行做出评价。

7.3.5　经费管理辅助工具

美国政府的科技项目管理信息系统已得到普遍应用，项目流程管理完全实现了信息化，大大提高了项目管理效率。美国科技项目管理信息系统的主要特点如下：科技项目被纳入联邦政府统一管理系统，项目管理受到依法协调和监管，项目信息公开透明便于公众监督。美国 3 个比较有代表性的科技项目管理信息系统为联邦政府的统一项目管理平台 Grants.gov、国家卫生研究院的 eRA 系统以及国家科学基金会的 FastLane 系统。可以说，美国的科技项目管理信息系统已比较成熟，但美国仍在不断改进，以更好地提高项目管理效率。

美国政府的科技项目管理信息系统具有以下 5 个特点。

1. 科技项目被纳入联邦政府统一管理系统

在美国，联邦政府各部门支持的项目，从信息发布到提交申请、结果发布、进度跟踪的全过程，均实现了电子化管理。政府拨款网站（Grants.gov）是美国政府资助项目信息发布和管理的统一平台。联邦各部门资助的科技项目均通过该网站公布和管理。除 Grants.gov 外，联邦各部门也在自己的网站上公布有关项目信息，进行项目征集和公布资助项目等。一方面，Grants.gov 网站整合了联邦各部门资助的科技项目，可直接面向项目申请者和受资助者提供一站式在线服务，项目信息的如此整合，特别有助于潜在的项目申请者查询和发现感兴趣的项目信息；另一方面，该网站又与有关部门的站点实现了互联互通，有关专业机构也可根据情况选择适当平台，进行项目申请和了解项目有关信息。

2. 科技项目管理受到依法协调和监管

美国联邦政府的拨款（包括科技项目）及相关的合作协议由美国首席财务官委员会下设的拨款政策委员会（Grants Policy Committee，GPC）负责总体协调。联邦预算的执行受白宫管理和预算局（Office of Management and Budget，OMB）监督，GPC 向 OMB 提供关于财政支持政策和措施方面的建议，并负责协调跨机构拨款。依据美国 1999 年的《联邦财政管理法》（"公法 106-107"），GPC 负责协调联邦各部门的工作，以提高联邦资助的效果。尽管

"公法 106-107" 于 2007 年 1 月到期,但 GPC 继续承担这一职责,推动已有活动,并努力探索新机会,加强联邦财政资助。

3. 协调管理确保了科技项目信息的标准化和规范化

Grants.gov 网站实现了美国联邦机构项目的统一发布和集中管理,它对在该网站发布信息的联邦机构有统一的要求和规定,项目信息、申请文件和申请程序实现了标准化。联邦机构发布项目信息时要使用标准化语言,采用统一规范的表格和程序,这有助于理顺和简化联邦政府项目管理过程,提高联邦资助项目的效果。联邦政府各部门通过参与该网站,进一步提高了科技项目管理的专业化水平,提高了行政效率。

4. 科技项目信息公开透明便于公众监督

科技项目信息不仅在统一的联邦平台上发布,同时也会在主管部门的网站上发布,实现了多平台、多渠道展示。科技项目信息的公开透明有助于更多人了解科技项目,参与科技项目,使科技项目达到预期效果。根据美国政府《自由信息法案》和《政府阳光法案》两个法案的精神,联邦政府的记录和档案,除某些政府信息免于公开外,原则上向所有人开放。当然,科研项目信息也是面向所有人开放的,任何人无须注册即可在项目信息系统网站上查到项目信息和受资助者情况。科技项目信息系统还提供链接,便于公众监督和反映项目申请中作弊、项目资金使用不当等情况。因此,科技项目信息管理系统也是保障科研诚信的一个有效途径。

5. 举例:美国的政府拨款网站

以政府拨款网站(Grants.gov)为例,该平台具有以下特点。

(1)一站式项目信息发布平台为项目申请提供了便利。Grants.gov 网站由 OMB 监督管理,并由卫生与公众服务部负责具体运营。目前,美国国防部、商务部、卫生与公众服务部、能源部、国家科学基金会、农业部、环保署等 26 个联邦政府部门,均使用该平台,每年涉及经费超过 5000 亿美元。截至 2019 年年底,该网站发布的资助项目已超过 1000 项。Grants.gov 网站作为美国政府资助项目信息发布和管理的统一平台,是美国联邦政府电子政务的一部分。Grants.gov 网站创建于 2002 年,是根据总统管理议程和"公法 106-107"的相关规定设立的,旨在理顺和简化联邦政府项目管理过程,提高联邦资助项目的效果。包括科技项目在内的所有联邦资助项目,从信息发布、申请提交到结果公布和进度跟踪的全过程,均可通过该网站进行。

Grants.gov 网站为申请者研究、查找联邦资助机会提供了便利。该网站有强大的搜索功能，可通过简单的关键词进行高级搜索，从而发现不同机构发布的各种相关资助项目；可通过 Email 或 RSS[①]，将资助机会推送给有关用户；还为项目申请提供了便捷的服务，项目申请者一次注册就可申请 26 个联邦部门的项目，减少了用户熟悉申请系统和申请程序的时间，这使得项目申请更快、更简单，而且大大减少了填表累赘。

（2）联邦资助机构用户。Grants.gov 网站设有项目管理办公室，并指定专人做有关联邦部门的项目顾问，各联邦资助部门则需要设一位联络人负责与该网站的沟通联络。Grants.gov 网站为每个联邦资助部门分配一个登录码，联邦资助部门必须使用该登录码才能登录政府资助网站进行资助项目管理。每个联邦资助机构可以有多人使用 Grants.gov 网站，用户数量没有限制。高级别用户可利用登录码，向本机构用户分配职责和任务。资助机构用户登录 Grants.gov 网站，必须被赋予了具体的职责后才能进行网上操作。

联邦资助机构用户在 Grants.gov 网站可以实现的职责包括以下几个方面：项目信息发布及管理——用户可以增加、修改和删除项目信息；分配机构跟踪号——用户可以给每份项目申请书分配一个跟踪号；创建机构模版——用户可以创建和管理项目申请模板文件；机构管理——用户可对本机构有关信息进行管理；申请书阅览——用户可阅览向本机构提交的申请书；申请书检索——用户可检索本机构以前收到的申请书；机构报告审查——用户可审阅项目申请者或申请机构的报告和注册信息。

（3）项目申请机构。Grants.gov 网站主要面向机构申请用户，用户已超过 100 万个。网站用户可以通过该网站查询资助机会，下载有关信息和表格，提交网上申请，跟踪项目申请书提交后的后续处理情况、项目批准与否等。

Grants.gov 网站对项目申请者的资格有详细规定。通常，项目申请者需属于以下几类机构方可申请该网站发布的项目：政府组织——包括州和地方政府、市镇政府、美国属地政府等；教育机构——包括独立的学区、公立和私立大学等；除大学以外的非营利组织；除小企业以外的营利性组织；符合小企业局规定的小企业（如制造业和矿产业雇员在 500 人以下的企业、产值在 75 万美元以下的农业企业等）；个人。在 Grants.gov 网站，个人申请者很少，而且按规定，以个人名义注册的用户只能申请面向个人的项目。

项目申请机构在 Grants.gov 网站注册，首先要获得 DUNS 编码。DUNS 编码也被称为邓氏编码，是美国著名商业信誉评估与管理公司邓白公司的数据通用编码系统号码。DUNS 编码目前已经成为国际电子商务业务中一个国际

---

① 指简易信息聚合，是一种消息来源格式规范，用以聚合经常更新数据的网站。

公认的公司识别符号，申请机构获得 DUNS 编码后，就有了一个独一无二的 9 位数字的认证编码，通过该编码可查找到该机构的准确信息和信誉情况。美国联邦政府要求使用该编码系统作为机构识别的标准系统。在 Grants.gov 网站系统中，每个项目申请机构对应的是唯一的 DUNS 编码，这便于机构识别以及对项目申请和资助情况的后续跟踪。作为在 Grants.gov 网站系统注册的第二步，申请机构还必须在资助管理系统（SAM.gov）上注册，这是联邦政府的合同承担者注册系统，保存了政府合同承担实体的信息及所有记录。完成注册之后，项目申请者才能在 Grants.gov 网站系统创建用户名和密码，该网站会与申请机构电子商务联络人联系，确认和给予申请者机构代表身份后，申请者才能进行项目申请和后续跟踪。

7.3.6　经费管理总结

总体而言，美国科研经费的分配、使用和监督机制还是较为成熟的，科研经费的拨款与审核彼此独立，从而避免了"外行领导内行"，最大限度地减少了"欺诈项目"和"人情项目"，较好地保证了公平和公正。

美国并无一个统一的、全国性的科研领导机构。科研资金的分配和管理权分散在国家科学基金会、能源部、航天局等几个联邦级部门中。除了联邦经费，科研人员还可以申请地方政府的科研经费，一些著名高校如哈佛、耶鲁等还有各种私人基金会赞助科研项目。

科研人员在申请经费时，相关机构会设立一个第三方独立项目评审小组，对申请项目进行投票评估。这种同行评议的好处是，不管申请者是诺贝尔奖得主还是助理教授，只要课题令人信服就可得到经费，保证资金流向最有创造力或社会最需要的课题。

在使用上，美国科研经费开支的一大部分是科研人员自己及其团队的工资与福利。至于真正用于科研的费用，实际上只占总金额的约 15%。这些费用主要用来购买实验用品、发表论文等。当然，与研究相关的费用，如人员培训、交通、学术交流等的费用也包括在这 15% 之内。

需要指出的是，管理费、工资与福利以及其他各种费用都要求在经费预算中说清楚，每年各种实际支出允许上下浮动，但浮动范围不得超过 15%。

对经费使用的监督通常有 3 道关卡：第 1 道关卡是大学里每个系都有专门人员管理各种经费，他们会直接和科研人员沟通每一项支出是否合理，应该在哪项费用里支出，哪些费用存在问题；第 2 道关卡是学校的基金管理机构，对科研人员申请的各种费用进行管理、监督；第 3 道关卡是相关拨款机构的审计，这种审计采用抽查方式，一旦发现问题，视情况严重程度，受资助者与机构必须纠正或退还款项，有关机构还可暂停拨款甚至提请司法处理。

当然，再完善的制度设计，也无法完全避免腐败行为，科研人员自律、健康的行业风气还是非常重要的。在美国，科研人员一旦被发现有涉及经费的腐败行为，后果将十分严重，即便够不上法律制裁也会在业内身败名裂，无法再吃"科研饭"。

7.4 固定资产管理

由于美国国家实验室的固定资产在所有权和使用权方面存在着不一致的情况，换句话说，由于内设型和 GOGO 型、GOCO 型、COCO 型国家实验室对固定资产的拥有情况不同，从而导致对固定资产在管理上也是千差万别。本节以 DOE 国家实验室的固定资产管理和应用情况为例，系统说明美国国家实验室对其各类固定资产管理的基本特点。

7.4.1 概况

DOE 将其所拥有的固定资产分为两大类：实际不动产（Real Property Asset）和私人不动产（Personal Property Asset）。实际不动产包括固定建筑、移动建筑（主要是用于实验的移动拖车）、特殊建筑（如核试验设施）和试验场；私人不动产包括材料、设备、专用工具、机动车辆和类似的资产。

（1）实际不动产——DOE 管理着美国联邦政府的第五大实际不动产仓库，年运营成本为 20.8 亿美元。DOE 拥有约 19 000 处实际不动产，其中包括 9000 处固定建筑物、2000 处移动建筑和 8000 处特殊建筑与设施，占地面积约 1.13×10^6 hm^2，建筑面积约 123.6 hm^2。这些资产的厂房估价（不包括土地价值）约为 1140 亿美元。DOE 的实际不动产中，包括各种各样的设施，以及独特的裂变反应堆、加速器和高性能激光器。但是，由于历史上曾作为"曼哈顿计划"的一部分，DOE 的实际不动产中很多建于 20 世纪 40 年代，许多基础设施日渐老化。DOE 面临的挑战是对这些实际不动产的维持、现代化改造和有效使用，以使这些资产能满足当前和未来的任务要求。

（2）私人不动产——DOE 管理着大约 187 亿美元的私人不动产，其中包括价值约 4.5 亿美元的 DOE 拥有的车队，以及价值约 8.3 亿美元的年度车辆租赁合同。DOE 的私人不动产中还包括设备和家具。

DOE 还拥有一系列其他关键的实物资产，包括航空与航海交通工具、记录和信息资料、涉密情报资料、内部软件和信息技术、核武器以及核材料。这些资产对 DOE 下属各部门的运行至关重要。因此，除了本书中描述的资产管理模式，还通过其他管理系统和流程进行管理。

7.4.2　框架

DOE 固定资产管理计划的依据是 DOE 的第 13327 号行政命令——《联邦实际不动产管理》。根据对固定资产的分类，DOE 的资产管理包括对实际不动产的管理和对私人不动产的管理两大部分。

DOE 对固定资产的管理要素根据如图 7-5 所示的管理框架组织实施，具体分析如下。

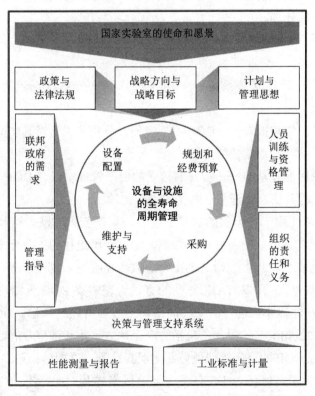

图 7-5　美国能源部国家实验室的固定资产管理框架

❑ 使命和愿景——对 DOE 核心资产管理目标的意愿声明，以及 DOE 寻求目标实现的描述。

❑ 方向和目标——DOE 预期的资产管理结果。

❑ 政策和原则——描述 DOE 的基本价值观，并指导对实际不动产和私人不动产管理的行动发展和决策过程。

❑ 规划和管理策略——DOE 在规划、运营和管理实际不动产与私人不动产方面的独特考虑。

❑ 联邦政府要求——联邦政府在监管对实际不动产和私人不动产的采购、管理和报废等方面的主要联邦法案集。

❑ DOE 管理指令——DOE 在管理实际不动产和私人不动产方面的政策、指令（命令和指南）、标准和流程。

❑ 生命周期资产管理——DOE 对实际不动产和私人不动产的规划和预算、采购、维护报废的全流程方法。

❑ 人员培训和资格——DOE 为获得资产管理所需的知识、技能和能力而制订的计划。

❑ 组织责任和职责——明确 DOE 下属的负责资产管理的各组织机构及其职能。

❑ 决策与管理支持系统——用于选择资产管理活动流程的资产信息系统。

❑ 绩效评估和报告——DOE 用于收集、分析和报告对其实际不动产和私人不动产管理绩效的方法。

❑ 工业标准和基准——被普遍接受的资产管理实践和 DOE 定制的流程，用于将其资产管理与这些实践进行比较。

DOE 通常使用一种全面的、基于绩效的资产管理方法。这种方法的关键是完整而准确的库存、财务和绩效数据，通过使用最佳的工业标准和基准来持续改进绩效，在整个资产生命周期中考虑成本和收益，以及经适当培训和认证的资产管理专业人员。对 DOE 资产的有效管理需要 DOE 内部及其利益相关者之间对所有框架要素进行清晰、简洁、一致和持续的沟通。DOE 依赖其他联邦机构和利益相关者的投入，包括公众、地方、州和部落政府。

为了完成 DOE 的资产管理任务并实现其远景，以指导计划、决策和管理，DOE 将资产管理具体化为 4 个任务方向，以指导其对实际不动产和私人不动产的管理，具体分析如下。

❑ 任务方向 1：资产分配——通过改善所有资产的分配情况来满足当前

和未来任务的需求。

- 任务方向 2：资产组合管理——保持资产组合的条件，以支持任务要求，并提供一个高质量的工作场所。
- 任务方向 3：绩效管理——以可持续的和高成本—效益的方式实现对资产适当组合的规划与管理。
- 任务方向 4：资产组织——确保工作人员受到合适的培训，并能够使用资产管理资源。

DOE 制订了对实际不动产和私人不动产的实际管理目标，以协助实现这些使命方向。

7.4.3 内容

DOE 国家实验室的设备与设施管理所涉及的内容繁多，覆盖到国家实验室本身甚至 DOE 运行管理的各个方面，仅通过本小节的篇幅无法做完整说明，因此，现仅从政策与指导原则、管理思想、责任和义务 3 个重要方面展开分析。

1. 政策与指导原则

能源部的资产管理政策强化了对其实际不动产和私人不动产的管理。该政策的主要内容包括：确保资产足以满足 DOE 的使命需求；鼓励将一些资产在修复、再利用后提供给美国公众使用；鼓励研究机构和其他利益相关者参与规划和决策。通过联邦政府、各州政府、地方政府以及公众的参与，整合利益相关者的各种想法和价值观，从而改进 DOE 设备管理的规划和决策。

在 DOE 的资产管理政策中，明确提出 DOE 应履行以下职责。

- 以符合成本效益的方式管理所有有价值的国家资源。
- 维持准确的库存率、可靠的状态评估、适当的产能和使用率、可靠的度量和可重复的过程。
- 使用工业标准和基准支持持续改进。
- 根据生命周期成本效益分析、最佳实践和验证数据对投资进行优先排序，以指导国家实验室范围内的决策。
- 通过考虑实验区场地条件和更大的区域背景，在设备设施相关决策中支持利益相关者参与对资产的规划和实施。
- 确保资产的获取、维持、再利用或处置一系列过程能够支持其关键使命，刺激经济，保护实验室工作人员、公众和环境。

其中，维持（sustainment）定义为维护和维修相关的活动，这些活动是在良好的工作秩序中保持设备库存率所必需的，具体包括在设施的预期使用寿命内定期进行的维护，以及预期的重大维修或更换部件。

资产管理的指导原则用于具体指导对 DOE 资产管理政策的执行。DOE 资产管理的指导原则是以联邦政府不动产委员会的实际不动产管理原则和总务管理局（General Services Administration，GSA）的私人不动产管理指导原则为依据制定的。这些指导原则反映在 DOE 对实际不动产和私人不动产规划和管理的任务方向、目标和实践中，具体包括以下几个方面。

- ❑ 支持能源部的使命和战略目标。
- ❑ 提供安全、可靠和健康的工作场所。
- ❑ 使用公共、商业的基准和最佳实践。
- ❑ 在决策中使用生命周期成本效益分析。
- ❑ 促进充分和适当的应用。
- ❑ 处置或重新利用不需要的资产。
- ❑ 提供适当的投资水平。
- ❑ 记录库存并准确描述所有资产。
- ❑ 仅根据使命需求实施采购。
- ❑ 重复使用、恢复、回收和保护资源。
- ❑ 采用平衡的绩效指标和自我评估。
- ❑ 满足客户需求。
- ❑ 确保资产管理者接受过良好的培训。

2. 管理思想

能源部独特的使命和设备设施存储要求对能源部所有设备设施的管理做了许多特别的考虑，这些因素具体包括如下方面。

（1）环境、安全与健康（Environment, Safety and Health，ES&H）。完成能源部的使命任务要求对国家实验室工作人员、公众、环境和国家安全资产的保护，包括与核能和非核能资产相关的特殊人身安全考虑，以及能源研究、环境清理和核安全。有效的环境、安全、健康保障系统和监督计划为 DOE 的任务目标提供了合理的保证，即在不牺牲适当防护的情况下使用固定资产来完成任务。安全防护系统是为了满足每个实验区或科研活动的需求和独特的风险而定制的。这些系统包括执行严格的自我评估、进行反馈和持续改进活动、识别和纠正负面的性能趋势以及分享经验教训的方法。能源部的监督计划是根据活动的风险程度设计和实施的。对可能产生严重后果的活动的监督被给予高度优先和强调。有效和适当执行的监督程序和保证系统可在实现任务目标的同时保护人员、公众和环境。

（2）安全与可靠性。美国能源部对实际不动产和私人不动产的管理包括处理与核武器综合设施和其他部门设施相关的一套独特的保障和安全措施，以支持研发和环境清理。能源部通过其高级领导层、工作人员和利益相关者的参与，以及利用运营经验建立和加强沟通渠道、寻求反馈并解决问题，继续实施安全改进措施。DOE 的项目和工作人员办公室继续在改革范围内验证其保障和安全方案的技术基础和可靠性。必要时提供培训，并对保存大量特殊核材料和机密信息的场址和实验室开展独立的监督活动。DOE 亦继续减少现场及实验室的保安措施，以配合分级保安政策，包括巩固及改善核材料专用贮存设施、取消或解除以往需要保安的设施，以及重组保安管理系统。能源部继续进行安全保障和安全自我评估，并实施独立的监督和机密信息安全执行计划。从评估、检查和审查中获得的经验教训和结果用于实施安全改革和纠正行动，以解决方案的弱点。通过国家培训中心提供安全培训和专业发展计划，维持整个部门安全专业知识的有效水平。

（3）文化和自然资源及历史保护。美国能源部在其土地管理文化和自然资源方面有着悠久的历史。DOE 认识到保存历史遗址、楼宇、建筑和文物对促进社区发展和进步所起的作用。美国能源部继续在历史保护方面发挥领导作用，在规划、决策和项目执行中考虑保护历史资源。美国能源部的历史保护工作包括管理 1200 多座经评估符合国家历史遗迹名录的楼宇、建筑或地块，以及在名录上列出的 10 座楼宇和建筑。该部门拥有 6 座国家历史地标建筑。

（4）社会—经济责任。美国能源部对其研究实验室、地点和外地办事处所在的社区具有重大影响。DOE 继续致力于以合乎道德的方式进行研究和发展工作，同时为附近社区的经济繁荣做出贡献。美国能源部通过支持其所在地周边地区经济的区域经济多样化，继续改善劳动力、工人家庭和公众的生活质量。例如，能源部处理不需要和多余的个人财产，整合和重新利用现有设施，并鼓励科学技术推广和商业化，以支持区域经济。美国能源部严肃对待这一社会经济责任，确保其科学家和工程师的工作以一种安全、对社会和财政负责的方式进行。

可持续性的广义定义是为最大限度地提高能源和水的利用率而采取的行动；尽量减少化学毒性和有害环境物质的排放，特别是温室气体；促进可再生能源和其他清洁能源的发展；保护自然资源，同时维持指定的任务活动。

（5）气候变化与可持续性。日益复杂的全球环境使能源安全、气候变化和国家安全之间的关系成为人们关注的焦点。美国能源部坚持可持续的综合设计、节能节水和室内环境质量指导原则。DOE 的努力包括降低设施的总成本，提高能源效率和节约用水，提供安全的环境，促进可持续的环境管理。例如，自 2008 年以来，美国能源部已成功地将领先的能源和环境设计商业标准（Leadership in Energy and Environmental Design，LEED）应用于许多新的建设项目。LEED 是行业公认的能源、环境和效率标准，要求使用现代方法进行设计和施工，如使用建筑能源模型，进行相关的生命周期和成本节约计算。尽管能源部拥有独特的设备类型，如微电子、离子束和放射实验室，但许多设备都符合 LEED 标准。能源部气候变化适应计划将能源部对气候变化适应的设想描述为整合基于风险的复原能力，以解决能源部所有项目和政策中已确定的气候变化脆弱性。对气候变化脆弱性的评估，以现有的最佳科学为依据，是对能源部规划活动的深思熟虑。

3. 责任和义务

能源部对实际不动产和私人不动产的有效规划、采办、维持和处置需要整个组织的参与，包括能源部总部和实验区办公室的领导和工作人员。明确分配资本投资、管理和撤资的责任和义务是产生可衡量和可持续结果的必要条件。能源部的资产管理责任和问责制从部门的最高层开始，由部长和副部长负责。DOE 部长为实际不动产和私人不动产的管理制定 DOE 政策，批准获取财产利益的行动，并可接受资产捐赠。DOE 副部长负责监督各部门的资产管理体系和项目实施情况。

DOE 资产管理的指导和咨询由两个高级行政委员会负责。一是设备和基础设施执行指导委员会，是由负责实际不动产的 DOE 项目办公室高层代表组成的。该委员会指导 DOE 的实际不动产管理工作，促进跨项目问题的解决。二是 DOE 私人不动产管理执行指导委员会，负责对私人不动产的决策和管理支持，以确保决策按照既定政策实施。该委员会为宣传对私人不动产管理的最佳做法、协调和沟通学科交叉的私人不动产管理问题提供了平台。该委员会由整个 DOE 中负责私人不动产重大管理事项的高层执行领导组成，负责建立战略目标、绩效指标，并通过集成、协作和信息共享，以及管理创新，实现对 DOE 私人不动产管理计划的责任、效率和效果的提升。

同时，DOE 的国家实验室运行委员会也将重点关注基础设施需求、充分利用现有收购方法的途径，以及用于解决 DOE 曾受到核污染的不动产问题相关的成本和风险战略。该委员会设立了工作组，负责在这些重点领域制定企业范围的基础设施战略。早期的工作改善了对现有基础设施功能和利用率的理解，以及该基础设施与 DOE 核心能力之间的联系。这些方法将在 DOE 的实际不动产决策和管理支持系统以及规划和预算指导方面实现制度化。

7.4.4　实施

本小节分别从实际不动产和私人不动产两方面分析 DOE 国家实验室对设备设施管理的具体实施情况。

1. 对实际不动产的管理

实际不动产类的资产对于以安全、可靠和经济有效的方式完成能源部的使命至关重要。DOE 采用全面、综合及基于性能的方法管理实际不动产。这包括对实际不动产及其状况保持完整和准确的清单，根据明确的任务需求调整资产，以及测量和报告实际不动产的性能情况。

1）DOE 的实际不动产概况

DOE 的实际不动产资产包括房地产（土地）、土地上的设施，例如，办公大楼、房车、建筑结构，以及与实验场地有关的设备。办公大楼、房车和建筑结构通常被称为设施或基础设施。DOE 的主要设施分为以下几类：工业实验区、实验室、办公区、仓储区、服务区、公共区和住房。根据 2013 财年的数据，美国能源部的工业实验区、实验室和行政设施占其实际不动产总量的75%以上，如图 7-6 所示。

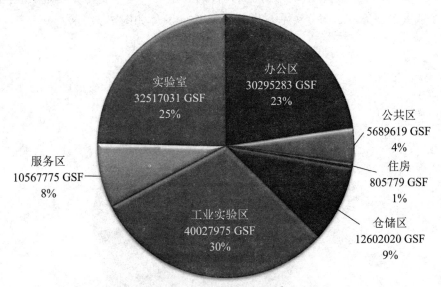

图 7-6　美国能源部实际不动产按设施类别的分类

DOE 的不动产设施组合共包括大约 61.3 hm^2 的过剩、未利用和未充分利用的设施，如图 7-7 所示。这一不动产清单包括大约 5000 个多余的受污染设施（核反应堆、化学分离设施、热电池和辐射实验室）。

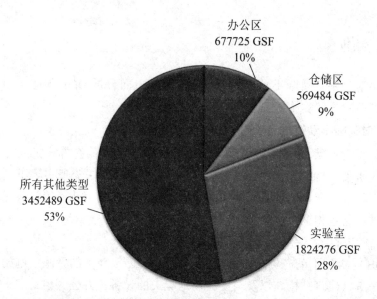

图 7-7　按设施类别划分的美国能源部过剩、未利用和未充分利用的不动产概况

能源部实际不动产中的绝大部分由能源部直接拥有（占 88%）。美国总务管理局（GSA）拥有或租赁的实际不动产约占能源部总资产的 5%；其余部分包括由 DOE 直接租赁，或特别批准其合同商租赁，用于支持和实现 DOE 的一个或多个任务，这部分实际不动产约占 7%。具体如图 7-8 所示。

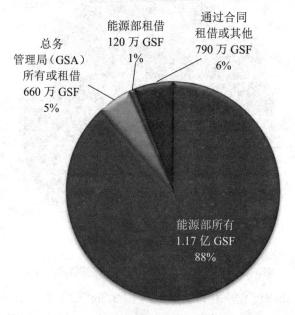

图 7-8　按所有权类别划分的美国能源部不动产设施概况

DOE 拥有的土地约有 $1.13 \times 10^6 \ hm^2$，其中包括 DOE 自有的土地，以及 DOE 征用的土地和收回的土地，如图 7-9 所示。不再需要的撤销土地通常归还给美国内政部。

图 7-9　按土地类别划分的美国能源部不动产面积概况

2）联邦政府与 DOE 的法令与规章

美国能源部对实际不动产的规划和管理所遵循的联邦法规如表 7-10 所示。

表 7-10　能源部对实际不动产规划与管理所遵循的联邦法规

序　号	法 规 名 称	法 规 概 况
1	第 13327 号行政命令，《联邦实际不动产管理》（Federal Real Property Asset Management）	建立要求来改善联邦实际不动产的管理；促进对实际不动产有效和经济的使用；确保实施针对联邦实际不动产管理改革的管理责任；通过设立高级实际不动产管理人员岗位，提高管理重视程度；确立清晰的目标；改善政策和问责水平
2	第 13653 号行政命令，《为美国应对气候变化的影响做准备》（Preparing the United States for the Impacts of Climate Change）	指导联邦政府各局采取一系列步骤，增强美国公众对极端天气的适应能力，并为气候变化的其他影响做好准备
3	第 13693 号行政命令，《未来十年的联邦可持续性规划》（Planning for Federal Sustainability in the Next Decade）	制定了减少温室气体排放的要求；为建筑能源使用、部门用水、机动车辆和车队效率以及建筑性能设定可持续发展目标；指导促进可持续采办和采购的行动，推进废物预防和污染预防，并实施联邦建筑的绩效合同
4	《1949 年联邦资产和行政服务法案》（Federal Property and Administrative Services Act of 1949）	规定了联邦政府对以下方面的要求：采购并提供资产和非私人服务；使用可用的资产；处置多余的资产；记录管理

续表

序　号	法 规 名 称	法 规 概 况
5	《2005 年能源政策法案》（Energy Policy Act of 2005）	为联邦设施和车队制订能源管理目标，同时修订《国家能源节约政策法案》（NECPA）的部分内容。在以下方面制定联邦能源管理要求：计量和报告、节能产品采购、节能性能协议（ESPC）、建筑性能标准、可再生能源要求和替代燃料使用
6	《2007 年能源独立与安全法案》（Energy Independence and Security Act of 2007）	在修订 NECPA 部分内容的同时，确立能源管理目标和要求。在以下领域制定联邦能源管理要求：联邦建筑节能目标、设施管理/基准、新建筑和重大翻新的性能和标准、高性能建筑、节能性能协议、计量、节能产品采购、OMB 报告、减少石油/增加替代燃料的使用
7	《联邦规章典》（Code of Federal Regulations）	制定针对不动产管理的联邦要求，如第 10 卷，第 770 部分，《国防核设施中的实际不动产转让用于经济发展，以处置国防核设施中的实际不动产》；第 41 卷，第 102 章，《实际资产采办、设施管理、古迹保护、实际资产存储和处置中的公共合同和资产管理》；第 48 卷，第 570 部分，《取得不动产的租赁权益以建立实际不动产的租赁权益》；第 23 卷，第 650 部分，《用于检查公共通道车辆桥梁相关的桥梁、结构和水力学》；第 49 卷，第 213 部分，《铁路桥梁检查的轨道安全标准》
8	《总统备忘录，处置不需要的联邦房地产》（Presidential Memorandum, Disposing of Unneeded Federal Real Estate）	增加销售收入、削减运营成本、提高能源效率——指导行政部门和机构加快努力，以识别和消除多余的房地产。管理程序备忘录，如"冻结足迹"和"减少足迹"以提供实施指导
9	《2015—2020 年全国有效利用实际不动产战略》（National Strategy for the Efficient Use of Real Property, 2015—2020）	建立明确的战略框架，指导联邦政府各局的实际不动产管理，提高有效利用实际不动产的效率，控制成本，减少对实际不动产的持有量
10	管理和预算办公室（OMB），第 A-11 号《OMB 通告》	预算和资本规划指南的编制、提交和执行，规划、预算编制和资本资产采购，为实际不动产预算的制定和执行等领域提供指导
11	联邦会计标准咨询委员会，《财产、厂房和设备的会计制度》（Accounting for Property, Plant and Equipment）	为项目、管理、行政和其他项目在财产、厂房和设备的生命周期中发生的成本，有关成本信息的决策，以及确认成本的可接受方法制定会计要求

序 号	法 规 名 称	法 规 概 况
12	《高性能可持续建筑的指导原则》（Guiding Principles for High Performance Sustainable Buildings）	为综合设计、节能、节水、室内环境质量和材料提供一套共同的可持续指导原则，以降低设施的总拥有成本；提高能源效率和节约用水；提供安全、健康、高效的建筑环境；促进可持续的环境管理
13	《联邦建筑人员培训法案》（Federal Buildings Personnel Training Act）	确定联邦人员执行建筑运营和维护、能源管理、安全和设计职能所需的核心能力，以符合联邦法律的要求，包括与可持续性、水效率、电气安全以及建筑性能措施相关的能力；确定课程、认证、学位、执照或注册，并进行培训，以证明相应人员类别的每种核心能力；要求每个类别的员工在一年内认证每个类别的核心能力；指导 DOE 部长每年制定一份有关设施管理和高性能建筑运行的推荐课程

能源部财产资产的规划和管理要求遵守法律、法规、部门管理指令和其他联邦要求。虽然这些需求仅提供了一个治理框架，但是，DOE 通过一系列政策和命令中的指令来满足这些需求，以建立跨项目和实验区一致的实际不动产过程和决策。这些政策和命令定义了角色和职责，并建立了实际不动产规划和管理的报告要求。表 7-11 中列出了 DOE 对实际不动产管理指令的一般规定。

表 7-11 能源部对实际不动产规划与管理所制定的管理命令

序 号	命 令 名 称	命 令 概 况
1	第 430.1B 号 DOE 命令，《实际不动产管理》	通过将规划、预算和评估与项目任务预测和绩效结果相联系，建立 DOE 实际不动产资产管理的生命周期方法
2	第 413.3B 号 DOE 命令，《相关的资本资产收购指南、计划和项目管理》	将责任分配给联邦计划和项目的管理者，以确保资本资产项目管理的完整性，并遵守适用的法律。关键部分包括：采购管理的决策框架，各级管理人员的角色和职责以及在每个项目阶段对项目文档、项目审查和报告的需求
3	第 436.1 号 DOE 命令，《可持续性》	规定了管理可持续性的要求，以确保 DOE 以可持续的方式执行其使命，应对国家能源安全和全球环境挑战，并为未来推进可持续、高效和可靠的能源的使用；将可持续性和温室气体减排纳入 DOE 所有企业管理决策；确保 DOE 实现可持续发展目标
4	第 433.1B 号 DOE 命令，《能源部核设施维修管理程序》	建立了要求所有核维护管理计划包含一个 DOE 许可的维护实施计划，确保核设施安全操作区域内工人、公众和环境免受辐射暴露的风险
5	第 458.1 号 DOE 命令，《公众和环境的辐射保护》	建立要求，以保护公众和环境免受与 DOE 核辐射活动相关的辐射风险。提供定义明确和文件化的标准，以便 DOE 对可能含有残留放射性物质的实际不动产和私人不动产进行排放和清除，并确定将资产控制和清除需要纳入管理系统

续表

序　号	命令名称	命令概况
6	第 141.1 号 DOE 政策，《文化资源管理》	通过要求 DOE 在其控制和管辖下识别、评估和管理文化资源，为文化资源管理融入任务和活动提供指导

3）实际不动产的全寿命周期管理

DOE 开发并实施了一套全面、综合、基于性能的实际不动产全寿命周期资产管理方法，将实际不动产的规划、计划、预算编制和评估与项目任务预测和绩效结果联系起来。实际不动产的采办、维持、资本重组和处置是平衡的，以确保实际不动产资产处于合适的状态，并可用于完成 DOE 的任务。在 DOE 的第 430.1B 号和第 413.3B 号命令中更详细地讨论了全寿命周期设施管理的细节。

有效实际不动产管理的关键是扩展规划过程，将资产纳入设施生命周期的所有阶段。生命周期设施管理过程的主要组成部分包括规划和经费预算、采购、维持与支持、设备配置，如图 7-10 所示。

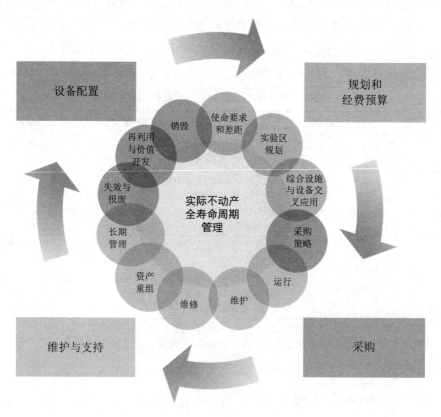

图 7-10　美国能源部国家实验室对实际不动产的全寿命周期管理

（1）规划和经费预算——DOE 对实际不动产的管理包括从 DOE 战略计划开始的全面和综合规划。DOE 的实际不动产管理规划、计划和预算确保当前和未来的任务需求以高成本效益的方式得到满足。计划依赖于明确的任务要求和任务需求说明、可靠的数据和有效的沟通。对使命需要和相关要求进行备选方案分析，以确保执行高成本效益的解决方案。

（2）采购——DOE 通过使用多种可用的采购方法中的一种或几种来完成对有文件规定的实际不动产需求的获取。不管选择何种采购方法，DOE 都会评估备选方案，进行效益—成本分析，并评估包括处置在内的生命周期成本。

（3）维护与支持——DOE 通过对实际不动产的维护促进运营安全、工人健康、环境保护和符合使命要求、财产保护和成本效益管理。维护包括保养和维修活动，以维持 DOE 所有的实际不动产正常运作，包括定期保养和预期的主要维修或更换零件。DOE 每年用于维护的目标经费量，是 DOE 所拥有的实际不动产等价估值的 2% ～ 4%。为了维持 0.95 的资产状况指数并减少维护延迟，还需要做出额外的投资决策。2016 年，财政年度预算编制的部长指导要求所有项目的基础设施维护预算的水平至少要避免在目标提交水平内增加延期维护的积压。

（4）设备配置——对资产配置的考虑通常先于对实际不动产的采购和维持决策。对实际不动产的配置规划在生命周期的早期就被考虑了，当某个项目不再需要实际不动产时，会考虑得更详细。实际不动产的配置是通过重复利用和经济发展或处置来实现的。与准备配置实际不动产有关的其他活动包括稳定、失活、退役和去污。DOE 的实际不动产中包括大量老化的过剩设施，其中一些非常复杂，污染严重。这些设施的安全处置需要高度稳定处理（清除核材料、废燃料、废物以及机密文件和设备）、失活和退役（对尚处于活动状态系统的关闭和移除），以及拆迁。

2. 对私人不动产的管理

对私人不动产的有效取得、使用和处置对能源部任务的执行至关重要。能源部的私人不动产管理包括政策、标准、程序、惯例和程序的制定、实施和管理，以获取、接收、储存、发放、使用、维护和处置。

1）DOE 的私人不动产概况

《联邦法规》将私人不动产定义为所有未归类为实际不动产的设备、材料和供应品（CFR，第 41 卷，第 102-36.40 章）、联邦政府记录、特殊核材料和原了武器，如《1954 年原子能法案》第 11 部分、《2014 年美国法典》第 42 卷的定义。DOE 私人不动产的责任是指政府资产在指定的资产管理系统中进行管理、控制和维护，从建立到最终处置或从 DOE 的库存中释放的记录。DOE 备存若干等级或类别的私人不动产，可能会威胁到雇员职业安全及健康。这些类别的 DOE 私人不动产由适用的联邦法令或法规，或特定的部门政策和命令管辖。

（1）危险资产——包括边角余料和废弃物在内的资产，通常具有可燃、易爆、腐蚀性、化学反应性或有毒等特性，由于其数量、浓度，或物理、化学、传染性等特征，被认为是一种有害物质、化学物质或混合物，或者由《危险品运输法案》《资源保护和恢复法案》《有毒物质控制法案》定义的危险废弃物。

（2）高风险私人不动产——由于对公共健康和安全、环境、国家安全利益或核扩散问题具有潜在影响，必须以非常规方式控制和处置的财产。

（3）军需品清单资产——由 CFR 第 22 卷第 121 部分《美国军需物品清单》定义的资产。

（4）核供应商军民两用清单资产——《国际原子能机构信息通告》第 254 卷第 2 部分所定义的核材料、设备和相关技术。

（5）核供应商群体触发清单资产——《国际原子能机构信息通告》第 254 卷第 1 部分所定义的核材料、设备和相关技术。

（6）具有放射性的资产——任何具有放射性或放射性污染的物品或材料，经适当的仪器测量，其释放的电离辐射超过背景辐射。

（7）敏感资产——不考虑其价值但需要特殊地控制和问责的资产，出于其异常的损失率和盗窃问题，或误用可能造成的巨大影响，或国家安全和出口控制的考虑。

2）联邦政府与 DOE 的要求和指导文件

DOE 的私人不动产管理主要依据以下要求和指导文件，具体如表 7-12 所示，这些文件之间的关系如图 7-11 所示。表 7-12 中的要求对管理联邦私人不动产至关重要，并被纳入了 DOE 的第 580.1A 号命令《私人不动产管理计划》和相关指南中（见图 7-11）。

表 7-12　能源部对私人不动产规划与管理所遵循的联邦要求

序　号	要求名称	要求概况
1	《1992/2005 年能源政策法案》（Energy Policy Act of 1992/2005）	要求在大都市统计区域内运营 20 辆或 20 辆以上的联邦车队必须购买至少 75% 的轻型车辆作为替代燃料车辆

续表

序 号	要 求 名 称	要 求 概 况
2	《2007 年能源自主与安全法案》（Energy Independence and Security Act of 2007）	将联邦机构的重点放在购买轻型和中型载客车辆的低温室气体排放上。还要求到 2015 年将车队的石油消耗量在 2005 年的基础上减少 20%，并每年将替代燃料的使用量增加 10%
3	第 13149 号行政命令，《通过联邦车队和运输效率来支持政府绿化工作》（Greening of the Government Through Federal Fleet and Transportation Efficiency）	实施《1992 年能源政策法案》，设定了降低石油消耗的目标，并要求各机构提高对乘用车和轻型卡车的 EPA（环境保护局）平均燃油经济性评级
4	第 13693 号行政命令，《未来十年的联邦可持续性规划》（Planning for Federal Sustainability in the Next Decade）	制定了减少温室气体排放的要求；为建筑能源使用、机构用水、机动车辆和车队效率以及建筑性能设定可持续发展目标；指导促进可持续采办和采购的行动，推进废物预防和污染预防，并实施联邦建筑的性能协议
5	《联邦规章典》（Code of Federal Regulations）	第 41 卷第 101 章规定了与资产管理有关的法规、政策、程序和授权；第 41 卷第 102 部分后续条例规定了有关资产管理和相关行政活动的最新政策；第 41 卷第 109 部分，《DOE 资产管理条例》通过制定私人不动产管理政策和计划目标，补充了联邦管理条例，规定了在整个 DOE 实施有效的私人不动产管理计划的权力和责任；第 10 卷第 600 部分为 DOE 接受捐赠与合作协议的授予和管理制定统一的财政援助政策和程序，其中包括联邦采购法规（Federal Acquisition Regulation，FAR）、主要文件和实施或补充 FAR 的部门采办法规
6	DOE 规章，CFR 第 48 卷第 945 部分	阐述了与政府资产相关的 DOE 特定采办政策，但不包括由管理和经营承包商管理的财产
7	DOE 规章，CFR 第 48 卷第 970 部分	提供了 DOE 的政策、程序、规定和条款，以实施和补充 FAR 和 DOE 采办法规的其他部分，实现对 DOE 管理和经营合同的授予和管理
8	《联邦采办规章》第 45 部分和第 52 部分	建立向承包商提供政府财产的政策和程序，承包商对政府资产的管理和使用，报告、重新分配和处理承包商库存
9	联邦会计标准咨询委员会	通过制定联邦财务会计准则声明来建立联邦财务会计准则。这些标准是对每类私人不动产会计处理的权威指导和定义

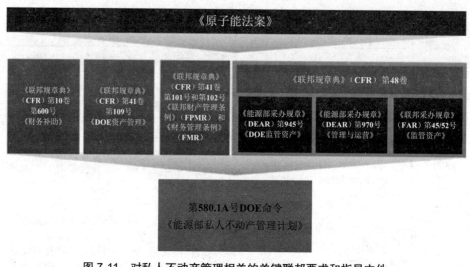

图 7-11　对私人不动产管理相关的关键联邦要求和指导文件

DOE 对私人不动产管理所依据的主要指令是第 580.1A 号 DOE 命令的第 1 章——《能源部私人不动产管理计划》。为确保符合公共法律和联邦法规，第 580.1A 号 DOE 命令确立了私人不动产管理和责任的内部政策、要求和职责。第 580.1A 号 DOE 命令的实施由第 580.1-1 号 DOE 指南——《能源部私人不动产管理指南：DOE 私人不动产管理计划的实施指南》作为支持。

对办公室和数据中心电子设备的管理，如计算机、显示器、服务器、手机和打印机等，对实现 DOE 的使命也至关重要，并受到各种法规、行政命令和指南的管制。这些电子产品是一类独特的私人不动产，因为它们有联邦的要求，适用于产品的整个生命周期——从购买、使用到最后的处置。

DOE 通过 OMB 可持续性和能源记分卡的年度报告，报告整个生命周期是否符合联邦要求。记分卡用于设定一个彩色的分数，该分数在 DOE 内部公开发布。DOE 通常被要求由外部政府部门依据积分卡进行评估，并支持 GAO 的电子化管理。

3）私人不动产的全寿命周期管理

由于 DOE 的私人不动产在地理位置上是分散的，因此，DOE 使用一种下放权力的模式实现对其私人不动产的全寿命周期管理，如图 7-12 所示。尽管对私人不动产使用分散的管理模式，但其全寿命周期同样包括规划和经费预算、采购、维护和支持以及设备配置。

（1）规划和经费预算——大多数私人不动产的规划和预算是在项目内和单独的实验区完成的。唯一的例外是机动车辆的规划和预算，这是在规划办公室和能源部总部进行的。能源部的计划规定了私人不动产执行各自任务的具体需要。

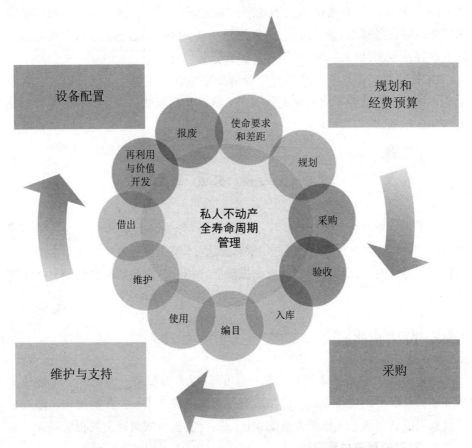

图 7-12　美国能源部国家实验室对私人不动产的全寿命周期管理

（2）采购——在确定私人不动产需求之后，将多余的资产作为第一个供应来源进行内部筛选。如果其不能通过内部来源获得，则按照 DOE 采办条例购买。DOE 接收、检查和验收私人不动产，并在资产信息管理系统中建立资产记录。这些系统可通过 DOE 的资产信息数据库系统（Property Information Database System，PIDS）支持对私人不动产的记录管理。

（3）维护和支持——在收到私人不动产后，根据资产的类型，要么被配发使用，要么被存储在一个记录系统中直到被配发。管理走查至少每两年进行一次，以确定闲置和过剩的私人不动产。DOE 建立专门程序负责确保资产得到有效利用。

（4）设备配置——DOE 对私人不动产的配置过程包括再利用、转移、捐赠、出售、废弃、销毁及其他处置方法。DOE 通过能源资产处置系统，筛选价值超过一万美元的弃用私人不动产，以便重新使用，从而最大限度地利用资产。DOE 的组织将弃用的私人不动产作为第一个供应来源，而不是通过新的采购来满足任务需求。贵金属、高风险资产以及涉密和敏感的资产需要根据适用的联邦法规和部门的命令和指导，在处置前进行审查。

DOE 在整个私人不动产管理生命周期中进行管理协助访问，以评估各类活动。这些访问培养了对系统流程弱点、缺口和漏洞的认识，并导致了针对缺陷的建议活动。

7.5　其他方面管理

除了人、财、物方面的管理，国家实验室作为具有最高水平的大型国家级科研平台，在其他方面也有很多独特之处。本节主要针对美国国家实验室运行管理中另外两个比较有特色的方面做简要介绍，分别是成果和奖励、技术转让与转化。

7.5.1　成果和奖励

由于美国的科研体系没有全国统一的科技管理部门，因此，其科技成果和奖励也呈现多元化特征。由联邦政府各级部门按需求设立各类奖项，通过在科技成果评估和科技奖励等方面的积极政策，实现对成果转化的积极引导。

1. 美国的科技成果评估

美国有着多元化的、健全的科技评估组织构架，立法、行政、高等院校和民间非营利科学组织从不同角度审视美国科技政策的影响和科学研究的绩效。

美国联邦政府的科技评估基本上可以划分为 3 个层次。

第一层次是白宫决策机构，包括科技政策办公室、国家科技委员会（National Science and Technology Council，NSTC）和总统科技顾问委员会（President's Council of Advisors on Science & Technology，PCAST），主要考察国家科技发展战略和科技政策实施的效果及存在的问题。

第二层次是负责实施国家科技发展战略、执行联邦科技政策以及管理国立科研机构（或资助科研机构科研活动）的部门。

第三层次则是科研机构自身的评估，各个国立科研机构或科学计划负责部门（负责人）按照《政府绩效与结果法案》的规定，每年向上级机构递交年度绩效报告。

在美国，国家科学院（National Academy of Science，NAS）、国家工程院（National Academy of Engineering，NAE）、医学研究院（Institute of Medicine，IOM）以及三者的常设机构——国家科学研究理事会（National Research Council，NRC）构成的三院一会体系（National Academy Complex），是美国科学技术评估体系极其重要的组成部分。NRC 往往只接受国会或联邦政府的委托，展开对重大科学研究项目的评估活动。国家科学研究理事会提供的科技评估报告对国会立法和联邦政府及其有关部门科技政策的制定起到了重要作用。

美国科技成果的评估程序如下。

❑ 技术专家和相关的风险分析专家组成一个综合评估小组。

❑ 每一个重要的评估项目都指定一个经验丰富的专人负责。

❑ 认真分析要评估的内容，明确可行性，选择主要的评估方法。

❑ 评估小组做出工作计划和调研提纲。

❑ 外部技术专家和风险分析家广泛接触，尽可能多地获得当前的信息。

❑ 起草、修改评估报告，提交国会，举行听证会，通过并发布。

2. 美国的科技奖励

美国的科技奖励主要分为国家科技奖励、部门科技奖励及特殊专项奖励。下面介绍的国家科学奖、国家技术奖、劳伦斯奖、费米奖、总统杰出青年学者奖、能源部科学办公室杰出科学家奖都是国家科技奖励；美国科学院奖、美国工程院奖、美国物理学会（APS）奖则是部门科技奖励；而诺贝尔奖、研发100 奖、联邦实验室联盟卓越技术转移奖则是特殊专项奖励。

（1）诺贝尔奖（Nobel Prize）。诺贝尔奖是一类特殊的国际范围的专项科学奖，以瑞典的著名化学家、硝化甘油炸药的发明人阿尔弗雷德·贝恩哈德·诺贝尔（Alfred Bernhard Nobel）的部分遗产作为基金在 1895 年创立。在世界范围内，诺贝尔奖通常被认为是所有颁奖领域内最重要的奖项。诺贝尔奖最初分设物理（Physics）、化学（Chemistry）、生理学或医学（Physiology or Medicine）、文学（Literature）、和平（Peace）及经济学奖 6 个奖项，于 1901 年首次颁发。在前面的表 2-3 中，列出了 118 位与 DOE 国家实验室有关的诺贝尔奖得主名单。

（2）研发 100 奖（R&D 100 Award）。研发 100 奖是工业界、政府和学术界广泛认可的年度最具创新想法的卓越标识，是唯一一个奖励科学成果实际应用的全行业范围的竞争性奖励。该奖由《研究与发展》杂志于 1963 年创设，被国际科技领域誉为科技界的"创新奥斯卡奖"，旨在表彰在全球范围内开发并于前一年投放市场的最有前途的新产品、新工艺、新材料或新软件。该奖项基于每个成就的技术意义、独特性和与竞争项目、技术相比的有用性。顾名思义，研发 100 奖每年对 100 项卓越科研成果给予奖励。

（3）联邦实验室联盟卓越技术转移奖（Federal Laboratory Consortium Excellence in Technology Transfer Award）。该奖由联邦实验室联盟（Federal Laboratory Consortium，FLC）于 1984 年开始设立，旨在表彰每年联邦实验室及其行业合作伙伴在技术转让方面取得的杰出成就，是美国乃至全世界在技术转让（Technology Transfer，T2）方面最负盛名的奖项，所覆盖的领域包括：能源效率，能源资源，环保技术，运输，制造，化学处理，生物技术，陶瓷，金属、合金和金属间化合物，聚合物，半导体，超导体，测量和分析，等等。该奖通过促进 DOE 研究投资成果向市场的转化，从而产生巨大的红利，包括新的智力资本、重大的技术创新、医疗和健康进步、增强的经济竞争力以及改善美国人民的生活质量。

（4）国家科学奖（National Medal of Science）。该奖是美国最高的科学荣誉，由美国总统授予取得杰出成就的科学家。它于 1959 年由美国国会正式设立，每年奖励一次。奖励范围包括物理学、化学、生物学、数学、工程学等领域。1980 年美国国会决定扩大国家科学奖的授奖范围，使之包括社会科学和行为科学两个领域。奖励对象在政治身份上有严格限制，必须是美国公民或在 12 个月内已提出申请加入美国国籍的具有永久居留权的人士。美国国家科学基金会负责组织国家科学奖评估的日常工作。

（5）国家技术奖（National Medal of Technology）。该奖于 1980 年由美国国会作为《史蒂文森—怀德勒技术创新法案》通过，由美国总统授予在促进就业、提高美国企业在全球竞争力方面取得卓越成就的工程技术人员或企业。它于 1985 年开始评选，每年评审一次。奖励范围包括产品与工艺发明、技术转让、先进制造技术、技术管理、人力资源开发、环保技术等领域。奖励对象是个人或企业。被提名人必须是美国公民，可以是个人或不超过 4 人的团队；被提名企业可以是营利性的或非营利性的，但企业必须由美国占有超过 50% 的股份或财产。美国联邦商务部负责国家技术奖评估的日常工作。

（6）劳伦斯奖（Ernest Orlando Lawrence Award）。劳伦斯奖设立于 1959

年，以纪念一位帮助美国物理学提升到世界领先地位的科学家——欧内斯特•奥兰多•劳伦斯（Ernest Orlando Lawrence），其目的是表彰在支持能源部及其促进美国国家、经济和能源安全使命方面做出杰出贡献的职业中期科学家和工程师。该奖分为 9 个类别：原子科学、分子科学和化学科学；生物和环境科学；计算机、信息和知识科学；凝聚态物质和材料科学；能源科学与创新；核聚变和等离子体科学；高能物理；国家安全和防止核扩散；核物理。该奖由能源部科学局管理。

（7）费米奖（Enrico Fermi Award）。费米奖是一种总统奖，是由美国联邦政府授予的历史最悠久、最具权威性的科技奖之一。它奖励在发展、使用与生产能源长期研究方面取得杰出成就并享有很高国际声誉的科学家。授奖领域广泛，包括在核能、原子、分子与粒子的相互作用与影响方面的科技成就。费米奖获奖人包括在能源科学与技术研究方面造福人类的科学家、工程师与科学政策制定者。获奖者须仍在世，并不限于美国公民。美国联邦能源部负责评审的日常工作。

（8）总统杰出青年学者奖（Presidential Early Career Award for Scientists and Engineers，PECASE）。该奖于 1996 年 2 月由当时的美国总统克林顿设立，是美国政府对青年学者在开拓自己独立研究生涯方面的最高荣誉，每年评选一次，并且获奖者终身只能获得一次。美国国家科学技术委员会负责协调相关部门实施该奖的评审。

（9）能源部科学办公室杰出科学家奖（The Office of Science Distinguished Scientists Fellow）。该奖是一个表彰美国能源部国家实验室的工作人员所取得的成就、领导能力、服务和对美国能源部科学局及其组成部分的影响的奖项。依据《美国竞争法案》（America Competes Act），由 DOE 能源局提名，平均每 3 年授予不超过 4 位获得杰出成就的 DOE 国家实验室的科学家，并以项目形式提供 100 万美元的资助。每位 DOE 实验室主任每次最多可推荐 2 位人选，覆盖领域包括科学局所辖的 6 个领域，分别是先进的科学计算研究、基本能源研究、生物和环境研究、聚变能科学、高能物理和核物理。该奖采取同行评议的形式选出。

（10）美国科学院奖。美国科学院设有海洋学、生物与医学、航天工程、海洋设计与工程、应用数学、化学、神经科学、分子生物学、微生物学、生态学、生物物理学、天文学及美国科学院公共福利奖等 10 多项。这些奖均由不同的机构、公司或个人捐资设立，成立的时间不同，管理、评审机构各异，受理的学科不同，评选周期、奖金数额也无统一规定，但其宗旨只有一个，那就是表彰获奖者在不同学科取得的卓越成就和对社会所做的杰出贡献。

（11）美国工程院奖。美国工程院共设梵德奖（Founders Award）、阿瑟·布科奖（Arthur M. Bueche Award）和查尔斯·德雷珀奖（Charles Stark Draper Prize）3 项奖，是工程人员所能获得的最高荣誉职业奖。其中的德雷珀奖得到了德雷珀实验室的赞助，成为世界上奖金最高的大奖之一。

（12）美国物理学会奖。美国物理学会有各类奖近 50 项。这些奖几乎覆盖了物理学的每个专业。它们大都由公司、企业、国家实验室、新闻杂志社及个人捐资设立。不同的专业领域组成各自的专家评审会。

7.5.2 技术转让与转化

美国国家实验室非常注重技术转移与成果转化，并将其作为国家实验室服务于美国国防建设和国家发展的主要手段。通过一系列全方位举措，实现了各类科研成果从国家实验室到具体应用的最优最快路径。

在美国有专门的政府机构负责科技成果管理，主要是商务部及其下属的科技管理机构。商务部本身有一个强大的科技工作班子，由部长、常务副部长、负责技术的部长、负责海洋大气事务的副部长、负责通信与信息事务的助理部长、负责专利和商标事务的助理部长以及国家标准技术研究院院长组成。而且，商务部下属的各个部门，如美国专利商标局（United States Patent and Trademark Office，USPTO）、国家标准与技术研究院（NIST）、国家技术信息服务局（National Technical Information Service，NTIS）以及国家远程通信与信息管理局（National Telecommunications and Information Administration，NTIA）都在促进产业技术创新和成果产业化过程中扮演极为重要的角色。

美国政府还专门组织成立了联邦实验室联盟（Federal Laboratory Consortium，FLC）作为支持实验室发展决策和成果转化的主要平台，并建立了一套完备的技术转移（Technology Transfer，T2）程序作为支撑，如图 7-13 所示。

FLC 是以美国国内联邦实验室构成的网络，其目的是提供发展战略和机会的交流平台，以辅助将实验室任务的技术转化为商业产品，供应全球市场。FLC 组织成立于 1974 年，后来由 1986 年的《联邦技术转让法案》正式许可，其正式挂靠的官方部门是 NIST。当前 FLC 的成员中包括 300 余家联邦实验室和研究中心，以及它们的上级机构和政府管理部门。根据《联邦技术转让法案》和相关的联邦政策，FLC 的任务是推动和促进联邦实验室研究成果的快速转移，并使技术进入美国经济发展的主流。特别地，FLC 对技术转移方法进行开发和测试，解决程序中的障碍，提供训练，重点针对基层技术转化工作，并强调国家级的创新，其中，技术转移扮演重要角色。针对公共和私营企业，FLC 为所有实验室提供了政府所拥有技术的潜在开发者和用户。FLC 在快速完成将研究与开发的资源集成为商业产品的过程中，寻求联邦政府部门、实验室和它们合作者的额外价值。FLC 的目标是通过提供成功技术转移的环境，主动推进联邦政府支持的研究与开发成果的完全应用和利用，从而从社会经济学方面提升美国在全世界的综合实力。

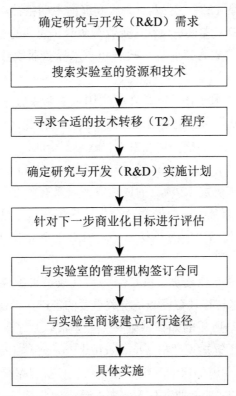

图 7-13　美国国家实验室技术转移的基本过程

1. 联邦实验室联盟的重要举措

　　FLC 由一个专门的执行董事会管理。在该董事会中，有 4 个席位由国家选举产生，以构成良好的制衡关系。该董事会主体构成包括：主要管理联邦政府部门代表。6 个地区合作部门、高占比部门代表以及 8 个永久性委员会的主席。这 8 个永久性委员会包括：奖励委员会、通信委员会、教育培训委员会、实验室与商务系统委员会、法务委员会、规划与政策委员会、项目委员会、州和地方政府委员会，这些委员会由执行董事会指定。此外，FLC 董事会还决定其组织管理政策与发展方向，并设立每年的年度预算。

FLC 执行董事会由国家咨询委员会（National Advisory Council，NAC）提供咨询，NAC 包含了组成 FLC 各个委员会的内部和外部关注者的代表们，他们分别来自工业界、学术界、州和地方政府以及各国家实验室。FLC 的其他组织成员还包括两大类，即联邦政府各局代表（Federal Agency Representatives，ARs）和实验室代表（Laboratory Representatives，LRs）。ARs 和 LRs 构成了他们所在的政府部门和实验室与 FLC 之间联系的纽带。

这些岗位上从事 T2 的专业人员具有高度的主动精神，他们既是各自领域的专家，也是提高国家实验室与私营企业有效合作能力的主要推手。通过他们的主动努力，FLC 已成为工业界、政府和学术界获取联邦资源和帮助促进美国经济发展的重要门户。

（1）推动联邦技术转让。FLC 在促进国家实验室技术转让的经济和社会价值方面发挥了重要作用。提高对联邦技术转让过程及其对美国经济和社会的重大利益的认识是 FLC 的核心优先事项，这与部委间优先目标（Cross-Agency Priority，CAP）的"实验室到市场"倡议完全一致。FLC 每年通过新发布平台，表彰联邦实验室研发 T2 项目的成功案例，其有效推动手段还包括：设立新的 FLC 国家奖的新类型，以及在公众生活虚拟环境中创建 LabTech 来展示联邦开发的商业化技术。所有一切表明，FLC 对其推广 T2 的方法没有任何限制。

（2）技术转让的专业培训。FLC 努力将其成员培养成技术转让方面有影响力的领导者。技术转移教育资源是至关重要的资产，旨在帮助创新者获得加速实验室到市场活动所需的知识基础和专业发展。从了解在谈判许可证时采用的适当机制，到了解知识产权（Intellectual Property，IP）授权的基本知识，T2 的专业人员需要知道如何为其组织和合作伙伴提供最佳的 T2 步骤和过程。40 多年来，FLC 为 T2 的专业人员、研究人员、创新者和企业家提供了教育和培训（Education and Training，E&T）资源，以产生成功的商业化成果。每年，FLC 的 E&T 委员会都会专注于提供全方位的课程，为成员提供多种方式，让他们在增长 T2 基础知识的同时，充分利用 T2 的发展趋势。

（3）支持技术转让的活动。FLC 通过创建各种支撑工具和服务，促进国家实验室的 T2 目标和任务。FLC 的核心任务是促进国家实验室的 T2 目标，努力帮助其成员与工业建立有意义的联系，并为实验室提供一个便捷的途径，加速使它们的技术进入市场。FLC 致力于创建动态 T2 工具和服务，为其成员及其合作伙伴的商业化成功做好准备。从 FLC 业务和技术核心领域（Technology Focus Area，TFA）计划等工具和服务，到区域、州和地方政府的活动，为实验室和渴望创新的人可以一起工作创造了大量的机会。多年来，FLC 业务经历了多次更新，这对实验室和数据库用户都有利。TFA 计划将自主系统作为一个新的主题，并开始在新的项目经理的领导下转移其重点。在 FLC 每年组织的全国会议上，将"工业日（Industry Day）"作为一种重要手段，为与会者开辟了新的创新可能性。每年的区域努力和合作伙伴关系支持了 FLC 向工业界扩展的总体目标。

2. 联邦实验室联盟的重要活动

除了体制机制方面的重要举措，FLC 还通过一系列重要活动支持美国国家实验室及相关组织的技术转让与转化，包括大量为增强其工具、服务和程序提供的努力，以在国家实验室和潜在的行业合作伙伴之间提供有意义的联系。

（1）信息化服务——FLC 商务 3.0 平台。FLC 商务平台是 FLC 为了支持技术转化而创建的信息化平台。2018 年，FLC 发布了该平台的新版本，即 FLC 商务 3.0（FLC Business 3.0），这是 FLC 商务搜索（FLC Business Search）平台的升级版。2018 年，FLC 对 FLC 商务平台在多方面进行了升级，其中包括一个对国家实验室的技术和资源具有强大搜索功能的支撑数据库。通过与 FLC 商务 3.0 的组合应用，实现了对一站式搜索平台进行的第三轮重大更新。FLC 商务平台的升级能够使来自各个方面的用户受益：来自国家实验室的用户通过将数据上传到数据库中使其成果获得更好的宣传，而寻求更高级搜索体验的普通用户则可更快地找到所需的技术支持。

FLC 商务 3.0 平台更新的内容包括以下方面。

❏ 重新定义搜索类别。

❏ 可过滤的搜索结果页面。

❏ 对新的高级过滤器类别进行精细搜索。

❏ 每个页面上的技术定位聊天服务。

❏ 保存搜索功能。

❏ 提升实验室简介页面编辑能力。

❏ 将成功故事和奖项与实验室简介结合起来。

❏ 打印和共享功能。

这些更新受到了 FLC 实验室和经常访问该平台的机构代表的好评。FLC

继续每天增强 FLC 商务平台，包括导入实验室资源数据和改进搜索功能。为 FLC 商务平台添加新功能的工作，如添加许可意向通知，将于不久的将来逐步完成。在后续工作中，FLC 商务平台将提供工具提示，提供导航功能，帮助用户搜索数据库，浏览实验室简介，并能比以往更快地找到资源和实验室联系信息。

（2）技术核心领域创新。2018 年是 FLC 的 TFA 倡议实施的第三个年头。TFA 项目聚焦于满足公众需求的特定技术，并支持政府范围内的实验室到市场的目标，以及国家实验室的研究和 T2 任务。除了促进行业和国家实验室数据之间的联系，该计划还直接支持跨部门实验室到市场的优先目标。

在 2018 年年初，FLC 完成了 2017 年启动的 4 部分能源网络系列研讨会的第 2 部分。该研讨会的系列发布会为创新者提供了一个深入了解国家实验室对能源相关研究和开发的机会。第 1 部分包括可再生能源、化石燃料和核能。第 3 部分和第 4 部分与中西部能源研究联盟（Midwest Energy Research Consortium，M-WERC）合作，涵盖了能源传输和储存。参与的实验室包括爱达荷国家实验室、洛斯阿拉莫斯国家实验室、海军研究实验室和国家能源技术实验室等。

为了推进 TFA 计划的主动创新，FLC 建立了一个以自主系统（Autonomous System，AS）技术为重点的新主题。推进智能和自主系统技术的机会是巨大的。目前，几乎每个联邦机构的国家实验室都在利用它们的科学和技术专长来推动自动化能力的边界拓展。

FLC 的国家咨询委员会（NAC）对最初的 TFA 过程进行了全面审查。NAC 与 FLC 领导层一起为 TFA 计划制定了一项新战略，该战略将使国家实验室与"布里杰（Bridger）"组织（如区域的加速器和孵化器）之间建立更有效的联系。为了指导新的战略，FLC 任命了一位新的 TFA 项目经理来监督项目的目标和新的 AS 主题。修订后的项目将于未来分 3 个阶段推出，最终目标是推广联邦技术，促进实验室和感兴趣的工业团体之间的宝贵联系。

2018 年，FLC 为 TFA 的新目标奠定了以下基础。

❑ 为工业界提供一个简化的流程，以与国家实验室建立联系并获取可用的技术。

❑ 创建一个自主系统创新资产组合，允许更有效的技术探测。

❑ 支持 FLC 成员国家实验室的技术营销和 T2 整体工作。

通过充分利用 TFA 项目的潜力，国家实验室及其合作伙伴将能够更好地实现其商业化目标。

（3）工业日。工业日（Industry Day）是由 FLC 主办的、专门支持学术界创新成果向工业界转化应用的一年一度的节日。通常，工业日与美国创新年度会议同期举办。FLC 通过工业日活动，为与会者提供了与专家演讲者、国家实验室和机构专家、区域企业和渴望将技术推向市场的初创企业进行接触和建立网络的机会。研发专家参加了各种会议，讨论如何通过技术转让、合作伙伴关系和与国家实验室的协议来推进他们的业务和产品。工业日上的参展商包括经济发展组织、小型商业组织、学术机构、国家实验室和机构。以 2018 年工业日为例，具体的发言人和主题如下。

- ❑ 威斯福德（Wexford）科技公司创新与经济发展高级副总裁汤姆·欧沙（Tom Osha）发表的针对创新的主题演讲。
- ❑ 由本·富兰克林研究院科技商业化副院长托尼·格林（Tony Green）、德雷克塞尔大学（Drexel University）战略倡议学院副院长查克·萨科（Chuck Sacco）、大学城科学中心（University City Science Center）新项目主任彼得·梅利（Peter Melley）联合主持的孵化器和加速器研讨分会。
- ❑ 通过高级集成制造创新协会（Institute for Advanced Composite Manufacturing Innovation，IACMI）与来自工业界、学术界和国家实验室的专家小组促进产学研合作。
- ❑ 举办水技术研讨分会，介绍了水资源委员会（The Water Council，TWC），即 FLC 在水资源 TFA 计划倡议中的行业合作伙伴。

在 2018 年工业日和全国会议结束之际，美国商务部负责标准和技术事务的副部长、NIST 主管沃尔特·G. 科普博士（Dr. Walter G. Copan）发表了一篇备受期待的演讲。科普博士分享了他对通过投资回报率（Return-on-Investment，ROI）计划进行技术转移的未来设想，这是《总统管理议程》的关键部分。在会议期间，与会者就 FLC 如何在联邦研发投资回报最大化中发挥关键作用提供了意见。

（4）激发实验室到市场活动的区域工作。FLC 除应用平台工具、服务和TFA 计划外，还持续通过几个区域方面的工作促进国家实验室与工业界之间的联系与合作。通过旨在加强与 FLC 资源合作的新策略，FLC 正在努力促进渴望将技术引入市场的受信任实体之间的合作伙伴关系。其具体做法有如下几个方面。

❑ SSTI 和 FLC 美洲中部研究。这一类国家实验室的技术转移合作关系是由各州科学技术研究所（State Science and Technology Institute, SSTI）为 FLC 美洲中部区域建立的。SSTI 是一个经验丰富的非营利组织，它加强了通过科学、技术、创新和创业精神创造更美好未来的倡议。其工作的主要目的是确定促进技术转让的联邦 / 非联邦伙伴关系机会，但信息的结构将有利于任何有兴趣了解该区域促进技术转让机会的组织。SSTI 提供了各州有关政策的概况以及作为国家实验室未来伙伴关系考虑的战略目标的组织和倡议。

❑ 与 NIST MEP 全国网络合作。FLC 协助制造推广合作计划（Manufacturing Extension Partnership, MEP）和过程强化部署的迅速提升（Rapid Advancement in Process Intensification Deployment, RAPID）制造研究所寻求相关创新和许可，以帮助国家实验室研究与技术应用办公室（Offices of Research and Technology Applications, ORTAs）向制造商介绍解决方案，使化学加工更具能源和环境方面的效率。合作的目的是为实验室和企业的合作开辟新的商机。

❑ 参与 SBIR 发展路径。在整个 2018 年，FLC 的区域管理人员参加了支持美国小企业管理局（Small Business Administration, SBA）举办的小企业创新研究计划（Small Business Innovation Research, SBIR）发展路径。这次活动将在美国境内各地进行，帮助在先进技术领域工作的企业家与 SBA 的 SBIR/STTR 项目和早期融资机会建立联系。地方官员代表 FLC 发言，并展示了各种 FLC 工具、服务和资源，供创新者进一步研发和与联邦实验室合作。

❑ FLC 商务生活活动（FLC Business LIVE!）。由创新公司（Innovate Inc., 一家非营利组织，位于俄克拉荷马州的俄克拉荷马市）为技术开发人员提供关于利用联邦政府研发资金、资源和人才的培训，主要针对对象是美洲中部和西部偏远地区，该活动被称为 FLC 商务生活活动（FLC Business LIVE!）。2018 年联合年会期间，该活动利用创新公司的行业数据和 FLC 商业实验室资源数据，使工业界与国家实验室实现了实时匹配。这次会议促进了寻求技术专门知识的区域公司与实验室之间的有意义的联系。

3. 联邦实验室联盟的成就

根据《美国法典》第 15 卷第 3710（e）（6）的相关章节，FLC 对每个联邦机构本财年的内部研究和开发预算按规定的百分比收取资金。这些资金在每个财年开始时转移到国家标准与技术研究院（NIST），然后由 NIST 转移到 FLC 进行相关活动。虽然这些经费量不是很大，但是，这体现了 FLC 工作覆盖的广度，同时，FLC 收取经费的占比也非常少。事实上，FLC 通过其对 T2 的协调，在美国国家实验室的技术转移与转化中扮演了非常重要的角色。

在表 7-13 中，列出了 2017 和 2018 财年，FLC 的收入与支出明细；在表 7-14 中，列出了 2019 财年美国联邦政府各局对国家实验室联盟的经费支持。

表 7-13　国家实验室联盟的收入与支出明细

美元财年 / 年		2017	2018
收入		3 148 000	3 810 154
支出	合同支持	1 929 612	2 147 733
	NIST 委托监管	185 964	242 994
	委员会 / 运行费	839 736	1 096 737
总支出		2 955 312	3 487 464

表 7-14　联邦政府各局对国家实验室联盟的经费支持

联邦政府局	提供经费 / 美元
农业部	123 464
商务部	91 648
国防部	1 416 392
能源部	782 344
卫生与公共服务部	619 160
国土安全部	38 080
内政部	60 568
交通运输部	28 512
美国退伍军人事务部	59 032
环境保护局	20 408
航空航天局	356 744
国家科学基金会	16 480
总计	3 612 832

参考文献

[1] 孙凯歌. 对美国高校教师薪酬研究的分析 [J]. 当代职业教育，2017（1）：101-106.

[2] 刁大明. 国家的钱袋：美国国会与拨款政治 [M]. 上海：上海人民出版社，2012.

[3] 麦蒂亚·克莱默. 联邦预算：美国政府怎样花钱 [M]. 上海金融与法律研究院，译. 上海：生活·读书·新知三联书店，2013.

[4] 蒋玉宏，王俊明，徐鹏辉. 美国部分国家实验室大型科研基础设施运行管理模式及启示 [M]. 全球科技经济瞭望，2015，30（6）：16-20.

[5] 刘斌. 美国科技创新法律制度研究 [D]. 天津：天津大学，2008.

[6] 王晓飞，郑晓齐. 美国研究型大学国家实验室经费来源及构成 [J]. 中国高教研究，2012（12）：56-59.

[7] 雷东. 美国国家实验室的管理模式及其借鉴意义 [J]. 长沙民政职业技术学院学报，2009，16（1）：108-110.

[8] HELENE A, FRED F, RICHARD P, et al. Department of Energy Asset Management Plan - A Framework for Decision Making and Implementation[R]. Washington, DC: The U. S. Department Of Energy, 2015.

[9] JOHN D. Federal Laboratory Consortium for Technology Transfer, 2018 Annual Report to the President and Congress[R]. Cherry Hill: Total Technology, Inc., 2019.

[10] GINA K W, MARY E H, SUSANNAH V H, et al. Federal Laboratory - Business Commercialization Partnerships[J]. Science and Industry, 2012(337): 1297-1298.

[11] PABLO S, BARRY B. The "Gradient Effect" in Federal Laboratory-Industry Technology Transfer Partnerships [J]. The Policy Studies Journal, 2004, 32(2): 235-252.

很明显，没有针对联邦科技（S&T）实验室开展同行评议的单一、可接受的最佳途径。

——美国国家研究委员会《在 R&D 组织评估中的最佳实践》

第 8 章　美国国家实验室的考核与评估

在美国国家实验室系统的运行管理中，考核（Assessment）与评估（Evaluation 或 Reviewing）具有重大意义，并且影响到对国家实验室监管及其内部运行的方方面面。从纵向上看，从国家实验室的发起开始，就需要对其国家使命的支持开展系统的论证评估，实验室建立后，仍然需要通过定期和不定期的考核与评估，来约束和检查国家实验室是否围绕其使命发展运行并形成特有的能力，同时还决定着与实验室依托单位的选择。从横向上看，国家实验室在能力水平、运行情况、领导机构设置、项目和经费、设备设施等诸多方面，都要面临多方位复杂的考核与评估，通过"以评促建"，实现对国家实验室的引导和激励。

8.1　分类和特点

美国国家实验室相关的考核与评估，大体可分为三大类：第一类是以绩效评估为代表的通用型评估；第二类是新实验室设立评估，这类评估应用近年来相对较少；第三类是以实验室科技发展、综合能力等方面内容为主的针对国家实验室的专项运行评估。其中，第三类评估是国家实验室考核与评估的重点，也是国家实验室考核与评估的核心与精髓所在。

8.1.1　绩效评估

美国政府的绩效管理侧重于对项目实行系统的评估，并将绩效评估与项目预算紧密结合，改进了预算管理。最为突出的是，美国对绩效管理进行了立法，即《1993 政府绩效与结果法案》（Government Performance and Results Act of 1993，GPRA），这是美国与其他发达国家比较最为突出的经验之一。美国政府在预算管理中更加强调 3 个动机：一是提高效率；二是质量管理；三是目标管理。

1. 绩效评估的特点

美国国家实验室绩效评估的特点主要包括两个方面。

1）分步实施

GPRA 不同于其他预算管理文件的突出之处在于绩效法案是一部法典，而其他的规定都是以总统直接授权的形式实施的，并不是法典。绩效法案不仅要对总统负责，而且要对议会负责。总统授权只在总统任期内有效，而法典始终有效。

GPRA 颁布后，并没有强制要求政府的各个部门立即实施，而是采取了先试点再逐步推开的办法。这是 GPRA 得以成功实施的关键。

2）积极出台配套措施

随着 GPRA 的出台，其他配套的政府改革措施也必须相应出台，其中最重要的就是《联邦绩效检查》（National Performance Review），被作为检查 GPRA 执行结果的有效措施。通过绩效检查，检查政府的工作是否有所改进。这项工作由副总统主管。绩效检查包含《绩效法案》的目标是否实现。其主要内容包括以下几个方面。

（1）服务标准。联邦部门和机构已经创立近 2000 个社会公众标准。社会公众服务标准的创立，表明联邦政府旨在提高政府公共服务的水平，向公共产品的接受者和受益人提供更好的服务和产品。在过去的十几年里，政府一直通过社会公众服务标准促进质量管理。当然，并不是所有的社会公众标准都是可行的。社会公众服务标准是绩效计划、绩效报告中有关绩效目标的灵魂。

（2）绩效协议。绩效协议是指在总统与部长（或部门、机构的最高长官）之间签订的关于承诺完成绩效目标与结果的协议。签订绩效协议的做法在其他国家也广泛实行，但各具特点。总统的绩效协议是最高级别的协议，既不包括部长与司（局）长间签订的协议，也不适用于对个体绩效的奖惩。按照总统绩效协议的要求及内容，在部门长官与下一级的官员间以及接下来的管理层次间都要签订协议。一个部门大约要签订 10 个级别的协议。绩效协议与个人的考评系统和激励机制紧密相连，这使部门战略计划和年度绩效计划中的绩效目标更具有可实现性。

（3）绩效管理的"再发明实验室"。美国联邦政府机构已经建立了 200 多个"再发明实验室"。其目的是使政府管理的程序更顺畅、更便捷，并给管理者充分的弹性，减少或消除不必要的控制。实验室的创立没有政府的硬性规定，而是机构本身根据工作需要创立的。

（4）绩效合作伙伴。绩效合作伙伴是指联邦政府与州政府或地方政府通过谈判达成的绩效管理方面的协议，赋予州政府或地方政府在项目管理方面更多的弹性，并突出州政府和地方政府在绩效管理及其结果上的责任。除涉及社会安全、国防和退伍军人管理的项目外，联邦政府几乎不对公众提供直接的服务，公共服务更多来自于州政府和地方政府。而州政府和地方政府提供服务的成本，部分或全部要由联邦政府支付。绩效合作伙伴更加关注联邦资金的价值及其使用的效果。

2. 绩效评估的主要内容

根据 GPRA 的要求，所有联邦政府机构必须向总统预算和管理办公室（Office of Management and Budget，OMB）提交战略计划；所有联邦政府机构必须在每一个财政年度编制年度绩效计划，设立明确的绩效目标；OMB 在各部门年度绩效计划的基础上编制总体的年度绩效计划，它是总统预算的一部分，各部门的预算安排应与其绩效目标相对应，并且须提交给议会审议；联邦政府机构须向总统和议会提交年度绩效报告，对实际绩效结果与年度绩效目标进行比较，年度绩效报告必须在下一个财政年度的 6 个月内提交。同时，赋予项目管理者适当的管理权限，使项目管理者对项目的运行及实际绩效担负起更加明确、具体的责任。为检验上述各项要求的实际效果，GPRA 还确定了一些试点项目。通过试点项目，检测绩效措施是否有效，明确年度绩效计划和绩效报告的结构，解释、说明项目是否达到了预期的目标，检测项目管理者及其雇员是否具有适当的管理权限，并承担相应的责任。

（1）战略计划类评估。战略计划类的绩效评估主要包括国家实验室的申请设立和对其承担的科研项目系列（Program）的评估，类似于我国国家级重点实验室的申请设立评估和定期评估。

根据 GPRA 的规定，战略计划的内容包括：说明本部门的工作任务；描述总体的工作目标及如何实现目标；描述战略计划中总目标与年度绩效目标的关系；确认影响绩效总目标实现的主要外部因素；描述拟评价的项目，并制定评价的时间表。

战略计划最少在 5 年内有效，但每隔 3 年必须进行调整。战略计划是执行绩效法案各项规定的基础。战略计划要说明机构的目标，即机构及其项目存在的意义、项目所要完成的任务及其时间要求，说明机构长期的发展方向，以及机构管理者的近期行动，等等。

在制订战略计划之前，要对部门、机构项目的发展方向及其安排进行广泛的讨论，听取各方面的意见。部门、机构要向议会进行咨询，也可以向其他相关部门或团体征求意见，避免在项目执行过程中发生争执。同时，要给项目管理者创造稳定的工作环境，以使按绩效计划设计的年度特定的目标的达成可以有序地进行。

（2）年度计划类评估。年度计划类评估是每个国家实验室必须参与的工作，类似我国国家级重点实验室的年度考核。

根据 GPRA 的规定，年度绩效计划的内容包括以下 5 方面：①阐明绩效目标。每一个项目都可能有一个或多个绩效目标，用于测定实际成果的目标要具有可比性，包括对目标采用定量的标准、价值和比率。②确定绩效指标。绩效指标将被用于考核产出和结果。③描述测量绩效的方法。测量绩效的方法要科学。④说明为达到绩效目标拟采取的工作程序、技巧、技术、人力资源、信息和其他资源等。⑤确定赋予管理者的权限和责任。

在年度绩效计划中选择目标和指标时，应遵循下列原则：一是项目管理者要用目标和绩效指标来判断项目在达到预期目标方面做得怎样；二是在部门的负责人或利益相关者评论项目的完成情况时，要以系统的绩效评估结果为依据。年度绩效目标来自于战略计划的总目标，年度计划实现的目标是实现战略计划总目标的一部分。年度绩效计划的目标更多地关注产出，总目标更多地关注结果。

通过测量试点项目绩效的完成情况，检验机构编制年度绩效计划的能力。美国从 14 个主要部门选出 70 个试点项目。试点项目的范围非常广泛，涵盖政府功能的各个方面，大到涉及社会安全的项目，小到具体的社区服务项目。选取试点项目进行试点的目的是让机构积累绩效评估的经验。针对试点的结果，一是多数试点项目能够编制高质量的绩效计划。由于这些项目承载着政府的职能，因此，它们能说明政府建立好的绩效计划是可行的。联邦政府从试点项目中按照 25% 的比例选出 18 个项目作为今后的范例。二是许多试点项目也存在一些问题。大约 10% 的试点项目最后被取消了，原因在于绩效目标很难确定，项目和人员难以组织，以及机构外部变化，导致编制绩效计划和绩效报告所必需的绩效信息受到影响。三是很多试点项目的绩效计划所包括的一些绩效措施没有很好的可操作性。

1997 年，由于有些绩效计划没有可操作性，影响绩效评价的实施，因此，总统预算和管理办公室采取以下措施：一是对所有从事绩效测量的专职人员进行统一培训，使他们能够为部门、机构选择适当的、可行的绩效措施；二是促使各政府机构提供更多、更好的绩效信息；三是将前一年的预算程序作为下一年绩效评价的基础，要求各部门在绩效计划中描述绩效测量的详细情况，并附带前一年的预算报告；四是通知各部门及时收集绩效数据，为确定下一年的绩效目标做准备。

（3）年度绩效报告。根据 GPRA 的规定，年度绩效报告应包括以下几方面内容。

❑ 对实际取得的绩效成绩和年度绩效计划中的绩效指标进行比较。

❑ 如果没有达到绩效目标，要说明没有达到目标的原因，以及将来完成绩效目标的计划和时间表。如果某个绩效目标是不实际或不可行的，要说明改进或终止目标的计划。

❑ 对某个财政年度内已完成的项目评估的概述。

❑ 对为实现绩效目标，使用和评估关于豁免管理要求和控制的实施效果的说明。

一个完整的评价周期包括：计划、实施、测定和评估。一个项目的成败是影响下一轮绩效评价（包括绩效计划和战略计划）的重要因素。根据上年报告中的有关信息，调整下年计划，使它们更加符合实际，是绩效管理的重要环节。如果发现目标太高，将被调低；相反，如果那些实际可以完成却一直被低估的目标将被调高。

8.1.2　国家实验室设立评估

国家实验室是美国国家创新体系的重要组成部分。建设国家实验室的基本程序是：① 美国参议院和众议院制定并通过法律，授权能源部、国防部、卫生及公共服务部、国家航空航天局、农业部、国土安全部、商务部等行政机关，行使国家相关事务管制权。② 有关行政机关依据授权，在总统领导下制定本部门年度《授权法案》（Authorization Act），如《2016 财政年度国防授权法案》（National Defense Authorization Act for Fiscal Year 2016），提请国会审议；《授权法案》遵照相关法律法规，包含了对国家实验室进行拨款的计划和设立新的联邦资助研发机构的请求。③《授权法案》由美国国会的众议院和参议院分别审议、修改和表决，通过后，再由美国总统签署后生效并执行。具体如图 8-1 所示。

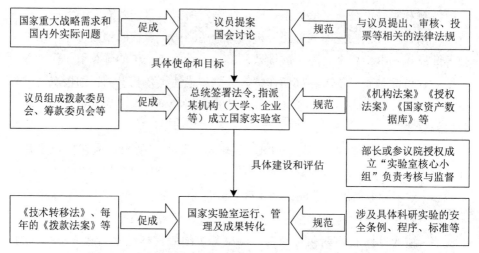

图 8-1　美国国家实验室设立评估的基本框架

大部分美国国家实验室成立时间较早，多年来一直承担国家战略层级的科研计划项目，是美国政府长期投资的战略科技力量。能源部和航空航天局资助的许多国家实验室甚至比资助机关成立时间还早。在建设程序上，国家实验室都经过了国会授权批准。

在法律层面上，国家实验室的成立、管理与撤销，需要遵循《美国法典》第 10 卷第 2304 节和第 2367 节。在政府政策层面上，白宫管理与预算办公室（OMB）下属的联邦采办政策办公室（OFPP）负责制定和提供专门针对国家实验室管理的政策指南，具体实施条例是《联邦采办条例》（FAR）第 35 部分第 017 节和《联邦采办条例国防部补充条例》第 235 部分第 017 节。

以美国国防部为例，国防部负责采办、技术和后勤的副部长办公室根据联邦法律法规，负责制定所属国家实验室的内部指导文件，对国防部各部门及三军所属的国家实验室的管理、监督和运行做出具体政策规定。

由于美国国家实验室是由政府财政拨款资助的科研机构，主要采用 GOGO 和 GOCO 的管理模式。就建设程序而言，GOGO 和 GOCO 的主要区别是后者需要进行公开招标并签署合同，再由大学、企业或非营利机构根据委托管理合同进行管理和运作。国际空间站国家实验室（ISS NL）就是美国新成立的一个采取 GOCO 管理模式的国家实验室。具体介绍见 3.5。

在新建国家实验室的过程中，联邦政府行政机关在总统领导下制定《授权法案》，需要获得政治上的合法性，也需要积极谋求公众支持。因此，在筹建新的国家实验室等重大事务过程中，通常要临时组建决策咨询性质的委员会，召开研讨会、论证会、听证会，寻求共识和共同行动方案。美国联邦政府的科技决策体系由科学技术政策办公室（主要负责制定科技政策和预算的白宫办事机构）、国家科学与技术理事会（由内阁成员组成的议事协调机构，主要负责商议联邦政府各行政机构的科技重大事务）和总统科学技术顾问委员会（由工业、教育和研究各界知名人士组成，负责向总统提供意见）构成。在国家实验室筹建与管理等事务中，国家科学与技术理事会（The National Science and Technology Council，NSTC）发挥了领导核心作用。NSTC 负责确立联邦科技事务的国家目标，统筹规划联邦行政机关间的研发战略。在国家实验室筹建等相关工作推进过程中，NSTC 负责组织筹划研讨会，撰写联邦各部门拟创建实验室的科研使命与任务，提出管理、运营的具体要求，等等。

8.1.3　国家实验室运行评估

如果说绩效评估是美国国立科研、发展与工程组织和部门的普适性评估，那么国家实验室运行评估则是针对美国国家实验室系统的专项性评估，也是体现美国国家实验室运行管理精髓的核心内容之一。

如何知晓一个国家实验室及其计划能否在其上级部门最为关注的领域获得卓越成就？该实验室是否拥有合适的研究人员、设施和设备？该实验室是否依据最高质量标准、高度一致性和时间线要求开展正确的工作？该实验室是否引导创造新的概念、产品或过程，以支持其上级部门在关注领域的工作？对上述问题的回答和解决需要依赖行之有效的实验室评估策略和方法。

美国国家实验室的评估通常由联邦政府各局委托美国国家科学—工程—医学综合研究院开展，或在其支持下实施。国家科学—工程—医学综合研究院为国家实验室及其上级部门的高层管理提供了评估的指导方针和具体的评估准则，这些准则具有普适性，不必考虑不同类型国家实验室之间在细节上的差异。国家科学—工程—医学综合研究院往往会提供足够的信息供设计评估时参考，但不必严格遵循来实施，因为不同的技术需要不同类型的国家实验室来研发。

3 个因素构成一个国家实验室成功的基础：一是国家实验室的使命及其与上级部门的一致性；二是国家实验室所开展工作的关联性和影响力；三是为该

实验室提供的资源，其基础是高水平的科研人员和管理。其他资源包括其经费预算、设施和主要设备。

对国家实验室使命的一致性，及其工作关联性和影响力的考虑，要求对实验室及其上级部门所具有的关联关系和它们的客户与股东一起进行评估。对客户和股东的定义是变化的。通常被看作客户的既可能在实验室内部也可能在实验室外部，向该实验室或其下级部门采购产品。股东通常被看作一个实体，能够干预该实验室的长期规划、使命、计划或资源。客户可能与股东不是一个部门，或客户是股东的一个下级部门。尽管这些定义是有争议的，但需要把握的要点是，有效的评估需要确定组织是否对其客户和股东群体实现清晰和有意义的辨识，并构建对它们的需求进行辨识和满足的途径。

对一个国家实验室进行评估的环境，首先与其上级部门的使命和长远规划有关。本质上国家实验室应确保其计划与其上级部门的使命和长远规划保持一致。此外，国家实验室可能制定其自身的使命和长远规划。这一点非常重要，特别是在讨论组织的使命时，这是共识。一个国家实验室的输出取决于授权其开展工作的类型。国家实验室开展的工作类型覆盖范围很广，有的实验室开展基础、长期的研究；有的开展应用研究；有的进行开发工作；还有的支持技术创新和应用，以引领新过程的产生和市场化。某些国家实验室所开展的工作包括上述所有方面。有效的评估需要根据被评估实验室所开展工作的类型设计其组织结构。

对 R&D 的检验可通过考虑 R&D 的 3 个阶段来实现：计划阶段、研究进行阶段以及对 R&D 活动的相关性和影响力的评估阶段。在计划阶段，在提出计划之前，国家实验室针对该计划建立其目标，选择支持实现这些目标的战略和战术，辨识所需要的人员，列出方法，并包含指标，以辅助对实施过程的评估。规划是在国家实验室使命的环境中完成和评估的。在对研究进行阶段性评估过程中，最为通用的评估内容包含对技术计划的回顾与评估，对研究团队、运行管理、设备设施等能力和水平的考察。有效的评估要将项目与上级部门的使命和规划进行比较。对相关性的评估可通过将国家实验室的规划计划与客户所陈述的需求进行比较来实现，客户的需求陈述形式包括工作的实质和其优先级。对项目的回顾性分析可在 R&D 活动完成阶段中不同的时间点上开展。在此过程中可重复使用很多相同的指标，这些指标对在 R&D 项目完成后的检验是有用的。

8.2 评估内容

绝大多数情况下，对美国国家实验室的评估都是以"世界水平（World-Class）"为标准的，但是，正如本书上篇所介绍的，绝大多数美国国家实验室都设置在战略必争领域，带有浓厚的军事、国防或国家安全相关的特征，从而导致难以找到在能力和组织结构等方面完全相同的同行或有竞争力的组织来进行比较。因此，以"世界水平"为核心的国家实验室评估内容有很多独特之处。

在 DoD 委托国家科学院、国家工程院和国家医学院联合开展的国家实验室评估中，评估委员会将具有"世界水平"的研发组织定义为：至少在一个或多个关键特性上，被全世界范围内的同行或竞争对手公认为最好。对于这一概念，评估委员会还做了进一步解释，不通过详细的分析而只进行简单的投票是无法反映出一个国家实验室是否达到"世界水平"的，需要考虑具体的组成、特性和指标集。另外，如果同行或竞争对手对该国家实验室的情况非常清楚，则通过分析获得的结论与投票的结果是相同的。

"世界水平"的研发组织通过创造和维持某些关键的竞争优势来维持它们的绩效，这些竞争优势包括如下 6 个方面。

（1）战略核心：重点将精力集中于该组织可以在较长时间内（可能的多重应用中）使用的独特能力上，从而永久地为未来产生具有价值的输出提供信息和知识来源。

（2）技术引领：支持战略核心，并确保该组织能够产生新的、最先进的产品和服务，并在其中大量融入新的思想。

（3）输出鉴定：这是一种能力，能够识别和定义未来几十年间完成某些成果所需的支持，从而为所有研发活动提供方向指引。

（4）坚持路线：这意味着研发的持续性，一直遵循既定的发展日程，保持战略核心，不偏离该研发组织的核心使命。

（5）高度稳定的研发团队：能够保障具有相同水平的人员长期稳定合作，支持实现相互学习，并激发彼此的潜能。

（6）持续进步：这是成为领导者和无限期保持领导地位的必要条件，具体包括：① 持续改进当前的活动；② 扩大活动范围，包括对新领域的探索，从而产生全新的产品或服务。

根据上述竞争优势，"世界水平"的国家实验室应在以下 5 个关键方面具有优势：① 客户核心；② 资源和能力；③ 战略规划；④ 价值生产；⑤ 质量核心。这些方面构成"世界水平"国家实验室的支柱，其竞争优势就来自于这些支柱方面的卓越成就，具体如图 8-2 所示。这些支柱必须建立在具有展示性、强有力并且坚定不移的承诺基础上。这种承诺具有鲜明的特征，包括在所有层级上对信息交流的开放支持，对交流合作的促进推动，以及将国家实验室所有人员融入目标规划、方法定义和实现过程之中。这种承诺通常要求将国家实验室的运行管理权力下放，并实现整个实验室内部的信息畅通，从而确保国家实验室全体成员都能为其"世界水平"的要求贡献力量。同时，这种承诺也支持对时间和资源的分配，以系统地实现整个实验室运行管理方面的具体细节。

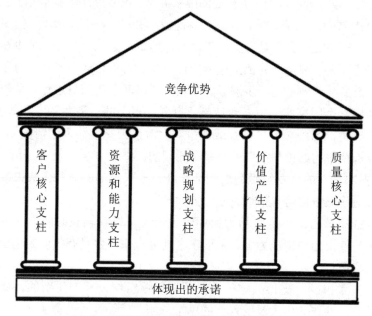

图 8-2　美国国家实验室评估内容的关系结构

为了进一步理解美国国家实验室的评估内容，除对其静态结构进行深入分析外，还需要了解其动态过程。作为一类特殊的研究、开发与工程实践系统，美国国家实验室具有如图 8-3 所示的动态过程，其主体结构可以看作一个加工系统，而其应用则可看作一个接收系统，加工系统接收来自输入的各类资源，并将产生的输出输送到接收系统中，最终形成产品和服务。在动态过程中，具有各种不同的反馈回路，包括国家实验室内部的过程反馈，也包括输出反馈和产品反馈。在开展针对国家实验室的考核与评估时，上述动态过程要素均需要予以考虑。

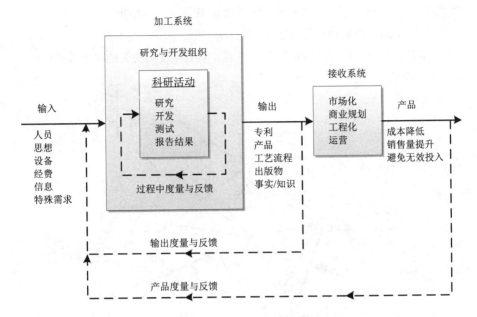

图 8-3 美国国家实验室在研究、开发与工程实践中的动态过程

8.3 指 标 设 计

美国国家实验室评估与考核的指标设计非常复杂，大体可分为通用型指标设计和专用型指标设计两大类。其中，分别以对 DOE 国家实验室和对 ARL 的评估所使用的指标来介绍专用型指标设计。

8.3.1 通用型评估指标设计

通用型评估指标设计的一个非常核心的难题是对指标描述的普适性与指标分数可量化之间的权衡。一方面，为了提高评估指标的普适性，应尽可能对指标的描述全面、详细，往往需要使用叙述性语言，特别是针对国家实验室运行管理方面的指标描述；另一方面，为了便于评估结果的统计、比较和应用，则应尽可能使对指标的描述简单、直接、定量化，往往需要使用近似形式化的数学语言或方法，这对于国家实验室复杂的情况是非常困难的，甚至是不易实现的。

基于上述观点，在通用型评估指标设计过程中，需要对指标集合的完备性和各指标之间的正交性进行深入分析和充分权衡。同时，对评估结果的可视化展示也非常重要，建立在完备性和正交性基础上的图示能够使人们对国家实验室的水平和运行状况获得快速、直观的认识。例如，在图 8-4 中给出一个建立在"世界水平"国家实验室评估内容基础上的蛛网图，从图中可以很容易地看出该实验室与"世界水平"的差距，从而有利于对与实验室后续发展相关的决策提供依据。

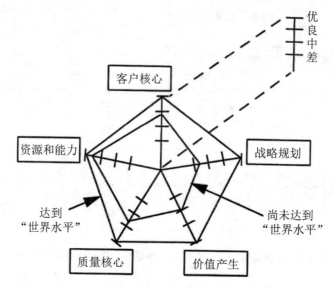

图 8-4　美国国家实验室评估所使用的蛛网图

在通用型指标设计中，还经常以"W4H 准则"为基础，即解决谁（Who）、什么（What）、为什么（Why）、何时（When）及如何（How）的问题。

1. 谁建立评估指标

评估指标可以由国家实验室监管部门和实验室内部运行管理人员联合制定，其中应包含实验室的科研管理人员和支撑服务管理人员。评估指标的制定者必须来自国家实验室运行管理一线或曾在国家实验室管理方面具有丰富的经验，只有这样才能确保所建立的评估指标能够被实施评估的人员和被评估的人员完全理解。

2. 应该开发哪些特定的评估指标

不同的评估标准对不同的基层科研组织有着具体的意义。因此，评估指标对国家实验室而言必须是有用的，其可通过具体的指标来驱动国家实验室人员的行为和活动，以促进国家实验室建设和发展方面的改进，并与国家实验室的使命和愿景密切相关。一个具体的例子是，可以使用国家实验室近 5 年内申请、转化的专利数量及未来专利申请总体规划作为评估指标。

3. 为什么使用评估指标

评估指标可以帮助国家实验室判断和确定业务或技术目标，鼓励改革，并作为计划、筛选（如设置发展领域的优先级）和管理各类项目和课题的机制。评估指标还可以用于度量管理层、科研和工程人员，以及服务支持人员对国家实验室的贡献。

4. 什么时候不应该使用评估指标

错误的评估指标可能是有害的，这些有害的评估标准实际上可能对国家实验室的绩效造成限制，或导致不适当的科研行为、行动或结果。例如，基于错误的因果关系或错误的工作流程模型的评估指标，其最典型的例子就是国内一度以 SCI 影响因子作为科研和工程研究水平的唯一标准，而没有认识到发表高水平学术论文只是整个科研、开发与工程的一个环节。

5. 什么时候应该开发评估指标

理想情况下，评估指标应该作为国家实验室使命和目标的实现过程的一部分，或者作为使命和目标实现的支撑条件。

6. 如何开发评估指标

评估指标可以联合开发，也可以单独开发，并且可以根据被评估的国家实验室的具体情况和独特环境进行调整。国家实验室评估指标设计和建立中，最关键的问题是国家实验室及其监管部门（发起者）的高层领导对整个国家实验室达到"世界水平"所展示出的承诺的重要性。换句话说，没有领导层的重视，国家实验室是无法实现世界水平业绩的。

依据上述准则建立的国家实验室通用型评估指标体系如表 8-1 所示。

表 8-1　美国国家实验室通用型评估指标体系

序　号	评估指标	等　级	具 体 描 述
客户核心支柱指标			
1	客户满意度	优	对以下a～e方面感到非常高兴（远远超出一般预期）： a）开发产品或服务的策略、技术解决方案的适当性、对运行能力要求的满足 b）服务或产品所能提供的技术能力、质量和性能 c）第一个列装单元的产品周期时间和交付时间 d）在国家实验室中研发的现场产品所能提供的技术支持 e）国家实验室的产品或服务的技术能力
		良	对 a～e 方面非常满意（超出预期）
		中	对 a～e 方面基本满意（达到预期）
		差	对 a～e 方面满意程度较低或根本不满意（未达到预期）

序　号	评估指标	等　级	具体描述
2	客户参与度	优	客户感觉完全参与其中，几乎就像合作伙伴一样；客户认为他们能够并且确实对产品或服务的生命周期开发产生重大影响
		良	内部或外部客户经常参与计划、目标制订并跟踪进度；设有客户反馈的机会
		中	内部或外部客户有时就研究项目的各个方面接受咨询，或参与项目主要评审
		差	没有考虑让内部或外部客户参与项目规划、评估或早期"结果"（原型）测试
3	市场多样性	优	作为一个卓越的科研组织，该国家实验室的产品服务于广泛的客户，包括 DoD 等美国政府机构和美国在全球的盟友；许多技术在实验室和私营部门之间完成转移；工业界和学术界的合作伙伴关系支持实现相互间尖端技术快速转移；高质量的产品被开发、制造并列装给全球客户
		良	该国家实验室被其发起者的联邦政府部门指派为联合计划的领导单位；大量预算用于与工业界和学术界建立伙伴关系；合作研发的产品主要用于国防和军事需求，以及填补其他联邦机构的需求空白
		中	RD&E 项目主体为军队和联邦政府，仅有部分预算用于发展与工业界和学术界的伙伴关系
		差	虽然多样化在战略和商业计划中得到了解决，但高级管理人员并没有有效地扩大客户基础；产品应用对象过于单一，联合服务方面的 RD&E 项目很少

资源和能力支柱指标

序　号	评估指标	等　级	具体描述
4	人员质量	优	（对该实验室的工作有重大兴趣的人）工作成果持续超出预期；定期向实验室引入新技能和能力；新雇用的人员给实验室带来新的、最先进的方法；鼓励工作人员每周投入大量的工作来提高和获得技术技能；军队以外的个人和组织也认可科研人员的成就；职业结构支持技术人员在所需学科的广泛领域内发展；人员以能够有效利用外部和内部资源而著称
		良	工作通常超出预期；新员工能够带来关键的新技能和能力；已有的研发和测试人员至少将一小部分工作时间用于提升或获取技能，这种培训反映在年度绩效评估中；军队和国防部门给予 RD&E 人员特殊的认可；研发人员与实验室外部的科学和技术组织建立良好的合作关系
		中	工作符合预期；研发人员有足够的技能及时获得成果；改进和提升技能的机会很少；规划中为提高技术技能而分配的资源很少
		差	整个实验室的工作低于标准水平；技术技能不足；项目规划和管理水平较差

序　号	评估指标	等　级	具 体 描 述
5	经费预算	优	该实验室的杰出工作得到所需额度的及时资助；该实验室被要求加速研发和测试项目，并在有额外资金时发起新的任务；项目管理者用他们的预算获得绝对的最佳收益；利用其他组织和机构的资源被认为是力量的倍增因素；该实验室保留了大量高质量的待资助项目
		良	该实验室总是能找到用更少资源完成更多事情的方法；能够利用其他政府机构的资源；该实验室定期领导实施 DoD 等联邦政府部门级别或类似的大型项目；持续培育与工业界和学术界的合作项目；部分经费用于支持新的研究项目，购买新的设备，建设或更新实验室设施
		中	虽然预算能保持在预期水平，但主体研究项目总是处于有风险的状态，因为每年的资助存在不确定性；没有新的主要建设或项目得到资金支持，即使最终证明预算足以维持正在进行的项目
		差	研究和项目支持预算受到限制；研究项目资金持续不足；财年预算无增长或下降；经常出现年中预算被削减的情况；进行中的项目由于效率低下而导致中止
6	研究、开发与工程实践的能力、技能和天赋	优	研究和支持人员被认为具有高超的技术和管理技能与天赋；许多辅助人员被认为是他们行业的熟练技术人员；研究人员将最先进的技术应用到他们的研究中，并开发出他们自己的创新方法；制订清晰的计划以描述如何确定和填补核心能力中的需求和空白；必须开发的新能力也得到处理和采取相应行动；保持了不断增长的技术储备
		良	该实验室拥有在可预见的未来满足客户需求的技能和人才；新的和创新的技术、技能和过程被纳入 RD&E 过程；新获得的技能可以改进产品的设计与制造，提升产品性能；招聘新人，为实验室带来最先进的技术；鼓励人员参加正规的继续教育项目；鼓励研究人员参加专业协会、担任外部委员会委员等；项目管理者认识到将使他们的项目受益的新技能，并制订计划以获得这些技能和人才
		中	能够通过制订计划和提供资金维持目前的核心能力供未来使用；能够对操作和维护设备以及使用制造商指定的设备的人员进行培训；人员技能当前被认可，并被认为能够胜任他们的技术工作
		差	技术技能、能力和天赋不足以支持当前和未来的客户需求；通过新聘人员或对已有人员的继续教育和再培训难以获得新技术和技能；人员不能完全操作、维护或使用现有设备；继续教育没有得到促进、鼓励或获得资助

序　号	评估指标	等　级	具体描述
7	对外部资源的使用	优	与该领域公认的最好的组织建立伙伴关系并签订合同，以补充 RD&E 项目，并带来跨越式的（有时是突破性的）技术进步；外部组织的技能和能力不能在组织内以具有较高成本效益的方式进行复制；伙伴关系的价值在实验室内外得到了广泛的认可
		良	该实验室被认为是服务于乙方工作的"精明买家"；工作人员掌控外包项目的工作质量；对杠杆作用的程度（即在该实验室工作的成本与外包合同成本之比）得到有效控制；通过外协研究项目加强了实验室内部的研究，实现了实验室技术的跨越式发展
		中	与广泛的科研团队建立伙伴关系，使工作能够在实验室之外完成；由实验室之外科研机构完成的工作，听取乙方的意愿；需要从外部获得产品和服务才能完成工作要求；需要采购产品补充完成内部研究计划
		差	在很少或没有规划的情况下，临时将工作承包给实验室以外的人；合同管理人员不能确保按时或按预算完成工作报表；需要依赖依托单位和合作伙伴提供的产品和服务对实验室的使命做出增量贡献
8	重要技术	优	RD&E 项目能够按预期实施；计划并充分资助新技术的开发和应用，以支持 RD&E 及产品研发；对新的研究领域和技术开展探索，研究人员了解特定研究项目的内涵；新的科学发现经常被转化为实验室内部的支撑技术
		良	正在开发或在研究计划中使用支撑技术；这些技术有可能显著改变研究项目的本质，但它们尚未体现在产品中；通过对支撑技术的集成能够带来跨越式的发展
		中	正在开发或在研究计划中使用的基础技术是满足技术需求所必需的，但在产品性能方面与其他替代方案差别不大；重要的技术得到了承认、开发和使用，但技术水平不够先进
		差	在研究计划中没有系统的计划或过程来介绍、管理或评估所研究的技术

序　号	评估指标	等　级	具 体 描 述
9	组织管理氛围	优	管理层和员工一致认为实验室氛围良好；有明确的目标和愿景；员工是安全的，没有一丝失业恐惧；通过奖励和认可激励个人和团队做出卓越的贡献；管理层鼓励开发新的工作环境，从而提高生产力
		良	工作和组织管理氛围良好；鼓励和奖励大胆创新的思维；研究人员有充分的权力设定目标和追求原创性和创新的解决方案，但他们不必担心失败；实验室被认为拥有美国传统"能做（can do）"的态度
		中	组织管理氛围被认为是专业的和学院式的；工作人员喜欢他们的工作，认为工作有意义；职责明确，团队合作良好；管理者容忍创新，并不时授权给员工和团队；工作人员的贡献得到承认；虽然担心实验室重组和裁员，但个人对工作还是比较放心的
		差	管理层和员工认为实验室的组织管理氛围很差；员工们忙于休假、提前退休和跳槽；人事部门把实验室人员的不稳定归咎于重建工程；不鼓励启动高风险项目；通过严格控制资源来惩罚失败
10	信息技术	优	信息技术使实验室能够重新思考RD&E的实现方式，以前认为不可能实现的技术突破也指日可待；实验室研发的成果中包括信息技术组件
		良	通过信息技术战略支持指导项目方向；研究、支持和管理系统实现了集成化；信息技术提升了RD&E的效率，使工作得以按全新的方式实施；信息技术被认为是研究项目最近取得进展的原因；计算机软硬件都是最先进的；技术支持雄厚；定期对员工开展技术使用和应用的培训
		中	信息技术被研究人员和支持人员用作工具，从而提高了生产力并最终减少了实验室的开销；购置新计算机软硬件的经费充足；提供培训和技术支持；工作人员对现有的技术感到满意，并且内部和外部都采用电子化的数据通信
		差	并非所有实验区都拥有计算机软硬件资源；计算机软硬件是两代或两代以上的过时产品；工作人员无法进行电子通信或在实验室内外部传输数据；人员缺乏培训，不愿学习新的应用程序；信息技术和用户培训的资金不足

续表

序　号	评估指标	等　级	具体描述
11	设备和设施	优	拥有独一无二的设备和设施；研发人员能够及时使用设备和设施，从而获得许多意想不到的发现和发明（例如，最新的技术使他们能够以新的方式看待问题，专业的分析设备开拓了新的视野，有足够的设备满足用户的需要）；关键项目配有最先进的设备；在安全性和操作规程方面的管理和记录非常完备，有充足的资源用于检查和培训，员工不断努力提高技能
		良	科研和支撑配套设施干净、宽敞、舒适；设施每年都要进行环境安全检查；设备定期升级或更换；预防性维修和服务合同经费充足；获得了较新的技术能力，并提供了用户培训；通过证据表明，安全性和操作规程得到了重视（例如，维护统计数据，根据适当的标准进行定期检查，并强制岗前培训）
		中	认为设施足以满足该实验室的需要；有定期维护和升级设备的时间计划；安全性和操作规程管理到位，但是监督、检查和培训是有限的
		差	设备和设施不足，维护不善、陈旧；预计在设备和设施方面不会有新的投资；很少进行预防性维护；安全性和操作规程很少被提及

战略规划支柱指标

序　号	评估指标	等　级	具体描述
12	愿景和使命与国家的一致性	优	制订战略愿景，管理层将战略愿景转化为研究战略，从而产生卓越的产品和服务；资源与研究战略的一致性是显而易见的
		良	该实验室的战略愿景是鼓舞人心的，愿景和使命是相互一致的；愿景和使命为所有项目提供"行动指南"；管理支持和资源与研究战略保持一致
		中	愿景和使命能够被大多数员工清晰地理解和表达；以这些内容为指导制定研究策略；研究计划、资源和管理支持通常与研究策略相一致
		差	愿景和使命没有很好地表达出来，二者间也没有关联；高层管理人员很难通过指挥简报、年度计划或业务计划向员工和客户表达愿景和使命

序　号	评估指标	等　级	具体描述
13	战略规划	优	人力资源、信息技术设施、预算和差旅计划被完全纳入战略规划；战略规划的范围足以预测军队和国防部门的主要需求；多个实例显示了实验室内部的高度灵活性，可以快速地对重大机会或关键客户需求做出反应
		良	建立健全的计划过程并覆盖整个实验室；由此产生的规划文件用于衡量全年的进展情况；制订应急或替代计划以适应客户需求和环境或资源的快速变化
		中	制订战略规划过程，实施业务计划和年度计划；高层管理者起草业务、年度计划与实施战略计划并传达给全体员工，将实验室战略规划宣贯给研究人员和支持人员
		差	没有战略规划过程被执行，或者战略计划是无效的
14	股东购入	优	战略愿景非常明确，股东协助游说军方和国防相关政府部门以充分实施研究计划；股东对实验室的愿景和研究计划给予非常积极的支持，从而从其他项目中获得额外资源来实现愿景
		良	战略愿景与所有股东"对话"，即使他们没有参与创建战略愿景；客户和第三方理解能够研究计划并主张提供足够的资源来实施该计划
		中	战略愿景被大多数股东阐明和理解；愿景使所有重大举措变得易于理解
		差	战略愿景和研究计划要么没有传给 RD&E 的股东，要么没有被很好地阐述且存在误解；股东对愿景和研究计划的反应要么是消极的，要么是冷漠的
15	领导水平	优	领导层在整个实验室营造了一种激发潜能和信守承诺的氛围；鼓励和资助大胆和有创造性的想法；RD&E 的成功能够快速得到反馈，科学思想能够获得回报；失败被认为是一个学习的机会
		良	管理层和员工共同制订计划，并为员工和股东所理解和接受；科学思想能够在管理层和员工之间自由地双向流动
		中	员工了解实验室的战略愿景和研究计划；充分配置资源（包括时间、人员、经费等）以实现这些计划；员工信任高层领导，愿意接受新想法和重组机会
		差	高层领导在战略愿景或研究计划的承诺方面与员工沟通不畅；管理者和产品开发者不参与规划未来的研究方向或制订业务计划；人员怀疑或不信任实验室领导；股东认为高层领导是低效率和被动的

序　号	评估指标	等　级	具体描述
价值产生支柱指标			
16	合适的组合	优	通过项目组合分析，形成具有卓越价值、性能和客户接受度的产品和服务的 RD&E 过程
		良	项目的组合分析是战略规划过程中不可或缺的一部分；在组合分析中有广泛和积极的客户参与；项目研发的产品获得了客户的认可，满足或超过了客户的要求，并显示出与现有产品或商业替代产品相比较为明显的优势；在产品最初部署之后，产品设计仅做微小变化
		中	建立检查产品组合的分析过程，用于设计和产品现场应用，以使这些产品具有更大的价值和用户接受程度；分析过程的结果支持产品设计的修改；在产品最初部署之后，可能会进行重大更改
		差	所开发的产品不能满足客户的需求；客户对产品接受度差；客户认为产品的替代品更便宜，性能更好，更耐用
17	产品性能	优	产品不仅超出了客户的期望，而且性能还包括一些令人愉快的、意想不到的惊喜（例如，减少了维护需求、更长的上市周期、更长的无故障平均运行时间，对能源的节省，等等）
		良	产品完全满足或超过客户要求；产品被认为比它们的替代品更好
		中	产品满足客户的要求和期望
		差	产品不符合客户要求（如重量、体积、功能、耐用性、可维修性等）；客户抱怨产品性能与开发者的承诺不一致；产品不适合在某些地区或极端环境下使用
18	循环周期和响应情况	优	RD&E 项目启动和完成的速度比类似的政府或商业项目要快很多（如仅用三分之一的时间）；通过既定的创新流程和技术解决方案将典型的快速反应时间缩短近一半；工作人员对国内外工业界和学术界的研究保持关注，以便解决新的和未预料到的技术问题；军队和国防领域的高层官员直接或间接地对快速反应表示感谢
		良	RD&E 项目启动和完成的速度明显快于类似的政府或商业项目；研究人员对军队和国防"快速修复"的要求反应迅速，而且对于主要产品有许多现成的可参考的案例；高层管理人员确保具有充分的资源实现对项目的重大调整，以满足"快速修复"请求

续表

序　号	评估指标	等　级	具体描述
18	循环周期和响应情况	中	从项目启动到项目完成的时间是经过测量的，并能够可靠地预测；研究型项目能够准时和在预算内描述
		差	项目完成周期比预期的时间长；里程碑经常被错过；项目延误导致最终项目成本增加；研究型项目没有预见到客户的需求；管理层和员工对产品修改的要求调整不灵活
19	发展过程中工作的价值	优	使用完整的历史数据库和评估方法来展示实验室的产品和服务的价值；数据被用于验证和设定计划支出；客户对产品和服务的评价为优秀（例如，产品性能远远超出客户预期）；产品性能与任何预计可从国内和国外获取的替代物相比至少领先几年
		良	建有数据库，保存了过去所有主要项目信息（如过去10年），包括项目的主要和次要影响；该数据库用于与当前 RD&E 项目进行比较；通过在某些领域的引领作用，开展更大规模的项目研究，并不断与过去的项目进行比较，以发掘潜在价值，并展示进步；客户对 RD&E 项目的评价非常好（即产品完全满足或超过客户的要求，产品被认为可能比它们所取代的产品更好）
		中	建有数据库，对过去的 RD&E 项目做了选择性的记录，对当前的项目做了完整记录；对当前的 RD&E 项目做了生动的描述，这些描述在同行评审讨论中被用来证明项目的合理性，以及设定人员和预算要求的优先级；客户对过去的 RD&E 项目的看法通常是积极的；客户对当前 RD&E 项目的看法是积极的（即产品和服务普遍符合用户的要求，并能够准时和按预算交付）
		差	没有对过去 RD&E 项目的评估可供与当前项目进行比较；没有评估当前 RD&E 项目的现成方法；客户对过去 RD&E 项目的看法主要是批评和负面的，客户很少或根本不重视当前的项目
质量核心支柱指标			
20	进展突破的能力	优	以技术突破为基础的非预期类创新在实验室内部和外部（以合作的形式）RD&E 项目中非常普遍；为中等风险和高风险但能够获得高回报的研究提供稳定的资助；在过去的 5~10 年里，有许多突破性研究典型案例
		良	虽然大多数项目的特点是技术上的逐渐改进，但实验室已经验证了几个跨越式的提升，实验室鼓励并资助寻求真正创新的、中等风险的解决方案的机会

续表

序　号	评估指标	等　级	具体描述
20	进展突破的能力	中	RD&E 项目的特点是稳步但渐进地改进；能够提出几个创新的解决方案；可用于预测未来军事和国防需求类项目的资金极少
		差	RD&E 项目只是例行公事，缺乏想象力；没有证据表明有想象力或创新的解决方案被应用于研发和生产任务；资源只用于满足特定的客户需求
21	连续提升	优	提高生产力、加强研究和产品质量、提高客户的参与度和满意程度、为员工提供继续教育机会都被作为高层管理者主要关注的范畴；持续改进和卓越产品价值的理念被嵌入到每个 RD&E 部门和支持部门的目标中；对消除非增值活动的研究和支助过程进行了系统分析；研究人员以发现技术难题的创新解决方案而获得赞誉
		良	实验室采取措施显著改善工作流程和 RD&E 项目成果；质量审核由内部和外部评审小组定期进行；能够指出许多改进之处；生产力被作为一个重要的讨论主题；每年由高层领导指导实施报告编撰工作；高层管理者有提出建议的资源
		中	对工作质量进行了讨论，并按惯例采用了几种质量措施；鼓励创新解决方案；工作人员经常提出改进建议；为了提升实验室的工作和产出，每个月都会进行一些更改（并形成文档）
		差	没有切实的证据表明高层管理人员致力于持续改进；持续改进的需求和能力得到了承认，但没有得到具体资助；产品和服务呈现递增变化；创新得不到回报；来自工业界和学术界的解决方案被认为"不是在这里发明的"
22	质量保证	优	对全面质量的承诺是整个实验室固有和普遍的；所有测量的重点是优化 RD&E 流程以交付价值；依据最新的国际标准、国家标准和领域标准中的框架和方法实施标准评估；提高质量的建议能够立即得到资助和执行
		良	全面质量实施是实验室战略计划的主要目标；已制订衡量和评价整体质量的框架和方法；建立了工作过程改进的可测目标；具备可以利用现有资源提高效率和产品质量的成熟方法（如统计过程控制）
		中	管理被作为全面质量培训和实施的一种投资；对产品和服务的可变性进行测量和跟踪；员工意识到质量的重要性
		差	管理层支持对质量的承诺，但没有对质量进行评审和评估的正式规程；一些与质量相关的结果被作为例外事项进行管理；产品和服务的质量在实验室内部的 RD&E 单元之间存在不同的标准

续表

序 号	评估指标	等 级	具体描述
23	结构化过程	优	高层领导努力识别并将最佳商业实践纳入实验室运行管理；工作流程被认为是灵活的，没有过多的限制、规定或官僚主义；管理的重点是实现卓越的性能和产品质量；强调跨项目管理，确保及时和适当地分配资源；使用规范化途径来解决问题，包括与国内和世界各地的军事和国防技术资源相联系的广泛的网络；严格遵守科学方法
		良	项目管理者非常灵活，具有很强的适应性；高层领导和员工乐于接受改善工作流程和规程的创新方案；通过持续改进提升产品质量，并实现以客户为中心；始终如一地使用规范化途径来定义问题和科学方法
		中	对工作流程和规程实施监控；密切跟踪项目成本和里程碑；建立过程以逐步提高质量，控制或降低研发和生产成本，缩短产品周期；经常使用规范化途径来定义问题和科学方法
		差	了解工作流程和规程，建立里程碑，但没有内审或外审机制；项目管理导致问题产品或服务的交付超出预算；延误导致项目终止；很少使用规范化途径来定义问题和科学方法
24	学习环境	优	实验室有组织的学习是自适应的和满足预期的；科研和技术能力不断提升，并且管理能够预见各种变化；使用传统的和创新的方法来衡量和评估实验室有组织学习的效果
		良	实验室的有组织学习具有适应性的特征；实验室的氛围有利于学习；员工在敢于试错的情况下被鼓励冒险和创业，以获取相应的奖励和鼓励；每个人都能在实践中向他人学习；使用新的实验室方案进行管理实践，以发现实施科研工作的新方法
		中	高层领导认识并宣贯实验室有组织学习的重要性；管理层和员工能够从错误和他人身上学习；实验室人员对内部和外部都建立和应用了良好的关系网络；一个项目中的团队根据指派为其他项目团队提供教学；通过新聘人员和继续专业教育能够不断获得新技能和技术
		差	被动学习管理是高层领导的基本特点；几乎没有任何学习是在实验室的基础上进行的；仅有部分管理者和员工能够从错误中学习

续表

序　号	评估指标	等　级	具体描述
25	研究的质量	优	研究和技术项目的质量被认为是全世界最好的；基础研究不仅能满足客户的需求，而且能预测未来的需求，从而缩短新产品的研发周期；科研和技术项目具有创新性，是最先进的；由实验室人员开发出新的程序、工艺和材料；RD&E 发明创造获得了多项专利授权
		良	研究和技术项目被同行认为是高水平的；有几个项目是联邦政府中最好的，被描述为创新和原创；获得一些专利授权
		中	研究和技术项目符合客户的要求和需求；研究方法和结果通过了同行评审，并以技术报告和期刊文章的形式发表；邀请研究人员参加学术会议和学术报告会；研究成果很容易被其他实验室复现
		差	研究和技术项目通常不符合客户的要求和需求；研究方法和结果的结论效果不佳；虽然成果已经记录在技术报告中，但数据没有发表在同行评审的期刊上，也没有被学术界或工业界的其他科研人员引用；研究结果不能被实验室之外的科研和工程人员复现

针对上述通用型评估指标体系，具体分析如下。

第一，评估指标具有明确的等级区分，便于评估过程中的实施，以及与蛛网图等工具的配合使用。

第二，评估指标的设置兼顾科研方面和运行管理方面，二者相互融合，缺一不可。

第三，管理方面的评估要求是全系统和全链条的，从最低到最高管理层都有具体要求，对历史信息和未来发展也都有具体要求。

第四，项目评估更注重国家实验室研发的实际产出，即产品和服务，及其对军事和国防领域的支撑效果。

第五，评估指标在设置方面以鼓励创新、容忍失败为导向，特别是在较高等级分数方面。也就是说，国家实验室如果能够一如既往地做好本职工作，则在评估中可能获得中等偏上的成绩，但是如果要达到优秀标准，则必须承担创新方面的风险。

第六，国家实验室评估中非常重视信息技术的建设和储备，这也是每个国家实验室都建有计算和信息中心的根本原因。

8.3.2　对能源部国家实验室评估的指标设计

每年，能源部（DOE）下属科学局（SC）都会开展对依托单位在科学、技术、管理和运营方面性能的评估，这些依托单位负责管理和运营 DOE 下属 10 个国家实验室。这些评估的结果提供了确定年度性能经费的基础，以及作为通过"奖励期限"延长合同年限的参考。这些评估的结果同时也作为 DOE 在这些管理和运营合同到期后延期或终止的参考。

当前实验室的评估程序自 2006 财年形成。该程序通过设计改善程序的透明度，提升 SC 领导的介入水平，以增加对实验室评估的一致性，并且通过将绩效与所获得的经费、合同周期，以及公众的口碑相关联，更有效地激励合同商提升绩效。

实验室政策办公室代表 SC 主任辅助实验室评估程序。

SC 的实验室评估程序在其所有（10 个）实验室中，使用一种通用的结构和打分系统。通过对其 8 个绩效目标的结构化，强调提供必要的科学和技术满足 DOE 任务的必要需求；以安全、可靠、负责任和高效率的形式运营实验室；认可合同商所提供的实验室管理中的领导、管理和附加价值。这 8 个绩效目标具体如下。

- ❑　任务完成情况（S&T 的提交）。
- ❑　研究设施的设计、构建与运行。
- ❑　科研计划 / 项目的管理。
- ❑　对实验室的领导和管理。
- ❑　集成环境、安全性和健康防护。
- ❑　事务系统。
- ❑　仪器设施、维护和基础设施。
- ❑　可靠性和紧急情况管理。

每个绩效目标都包含少数几个子目标，如表 8-2 所示。在每个子目标内部，SC 的科学计划与区域办公室能够进一步辨识出少数几个明确的输出项，这些输出项能够描述或放大实验室在未来一年绩效的重要特性。绩效目标、子目标和明确输出项在每年年初以书面形式记录在 PEMP 中，作为相关实验室合同的附件。与某个独立 PEMP 相关的信息可通过与合适的 SC 区域办公室签署合同获得。

表 8-2　美国能源部国家实验室绩效考核指标

目标一：完成使命的效率及效能
　　分目标一：对本领域有显著影响的科技成果
　　分目标二：科技领导能力的质量
　　分目标三：促进研究计划目标实现的科技成果
　　分目标四：科技交付的效能
目标二：研究设施的设计、生产、建造和运营的效率及效能
　　分目标一：实验室研究计划所需设施的设计效能
　　分目标二：设施建造和部件生产的效率及效能
　　分目标三：设施运营的效率及效能
　　分目标四：设施用于扩大和支持实验室基础研究和外部用户的使用情况
目标三：科研计划管理的效率及效能
　　分目标一：科学能力和计划视野工作的效率及效能
　　分目标二：科技项目与计划规划和管理的效率及效能
　　分目标三：与能源部其他助理部长级办公室客户沟通及对客户需求做出响应的效率及效能
目标四：实验室领导能力及管理能力
　　分目标一：对实验室发展有独到愿景及切实规划，包括建立实施规划所需的密切的伙伴关系
　　分目标二：组织机构领导层的反应性及责任性
　　分目标三：机构办公室提供相关支持的效率及效能
目标五：安全、健康、环境保护持续保持良好状况并提高效能
　　分目标一：保护工人及工作环境
　　分目标二：安全、健康、环境管理的效率及效能
　　分目标三：废物管理及最少化、污染防控的效率及效能
目标六：为促使实验室使命的胜利完成，商务系统和资源的效率、效能及响应性
　　分目标一：财政管理系统的效率、效能及响应性
　　分目标二：采购和资产管理系统的效率、效能及响应性
　　分目标三：人力资源管理系统和多元化工作的效率、效能及响应性
　　分目标四：内部审计监督、质量、信息管理、其他行政支撑服务管理系统的效率、效能及响应性
　　分目标五：技术转移和知识资产商业化的效能
目标七：设施和基础设施的运营、维护、更新持续保持良好状况，并满足实验室的需要
　　分目标一：有效管理设施和基础设施，达到使用最优化，生命周期成本最小化
　　分目标二：为满足实验室未来计划的需要，相关设施和基础设施的规划和采购
目标八：保卫、保密管理和应急管理系统持续保持良好状况并提高效能
　　分目标一：应急管理系统的效率及效能
　　分目标二：网络空间安全系统的效率及效能
　　分目标三：特殊核材料、保密物质、资产保护系统的效率及效能
　　分目标四：保密和敏感信息保护系统的效率及效能

　　在每个财年的总结中，实验室的 S&T 绩效指标（表 8-2 中目标一至目标三）由资助实验室工作的组织进行评估。这些组织除了资助 SC 科研计划，还包括提供 SC 主动资助的所有经费量超过 100 万美元的组织。这一 S&T 输入

项的权值根据实际在实验室中使用的经费量设定。每个区域办公室根据 M&O
目标（表 8-2 中目标五至目标八）评估实验室的绩效。区域办公室和科学计划
根据合同商的绩效提供输入，主要考虑目标四对应 SC 的领导，接下来再确定
实验室在这一领域的得分。在确定这些等级分数的过程中，SC 的科研计划和
区域办公室根据明确输出项考虑实验室的绩效，并在 PEMP 中定义，作为绩
效信息的其他来源，在整个一年中都可为 DOE 所获得。这些等级分数包含独
立的科学计划和项目的调查，由 GAO 开展的外部运营调查、DOE 的常规检
查（IG），以及 DOE 的其他部分，还包括 SC 自身监管活动的结果。评估程序
包含针对所有绩效目标的年终常态会议，在会议过程中根据组织报告计算所有
（10 个）实验室的建议分数 / 等级，并在工作中确保分数 / 等级计算的一致性
和公平性。

SC 评估程序使用 5 分制（0 ~ 4.3 分）的评分系统，根据绩效目标和子目
标的等级打分。"B+"等级意味着子目标满足 SC 对该项绩效的预期。SC 有意
地将"B+"代表的预期设定得非常高，并不意味着低于"B+"的分数没有满
足必需的要求，而是提供了改进的机会。每个绩效目标的等级对应一个加权计
算的分数，从而可以根据各独立的绩效目标分数进行统计计算，SC 使用最终
得到的绩效目标等级为每个实验室生成该年度的"报告卡"，并在 SC 的网站
上公示。SC 所使用的等级对应的分值如表 8-3 所示。

表 8-3　国家实验室绩效评估标准表示例

等　级	分　数	标　准
A+	4.1~4.3	显著超过绩效分目标中绩效指标所规定的要求或分目标范围内其他方面的要求；某些突出的表现显著改善或有潜力显著改善实验室的使命；在分目标范围内没有具体的不足之处
A	3.8~4.0	较大程度超过绩效分目标中绩效指标所规定的要求或分目标范围内其他方面的要求；某些突出的表现改善或有潜力改善实验室的使命；个别次要不足之处被分目标范围内的相关措施所充分弥补，对实验室的使命没有负面影响
A-	3.5~3.7	达到绩效分目标中绩效指标所规定的要求；在某些方面表现超出预期；个别不足之处被分目标范围内的相关措施所弥补，对实验室的使命基本没有负面影响
B+	3.1~3.4	达到绩效分目标中绩效指标所规定的要求；既无明显超出也无明显未达到要求的情况；个别不足之处被相关措施所弥补，对实验室的使命基本没有负面影响
D	2.8~3.0	达到绩效分目标中绩效指标所规定的大部分要求；有个别次要不足之处，但被分目标范围内的相关措施所弥补，对实验室的使命基本没有负面影响

等　　级	分　　数	标　　准
B-	2.5~2.7	绩效指标所规定的要求有1~2项未达到；有不足之处，虽然被相关措施所弥补，但对绩效分目标或实验室的使命有潜在负面影响
C+	2.1~2.4	绩效指标所规定的有些要求未达到；有次要不足之处，虽然被相关措施所弥补，但对绩效分目标或实验室的使命有潜在负面影响
C	1.8~2.0	绩效指标所规定的许多要求未达到；有许多不足之处，虽然在某种程度上被相关措施所弥补，但对绩效分目标或实验室的使命有潜在负面影响
C-	1.1~1.7	绩效指标所规定的大部分要求未达到；有主要不足之处，如果不立刻改正，对绩效分目标或实验室的使命有或将有负面影响
D	0.8~1.0	绩效指标所规定的大部分或所有要求未达到；有严重不足之处，对绩效分目标或实验室的使命有负面影响
F	0~0.7	绩效指标所规定的所有要求都未达到；有严重不足之处，对绩效分目标和实验室的使命有严重影响

8.3.3　对陆军研究实验室评估的指标设计

对 ARL 的评估始于 1996 年，随后从 1999 年开始，以两年为周期开展对 ARL 的评估。评估主要由陆军研究实验室技术评估委员会（Army Research Laboratory Technical Assessment Board，ARLTAB）负责实施。ARLTAB 是一个专门设置的评估组织，由实验室评估委员会负责监督。在评估过程中，ARLTAB 及其下属各组将对 ARL 的主任提出的下列问题进行审议。

❑ 研究的科学质量是否与国内和国际领先的联邦、大学和工业实验室相当？

❑ 研究计划是否反映了对其他地方进行的基础科学和研究的广泛了解？

❑ 研究是否采用合适的实验室设备和数值模型？

❑ 研究团队的资格是否与研究挑战相适应？

❑ 设施和实验室设备是否先进？

❑ 程序是否满足理论、计算和实验要求？

为协助陆军研究实验室研究有前景的技术方法，陆军研究实验室技术评估委员会还审议了以下问题。

❑ 是否有特别有希望的项目，通过改进方向或资源，最终能够产生可移交到现场的突出成果？

❑ 是否有创造性的概念，但目前不在陆军研究实验室投资中？

在前文所述的总体框架内，结合陆军研究室技术评估委员会的考虑，专家小组选择性地采用了以下 4 个类别的详细评估标准。

（1）项目目标和计划。此类别的标准涉及陆军研究实验室战略技术目标，并计划有效实现所述目标。

（2）方法和办法。此类别的标准涉及研究推动的适当性、用于收集和分析数据的工具和方法以及对未来研究方向的判断。

（3）能力和资源。此类别的标准涉及目前和计划的设备、设施和人力资源是否适合于实现项目的成功。

（4）科学界。此类别的标准涉及科学和技术界的认识和贡献，其活动与陆军研究实验室的工作相关。

根据上述内容，形成如表 8-4 所示的标准体系。

表 8-4　美国陆军研究实验室技术评估委员会的评估标准体系

序　号	一级标准	二级标准
1	与科技共同体的有效互动	高质量期刊和会议的论文数（以及其引用指数）
2		报告和座谈
3		专业活动的参与程度（社团高级官员、会议委员会、期刊编辑等）
4		教育及其延伸活动（服务研究生委员会、教学或讲课、演讲邀请、指导学生等）
5		奖励和荣誉（外部和内部的）
6		参与各类评估的情况（陆军研究办公室、NSF、跨学科的大学研究计划等）
7		人才招聘
8		专利和知识产权（并举例专利和知识产权是如何应用的）
9		参与构建 ARL 范围的跨部门的共同体
10		公众对 ARL 研究工作的认知（例如，媒体或其他形式）
11	对客户的影响	有文件证明的技术转移，源自 ARL 研究工作的概念或项目对客户的帮助，联合成立短期和长期试验发展中心与工程中心（RDECs）
12		客户直接的资金支持 ARL 的活动
13		对 ARL 支持和服务有文件证明的需求（ARL 的支持是否存在竞争）
14		客户参与部门的规划
15		参与多学科、跨部门的项目情况
16		客户调查（来自客户对 ARL 研究价值的直接信息）

序号	一级标准	二级标准
17	项目目标和规划的制定	ARL 战略关注领域、战略规划或其他 ARL 需求是否明晰
18		实现目标的工作是否得到很好的落实
19		项目规划是否清晰地识别出各种依赖关系（如其成功取决于项目内其他活动或外部进展的成功与否等）
20		如果项目是一个大范围项目的一部分，那么其负责人的角色是否清晰，以及其他项目相关的项目任务和目标是否清晰
21		标志成果识别是否合适，是否可行
22		对技术和资源的障碍和挑战是否有清晰的认识
23		ARL 的优势是否在该项目所在领域得以适当发挥
24	研究和试验发展的方法	假定框架在文献和理论范畴是否合适
25		对所要求的分析、原型、模型、模拟和试验是否清楚识别并且步骤恰当
26		所采用的方法（例如，实验室工作、模型或模拟、实地实验、分析等）是否适合该问题，这些方法是否成为一个整体
27		对设备和器械的选择是否合理
28		数据收集和分析方法是否恰当
29		结果是否支持结论
30		对进一步研究的提议是否合理
31		对风险和潜在收益的取舍是否理性
32		项目是否存在技术上的要求或技术创新要求，可行否
33		什么是项目终止规则，如果满足是否采用
34	能力和资源	职员（科学、技术、管理）的资历和数量是否满足项目成功的要求
35		是否有足够的经费满足项目成功的要求
36		设备和设施是否充分满足需求
37		如果职员、经费和设备不能满足要求，那么项目将如何开展（强调哪些？牺牲哪些？）以取得最佳目标成效
38		实验室是否能维持对随时出现的关键问题快速反应的技术能力
39	对委员会建议的响应	以前报告中提到的问题和建议是否得到解决

8.4　组织实施

美国国家实验室评估需要遵循严格的程序和方法。一般地，对于周期性评估，如 DOE 国家实验室的年度评估、ARL 两年一次的评估，以时间节点作为评估启动条件，评估持续时间、资料汇总统计、报告生成和结果反馈等也严格按照时间节点推进；对于非周期性评估或临时性评估，则以外部需求或重要事件作为启动条件，外部需求主要来自国家实验室的发起者甚至更高一层的联邦政府，重要事件可能来自该国家实验室所在学科领域突然出现的重大军事或社会需求，也可能是该国家实验室在运行管理中出现重大问题，等等。非周期性评估的程序和方法与周期性评估基本类似。在图 8-5 和图 8-6 中，分别给出了美国国家实验室的周期性评估和非周期性评估的基本程序。

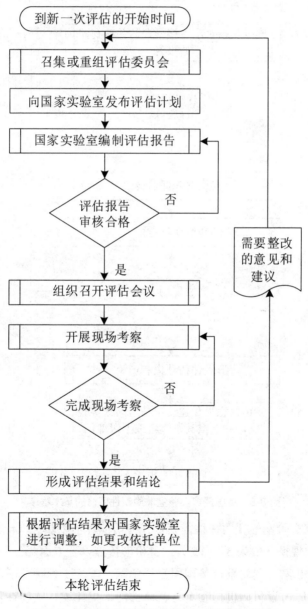

图 8-5 美国国家实验室周期性评估的基本程序

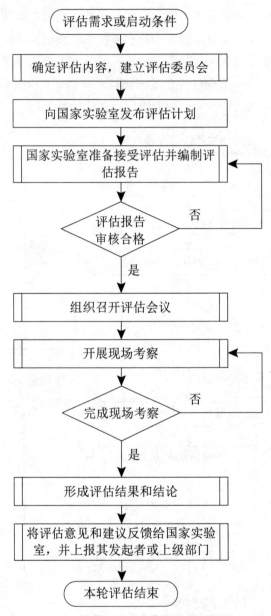

图 8-6　美国国家实验室非周期性评估的基本程序

美国国家实验室的评估往往需要依托专门的评估委员会（board）来完成，评估委员会的规模一般为 5 ～ 15 人，身份应覆盖以下方面。

□　综合专家，主要来自美国国家科学院、国家工程院和国家医学院，联邦政府内设科研机构和军方科研部门，担任过行政领导且具有科研背景的综合型专家，也可能是已经退休的国家实验室领导。

- 学术界专家，在国家实验室能力相关的领域具有较高的学术水平，主要来自大学。
- 工业界专家，主要是与国家实验室下游的工业界有密切关系的工程专家。
- 管理专家，对科研管理、实验室运行管理较为熟悉的专业人员。
- 财务专家，对国家财年预算、财务政策熟悉的专业人员。

美国国家实验室的评估一般采用报告审核、会议和现场考察相结合的方法。国家实验室评估需要按照评估组织者（一般是作为国家实验室发起者的联邦政府部门）制定的格式编制评估报告，评估报告覆盖国家实验室的科研领域和运行管理。评估报告完成后，交评估委员会进行审核。同时，根据报告审核情况，评估委员会将安排一两天的评估会议，除评估委员会全体成员外，国家实验室科研和管理方面的重要领导、依托单位相关人员也需要列席。评估会议之后，往往需要一段漫长的现场考察。现场考察分为两部分：第一部分持续时间较短，主要是对国家实验室科研和办公环境、重要设备和设施、重要的可展示成果进行考察；第二部分持续时间较长且反复迭代进行，主要是评估委员会成员与国家实验室各个层次、各种身份的工作人员的面对面访谈。现场考察结束后，评估委员会将组织内部会议，对所收集的材料和数据进行整理分析，形成评估结论，并以书面形式将对该国家实验室的意见和建议反馈给该国家实验室管理部门。

美国国家实验室的评估主要采用定性为主、定量为辅的评估策略，评估委员会专家的意见对评估结果占较大权重，各类数据则被作为定性结论的辅助说明和支撑证据。

以下分别以对 DOE 国家实验室、ARL 和 NIST 的评估为例，分析讨论对非周期性、周期性和通用型评估的组织实施情况。

8.4.1 对能源部国家实验室非周期性评估的组织实施

以对萨凡纳河国家实验室（SNL）的一次临时性评估为例。

2012 年 3 月 19 日，在关于对研究与发展型组织评估的最佳实践的一次由 NRC 组织的会议中，SNL 的首席技术官、主管研究与开发的副主任 J. Stephen Rottler 博士介绍了 SNL 的评估过程。下面的内容节选自他的报告，题目是《对 SNL 的评估》。

SNL 正在进行对其水平、相关性和影响力的连续评估，采取的是以定性为主、定量为辅的策略，以数据作为参考依据。该组织联盟都是复杂的系统，由相互关联的部分构成。整个组织的全部特性无法通过对所有单个部分的检查完全获得。系统的行为体现出非线性特征，难以预测。评估者必须先调查，观察行为，再调查，再观察行为，反复迭代进行，而不能使评估影响到其行为；而且需要从定量评估迁移到定性评估，以数据作为参考依据。

具有悠久传统的组织通常具有烟囱型结构，其战略决策和经费支持不断拓展，以体现多学科研究型组织的重要性。

在 SNL 中有 3 种评估类型：① 自评估，尽量使其客观，但具有先天的局限。所有成功的组织都具有成熟的自评估机制，评估是客观的，并提升其响应行为。② 外部的同行评议和访问委员会（外部的咨询小组）被用于考核其水平、相关性、影响力及对客户的响应能力。③ 通过将被评估的组织与其他组织的基准比较，评估通常以形式化模式实现（通过对其他组织的访问），并包含较少的形式化交互。

SNL 的自评估正逐渐变得正式和规范化。每季度的评估都是领导者检验其团队是否达到在水平、相关度和影响力方面的预期。这些评估在管理的所有层次上开展。

独立的评估通过一个研究咨询小组开展，该小组每年召开两次会议。该小组的成员由资深专家组成，从交叉领域和公共部门选取。该小组发挥广泛意义的作用，以评估使用外部标准的技术水平，以及与其他组织的比较。评估检验 SNL 是否达到其作为最快跟踪者或先发研究者的角色的标准；同时，还会检验研究环境的健康状况，以及与其内部和外部客户的联系；在评估中解释工作的内容或为了创新而开展哪些工作。评估小组还与组织的客户开展交流，并检验其优先投资的影响力；评估投资能否支持实验室持续开展成果丰富的工作或开始新的工作。实验室领导研发（LDRD）基金是实验室一项重要的组成内容。实验室主任被允许确定如何根据实验室的使命在各项目之间分配 LDRD 基金。NNSA 负责对此计划的监管，在受控环境中捕获主要调查者产生的思想。该计划包含 5～6 个具有重大挑战性的计划，这些更大的计划中的每一个都被分配一个外部的咨询小组。从发展历史来看，这些更大的计划在迁移中获得成功，在实验室中具有影响力，或获取了后续支持的外部经费——这些具有影响力的成就都是在外部咨询小组的辅助下获取的。

按惯例，评估根据一组折中的积分卡来实施，指导对数据的选择以支持评估判定。定义了指标集合来评估所度量的 3 个领域：客户的价值、输出和输入。在每个领域内部，定义了指标集合来支持对组织所开展的工作和对这些工作具体情况的评估。为了评估客户的价值，针对以领导能力、管理能力和使命完成度来定义的价值和影响力，开展与工业界和技术合作者战略伙伴关系效果的定量检查。为了评估输出，针对管理成绩的环境在科学和技术研究领域的杰出成就，对工作环境和管理支持的要素进行量化评估。为了评估输入，针对人员能力，以及技术基础设施和大型设施，通过对汇报文件集和技术规划过程能够定量描述的测评，对科学、技术和工程决策进行检查。

在所开展评估程序中，包含对以定量数据体现的定性因素的检查，并对以下要素进行评估：清晰程度、完整性以及与研究策略的符合程度；所开展研究与组织使命的符合程度；开展研究所取得创新的水平；组织中科研和工程人员的活跃程度；考虑组织使命研究的长期和短期的影响力，以及对科学和工程前沿的推进。

总之，成功的组织及其评估者力争使评估的目的及其环境变得清晰，认真确定收集哪些数据并构建评估框架，同时，将评估与组织关于如何成为一个伟大的组织的观念联系起来。

8.4.2 对陆军研究实验室周期性评估的组织实施

近 20 年来，ARL 发起了由 NRC 实施的对其下属 5 个子部门工作技术水平的评估，这 5 个子部门在计算机与信息科学、人体研究与工程、传感器与电子设备、交通工具技术、武器与材料研究、生存能力 / 杀伤能力分析领域开展研究与开发工作。相应地，NRC 为 5 个子部门成立专家组，以提供 ARL 在科学和技术方面工作水平的年度评估。这些评估小组每两年提供一次评估报告，以总结它们的发现，并对 ARL 每个技术业务领域 R&D 的水平和运营情况提供相关的建议。这些报告被提交给陆军的实验室发起者、陆军和 DoD 的股东，并向公众发布。

每个评估小组受委托开展下述评估工作。

- ❑ 所开展研究的科学水平是否能达到国内或国际在顶级国家、高校和 / 或工业部门实验室中开展类似研究的技术水平？
- ❑ 所实施的研究计划是否反映了对在别处正在进行的科学和研究的广泛理解？
- ❑ 所开展研究是否采用了合适的实验室设备和 / 或数值模型？
- ❑ 研究团队是否具备能力胜任研究的挑战？
- ❑ 实验室的设施和设备是否为最先进的？
- ❑ 所开展研究是否反映了对陆军在研究与分析方面需求的理解？

❏ 科研计划是否实现对理论、计算和实验的适当综合？

除了上述列出的评估小组所调查的问题，NRC 还从评估小组成员中选出一部分组建专门团队，以解决由 ARL 主任提出的特殊问题。每年开展评估时，评估小组会参观 ARL 的设施，并对介绍技术项目和科研计划、设备和设施、人员背景和特性的支撑文件进行调查。评估小组和 ARL 成员之间的交流包含：在汇报、参观、演示、张贴展板，以及介绍 ARL 技术工作的其他途径过程中的交流；在评估小组成员获得对与评估相关的实际情况和其他周边信息的清晰了解过程中的交流。交流也可能发生在每次调查会议的结束时，且评估小组的组长通常关注对 ARL 成员的跟踪讨论。这些交流的目的是为评估小组成员创造机会以收集（对 ARL 成员是提供）准确、真实、高度相关的信息，并澄清与评估小组建立的构想可能相关的外围因素；这些交流非常重要，后续在两年一次的报告中的发现、结论和建议，都是建立在准确的实际情况和适当的理解之上的。

正如从 NIST 和 ARL 的评估案例中所能辨别出的，同行专家检查具有多种不同的形式，每一种都是根据组织的特殊类型量身定制的。利用同领域研究机构成员在评估中的时间连续性，能够在评估过程中获得相当多的优点，并支持由于组织不同所导致的评估的差异。针对具备经验的评估专家，在后续的检查中，可采取交叉分派的策略。

8.4.3 对国家标准与技术研究院通用型评估的组织实施

当前，美国超过一半的评估都由国家研究院下属的国家研究委员会通过与 NIST 以签订合同的形式开展。评估的重点是各实验室所开展科学与技术研究的科学与技术的质量。但是，为了实现对 NIST 更宽泛使命的辨识，以提供对管理的可应用的反馈，评估调查小组总能获得关于使命的多方面状况，典型情况包含充足的设施和 / 或经费预算，以及与上级部门使命的一致性和 / 或预期的影响力。

调查过程在一种对等的基础上开展，每个实验室对应的调查小组由 15 ～ 20 名成员组成，来自学术界、工程界和其他科学与工程领域，根据实验室的子部门（通常每个实验室包含 5 ～ 6 个子部门）划分成专题子小组。通常，每个子小组包括 3 名成员，但最终的选择由 NRC 决定，选择所考虑的因素包括专业背景、制衡、对研究兴趣潜在的冲突、特性的差异，以及提供服务的意愿。

每个实验室都会对评估做准备，并在互联网网站上公布预期的调查材料，以及发表论文和承担项目的列表，以供详细调查。在每次评估过程中，并不是所有项目都会做调查，因此，需要通过商谈来确定哪些项目需要调查，才能充分反映 NIST 的管理需求与关键要素。在被调查的项目中，调查小组的每个目标都是掌握该实验室的整体情况。通常，每个子小组都会与其调查的 NIST 子部门开展为期一天的讨论，听取展示报告，现场考察，并与实验室的成员和管理者开展交流探讨。然后在接下来的一天半时间内，调查小组组织召开全员会议，通常以闭门会议形式，对调查发现进行讨论，并确定评估报告的内容。由子小组书面记录现场考察结果，并由整个调查小组综合成一个完整报告。

作为被调查领域技术专家的小组，通常依赖其成员的经验、技术知识和专业能力。NIST 的主任向评估小组出具委托，明确其希望评估的实验室在 R&D 的大致方面（通常包括工作的技术质量、影响力、支撑资源是否合适），但调查所依据的严格指标和标准不在委托中规定。评估小组主要对科研水平、发表论文数和期刊水平、研究的时间安排、在其他单位开展相关研究的情况（外协项目）进行评估，其他指标包括专利、学术报告、专业咨询服务以及其他领域科技奖励等。但是，从整体上看，评估的结果更倾向于定性的，而非定量的。

8.5　结果应用

所有针对国家实验室的评估都会形成一系列的评估结果或称为发现，以及针对这些评估结果所给出的建议。这些评估结果和建议虽然多为定性的，但在表述上非常明确，具有支持实际实施的可操作性，而非笼统的叙述。作为举例，在表 8-5 中，给出了美国国防部陆军研究实验室（ARL）每两年一次的周期性评估的结果举例，表中信息来自 ARL 在 2017—2018 年度评估中的结果，其中共包含 8 项关键建议（Key Recommendation）。

表 8-5　美国国防部陆军研究实验室评估结果举例

关键建议一： ARL 应该提供一个具有预测功能的研究环境，该环境能够明确和统一评估方案和资助优先级，以支持对 ARL 使命非常关键的长期研究

关键建议二： 在第一条基础上，针对 ARL 的研究应建立布置方案和计划，包括如下内容：
　　（1）辨识出关键、核心和互补的研究项目和相关专业资源
　　（2）寻求外部和内部的技术支持，并根据需要开发 ARL 专业的评估环境

关键建议三： 在核心竞争力领域或大型项目中，ARL 的研究工作应着重考虑以下方面：
　　（1）对真实世界的观察
　　（2）实验室测试
　　（3）科学的理论基础（如建模与仿真）
　　（4）对模型的评估、验证和确认，以及对不确定性的量化

关键建议四：ARL 应更加重视和专注于对其研究的系统化评估，具体如下：
   （1）评估应该包含可度量的里程碑、输出，以及对集成项目和单个项目的度量
   （2）在所有的 ARL 大型项目中，应进一步重视人在系统中的作用，并充分利用人系统整合（Human Systems Integration，HSI）的成果

关键建议五：为了更好地实现 ARL 对科学和技术的预测使命，ARL 应该做好如下方面：
   （1）鼓励研究人员在专业团体和会议中担任领导和组织角色，从而促进专业发展
   （2）加快外协项目的审批程序，包括咨询和设备采购
   （3）开发一个清晰且基础广泛的实施程序，以实现与研究机构的外协和联合研发合作

关键建议六：ARL 应该提高它的意识并利用现有的技术专长在 ARL 内形成不同大型项目之间更广泛的合作，以更高的效率获得研究成果

关键建议七：为了丰富 ARL 开放实验区计划，ARL 应该考虑开发一个在线开放网络，研究人员可以利用该网络访问尚未获得内部网络使用资格的研究软件

关键建议八：ARL 应该开发和运行一个与军队相关的高质量数据和模型库，其主要内容与 ARL 的目标研究领域高度相关，并为其战略目标的实现提供数据、模型和框架，同时确保这些资源在紧急或出现故障的情况下不会丢失

同时，很多美国国家实验室的评估结果还将向公众进行公示，以利于公众了解国家实验室的发展、贡献和运行管理情况。特别是对于由统一发起者组建的多个同种类型的国家实验室，公示周期性评估结果还能够支持对各个国家实验室之间的横向和纵向的比较，有利于激励国家实验室的发展，指导国家实验室建设的方向。作为举例，在表 8-6 中，列出了部分 DOE 国家实验室历年来年度评估的结果。

表 8-6　部分能源部国家实验室历年的评估成绩

年度/年	实验室	指标 1	指标 2	指标 3	指标 4	指标 5	指标 6	指标 7	指标 8
2019	AMES	A-	N/A	A-	A-	A-	B+	A-	A-
	ANL	A	A-	A-	A-	A-	B+	A-	B+
	BNL	A-	B+	A-	A-	B+	A-	A	B+
	FNAL	A-	B+	B+	A-	B+	B	A-	B+
	LBNL	A	A-	A-	A-	B+	A-	B+	B+
	ORNL	A	B	A-	B+	A-	B+	B+	A-
	ORISE	A-	N/A	A-	A-	A-	A-	B+	A-
	PNNL	A	A-	A-	A-	B+	B+	A-	A-
	PPPL	A-	B-	B	A-	A-	A-	B	A-
	SLAC	A-	B+	B+	A-	A-	A-	B+	A-
	TJNAF	A-	B+	B+	A-	B	B+	A-	A-

续表

年度 / 年	实验室	指标 1	指标 2	指标 3	指标 4	指标 5	指标 6	指标 7	指标 8
2018	AMES	A-	N/A	A-	A-	A-	B+	A-	B+
	ANL	A-	A-	A-	B+	B-	B+	B+	B+
	BNL	A-	A-	B+	A	A-	A-	A	A-
	FNAL	A-	B	B+	B	B+	B-	B+	B+
	LBNL	A	A-	A-	A-	B+	B+	B+	B+
	ORNL	A	A-	A-	A-	A-	B+	B+	A-
	ORISE	A-	N/A	B+	B+	A-	B+	B+	A-
	PNNL	A	A-	A	A-	B+	B+	A	B+
	PPPL	A-	B	B	B	A-	B+	B+	A-
	SLAC	A-	B+	B+	A	B+	A-	B+	A-
	TJNAF	A-	B+	A-	A-	A-	B+	A-	B+
2017	AMES	A-	N/A	A-	A-	A-	B+	A-	B+
	ANL	A-	A-	A-	B+	B-	B+	A	B+
	BNL	A-	A-	B+	A	A-	A-	A	A-
	FNAL	A-	A-	A-	A-	A-	B+	A-	B+
	LBNL	A	A-	A-	A-	B+	B+	B+	B+
	ORNL	A-	A-	A-	A	B+	A-	B+	B+
	PNNL	A	A-	A	A-	B+	B+	A-	A-
	PPPL	A-	B+	B-	B-	B	B-	B+	B+
	SLAC	A-	B+	A-	A-	B+	B+	B+	B+
	TJNAF	A-	A-	A-	A-	B+	B+	A-	A-
2016	AMES	A-	N/A	B+	A-	A-	B+	B+	B+
	ANL	A-	A-	A-	B+	B	B+	A	B+
	BNL	B+	B+	B+	A	B+	A-	A	B+
	FNAL	A-	A-	B+	A	A-	B+	B+	B+
	LBNL	A-	A-	A-	B+	A-	B+	B	A-
	ORNL	A-	A-	A-	A	B+	B+	B+	A-
	PNNL	A	A-	A-	A-	A-	B+	A-	B+
	PPPL	B	C	C+	C-	B+	B	B-	A-
	SLAC	A-	A-	A-	A-	A-	B+	A-	B+
	TJNAF	A	A-	A-	B+	A-	B+	A-	B+

续表

年度/年	实验室	指标1	指标2	指标3	指标4	指标5	指标6	指标7	指标8
2015	AMES	B+	N/A	A-	A-	B	B+	A-	B+
	ANL	A-	A-	B+	B+	B+	B+	A-	B+
	BNL	A-	A-	B+	A-	B+	B+	A-	B+
	FNAL	A-	A-	A-	A	A-	B+	A-	B+
	LBNL	A-	A-	A-	B+	B+	A-	B+	A-
	ORNL	A-	B+	A-	A	A-	A-	A-	A-
	PNNL	A-	A-	A-	A-	B+	B+	B+	B+
	PPPL	B+	C+	B+	B+	B	B+	B	B+
	SLAC	A-	A-	A-	A	B+	B+	A-	B+
	TJNAF	A	A-	A-	B	B+	B+	B+	B+

其中，各指标的具体说明如表 8-7 所示。

表 8-7　部分能源部国家实验室评估成绩的指标说明

指 标 编 号	具 体 内 容
指标1	使命完成情况（所承担研究与开发项目的实施质量和成果）
指标2	研究与开发所需的研究设备和设施的建设和运行情况
指标3	对科学和工程类型计划和项目的管理情况
指标4	依托单位对实验室的领导和管理情况
指标5	实验室环境、人身安全和人员健康情况
指标6	业务系统运行情况
指标7	设备和设施的维护情况
指标8	实验室安全和对紧急事件的处理情况

国家实验室评估的结果除了对其后续的运行管理和发展建设具有明确的指导意义，有些国家实验室评估的结果还将使国家实验室产生具有重大影响的实质性改变。例如，确定 DOE 国家实验室依托单位的 M&O 合同的执行情况、是否延期或是否终止，都将取决于 DOE 国家实验室的年度评估结果，具体如表 6-6 所示。

参 考 文 献

[1] Army Research Laboratory Technical Assessment Board, Laboratory Assessments Board, Division on Engineering and Physical Sciences. 2019—2020 Assessment of the Army Research Laboratory: Interim Report（2020）[R]. Washington, DC: The National Academies Press, 2020.

[2] Committee on Department of Defense Basic Research, Division on Engineering and Physical Sciences. Assessment of Department of Defense Basic Research[R]. Washington, DC: The National Academies Press, 2005.

[3] Panel for Review of Best Practices in Assessment of Research and Development Organizations, Laboratory Assessments Board, Division on Engineering and Physical Sciences. Best Practices in Assessment of Research and Development Organizations[R]. Washington, DC: The National Academies Press, 2012.

[4] NGSS Lead States. Next Generation Science Standards: For States, By States[R]. Washington, DC: The National Academies Press, 2013.

[5] RICHARD W, JOCHEN G. The Changing Governance of the Sciences — The Advent of Research Evaluation Systems[M]. The Netherlands: Springer Science+Business Media B.V., 2007.

[6] PETER D L. The Public Sector R&D Enterprise: A New Approach to Portfolio Valuation [M]. New York: Palgrave Macmillan, 2015.

联邦政府必须对实验室进行改革，将实验室从 20 世纪的伴随原子能的起源过渡到 21 世纪的以创新作为驱动……（实验室体系的改革）所遵循的思想并不是沿着边缘修修补补，而是要构建新的决策体系，以实现对整个国家实验室体系的重构。

——无党派政策改革报告《翻开新篇章：重构 21 世纪改革经济中的国家实验室》

第 9 章　美国国家实验室的问题与对策

对于国家实验室而言，没有任何一种管理模式是可以包打天下的，所谓好的管理模式，只能说明在某个阶段，国家实验室的内外状态与其管理体制和运行机制正好相互契合，从而有助于发挥出国家实验室运行管理方面的作用。但是随着时间的推移、社会的发展、技术的进步和国家实验室内外环境状态的重大变化……这些因素都会对其运行管理产生重大影响，甚至暴露出诸多问题。因此，科学的、有生命力的管理模式必然是与时俱进的。美国国家实验室具有良好的自适应机制和外部调节机制，因此，虽然过去和当前不断面临一些运行管理方面的问题，但是能够以积极的态度和有效的措施来实现新一轮的系统化整改。

9.1　概　　述

美国国家实验室体系自二战期间形成以来，一直处于变化之中，伴随社会环境和科研环境的变化，国家实验室在规模上也发生了变化。国家实验室体系在有效地支持国家科技发展和维护国家安全方面做出重要贡献的同时，也一直饱受非议和挑战。近年来，美国国家实验室所面临的问题和挑战主要可概括为以下 5 个方面。

9.1.1　联邦资助机构对国家实验室的管理缺乏灵活性

在国家实验室体系中被广泛采用的 GOCO 模式，是美国国家实验室的重要特色之一，在确保国家实验室"国有"属性的前提下，采取灵活的"私营"模式，几十年来发挥出重要的体制机制优势。但是，随着时间的推移，GOCO 模式正逐渐"变质"，美国国家实验室正逐渐向更加严格的、由联邦政府机构主导的管理方向转变。这种联邦政府对国家实验室的僵化管理，大大降低了实验室的运营和经费使用的效率，使实验室的研发活动无法有效地与实际需求相对接。

9.1.2 僵化的财务管理制约了科研经费的有效使用

美国国会对国家实验室的经费支持是通过独立而又复杂的程序实现的，这个漫长而复杂的资源分配过程制约了研发经费的有效使用。由于美国科研领域普遍采用预算制，很多重大项目支出往往要提前半年甚至更久提出申请，导致很多重要科研经费支出由于没有事先做预算而导致无法按期实施；同时，由于自国会向下层层加压，导致科研经费预算越到下面的实施层越细，最底层直接从事具体工作的科研人员已经毫无灵活性可言。

9.1.3 国家实验室与产业界之间缺乏有效的联系

美国国家实验室体系自形成以来，国防科技领域的研究与开发一直是其主要任务。但也正是这种深厚的国防底蕴，形成一种抵抗与工业界合作的文化，国家实验室与私营企业的合作以及技术转让活动与其核心任务往往不一致，导致国家实验室与工业界之间缺乏有效对接。

9.1.4 科技发展与商业化行为导致国家实验室越来越"短视"

虽然 BOE、NASA 和 DoD 都强调对基础研究的支持，通过各种办法来预防国家实验室任务中对基础研究的忽视。但是，由于基础研究成果的长期隐蔽性、基础研究成果应用的偶发性、基础研究过程本身的曲折性，导致对从事基础研究评价的不合理性，从而将越来越多本该停留在基础研究领域发挥才干的"精英"自发或被迫进入金融、商务等"快钱"领域。同时，虽然美国有发达的知识产权保护体系，但科技的快速发展，导致人们已经无法利用信息、技术方面的壁垒来保护创新，这也逼迫国家实验室不得不卷入"短视"的行列。

9.1.5 国家级重大科研计划和高层运行管理人员的双双缺位

《核不扩散条约》、国际空间站即将退役、来自国际上绝大多数国家对世界和平的呼声导致美国目前已经没有太多需要举国之力才能支撑的重大科研计划了。特朗普政府提出的"重返月球"计划在实施过程中也充满坎坷。另一个更为严重的问题是美国国家实验室体系中高层运行管理人员缺位，如 NASA 局长曾缺位长达 1 年零 3 个月之久。缺乏重大科研计划的牵引和经营管理者的引导将使国家实验室进入相对混乱的局面，其发展自然会受到阻滞。

上述问题具体化到各类国家实验室中。后续章节将以 DOE 国家实验室为代表，深入分析美国国家实验室所面临的具体问题与挑战，及其相关的解决对策和改革策略。

9.2 国家实验室的"烟囱型"管理及对策

"烟囱型"管理问题的提法源自美国政府问责局（GAO）对 DOE 国家实验室运行管理的调研报告中，但"烟囱型"管理问题不仅仅局限于 DOE 国家实验室，在其他联邦政府局所辖的国家实验室及其他科研机构中，也是普遍存在的核心问题。因此，本节主要以剖析"烟囱型"管理问题来广泛深入地说明美国国家实验室在管理体系和经费管理中存在的重大问题，以及为了解决这些问题所采取的对策。

所谓"烟囱型"管理，其实也可以理解为我国所谓的"山头型"管理。在管理系统内，"烟囱/山头"林立，发展单一且互不关联，这些特征都非常不利于科研和国家实验室的发展。"烟囱型"管理既可能出现在组织上，也可能出现在财务和项目上，不论形成在哪里，都非常不利于国家实验室的发展。

DOE 的 17 个国家实验室中，有 13 个是多计划实验室，剩余的 4 个是单一计划实验室。单一计划实验室，如 PPPL 和 TJNAF，其使命任务集中于要求广泛科学实践作为支撑的单一科研计划；而多计划实验室，如 PNNL 和 ANL，则在许多交叉领域科研计划中开展研究，并在很多科学学科领域拥有科学实践经验。国家实验室甚至可以根据其专业做进一步分类：科学类、能源类和武器类。科学类国家实验室建立的目的主要是解决覆盖广泛的重大科学问题。能源类国家实验室的任务，理论上更适用于核能源、化石能源和可再生能源相关的能源问题。而所谓武器类国家实验室的任务，是开发和维护组成美国核军火库的成千上万个组件和技术系统，以及开展与国防相关的研究。

但是，随着时代发展，国家实验室中很少有能继续坚持其初始预期的。能源类国家实验室同时也开展材料科学领域的基础研究；而科学类国家实验室引领开展复杂的应用研究计划，其领域覆盖很广，从能源效率到网络安全再到基因。武器类国家实验室在科学和应用研究领域都开展研究。例如，SNL 管理着美国核武器的 6500 个组件中 6300 多个的设计图，同时，也拥有健壮的多学科交叉研究计划和用户设置（如国家太阳能测试装置），因此，有更多的学术领域和工程领域的研究团队被邀请参与协作，但这些问题却与核武器无关。

造成这种局面的部分原因是科学和技术之间相互耦合的程度越来越高。尽管传统将科学研究分为基础和应用两大部分，但越来越多的科研人员和管理者都一致认为这些区别的重要性逐渐降低。即使是对专业面最为狭窄的国家实验室，如单一计划的 FNAL，也在不断开展各种领域的技术转化，范围包括癌症图像检测和核电站废料清除。此外，DOE 国家实验室还为其他联邦政府部门提供支持，并获得其研究资助，包括 DHS、NIST、食品与药品管理局、疾病控制中心、情报协会、DoD 和 NASA 等。

人才培养方面，DOE 国家实验室也被作为对美国创新竞争力非常关键的未来科学和工程研究人力资源储备库。同时，DOE 国家实验室在将成果转化为民用方面也发挥了重大作用，所开发的技术已经作为种子诱发了各种各样新的美国工业产品和日用消费品，包括 CD 和 DVD、卫星通信、高能电池、超级计算机、自适应旅客推进器以及对癌症的治疗。所有相关产出每年占国内 GDP 的 0.03%。因此，当前 DOE 国家实验室的问题，不是美国能否从花费在 DOE 国家实验室的经费中获益，而是美国可以从中获益多少。当前 DOE 国家实验室虽然在能力方面仍然拥有优势，但其体制机制已日渐妨碍国家实验室的发展，因此必须重新进行设计。

9.2.1 能源部和实验室之间的关系存在问题

DOE 国家实验室目前最严重、影响最广的问题，是其体制机制已经从一种原本独一无二的优秀管理关系和管理模型，逐渐转化为一种通过集权来迎合来自联邦政府决策的死板官僚体系。GOCO 模式本应为管理者提供足够的灵活性，创造性地追求对国家使命的达成，但这一优势已经随着时间逐渐弱化；相反地，在 DOE 内部已经生成了核心控制的层次，将对国家实验室的管理转化为比以前更近似政府化的官僚体系。因此，产生的结果是：DOE 国家实验室的灵活度受到限制，授权不再是监视的主要方法，同时使创新过程变得混乱。

1. 对实验室内部微观管理中的问题

在 20 世纪 80 年代，DOE 增加了其对实验室的控制和监管，以分散来自公众和国会的关于控制政府浪费的压力。在 20 世纪 90 年代，由于国家实验室特有的安全方面的因素，DOE 进一步加强了控制，增设了对所有国家实验室的额外监督，并一直保留至今。这样做的后果是，DOE 代替了依托单位的责任，直接控制国家实验室的决策，甚至包括雇员、工人补偿、设备安全、差旅和计划管理这些琐事。目的是尽力避免未来国会的监察，如听证会，并降低预算。DOE 取代依托单位职能的结果是严重的，也是不易察觉的。

根据国家公共管理学院（National Academy of Public Administration，NAPA）的一项研究，DOE 对国家实验室的管理情况如下。

……不仅要定义（实验室的工作和研究的）可交付性和预定日期，还要精确地设定完成工作分配所需遵循的间隔步骤。实验室的工作人员被认为是关于如何获得最终结果的专家，并且他们应具有定义计划方法的最大支配权。接受访谈的实验室人员相信，按照约定俗成的工作授权，不应是任何计划办公室政策的结果，而是对独立计划管理者管理风格或个人选择的反映。

实际上，这意味着DOE 在已经由联邦政府和各州的法律委托授权的基础上，额外添加了关于安全性、可靠性、人员和环境相关的多余管理层次。来自DOE、OMB、职业安全和健康管理局（Occupation Safety and Health Administration，OSHA）的规定是重叠的，并且经常要求实验室管理者在相同的圈子里重复跳跃。

这种多重管理的一个典型案例是对梯子使用相关的法律法规，由于某次应用梯子相关的事故，DOE 要求在所有国家实验室范围内重新制定梯子应用安全规定，该规定包含了几乎与梯子相关的所有方面，包括 OSHA 所制定规定的所有上位法和下位法，完全覆盖了全国所有相关的规定。另一个典型案例是强加于国家实验室关于出席学术会议和差旅费使用的额外限制，由于之前在其他联邦政府部门发生经费使用的问题，结果导致国家实验室的所有人员也必须遵守这些额外的限制，其结果是，国家实验室的科研人员为了出席一次简单的学术会议，需要通过一系列非常长的许可单据。

达沃（Dow）化学公司是依托密执安大学的一家高科技公司，与 ANL 关系密切，其最高技术执行官威廉·班洪泽（William Banholzer）就对压制创新合作的官僚机构不必要的多重管理层次吐槽："如果达沃化学公司想要更改其在 ANL 发起的研究，则必须获得 3 个层次的许可，即 ANL、芝加哥大学（依托单位）和能源部。其中至少有一个是多余的。"

因此，应该由科研人员和国家实验室来制定政策，而非 DOE 片面制定冗长且仍在不断增加的管理链条上的各种重复授权和检查。这种过度管理几乎没有任何价值，而且还会导致项目的延迟并增加额外的费用。DOE 监察长办公室估计，由于这些官僚体系要求多重管理额外支出，对每个实验室的经费支持每年都达数百万美元之巨。一项由远景公司（Perspectives, Inc.）提交的研究发现，DOE 的实验区办公室对与工业界的合作 R&D 合同的处理时间平均需要额外增加 16 天。此外，该研究还发现，这个时间数据还不包括依托单位为了尽最大可能获取实验区办公室许可对合同相关材料的"准备"，并且"很多时间被实验室花费在分析实验区办公室的需求和关注上，而没有放在任务本身的周期时间估计上"。根据该项研究的结论，之所以实验区办公室的干预如此之多，是因为 DOE "（在开始关键阶段）对合作过程的管理在认识上非常僵化"。

2. 对实验室导向资助宏观管理中的问题

在较低的层次上，DOE 与 OMB、国会一样，对国家实验室投资决策的指导实施微观管理。实验室的经费预算被根据限制分割成许多独立的部分，每个部分经费被限制特定的应用。这种限制使得实验室管理者难以开展决策，因为他们必须对多个分离的经费条目进行管理，而不能将其合并使用。

经费的大部分都进入国会委托科研经费管理系统中，很小一部分研究预算——被定义为"超出部分"进入其他费用，这是覆盖了管理费、设备维护及其他由实验室主持的科学和研究费用的支出条目。对于这些超出经费的过紧约束限制了依托单位的灵活度，并导致管理者难以实施战略投资，无法推动所承诺的研究或增强实验室的基础设施或能力。

9.2.2 "烟囱式"的财务管理与"烟囱式"的组织模式

DOE 国家实验室的经费主要来自联邦政府的资助，但与其发起者 DOE 在经费体量方面未能达成一致，因此，国家实验室需要向国会要求持续的经费支持。这种支持是通过一种复杂的管理模式提供的，类似一套独立但又相互关联的财务管理"烟囱"。根据 NAPA 在 2009 年的一份报告：DOE 管理着来自国会的 51 类截然不同的拨款类别，其中包含 111 个独立的经费类别或条目，以支持其主要计划和活动。与该复杂拨款结构混合在一起的，国会还针对 DOE 建立了更为详细的经费使用控制，通过要求 DOE 随同拨款账单的报告中使用合适的说明或增设特殊的限制来实现。

DOE 按这些拨款途径组织了 6 个不同的计划管理局，由多个次部长、助理部长和局长负责管理。这 6 个管理局通过几十个下级办公室和项目办公室对国家实验室和竞争类项目进行管理。理论上，该系统对研究人员在经费使用和技术研发决策方面进行授权，但在实际运行中，该系统形成一丛"烟囱"，创新研究要在由许多科研计划和官僚机构交叠形成的环境中穿行，从而导致在国家实验室和研究项目之间缺乏必要的合作及顶层规划。

科研经费在从国会拨款进入 DOE 预算的过程中，不断地被分类或再分类，通过这 6 个管理局，通过数十个计划、数千个专项合同，最终才能到达实验室管理者和科研人员的手中。这种长而复杂的资源分配过程具有非常大的可供优化的空间，具体如图 9-1 所示。

国会设立了最高层的国家优先权，授权能源部制订资助计划

能源部解释了国会设定的使命，并将来自不同国会拨款的资金重组为6个以任务为导向的项目管理局

能源部下属的6个管理局： 作为国家实验室的发起者，每个局负责管理一个或多个国家实验室，并进一步将资金划分为几十个围绕特定科学和技术主题的具体研究项目

科学局 （SC）	能源效率和可 再生能源局 （EERE）	化石能源局 （FE）	核能局 （NE）	国家核安全 管理局 （NNSA）	环境管理局 （EM）
先进科学与计 算研究	可再生供电技术	清洁煤炭	先进建模与仿真	国防计划	试验区恢复
基础能源科学	可持续建筑与制 造供电	石油和天然气	核反应堆材料学	防止核武器扩散	储罐废料与 核材料
核聚变能源科学	可持续交通运输 供电		先进传感器和仪 器设备	应对恐怖活动与 应对核武器扩散	废料管理
高能物理学			先进制造方法	海军核反应堆	
核物理学			核扩散与恐怖活 动风险评估	紧急事件响应	
				核安全	

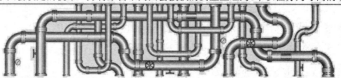

美国能源部国家实验室： 实验室投标数千份独立的研究合同，这些合同由能源部下属的6个管理局准备，也有来自非能源部的经费（图中未显示），并利用不同来源的经费稳定支持持续的科研项目

发起的国家实验室	发起的国家实验室	发起的国家实验室	发起的国家实验室	发起的国家实验室	发起的国家实验室
SLAC国家加速 器实验室	国家可再生能源 实验室	国家能源技术 实验室	爱达荷国家 实验室	桑迪亚国家实验室（联盟）	萨凡纳河国家 实验室
劳伦斯伯克利国 家实验室	阿贡国家实验室			劳伦斯利弗莫尔国家实验室	
太平洋西北国家 实验室	国家能源技术实验室			洛斯阿拉莫斯国家实验室	
艾姆斯实验室	橡树岭国家实验室				
费米国家加速器 实验室	托马斯·杰斐逊国家加 速器实验室				
	普林斯顿等离子体物理实验室				
	布鲁克海文国家实验室				

图 9-1 能源部国家实验室经费管理的"烟囱式"结构

1. 经费预算的过度分解

在过去的几十年间，国会和 DOE 在对国家实验室经费的微观管理上渐行渐远。依照国会和 OMB 的限制，DOE 在很多方面甚至做了更为详细的要求，以规约各国家实验室应当如何管理、分配和使用科研经费。在 DOE 内部的计划管理局还进行着额外的控制。这就导致国家实验室都有数千个经费账号，将科研经费切割为小但是受到严格管理的条目，称之为"预算原子化"。而在具体实施端，科研管理者粗制滥造地将数十个独立的项目合并，以构成他们的工作，而非根据已知的预算和目标管理这些项目。

预算原子化的主要原因是 DOE 和国会长期形成的过度管理，强调要"如何"开展研究，而非"什么"才是研究的最终目标。由于每个科研机构和研究项目都被赋予与经费相关的任务，且与其技术职责密切相关，从而导致国家实验室被锁定在预先设定的研究途径上，从而不可能实现性价比最高、最直接或最高效的解决问题途径。计划管理者关注的是与他们提供资助密切相关的短期研究目标，而不愿花费更多以寻求更有前途但周期较长的研究。

这会导致两方面重要的直接影响：第一，国家实验室没有获取足够的支持以开展周期较长的、需要战略支持的有前途的研究领域，除非这些研究就在已有的预算原子化分类之中；第二，国家实验室必须花费更多的时间和额外的机制来管理小规模的项目，这会挤占支持更有前景的研究的资源。

2. 实验室管理关系和经费资源之间的隔阂

科研经费不仅在分配上具有很低的效率，而且与国家实验室管理严重脱节。图 9-1 中显示的 6 个管理局负责 17 个实验室的管理。从行政管理的角度看，按这种途径对管理的分配可能是有意义的：各管理局与实验室紧密结合，被赋予开展与实验室研究人员和基础设施所具备的任务和核心竞争力紧密联系的任务。例如，NREL 开展可运输的可再生能源的研究，因此，该实验室受 EERE 管理；SNL 开展与国家安全相关的研究，因此，该实验室受 NNSA 管理。但是，国家实验室的使命已经随着时间、国家需求和基础设施的改变而发生变化，这导致了实验室、实验室所属的管理局以及它们主要的经费来源之间不断发展的差异化。

这种实验室与业务局之间的绑定导致异常的影响，将负责监管实验室的管理局与提供经费资助主体部分的各政府机构、计划和科研管理办公室相剥离。在很多情况中，提供大量研究经费的部门并不是实施监管的部门，潜在地导致了无法进行合作和没有效率的后果。这在 DOE 的多计划实验室中成为更严重的问题，它们从一些"非直属"来源获取的经费量经常超过来自上级管理局的经费量。例如，SNL 从其管理办公室 NNSA 获取的经费仅占其总经费量的 55%，PNNL 从其官方发起者 DOE 科学局之外的政府机构获得大约 80% 的经费，ORNL 从其发起者获得的经费量不足总量的 50%。实际上，在 17 个实验室中居然有 5 个从其管理局获得的经费量为 55% 或低于总量的一半。其结果是，实验室的"小股东"反倒提供了主要的管理职能，潜在地降低了实验室管理者的灵活度，导致实验室管理者无法与经费来源进行交互，并为非管理机构制定长期规划。

管理和经费之间不断增加的隔阂，造成了实验室内部的低效率和额外的消耗。当前，实验室为非发起部门开展重要的研究通过 WFO 类型的项目来实施，这些项目本身及其相关的政府部门具有不同的要求和管理模式，涉及管理费、归档材料、子合同条款、与私营公司竞争限制等一系列要求。同时，WFO 项目还需要获得 DOE 实验区办公室和总部的许可，并在已有的官僚程序之上增加额外的管理。

3. 战略规划与"烟囱式"管理之间的鸿沟

管理 DOE 的 6 个管理局都由一位主任或助理部长负责，其责任都是独立地实施重要的管理工作、监管经费预算，并与其下属国家实验室的董事会交流。在 DOE 国家实验室体系内部，平行的研究经费预算和授权使彼此之间形成壁垒，这导致实验室之间潜在的交叉协作和联合策略规划消失。NAPA 表示，"没有完整的机制来集中整合 DOE 战略规划，以保证对国家实验室体系的综合能力的优化，从而满足国家的关键需求"。

针对这一问题，SC 每年都要发布一个 10 年计划，针对其所辖国家实验室设施，同时还包含年度研究规划程序，但并没有针对其未来广泛的研究制订决策层的方案。NNSA 针对其下属 3 个国家实验室发布了一项 5 年计划，但其在研究规划上仍相对有限。EERE 也发布了 5 年的"多年计划方案"，但针对其管辖范围内的每项计划，并没有详细制订年度计划，也没有将其工作与其他管理局相关的在研能源项目联系起来。除此之外，DOE 组织的长期决策规划还包括 4 年期技术考核（Quadrennial Technology Review，QTR），该工作对 DOE 各管理局和实验室的所有能源相关的技术研究做整体评估。QTR 提供了 DOE 研究的尽可能广泛的基线评估，包含 DOE 内部中等规模的短期策划。但是，QTR 对实验室和管理局之间的协同研究几乎没产生什么效果，而且这是一次性工作：QTR 既没有形成制度，也没有对后续重复的工作进行计划。

4. "基础研究"和"应用研究"之间永久的争议

将国家实验室划分到所谓的"基础的"和"应用的"计划办公室,使资金和管理问题进一步复杂化。实际情况是,在 SC 管辖之下,多是大型基础实验室开展相当数量的应用研究。化石能源、核能和能源效率与可再生能源的管理局都管理着大量的应用研究,以获得在未来可能对商业价值具有潜在影响问题的解决方案,但对于这些问题,私营公司理论上不会自己投资解决。发起者们并不同意继续对很多应用计划进行持续资助,但同意在 DOE 管理部门内部建立专门组织,以防止研究被分割成众多独立的部分而影响效果。

这就导致科学研究的碎片化,按照不同管理局和专职的次部长对"基础的"和"应用的"研究任意附加标签。这种后果进一步恶化,导致对实验室研究计划的资助也因循这样的碎片化模式,形成了人为的官僚结构和在研究团队之间的文化壁垒,尽管这些团队都是为了解决相同的问题而工作。

该问题在联邦政府的高层引发了关于政府部门在科研中所应扮演角色的争论。主张限制联邦政府在研究中权力的一方认为,联邦政府在应用类研究中所能发挥的空间非常小甚至不存在;而主张扩大联邦政府在研究中拥有权力的一方认为,联邦政府在技术的培育期扮演着重要的角色,直到该技术可以完全放手交给私企。这种认识上的差别导致了对研究人为加以区分和标签化,从而影响到对这些项目的理解和资助,以及应对其存在给予什么样的政治环境。

尽管通过"烟囱型"体系对实验室(和一般研究项目)进行资助,能够较好地服务于这种主观的划分,但是这样做无法反映科研工作的当前状态。当今时代,科学的挑战已经将基础的和应用的研究相互混合,导致对二者间的区别通常是无意义的。应用类研究的实验室也在开展和组织基础类的化学、生物与物理的实验,同样,基础类研究的实验室通常会领导非预期的商业应用。

科学研究传统的线性模型,是将基础类的科学发现看作传送带上运动的离散单元,直到其涌现为应用类的产品,并成为未来研究的某个终点,这种想法已经逐渐被现代科学历史学家和科学政策研究学者所抛弃。相反地,科研更多地被认为是一个循环过程。基础科学中的发现导致新的应用技术。同时,面对技术和市场的挑战,更多先进技术中涌现出新的问题,只有科学家通过反馈回路才能回答。换句话说,基础类科研中对问题的回答,构成了新技术的途径,但反之也成立——新技术所面临的挑战构成了必须在基础类研究中回答的基础问题。目前,在 DOE 及其实验室决策管理中沿袭形成的"烟囱式"结构,正在抵消国家实验室在研究计划中跨越创新生命周期、放大潜在优势的能力。

9.2.3 打破"烟囱"重新规划经费和管理的建议

这种"烟囱式"体系和逐渐增长的分割，并不是新生事物，是由国会以及 DOE 总部及各管理局、项目办公室和独立的实验室政策机构的监管层次很多年不断作用形成的结果。为了解决这些问题，国会和 DOE 已经有意向处理由于烟囱式结构所造成的负面影响，但收效甚微。

第一项工作是在 2005 年，国会为 DOE 设立了一个新的主管科学的次部长职位，以向 DOE 部长提供关于实验室管理和通过 DOE 实施资助的短期和长期科研活动的咨询。国会的目标是形成一个新的独立实体，以消除过去长期以来形成的机构、研究和技术的"烟囱式"体系，并考虑 DOE 顶层的决策。

但是，关于新的次部长职位的设置，产生了一系列的冲突。首先，新的职位并没有被赋予对所有国家实验室和基础研究的直接监管权力，仍无法撼动DOE 的"烟囱式"结构，仅有 SC 及其所辖 10 个实验室被置于其监督之下，无法管理其余由部长监管的 3 个实验室和主管核安全的次部长监管的 4 个实验室。其次，国会并没有为主管科学的次部长提供任何关于预算和管理的权力，这些权力仍然属于 SC 的主任。但是，SC 主任在管理上是主管科学次部长的下属，即使这个职位具有完全的预算和管理所需的权力。这在很大程度上削弱了主管科学的次部长的职能，并导致对实验室和经费的管理仍然处于割裂状态。

第二项工作是在 2009 年创建能源创新中心和能源前沿研究中心时所做的，针对复杂问题给予大规模的经费支持，以实现管理局和实验室的互联。这些新的计划有意地实现"烟囱式"结构之间的交叉，通过将来自实验室、高校和工业界的研究汇集在一起，解决高度复杂的、多学科的科学和技术问题。但是，这些适应性的调整对"烟囱式"结构的解决过于简单，而且属于一次性行为，国家实验室的剩余部分仍然停留在低效率和过时的体系中，而研究的主体仍然是由"烟囱"体系资助的。

鉴于上述问题和措施的失败，国会对 DOE 国家实验室提出以下几方面的建议。

1. 形成统一的科研办公室

打破 DOE "烟囱式"结构，不止要求在打破基础或者调整已存在的基础的新计划中增加层次。国会之前在两方面都做过尝试，但都失败了。当前的工作更复杂，具有潜在的困难，而且需要对多年来形成的基础做全面的改革。

为了实现这一目标，国会应当将负责科学与能源次部长和负责科学技术次部长的职能合并，并包含监管经费预算和管理的权力。实际上，该项改革应当将 17 个实验室中的 13 个置于一个管理局的领导之下，而非将对实验室的主要控制权限分割给很多权力机构。

为了将"烟囱"合并，需要实现两项重大改变。首先，国会应当为新的主管科技的次部长赋予新的职能，为其所辖 13 个实验室建立一个单独的、扩展的 PEMP 程序。这将要求 DOE 形成一套专门的机制，支持 13 个国家实验室 M&O 依托单位的工作，而且建立关于科研计划的连贯统一的管理，赋予依托单位责任和义务。其次，国会应当为新的科研次部长赋予新的职能，以在 13 个实验室之间建立统一的策略规划程序，从而实现每个独立实验室的策略计划与系统级的工作相集成，以形成以 5 年或 10 年为周期的长期科研、设备计划和经费预算。这些改革需要在对所有科技实验室统一的管理之下从功能上制度化。

将所有实验室的管理和经费功能统一在一个单独的办公室之下，能够实现统一的管理策略，以辨识在所有实验室中开展的科研和工程领域的互相关联的属性，并尽可能消除不同学科之间的重大差异。

2. 在新的科研管理局指导下对研究进行整合

为了解决科研组织的"烟囱化"及其经费管理的分散化，还需要开展额外的改革工作。通过制度化，将科研管理权集中至唯一的次部长手中，打通由已有科学局和相关次部长管理的路径。例如，现有 6 个基础研究计划由科学局主任管理，另外 5 个应用研究计划由 DOE 次部长办公室的下属管理。为了解决现行的基础研究和应用研究管理局人为地划分研究项目的问题，国会应当撤销这些管理局，重新组建并关注更广泛创新领域的新一套管理局。这些新的管理局可能包括能源创新局、计算创新局、生物创新局、物理研究局和环境研究局。在这个新管理局体系中，出资方和项目经理可以根据绩效将经费拨付给最佳项目，而不管这些项目处在创新生命周期中的哪个阶段。较综合的科技方法将会比当前的烟囱式结构更有助于提高各个管理局的关键影响。

需要说明的是，这些建议没有为项目层级的重组推荐一个明确的模型，但是提议国会合并各种各样的研究职能，划归两个办公室统一管理，以更好地联系科学和技术的发展、识别重叠的研究和提升组织的整体效率。这些工作并不像合并现有的项目和办公室那样简单。决定这些新项目应当是什么样子，则需要在研究机构、私营企业和高等院校等利害相关群体之间进行更广泛的讨论，以确保国会和 DOE 所建立的机构是一个具备更大协同效能的组织。

尽管如此，在项目层次的重组中，国会应当遵循 3 个高层次的指导原则。

（1）研究项目应当关注解决较广泛的科技问题，而不是特定的技术。

（2）DOE 应当资助准许国家实验室研究和管理队伍设计解决方案的、专门致力于取得某些目标的较大规模的项目，而不是按照预定方法实施的仅具有渐进目标的小额项目。

（3）避免可能由于官僚机构的影响造成科研的方向性偏差和错误。

3. 对强化实验室管理中的责任和灵活性的建议

微观管理对国家实验室会产生一种压抑的效果，并且会消除 GOCO 模式所提供的灵活性优势。消除微观管理造成的影响需要回归到 GOCO 的单纯模式下。这意味着联邦政府将从更高、更宏观的层次掌控实验室，同时释放宝贵的时间和资源，以支持实验室的科研人员集中精力做好科研。进行这样的改革要求剥离不必要的管理层，恢复依托单位的权利，使其进入 DOE 管理之下的决策层。以下 3 种政策改革非常重要。

（1）对基于能力实验室管理责任的更好实现。DOE 应该过渡到一种由依托单位负责的运行管理模式上，从而将较少的关注放在 DOE 的监管上，而将更多的关注放在透明的预期和严格的执行评估上。根据 NAPA 所述，通过设计对依托单位基于执行模式的"信任与确认"授权，来"描述依托单位执行的预期结果，同时为依托单位保留灵活性，以完成那些结果。"成熟的 DOE 管理理论上支持这种模式，但是 DOE 在实践中没有充分实施这种模式。

DOE 对其所属国家实验室每年实施一次评估，通过评估来设定依托单位的责任和管理规则，并基于评估结果确定对国家实验室的拨款。SC 由于需要对 10 家国家实验室实施年度评估，因此，使用了一种名为绩效评估与测量方案（Performance Evaluation and Measurement Plan，PEMP）的通用框架来作为一种年报卡使用。PEMP 包含一定数量的指标来比较实验室的执行情况，包括工作人员安全性、科研管理、领导水平和经费预算，PEMP 同时也被作为一种主要的评估工具，用于确定并提供 M&O 合同商（依托单位）关于管理实验室的报酬。其他 DOE 管理机关使用类似的但名称不一样的工具来度量实验室的能力。

PEMP 程序当前已被作为一种有用的工具，以强化授权，但其杠杆作用可能会更有效。PEMP 在很大程度上通过其状态影响依托单位的责任——因为依托单位不想获得一个与其他实验室相比较低的 PEMP 分数。但是，PEMP 的应用并没有扩展到与经费相关的奖惩。依托单位获得良好 PEMP 分数与一般分数对经费的影响,与经费总量相比并不明显。同时,所开展的 PEMP 过程独立于很多 DOE 实施监管的其他杠杆,如对实验室运行情况的实验区办公室核查,以及对实验室设施的审计。换句话说,PEMP 在很大程度上是确定 M&O 依托单位经费量的一种额外机制,但并不是对管理能力的严格评估。

为了增加依托单位的责任,并降低 DOE 的微观管理,DOE 应采取一种扩展的 PEMP 程序,使其成为实验室管理和能力评估的核心。不同于要求 DOE 对每一笔交易进行检查和许可,实验室管理应获得决策授权,并在 PEMP 程序中持续负责。依托单位应被授权对其实验室决策的权力,同时根据 M&O 合同的要求,持续与 DOE 共享相关的信息。

在这些条件下,实验室都应当持续遵循联邦政府规定的工作空间安全标准,并满足环境规章,但额外的监管,如管理公共研究经费应用的规定,参加会议、建筑物建造和管理以及人力资本管理,将作为 M&O 合同的一部分进行规约,由实验室自行优先管理,而非实验区办公室的工作人员。

不应使官僚的、困难的甚至有时是随意的基础实验室决策的许可过程合理化,而应使每个实验室的绩效通过其满足合同规定的责任所体现的能力来决定,这些能力由每年绩效考核来保证,而非在每次决策之前确定。不应是针对在某一个实验室出现的问题而对所有实验室颁布新的管理规定,DOE 应针对单个实验室的失误来规约其依托单位的责任。所有改正的活动,包括增加惩罚性的限制和经济处罚,甚至最终取消依托单位身份,都在每个 M&O 合同中列出。

为了实施这种管理的向下分解,可采取一种合适的二步骤过程。

第一步,白宫的 OSTP 和 DOE 应当建立一个专项小组,以开始分解 DOE 对实验室的多重管理规定。该专项小组应包含关键股东的代表,包括实验室主任、作为发起者的政府部门和办公室、实验室的依托单位以及资深的科学和工程用户。该小组应被授权向 DOE 部长报告,内容是关于 DOE 如何维持对实验室运行的必要监管,同时消除过度的规则,并简化办事程序。该专项小组应该利用一年的时间开展研究,完成后该小组解散。然后,能源部长和 OMB 应当根据内阁规定的合理的时间集合,对每条建议立法,时间一般不超过 6 个月。

在没有 OSTP 和内阁参与行动的情况下,国会应开展类似风格的工作,通过建立股东小组,专门解决 DOE 对实验室的多重规章,并要求能源部长和 OMB 在合理的时间段内专门解决每一条建议。完成这些工作应当通过立法,或简单地形成专门的国会小组委员会,并邀请关键股东参与立法的听证过程。在这种方式下,国会应该在 18 个月内开展调研并实施这些工作。

第二步，DOE 应当通过 M&O 合同谈判小心地改变年度绩效评估程序。M&O 合同的谈判应该落在被提议的科研办公室，在至少 14 个非 NNSA 实验室，或甚至在所有 17 个实验室中保持一致的模式，设定 NNSA 的购入标准，作为对 M&O 合同的后续更新调整或重新竞争。新的内容应通过谈判加入到合同中，以清晰地定义实验室的依托单位必须遵循的管理实践。

特别重要的是，每个实验室通过 DOE，持续向国会汇报非 DOE 资助的活动，这些活动是在扩展的 PEMP 程序之外，同时从当前系统进入新的系统。实验室也应当增加，例如，报告新的合作工作和潜在的合作者之间的关联，这些合作者根据国家的优先级和其他税务资助研究共同开展研究。DOE 对国会的报告也应当提供深入研究，这些研究关于如何利用新的管理结构节省经费，扩展实验室能力，提供更为有效的技术转化，以推动总的效率。

以这种途径，实验室合同可以跳出 DOE 实施的直接业务监管，并面向信任但需要校核（Trust-but-Verify）的系统，逐渐增加和发展，使其足以应对这些实验室需要调整进程的必要问题。国会将继续通过可公开获得的 PEMP，以及年度报告程序，保持其对税收资源的强监督，同时实验室过渡到新的监管系统。

（2）简化并提高 DOE 实验区办公室的效率。通过应用依托单位—责任系统能够降低 DOE 进行的日复一日的运行监管，并且应该消除这种需要额外实验区办公室工作人员的需求。将依托单位—责任模型谈判变为 M&O 重建或新投标的一部分，对 DOE 实验区办公室人员的职能转变也应是改革的一部分。部分实验室管理者意识到，很多实验室得益于与实验区办公室的交流，特别是负责和管理重大在研公共项目方面。但是，实验区办公室规模的扩张是 DOE 对国家实验室管理变得膨胀冗余的直观体现。

DOE 实验区办公室的规模和存在应严格遵循商定的 M&O 合同标准。依托单位应该与 DOE 谈判，提出它们认为合适的实验区工作人员的数量，以给定如前所述的新责任关系的职责和预期。将谈判的权利交还依托单位是对纳税人更好的应对，因为这样，浪费在与官僚体系谈判上消耗的资源更少，而将更多可用的资源用于资助创新研究，以吸引更多的优秀人才。在该体系下，可以想象 DOE 与依托单位的责权将进一步明确，建立一个临时小组和审计人员共同工作会更有效率，以便于在随机和可能需要的基础上，与实验室管理人员互访和交流，而非保持一个固定的实验区办公室。

这里得到的论断并不是站在实验区办公室交互作用的一个明确层次的立场上的；相反地，是提出一种新的体系，在该体系下，DOE 的预先许可仅在非常敏感的实验室决策中才被要求，而允许实验室自身保留识别潜在问题和进行关于自身管理的策略决定的权利——范围限制在 M&O 合同中谈判明确的量化指标。对于一些实验室，这些改革的直接过渡仅需几个月的时间，而其他的实验室可能需要更长的过渡时间，以及更多的过渡节点。DOE 在制定新的指导方针时需要考虑这一差异，特别是那些与敏感的核研究和国防相关的实验室。

（3）增加实验室预算的灵活度。实验室应被给予更多的灵活度以引导自身进行重大项目和决策制定。为了在决策方面给予实验室更高的灵活度，国会应当取消现有的经费管理系统，取而代之的是实验室管理者的单一的、易于使用的顶层经费管理。国会应当在投资类型上提供非常宽泛的规则，可以应用但应避免产生降低预算灵活度的刚性经费管理"水桶"。这包括去除已有对 LDRD 支出最高 8% 的限制，并为实验室提供更高的灵活度，以使用大额经费提升科研水平。在此之后，DOE 应该通过谈判确定额外的细节，关于实验室管理者在 M&O 合同中如何利用超额经费的杠杆作用。

国会还应当增加预算的灵活度，扩大额外经费资助活动的范围，以包含更有竞争性的技术—演示验证项目。在实践中，这能够支持实验室通过在计划中使用大额经费，来达到消除限制私营公司关心的技术边界，并重新为新的问题确定初始研究的目标。在这两种情况下，这些经费能够对前期公众经费资助的研究起到杠杆作用——这些前期研究通常在实验室工作之列，并推动其进步，以更接近潜在的成功市场输出的目标。

在不增加任何独立额外经费投入的情况下，提升大额经费灵活度，能够鼓励实验室独立地发挥经费的杠杆作用，通过资本投入、LDRD 投入或新的优秀人才资助，获得具有更高冲击性的项目。为实验室提供更多的授权和自主性，支持其最佳地分配大额经费资源，但是，需要集中于科学研究和国家关于如何有效达到短期和长期目标的兴趣上来。将决策过程移交给具有专业知识的实验室管理者，能够确保最佳的决策，并为实验室提升效率。

在一些情况下，OMB 指导方针和法定冲突的解决也将发挥重要作用，以避免妨碍实验室管理者获得有效层次的自主性和资源灵活度，如关于 M&O 合同商如何在国会拨款之外资助基础设施建设和办公场所改造的限制。在这些情况下，OMB 和国会也应当发挥作用，以实现现代化供给模式，由所提议的 DOE 任务力（Task Force）通过立法和对 OMB 指导方针的修改来识别。

值得借鉴和推广的是，在私营公司中，管理者具有高度的灵活性，能够对变化的环境和新的发展做山反应，通过在不同的活动、产品和计划之间根据需要重新分配经费。在 DOE 国家实验室中有一个特例，那就是国会支持 DOE

国家实验室设立实验室主导的研究与开发（LDRD）项目。LDRD 是一类特殊的"超出部分"经费，实验室管理者可以在非常严格的管理规定约束下在研究计划之间使用这类经费。由 DOE 和 GAO 联合开展的研究发现，由 LDRD 资助的计划，不论其经费规模有多小，通常都具有很高的产出。LDRD 资助的计划，根据某国家实验室的说法，是"最重要的独立资源，能够为今天的需求和明天的挑战哺育卓越的科学和技术"，并且已经"极成功地支持了科学前沿的研究，为核心任务不断提供新的概念，并不断产生令人振奋的研究环境，将接触的青年人才汇聚到一起"。但是，除了 LDRD，按照当前的规定，实验室无法支持对它们经费、资源的积极管理，没有优先级来有效地满足研究目标，尽管该系统具有一定潜在的管理优势。作为解决途径，提出一种基于现有经费管理框架的折中方法，具体如图 9-2 所示，主要取决于国会在经费管理方面的策略。

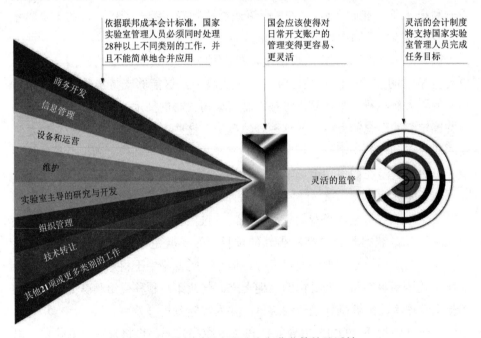

图 9-2　增加对国家实验室经费监管的灵活性

9.3　国家实验室技术转移存在的问题与解决途径

　　除了管理问题，美国国家实验室存在的另一重大问题是技术转移问题，这类问题将直接制约国家实验室成果对其国家使命的支撑，影响国家实验室的定位和使命，因此，本节专门对此问题开展分析。事实上，近年来美国联邦政府已经意识到职业问题的严重性，针对国家实验室与市场之间逐渐缺失联结的关键症结所在，通过强化国家实验室政策改革的关键方面，探索从根本上解决国家实验室技术转移存在问题的有效途径。

9.3.1 实验室和市场之间逐渐缺失的关联

通过国家实验室所开展的研究解决实际问题，是最终确定实验室所承担国家资助研究是否成功的最现实指标。实际上，不管是国家资助研究，还是私营经费资助研究，目的都是提升政府和私营部门响应具体使命要求的能力，支持基于技术的经济活动。

虽然 DOE 的任何一个基础科学探索项目都可能没有直接的商用价值，但是终极目标应当是建立一个体制，以促使实验室研究和市场之间形成强有力的联系。这样，在机会降临时，就可以实现这些探索项目的商用价值。遗憾的是，这种强有力的联系仍然没有建立起来。许多研究领域，尤其是能源部内部的研究机构，执拗地认为技术转让将极大地损害 DOE 的核心研究使命。因此，在同产业界开展合作方面，在积极地将潜在的商业目标同研究进行搭接方面，以及在充分利用实验室广泛的知识和人才资源以服务大学、产业界和其他机构方面，仍然存在着大量的政策上、预算上、文化上和体制上的壁垒，并且这种观念一直存在。

1. 实验室管理者对与工业界合作没有兴趣

如果由私营公司承担费用，就不应当把同这些公司的合作看成是低级的工作。没有人愿意考察企业的福利政策，但是在美国，实验室直接同工业界进行合作，确实是实验室的研究成果走入市场的一种最快捷的方式。现在，如果私营公司希望购买高价值设备设施的使用时间或与专业实验室专家合作进行专项研究，那么实验室管理者可以收取仅涵盖研究、设施和间接支出的总成本，而不是对需求旺盛的基础设施和服务收取过高的费用。对于非专有研究，例如，通常由高校进行、在同行评议期刊上发表的那些研究，是不收费的。在大多数情况中，同外部实体之间的合作都需要经过资质审查，这就使得非专有研究优先于有偿的专有研究。

虽然这种体制很好地确保实验室的资产可以公平地面向所有的用户开放，但这种方法却不是一个强有效的机制，既不能向纳税人体现这种资产的真实价值，也不能激励实验室管理者最大化这些实验室资产的生产力。例如，就某项对第三方有价值的服务而言，如果只准许实验室管理者收取预定的费用，那么，下述两种情况中必有一种发生：一方面，如果收取的费用太低，纳税人就等同于在补贴第三方使用者，亏损该资产的价值；另一方面，如果收取的费用太高，设施就不能得到充分的利用，而只有财力雄厚者才能够用得起该设施。

基于市场的方法不仅可以解决这两个问题，还能给纳税人创造额外的利益。虽然确保政府需求始终都应当优先，但是，基于市场的方法将能为纳税人带来更大的价值，以促使更有效地利用过剩的实验室产能，促进实验室和民营部门间的合作，实现互惠互利。这种方法的关键就是，准许实验室管理者根据市场的需求，确定在服务于所有的非联邦政府机构的过程中实验室设施使用的便利性、实验室设施的使用费用和其他费用。

目前，在通过同第三方合作，实验室获得非拨款性质的收入时，例如，知识产权授权费用或者设施使用费，这些收入往往用于直接冲抵所用产能的成本，投资于实验室的维护和间接费用，或者缴纳财政部的普通基金。除这些用途之外，这些增收的资金应当能够用于向管理承包商提供额外的激励，例如，用作发放给管理依托单位的奖金。如果采用更加灵活的基于市场的方法，那么这些种类的额外收入很有可能会大幅增加。虽然这些资金的分配应当符合现行的法律，但是具体细节应当根据每份合作协议另行协商。

这种基于市场的方法给纳税人带来的收益可能是巨大的。首先，由于实验室增加其设施产能利用率可以筹集更多资金，因此，纳税人在实验室间接费用或其他成本上的支出将会相应减少。这不仅可以减少开支，而且由于实验室管理者可以直接地将费用用于最需要的地方，因而还将能更好地维护实验室的设备设施。其次，基于市场的方法还能够激发实验室之间的竞争，在这种情况下，各个实验室将会想方设法地吸引用户使用其产能过剩的设施并参加其开发研究的合作安排。一方面，这种竞争将很有可能促进建立更有活力的、技术最先进的设施；另一方面，也可以明确地区分出那些没有价值的设施。最后，采用基于市场的方法管理实验室资产，就是由市场确定实验室过剩产能的价值。这将会导致实验室产能的大幅扩张或者萎缩（如果没有市场）。这个体制将会使得那些可能具有商业用途而最终进入民营部门的在实验室内开发的技术成为相应实验室的核心使命的一部分。

当然，作为国有设备设施的好管家，依托单位应当负责首先保障专用的设施产能能够满足政府的使用。为了保护国家安全，所有的第三方合作行动都将受到适用于实验室—工业界协议的现行法律和保护条款的约束。值得注意的是，这里并没有建议 NNSA 一定要采用这些改革，但是笔者认为，这些建议同样也适合于核安全类国家实验室。

同样需要注意的是，要确保高校、其他公共部门以及非专有研究在用户设施和其他实验室能力中依然保有充足的使用权，以满足这些公共机构的需求和履行实验室促进科学探究和研究的核心使命。但是，增加专门产能管理和定价的灵活性，在确保产能顺应市场需求而趋向于更合理化的同时，也将会促使实验室从自己的产能中榨取更多的价值。

2. 实验室—工业界协议的不一致

为了响应国会在某些特定情况下的一再要求，DOE 已经建立了很多种模式，供实验室在同工业界合作中使用，包括为他人工作（Work for Others，WFO）协议（当前被称为战略合作计划）、合作研发协议（Cooperative Research And Development Agreement，CRADA）、用户设施协议（User Facility Agreement，UFA）、其他交易协议（Other Transaction Agreement，OTA），并且通过技术转让办公室指导技术许可。2012 年，DOE 实施了一个试点工程，被称为技术商业化协议（Agreement for Commercializing Technology，ACT），给予实验室同研究合作伙伴谈判磋商的更大灵活性。这些协议及每种协议的局限如表 9-1 所示。

表 9-1　现行的国家实验室合作研究协议

属　　性	合作研发协议（CRADA）	为他人工作（WFO）协议	用户设施协议（UFA）	其他交易协议（OTA）	技术商业化协议（ACT）	合同模式建议的原则
描述	同外部合作单位间的共同研究项目，双方都提供某些资源，进行某些工作，以解决共同的问题	向外部合作方提供的非标准合同工作，例如，为第三方进行某种材料的化学分析，然后提供分析的结果	使用能源部和实验室明确地用于对外合作的、已经批准的"用户设施"的协议。这种类型的协议使用最简便	一种非常规的协议形式，用于非标准化的合作，必须经由能源部总部谈判磋商，而且还需要获得能源部长的批准	2012 年出台的一种新型协议，正在一些实验室中试行。这种协议准许依托单位在承担风险上有更大的灵活性，作为回报是更大的灵活性	协议在对待实验室能力方面更像对待用户设施一样：实现即插即用。依托单位应当按最有利于依托单位和能源部的方式自由决定如何管理实验室资源，主动接受年度考核

续表

属　　性	合作研发协议（CRADA）	为他人工作（WFO）协议	用户设施协议（UFA）	其他交易协议（OTA）	技术商业化协议（ACT）	合同模式建议的原则
知识产权	参与者和依托单位各自保留自己的版权、专利和技术数据。共同持有协议中不可分割的联合开发的知识产权	除非能源部拒绝专利放弃，否则其作为发起者能够拥有工作中产生的所有版权和专利。发起者能够产生新的私有信息，并且保护工作中引入的、来源于协议以外的任何信息	用户和依托单位拥有各自的版权、专利和数据。共同持有协议中不可分割的联合开发的知识产权。在私有型UFA中，用户能够保留私有信息；在其他类型协议中不可以	能源部能够按照合理的商业条款谈判磋商版权、专利和专有信息	实验室依托单位能够按照合理的商业条款谈判磋商版权、专利和专有信息	依托单位应当代表能源部自由地开展对知识产权的谈判磋商。仅当涉及来源于实验室以外的政府知识产权时，才需要能源部参与。通常出资方应当拥有知识产权
同工业界竞争（政府项目）	不准许	不准许	不准许	可能不准许	可能准许，前提是仅当非联邦政府合作伙伴参与时	不准许
依托单位和工业界共担的风险	是：参与者要为政府和依托单位提供保障	是：发起者要为政府和依托单位提供保障	是：用户要为政府和依托单位提供保障	是：但是能源部必须谈判磋商风险	否：依托单位承担全部风险，并且可能为合作部门提供保障	在所有的协议中都应当准许依托单位谈判磋商风险
经费分配结构	除非参与者提供全部的资金，否则协议双方的费用自理。依托单位不能获得任何经费/奖励	所有成本回收仅返回到实验室；依托单位不能获得任何经费/奖励	对于非私有项目：无成本回收。对于私有项目：所有成本回收仅返回到实验室；依托单位不能获得任何经费/奖励	依托单位不能获得任何经费，其他条款可以同能源部谈判磋商	依托单位可以与用户谈判磋商条款和费用，并分担风险	应当准许依托单位自行或代表实验室（视情况而言）按市场价格收费。依托单位可以代表能源部就所有的其他定价条款同用户谈判磋商
能源部检查与认可	是	是	否	是：需要部长层面的审核	视具体情况而定	不做要求
多实验室协议是否可行	是（仅在有能源部深入参与的情况下）	是（仅在有能源部深入参与的情况下）	否	是（由能源部谈判磋商和决定）	是	应当准许并予以鼓励，无须能源部参与

　　实验室同工业界的合作始终存在着诸多问题，这些问题一直没有得到解决，主要的原因不在于立法不充分，而在于各个实验室和 DOE 如何执行这些协议的问题。政府问责局（GAO）在 2009 年的一份报告中发现：界定技术转让的政策不清楚，DOE 总部和实验室的官员们对于哪些活动应当包括在技术转让的范围内并不总是能够取得一致的意见。每个联邦机构都按各自理解来解释如何执行法律规定的协议。更广泛地说，只要符合 DOE 的法定指导方针，其每条"烟囱"和每个实验室也都各自地解释如何执行与工业界的合作协议。

　　从工业界的角度来看，同实验室进行互动并不比在五六种"能源部—实验室—工业界三方协议"的框架内谈判磋商那么轻松简单。多年以来，DOE 有关处理合作协议的要求越积越多，而且几乎所有与工业界的技术合作或者技术转让协议都需要 DOE 的事先批准。据一项报道，ANL 曾梳理出，仅在促进技术转让这个方面，实验室和研究人员必须满足 110 项要求。

　　DOE 实验区办公室对这些协议也进行解释，给工业界又增加一层麻烦。因而，同工业界的合作就像在 4 种协议中进行谈判磋商，而且每种协议都可以按 17 种方式进行解释那样错综复杂（或者说，68 种不同协议，同时还要外加实验区办公室的解释）。合作形式、付费标准、赔偿条款、双方责任、知识产权，以及谈判磋商的其他领域都有显著的差异。

　　DOE 已经实施 ACT 试点工程部分地解决这些问题。这个试点工程准许实验室同意较灵活的合作条款，缓和了很多谈判磋商问题，结果大大地缩短了谈判磋商的时间。最重要的是，这个试点工程准许实验室采用依托单位自担风险以增加收费的绩效标准。

　　按照 ACT，DOE 使用收到的预付款负担研究的成本，同时准许实验室依托单位承担超出能源部通常愿意或者能够承担的某些特定绩效风险，以收取额外的费用。从本质上来说，这种做法就是鼓励实验室同工业界互动，并给出了一条更简捷的途径。

　　遗憾的是，与 CRADA 或者 WFO 有所不同，ACT 只适用于那些不受联邦政府资助的实验室研究合作伙伴。也就是说，如果一个公司得到联邦政府的资助，例如，国防承包商、小型企业创新研究的承担单位，或者使用 NIH 的研究经费进行运作的生物技术公司，那么，这个公司就没有资格使用较灵活的基于绩效的技术商业转化协议。一般说来，期望同这些实验室进行合作的技术公司往往也都是在联邦政府资助研发系统内运行的公司，因此，这样的规定限制了 ACT 的潜在影响。

因此，在同工业界进行合作时，实验室可以采用的现成工具不仅代价太高、刻板僵硬，而且往往会耗费很长时间。据科技政策研究所的一项报道：如果想同实验室研究人员进行合作，工业界就必须走过一系列迂回曲折、错综复杂的步骤。在这样的情况中，工业界基本上不具有同国家实验室进行合作的机会。大型公司也许能够（不过通常也都不能）绕过这些路障，但是，预算有限、人手不足的小型公司都没办法通过这些路障。借用科技政策研究所的话来说，新企业，尤其是一些小型企业，可能根本没有必要的资源，可以用来密集地搜索和了解这些实验室究竟具有哪些技术和能力。

除不太了解和宣传营销不力以外，这个过程本身太复杂，也是一个障碍。由于限制性的法规条例和越来越烦琐的能源部监督，例如，不仅要通过总部的监督，还要经过实验区办公室的监督，一份协作产业协议通常需要 3 ～ 6 个月才能完成审批流程。因为业务和产品开发周期短，很多公司，特别是一些小型新创技术公司，不愿意等待这么长的时间。

3. 企业家职能的利益冲突法则压制文化

利益冲突是一个重大的问题，必须正确地执行法律，以确保纳税人资金所支持的研究是优先促进公共利益的研究，其次才是促进私有的利润。利益冲突的一个例子就是，实验室研究人员持股的公司是否同时也可能从他们的实验室研究中获得利益。但是，过度保守地解释利益冲突法律，实质上会扼杀很多种可能有益的研究人员同行业合作伙伴之间的合作，阻止研究人员更有效地从事其专长领域的工作，而且在研究和实践之间设置起障碍。

部分问题在于不同的实验室法律顾问对利益冲突法律有不同的解释。正如产业合伙协议一样，这种脱节导致不同的实验室虽然有相同的法律文本，但是却可能采用不同的策略。《史蒂文森—怀德勒技术创新法案》明确地鼓励实验室积极地解决利益冲突的问题。然而，许多限制性的冲突法律存在于各种文件中，而且不同的实验室对于如何执行这些法律都做出了不同的解释。这使得研究人员很难形成创新性的合作，对于这些合作在道德上或职业规范上是否可疑存在误解。

《史蒂文森—怀德勒技术创新法案》还要求实验室"通过辨识在技术领域做出杰出贡献的个人和公司，鼓励技术发展，同时还鼓励学术界、工业界和国家实验室 3 个领域的科技人员开展交流"。

这个法案甚至还明确地阐述如何使用研究资金开发创业课程，其思想非常明确：鼓励各个机构铲除不必要的限制性利益冲突政策。尽管如此，这些国会授意的指示却从来都没有充分地予以执行，在涉及公共资源的商业化运用时，实验室的文化仍然保持怀疑和保守的态度。

不得不承认，很多实验室都实行"留职创业"计划和对技术转让实行物质奖励。但是，在营造同等技术转让、创业和科学探索文化的漫长道路上，这些激励只是迈出的一小步。实验室研究人员被禁止从事其之前职业领域中的研究，这样的例子现在依然比比皆是。例如，实验室研究人员如果拥有同自己专业领域有关的技术专利，那么他在实验室这个领域工作就会遭受到许多阻碍，即使这个领域是他最精通的专业领域。这就导致一个意想不到的后果：妨碍杰出科学家发挥全部潜力，因而，项目不能吸引到最优秀的人才。

4. 实验室的评估标准不鼓励技术转化

除对研究人员的激励力度不大以外，甚至实验室管理层也缺乏主动性，不能创造性地思考本实验室的研究和能力的商业适用性。在实验室考评指标方面，两个问题增加了技术转让的复杂性：一个是在全实验室考评程序中，缺乏技术转让的权重；另一个是在具体运用这些考评程序中，缺乏适宜的技术转让衡量指标。尽管国会督促要促进技术转让以获取经济成果，但是，技术转让在能源部年度绩效考评管理计划报告卡上依然是一个优先等级相对较低的指标。

虽然实验室年度评估指标中都有技术转让内容，但是它们在总考评中所占的分值却很小。事实上，技术转让甚至不在考评的 8 个主要指标之中，而只是作为第 6 项指标"业务系统"中的第 5 个子指标。即使是在这个位置，其分值也很低。因此，尽管技术转让具有潜在的经济利益，但是实验室没有投入时间、能源或者资源用于促进技术转让的激励措施。

除在考评中权重低以外，衡量技术转让的指标也没有进行优化设计。根据 GAO 的调查，因为还没有建立起涵盖整个 DOE 的技术转让目标和缺乏可靠的绩效数据，DOE 不能确定其各个实验室向能源部以外机构转让技术的效果。对技术转让仅有的衡量方式就是中间性质的研究成果：技术许可和共同研发协议等的数量；而不是使命的成果：实现的研究目标、解决的问题或者市场的影响。

在归纳总结这种研究产出和技术转让成果间的脱节时，科技政策研究所的一项报道称："实验室推进技术研发，而不是响应市场牵引力。更好的指标也可以鼓励实验室技术转让办公室致力于发展真正有价值的技术转让关系，推动技术向市场移动和解决问题。"

例如，一个经常使用的技术转让衡量指标就是专利申请的数量。尽管这个指标似乎合理，但是，基于这个指标进行考评就会鼓励承包商申请很多低质量的专利，而不管这些专利是不是华而不实、是不是重复多余，或者是不是具有实际的商业应用价值。科技政策研究所建议：应当设计更好的指标，衡量技术转让的投入、活动、产出和结果，进而更好地管理技术向市场转移的流转过程。具体来说，由于没有强力有效的技术转让衡量和考评，实验室就没有办法从一开始就将技术转移过程融入其研究运行活动。当前的问题是，仅当一个成功的项目具有专利申请或者特许协议（即产出）的价值时，技术转让办公室才涉入这个项目的研究过程，而不是从一开始就积极地参与这个项目，以促进潜在的产业或者政府的联系方参与，从而加速相关技术的开发。

9.3.2 为实验室与工业界更好合作的建议

如果管理得当和公开透明，实验室同工业界的合作关系有助于增进研究的科学成果和经济成果。国会和 DOE 应当为实验室提供一整套具有连续性、灵活多样的技术转让工具、考评标准和政策支持，以便于更大一部分的公共研究经费能够有更好的机会产生更实在的经济效益和社会效益。要想让技术转让和产业合作的文化在实验室系统中生根发芽，枝繁叶茂，有必要提供新的激励，刺激变革，建议具体采取下述各项行动。

1. 对联邦资助实体的扩展技术商业化协议

ACT 有很多较灵活的条款和条件，对于增加实验室同产业间的互动绝对必要。事实上，ACT 有可能填补现行合作协议中的许多空白。为此，DOE 首先要推动 ACT 从试点阶段进入所有实验室均可使用的阶段。接下来，DOE 应当扩大 ACT 的适用范围，以涵盖实验室同接受其他联邦资助的公司之间的合作。这样，实验室不仅可以同受到其他联邦资助的民营实体进行合作，还能增加实验室在风险、费用和知识产权等方面的谈判磋商灵活性，无须预先获得能源部的批准。这就等于立即向实验室提供了一种可以高度定制的同产业合作的工具，将会显著地增加实验室—产业界研究合作的数量。

2. 支持实验室引导新的合作模型而不需要能源部的预先批准

根据现行规定，DOE 必须审核实验室同第三方之间的任何合作协议，但是需要预先批准的用户设施协议不受此限，因为这种协议的适用范围有限，只用于少数几种特定设施。根据向"信任＋验证"责任模式转型的情况，DOE 部长应当给予实验室试点一些有代表性的合作协议的权力，无须事先获得DOE 事务性批准。为了保护国家利益，可以对协议类型做限制，但是，只要有必要 DOE 就应当允许实验室的合作，共同开发全新的合同模板，并且简化这种开发全新合同模板的过程。实验室管理者将最终负责开展这种试点项目中所谈判磋商的所有合作行动，并且对这些合作行动承担最终的责任。同时建议这些活动不得优先于政府需要的研究。而且为了确保国家安全得到充分的保护，国外合作者在参与这个试点项目时应当像其在 DOE 的其他任何合作项目中一样受到同样的审查。

在刚开始的时候，这类试点工程应当在准许的安排、财务风险和责任条款的有限规模和范围内实施。除这些基本限制以外，负责管理与运营的依托单位及其谈判磋商伙伴应当准许可以自由地确定合作协议的其他条件，例如，活动范围、费用、人员和研究中产生的知识产权或者有形产品的所有权等。这种方法不仅能够最大限度地提高实验室的能力，以满足市场对其能力的需求，还能最大限度地减少 DOE 官僚体制带来的拖累。但是，随着时间的推移，根据实施试点工程的成功程度，试点工程可以进行扩展，并且最终发展成为一种永久化的合作模式，让依托单位在管理其所承包的技术资产上有更大的灵活性。

在实践中，这将准许实验室可以按照过去管理类似合作行动的既有框架，在不需要 DOE 官僚机构直接参与的情况下，更快捷、有效地同产业达成协议，管理其承包的所有能力，包括官方指定的用户设施或者其他类型的能力。例如，如果一家技术公司想租用某套设备，或者使用某项关键的实验室能力，那么在这样的安排中，将鼓励实验室使用能满足双方需要的最简单协议，而不管这个协议是用户设施协议、共同研发协议、代工协议，还是其他类型的合作协议，而且实验室主任可以酌情决策，直接批准这个协议，无须再向 DOE 另行汇报。这并不是说不向能源部提供任何记录以便进行监控和审查，而只是说在协议终定以前无须 DOE 的许可。文书类工作不应当拖累创新的步伐。重要的是，准许承包商承担风险和责任，获得收入或者其他报酬，可以更显著地提高实验室投资于有益的技术转让合作的积极性。

3. 支持实验室对设备设施和其他资产使用灵活的定价

准许实验室对设备设施及其他资产实行灵活定价，这样，实验室就有了同工业界互动的工具，尽管这些工具比较复杂、不均衡，而且使用起来很麻烦。但是，实验室缺乏主动使用这些工具的积极性。在如何同外部团体开展合作方面，除给予实验室更大的灵活性以外，还应当推行新的实验室管理理念，给予实验室主动使用这些工具的更大激励。国会应当准许实验室无论是否能够完全地收回成本都可以按灵活的价格收取服务费用。这样，只要民营部门支付的费用超过实验室能力的会计成本，实验室都会积极地寻求技术转让和其他的合作。不言而喻，增加定价灵活性不应当妨碍现行的国家安全保护。

原则上，准许按市场的行情进行定价收费，以引导市场使用实验室系统，将有助于推动实验室系统趋向合理化。能够吸引大量外部兴趣的设施至少可以自负成本，减少纳税人的负担，为将来的自力更生树立一个先例。最终，如果设施或功能能够吸引足够投资，能够从民营部门获得收入并维持自立，在不危害国家利益的前提下，政府就可以考虑剥离该设施或能力。反过来，不能吸引充足公有或民营资金的设施就可以关闭停运。然而，在大多数情况下，既不能吸引公有资金，也不能吸引民营资金的情形可能不会发生。相反，采用市场定价方法获得的额外资金将用于负担公共设施的维护成本，只可能会弥补纳税人的资金，而增加第三方使用设施将有助于确保国家能够最大化公款研究基础设施的影响。

需求紧俏的实验室用户设施和研究能力可以就专属性质的非发表类研究实行高收费。目前的情况是，这些高收费产生的额外收入通过灵活设置间接费用账户用于实验室维护，支付间接费用、承包商激励奖金，和／或缴纳财政部用于冲销纳税人成本。这些激励措施有助于鼓励承包商在市场上和在同产业界的互动中充分地利用自己的独特能力。在此，从理论上来说，需求紧俏同样可能会导致公共资源的剥离。

当然，务必要注意的是，要确保公共部门和学术研究能够继续按合理的利率畅通无阻地使用实验室能力。这种制度必须有一些保障措施，以确保产业使用实验室不会排挤公共部门使用这些研究设施。在这种新制度中，学术和政府使用实验室仍将继续优先考虑。理论上，来源于高需求的服务和产能的收入可以再投资，用来扩大这种产能，以进一步地满足需求，或者帮助补贴扩大非专有类研究的免费运营活动。此外，有些实验室基础设施可能只服务于唯一的目的：满足能源部的使命目标或者构成国家安全的核心。这些实验室基础设施没有产业性质的用途。在这种模式中，这些基础设施能力将继续由适当的出资机构进行资助和管理。

4. 在所有实验室中重构和一致应用利益冲突的法律

营造技术转让的实验室文化还需要大张旗鼓地表彰积极参加创业活动的研究人员和努力扭转学术界鄙视同产业合作的不良风气的研究人员。要解决这个问题，DOE 首先应当就利益冲突法律的解释做出部长层级的指导，以便于在所有的实验室中公开统一地执行这些法律，包括留职创业与交流计划。例如，DOE 可以向其他政府部门学习如何提供这样的部长层级的指导。

例如，NIST 在 2010 年采取一系列改革措施，以扭转过于严厉的利益冲突政策。这些政策禁止研究人员在其曾经持有专利的任何领域中参与研究。这些改革措施成为更广泛改革的模型，鼓励实验室研究团队在服务他们的公款资助的科学使命的同时，为整个经济体做出贡献；同时，也有助于确保不会将高技能的研究人员拒之门外，使得他们不能为完成实验室和机构的使命做出贡献。

增加实验室员工同产业交流互动的灵活性，就意味着一方面要追究他们的违规责任，同时也要给予他们足够的信任。应当采用同样的"信任理念 + 验证责任制度"方式管理实验室和能源部之间的关系，并且应当扩展这种方式，使之适用于各个研究人员。

5. 在扩展的绩效评估和度量计划过程中为技术转移增加权重并设置更高分值

实验室不应当等着看研究的黑盒子最终孕育出什么技术，而应当将市场的理据纳入研究的规划过程之中。目前，年度考核管理计划过程只是把技术成功向市场转移当作是一种事后的意外收获。提升这个重要职能的地位使其成为一个独立的考评科目将会显著地影响实验室的管理思想，有助于扭转数十年以来怀疑和排斥技术商业化的积习。

当然，有些实验室条件较好，比其他实验室更能容易地实行商业化。例如，在很多技术领域中，所谓的应用型能源实验室同产业的合作已经比单一功能的粒子物理学实验室要密切得多。因此，不可能有一个精确的权重适用于所有的实验室。恰恰相反，在每份合同续订期间，这个技术转让的权重可以同实验室经理谈判磋商予以确定，并且纳入管理及运营合同之中。

重要的是，新设立的科学办公室也可以在 DOE 现有的权限内开展这项活动。前文中建议的扩大绩效考评管理计划承包商责任制度可以扩充，包括一个新的考评科目，即第 9 个考评科目：技术影响。这个科目将评价实验室研发技术的经济影响，以提高实验室主任的积极性，激励他们更重视促使宝贵的政府知识产权资产和技术进入市场，实现其应有的价值。共同研发协议、代工协议、用户设施协议和特许权协议等相关的传统考评指标将用作本项评价的基础。

另外，前文中建议设立的科技政策办公室专项工作组应当负责提出较有效的技术转让衡量指标。例如，实验室研究的经济影响、创造就业的影响、剥离技术产生的收入和其他市场影响等衡量指标可以增添到共同研发协议和专利的传统衡量指标之中。鉴于《史蒂文森—怀德勒技术创新法案》已经要求实验室在不影响实验室的政府使命的前提下尽可能地最大化公款研究的商业结果，因而在《史蒂文森—怀德勒技术创新法案》得到妥善执行的情形中，很可能仅需要通过行政权力就能够实行这些优化衡量指标的变革。

9.4　强化国家实验室的政策改革的总结

在过去的几十年间，DOE 国家实验室很好地服务于广大公众，一直是颇有价值的新技术和新产业的推动力量。但是，由于技术的性质和国家的需要一直在演变，实验室的管理和主管模式未能跟上形势的发展步伐，因此建议开展政策改革，主要面向以下 3 个目标。

- ❑ 增加国拨研究经费的单位使用效能，以创造最大的利益。
- ❑ 确保实验室已做好准备，以撬动私营部门的投资服务于国家利益。
- ❑ 增加实验室研究的灵活性、相关性和服务于公私利益的便利性。

下面简要地概括基于这些基本原则而建议的改革举措，旨在促进创新，增加经济效益，合理化实验室系统。

9.4.1　重构征询国会活动

通过国会立法支持下属改革需要。

（1）准许实验室对设备设施和特殊能力实行灵活的定价机制：国会应当准许实验室对所有的专有研究按市场价率收费，而不是只准许收取成本费。按行情收费产生的额外收益可以根据管理合同用于奖励管理承包商、补充实验室的额外间接费用支出和 / 或返还纳税人（如必要）。

（2）合并现有的科学局、能源效率与可持续能源局、化石能源局和核能局，以形成一个新的科学局：新科学局将只设 1 名科技次部长，拥有全面的预算和管理权，除目前由核安全次部长管理的 4 个实验室以外，负责资助和管理所有的实验室。

（3）协调科学局和新科学局能源次部长的研究职能：国会应当授权能源部长在科学局中设立权限更广泛的多个新项目办公室，以更好地协调所有的公费研究。国会应当向科研领域、工业界和学术界广泛地征求意见，以确保新的规划和项目体现当今科技的多学科特性，促进研究和市场的一体化融合。

（4）关于国家核能安全管理局和环境管理实验室的说明：由于国家核能安全管理局和环境管理实验室所涉及的独特的国家安全环境，以及国会在管理这两个机构方面的特殊关切，前面几乎所有的改革同样地能够而且也应当适用于国家核能安全管理局主管的实验室。然而，鉴于核安全同其他能源安全间的细微差异和半独立自治的国家核能安全管理局的独特历史，确定如何对国家核能安全管理局主管的实验室和新科技次长主管的其余实验室实行共同管理超出本报告的探讨范围。

（5）废除自上而下的间接费用会计规则：国会应当命令 DOE 废除指定性的间接费用会计规则，另行设立宽泛的经费类别，资助实验室可能的必要花销。不应规定每一分钱应该怎么花，国会监督的焦点应当集中地放在实验室能不能实现它们管理合同中所规定的研究结果。国会应当废除对实验室定向研发资金的限额，并且增加一项技术转让的规定：准许实验室使用间接费用支持早期阶段的示范项目，只要这些项目能够铲除限制民营部门参与热情的技术障碍或者能够调整原始的研究以解决新问题。有关这些资助类别的具体细节应当由能源部和实验室通过谈判磋商确定，纳入管理及运营合同。

9.4.2 重构能源部、白宫管理和预算办公室或管理局活动征询

下述的改革可以由 DOE 实施，如果 DOE 不作为，则由联邦政府或国会督导实施。

（1）扩展 ACT 的适用范围：DOE 应当推广在试点工程中采用的 ACT 应用于所有的实验室，同时扩展这些技术商业转化协议的能力，增加灵活性和适用范围，以适用于各种各样的合作伙伴，不管它们是否接受联邦的资助。

（2）设立一个高层的专项工作组，负责提高实验室的效能和落实责任制度：科技政策办公室应当设立一个高层的专项工作组，由实验室系统所有的主要利害相干人、主管机构和同实验室合作的产业领导组成，主要评估下述两个问题。

□ 简化对实验室的监督，以减少繁文缛节和官僚流程：专项工作组尤其应当评估如何才能把更多和更大的权力下放转移给实验室，使其能够自我管理，减少能源部直接参与许多日常决策（包括履行共同研发协议和其他合伙协议）的必要性。

❑ 制定优化的技术转让指标，以实施扩大的绩效考评管理计划过程：扩大的绩效考评管理计划过程应当在不违反每个管理及运营合同的前提下，明确地将技术向市场转化的评价作为衡量管理与运营承包商的成功程度的一个关键指标。

上述两套推荐措施既可以通过政府的行政行动，也可以通过国会的授权，由能源部负责在合理的时间内实施。如果白宫科技政策办公室不作为，那么，国会应当实施这些建议措施。

（3）转向基于绩效的依托单位责任模式：实验室的运营应当由依托单位按照管理及运营合同进行日常管理，并且以 SC 的绩效考评管理计划过程作为基础，出台统一的审查过程，扩展适用于所有的实验室，每年都对这些实验室的承包商进行绩效评估。

（4）实验区办公室监督责任纳入管理及运营合同：驻场办公室应当作为依托单位新责任模式的组成部分，由依托单位和 DOE 谈判磋商，在协议中予以约定。如果双方达成共识需要降低或撤除驻场办公室的存在，那么，DOE 必须相应地做出反应。

（5）准许实验室在非联邦资助的合伙经营协议中拥有自主权：DOE 部长应当准许各个实验室实施试点项目，尝试让实验室管理者在某些情况中可以无须事先经过 DOE 的批准，使用事先批准的研究合同框架同第三方进行合作。经过一段时间后，在依托单位证实自己具备相应的能力，能够有效地管理对自己承包的实验室的风险以后，DOE 可以逐步地减少需要批准的情形。专项工作组的建议将明确地阐述这个新类别的具体细节。

（6）提高技术转让在扩展绩效考评管理计划过程中的权重：在适用于整个系统的扩展绩效考评管理计划过程中，DOE 应当增设一个评估科目——技术影响，以根据技术的市场影响效应评价各个实验室。实验室不同，这个新科目的权重也应不同，具体的权重将根据各个实验室研究业务的市场适用性程度事先在管理及运营合同中通过谈判磋商约定。

（7）执行连续一贯的利益冲突准则：DOE 部长应当向实验室发布新的、连续一贯的指导，鼓励研究和管理团队同公司和企业家开展合作，以便每个实验室在执行利益冲突法律的过程中不会有不同的解读，同时确保每个实验室都能向研究人员提供连续一贯的留职创业机会。

9.5 对美国国家实验室问题及其对策的进一步解读

经济基础决定上层建筑。美国国家实验室体系作为其科研和工程方面的顶层平台,同样受到经济规律的制约。因此可以说,美国国家实验室当前所面临问题的根源是经济问题,如何利用有限的经费,既要维持庞大的国家实验室体系各方面的正常运行,保持其在国防科技领域的长期优势,又要能够持续输出成果,避免受到"浪费纳税人的钱"等指责。经济问题直接或间接引发了其他问题,具体体现在 3 个方面。

首先是来自国家实验室发起者的问题。美国国家实验室一般都有一个或多个发起者,或资助机构,为国家实验室提供设备设施和经费方面的支持。严格意义上,发起者才是国家实验室的真正拥有者,代表着美国联邦政府对国家实验室持有拥有权。而所谓的依托单位或运营商,只是国家实验室的临时管理者,不具有对实验室在"物"和"财"方面的拥有权。美国国家实验室将其拥有权和管理权分开的策略,是对国家实验室运行管理的重大创新。但从管理角度,将两权合并才能获得较好的短期效果。因此,发起者如 DOE 在管理过程中将管理不断下沉,导致对国家实验室的管理出现冗余,也就是所谓的"烟囱式"管理。因此,打破"烟囱式"管理,解决国家实验室运行管理灵活性问题的核心,是要迫使发起者将监管权力上升,为依托单位留出足够的运行管理空间。

其次是财务制度问题。这一问题在任何科研管理中都是核心所在。美国国家实验室的财务制度问题的成因,在于国家实验室使命任务的转移:维持其原有使命的经费资助不足以支持国家实验室运行,为了发展,国家实验室不得不通过其他途径争取经费,从而导致国家实验室承担的科研项目在比例上出现"倒挂"。而不同的经费渠道所遵循的财务制度是不同的。为了用好这些占据国家实验室经费主体的资助来源,国家实验室就不得不在一种相对"混乱"的财务制度管理模式下运行。为了解决这一问题,美国联邦政府不惜对其政府机构内部"动刀",希望通过对强势管理部门的整合来理顺财务管理程序。

最后是国家实验室与市场的问题。这一问题是多方面原因综合作用的结果。其一是科学研究本身的客观规律造成的,任何一项有生命力的技术,其初期都是不为人们所理解和重视的。能够短期内走向市场并创造重大的社会价值和经济价值的技术，往往需要沉寂多年，经历多次反复迭代。因此，重大科技进步往往带有随机性，常常在没有确定意图下自动成型并发挥作用。市场干预只能作为一种辅助手段，而无法改变科学发展的客观规律。其二是国家实验室的早期使命定位决定了其研究就不是面向市场的，这也是美国国家实验室比较尴尬的一个特征。因此，美国国家实验室与市场之间的矛盾，基本无法从本质上得以解决。事实上也不需要解决。

通过上述分析可以看出，在以国家实验室运行管理为代表的科研管理中，很多问题具有共性，并不因为社会文化、政治体制、经济模式的不同而不同。所谓"优越性"，可能仅是由于经济基础的差异，也就是说，美国在过去几十年间，由于其经济实力强劲而掩盖了很多科研管理制度上问题，从而给人们造成"美国科研管理水平具有无可比拟的优越性"的错觉。但是，也并不能否认美国国家实验室体系对美国科技发展，特别是国防科技水平一直保持世界最强的重要意义和作用，对于我国的国家实验室建设，建议从以下方面做深入研讨。

第一，要形成完备且可持续发展的科研体系。与占我国主体的跟随式科研不同，美国国家实验室在科研体系设计方面完全靠自身的创新。换句话说，美国国家实验室的科研体系设计是其政治、经济、文化和科技发展水平综合作用的产物，外界的影响可能成为诱因，如"9·11"事件进一步刺激了国家安全相关领域的研发，但绝不会成为主导因素。同时，在科研体系设计方面保持稳定，特别是在顶层和次顶层的领域方向设置上非常保守，往往十几年不会发生较大变化。而且，基础科研在美国国家实验室科研体系中占据较大比重，这就避免了将资源都倾斜到"见效快""获利高"的应用领域，保持了整个体系的完备性和可持续发展能力。

第二，要建立面向宏观的例行管理模式。美国国家实验室的成就很大程度上得益于其宽松的宏观管理模式，其中应用较多的 GOCO 模式，在本质上，作为发起单位的政府部门仅负责宏观管理，具体的微观管理或服务都交给依托单位，而依托单位的商业机构性质决定了其管理上的极大灵活性。DOE 国家实验室目前面临的问题根源之一就是 DOE 将手伸得太长，已经进入依托单位负责的范围，从而导致管理中间层的日益庞大、错综复杂，从而制约和限制了国家实验室的发展。另一方面，管理中间环节的增加，也打破了原有国家实验室已经习惯的运行模式，需要额外新学习并适应多余的管理程序，从而严重干扰了科研和工程任务的顺利实施。

　　第三，要确保足够的多元化经费资助。如何合理分配科研经费，使其既能起到必要的支撑作用，又能激发科研人员的创造力和主动精神，是科研管理中的主要难题之一。不患寡而患不均，一旦科研经费分配失衡，既容易造成科研领域的腐败，也会对科研人员的积极性造成重大打击，破坏力非常大。近期，美国 DOE 国家实验室很多中层管理的额外约束，都是由经费使用方面的问题导致的。同时，在经费分配方面的马太效应非常明显：处于起步阶段的青年研究人员往往得不到足够的经费支持，但是一旦突破某个隐形阈值，就进入完全"自由"的世界，不再担心经费来源问题。因此，对起步阶段甚至萌芽状态的研究支持往往更为重要，面向没有名气、没有地位甚至没有像样成果的青年科研人员的小额课题的杠杆作用巨大。因此，美国国家实验室中的有识之士一直呼吁，减少实验室可供支配经费资助的限制，提倡经费多元化，特别要对青年科研人员、小创新团队等提供必要的支持。

　　第四，要兼顾科技发展各端的动态平衡。美国国家实验室基本上都设置在与国家安全和国防相关的国家战略领域，如核、能源、航天、武器装备等，这些领域具有突出的领域特征：一方面，与应用端靠得非常近，成果在国防等领域的转化率非常高；另一方面，出于对技术发展的先进性、前沿性、颠覆性等角度的要求，又需要有强大的基础研究作为支撑。这就导致在实验室完成使命的各项活动中的人力等资源的分配问题。同时，国家实验室对国家使命的完成，几乎全都需要在多学科、多领域甚至多层次研究的基础上进行，国家实验室必须保证其研究体系的完备性。换句话说，关于国家实验室内部基础研究和应用研究的界限虽然已经开始逐渐变得模糊，但关于二者的争论仍然不会消失，甚至会由于某些利益相关的因素而放大，因此，迫切需要建立新的运行管理秩序。此外，大型科研设施的建设和应用都有其客观的周期性规律，在国家实验室规划和运行管理中也应考虑这方面的动态平衡。

　　第五，要充分利用一切可以利用的资源。随着科技的发展，特别是以信息技术、智能科学为代表的新兴技术的发展，整个国家科研体系在功能分配上面临新一轮的优化布局。美国国家实验室成功的经验表明，对国家实验室在国家科研体系中的定位和分工非常重要，国家实验室只有弥补学术界和工业界无法涉足的鸿沟，才能充分发挥其在国家科研体系中的作用。这也从另一个角度说明，国家实验室也不应过多涉足学术界和工业界所擅长的方面，应做到"有所为有所不为"。充分利用学术界的人才和基础科研方面的优势，利用工业界的开发和技术转化为应用的便捷优势，以及利用在国家科研体系中所有可供利用的资源，发挥其独有优势，才能实现其良性发展，完成国家赋予的使命。

参 考 文 献

[1] 黄振羽，丁云龙. 美国大学与国家实验室关系的演化研究：从一体化到混合的治理结构变迁与启示 [J]. 科学学研究，2015，33（6）：815-823.

[2] 周岱，刘红玉，叶彩凤，等. 美国国家实验室的管理体制和运行机制剖析 [J]. 科研管理，2007，28（6）：108-114.

[3] 杨少飞. 美国国家实验室管理模式探析 [J]. 实验技术与管理，2005，22（5）：119-122.

[4] MATTHEW S, SEAN P, NICK L, et al. Turning the Page: Reimagining the National Labs in the 21st Century Innovation Economy[R]. Washington, DC: Nonpartisan Policy Reforms from the Information Technology and Innovation Foundation, the Center for American Progress, and the Heritage Foundation, 2013.

[5] MATTHEW S, JACK S. Oversight and Management of Department of Energy National Laboratories and Science Activities[R]. Washington, DC: The Heritage Foundation, 2013.

[6] National Academy of Science, National Academy of Engineering, Institute of Medicine of the National Academies. Rising Above the Gathering Storm: Energizing and Employing America for a Brighter Economic Future[R]. Washington, DC: the National Academies Press, 2007.

[7] GRAEME B, ADAM L. Immigrants Across the U.S. Federal Laboratory: Explaining State-Level Innovation in Immigration Policy[J]. State Politics & Policy Quarterly, 2011, 11（4）：390-414.

附件：部分缩略语

缩　　写	英 文 全 文	中 文 释 义
AAAS	American Association for the Advancement of Science	美国科学促进会
AAU	American Association of Universities	美国大学联合会
ACT	Agreement for Commercializing Technology	技术商业化协议
AEC	Atomic Energy Commission	原子能委员会
AFMC	Air Force Materiel Command	美国空军物资司令部
AFRC	Neil A. Armstrong Flight Research Center	阿姆斯特朗飞行研究中心
AFRL	Air Force Research Laboratory	美国空军研究实验室
AGS	Alternating Gradient Synchrotron	交变梯度同步加速器
ANL	Argonne National Laboratory	阿贡国家实验室
APS	Advanced Photon Source	高级光子源
ARC	Ames Research Center	艾姆斯研究中心
ARL	Army Research Laboratory	陆军研究实验室
ARLTAB	Army Research Laboratory Technical Assessment Board	陆军研究实验室技术评估委员会
ARM	Atmospheric Radiation Measurement	大气辐射测量
ARO	Army Research Office	陆军研究办公室
ARPA-E	Advanced Research Projects Agency-Energy	能源部先进研究计划
ASCR	Advanced Scientific Computing Research	先进科学计算研究
AT&T	American Telephone and Telegraph	美国电话电报公司
ATLAS	Argonne Tandem Linear Accelerator System	阿贡串联线性加速器系统
BNL	Brookhaven National Laboratory	布鲁克海文国家实验室
CASIS	Center for Advancement of Science in Space	空间科学促进中心
CMI	Critical Materials Institute	关键材料研究所
CNM	Center for Nanoscale Materials	纳米材料中心
COCO	Contractor-Owned and Contractor-Operated	民有民营
COGO	Contractor-Owned and Government-Operated	民有国营

缩　　写	英 文 全 文	中 文 释 义
CRADA	Cooperative Research And Development Agreement	合作研发协议
CSHL	Cold Spring Harbor Laboratory	冷泉港实验室
DARPA	Defense Advanced Research Projects Agency	国防部高级研究计划局
DCAA	Defense Contract Audit Agency	国防合同审计署
DHHS	Department of Health and Human Services	[美]卫生与公共服务部
DHS	Department of Homeland Security	[美]国土安全部
DNP	Dynamic Nuclear Polarization	动态核极化
DOC	Department of Commerce	[美]商务部
DoD	Department of Defense	[美]国防部
DOE	Department Of Energy	[美]能源部
DOI	Department Of Interior	[美]内政部
EMC	Electron Microscopy Center	电子显微镜中心
EOP	Executive Office of the President	总统行政办公室
ERDA	Energy Research and Development Administration	能源研究开发署
ES&H	Environment, Safety and Health	环境、安全与健康
F&A	Facilities and Administrative	设备与管理费
FAR	Federal Acquisition Regulation	联邦采办规章
FFRDC	Federally Funded Research and Development Center	[美]联邦政府资助的研究与发展中心
FLC	Federal Laboratory Consortium	[美]联邦实验室联盟
FNAL	Fermi National Accelerator Laboratory	费米国家加速器实验室
FNLCR	Frederick National Laboratory for Cancer Research	弗雷德里克癌症研究国家实验室
FTE	Full Time Equivalent Employee	全职人员
FY	Finance Year	政府财年
GAIN	Gateway for Accelerated Innovation in Nuclear	核加速器创新计划
GAO	Government Accountability Office	[美]政府问责局
GDP	Gross Domestic Product	国内生产总值
GOCO	Government-Owned and Contractor-Operated	国有民营

缩　　写	英文全文	中文释义
GOGO	Government-Owned and Government-Operated	国有国营
GPRA	Government Performance and Results Act	政府绩效与结果法案
GRC	John H. Glenn Research Center	格伦研究中心
GSF	Gross Square Feet	平方英尺建筑面积
GSFC	Goddard Space Flight Center	戈达德航天飞行中心
GTRI	Georgia Tech Research Institute	佐治亚技术研究协会
HEP	High-Energy Physics	高能物理学
HRL	Hughes Research Laboratories	休斯研究实验室（群）
INL	Idaho National Laboratory	爱达荷国家实验室
IOM	Institute of Medicine	医学研究院
IPCC	Intergovernmental Panel on Climate Change	政府间气候变化专门委员会
ISS NL	International Space Station National Laboratory	国际空间站国家实验室
ITER	International Thermonuclear Experimental Reactor	国际热核反应堆试验
JCESR	Joint Center for Energy Storage Research	储能研究联合中心
JPL	Jet Propulsion Laboratory	喷气推进实验室
JSC	Lyndon B. Johnson Space Center	约翰逊航天中心
KSC	John F. Kennedy Space Center	肯尼迪航天中心
LaRC	Langley Research Center	兰利研究中心
LANL	Los Alamos National Laboratory	洛斯阿拉莫斯国家实验室
LBNL/ LBL	Lawrence Berkeley National Laboratory	劳伦斯伯克利国家实验室
LDRD	Laboratory-Directed Research and Development	实验室主导的研究与开发（项目）
LHC	Large Hadron Collider	大型强子对撞机
LLNL	Lawrence Livermore National Laboratory	劳伦斯利弗莫尔国家实验室
M&O	Management and Operating	管理与运行（合同）
MagLab	National High Magnetic Field Laboratory	国家高磁场实验室
MERS	Mars Exploration Rover Mission	火星探测漫游者任务
MIT LL	MIT Lincoln Laboratory	麻省理工学院林肯实验室

续表

缩　　写	英 文 全 文	中 文 释 义
MSFC	George C. Marshall Space Flight Center	马歇尔航天飞行中心
NACA	National Advisory Committee for Aeronautics	美国国家航空咨询委员会（NASA 的前身）
NAMS	NASA Academic Mission Services	NASA 学术任务服务联盟
NAS	National Academy of Science	国家科学院
NAE	National Academy of Engineering	国家工程院
NASA	National Aeronautics and Space Administration	[美] 国家航空航天局
NBACC	National Biodefense Analysis and Countermeasures Center	国家生物防御的分析与对策中心
NCAUR	National Center for Agricultural Utilization Research	国家农业应用研究中心
NCED	National Center for Earth-surface Dynamics	地球表面动力学国家中心
NCI	National Cancer Institute	国家癌症研究所
NCSA	National Center for Supercomputing Applications	国家超级计算机应用中心
NCTR	National Center for Toxicological Research	国家毒理学研究中心
NE	Office of Nuclear Energy	能源部核能局
NEIDL	National Emerging Infectious Diseases Laboratories	国家紧急传染病实验室（群）
NEF	Non-Federal Entity	非联邦政府部门
NEOS	Network Enabled Optimization System	网络优化系统
NETL	National Energy Technology Laboratory	国家能源技术实验室
NIAID	National Institute of Allergy and Infectious Diseases	国家过敏与感染性疾病研究所
NIDILRR	National Institute on Disability, Independent Living and Rehabilitation Research	国家残疾、独立生活和康复研究院
NIDDK	National Institute of Diabetes and Digestive and Kidney Diseases	国家糖尿病与消化及肾脏疾病研究所
NIH	National Institute of Health	[美] 国家卫生研究院
NIJ	National Institute of Justice	国家司法研究院
NIOSH	National Institute for Occupational Safety and Health	国家职业安全与卫生研究院
NIST	National Institute of Standards and Technology	[美] 国家标准和技术协会

缩　　写	英文全文	中文释义
NITRD	Networking and Information Technology Research and Development	网络和信息技术研究与开发计划
NMR	Nuclear Magnetic Resonance	固态核磁共振
NNI	National Nanotechnology Initiative	国家纳米技术计划
NNSA	National Nuclear Security Administration	国家核安全局
NOAA	National Oceanic and Atmospheric Administration	国家海洋和大气管理局
NP	Nuclear Physics	核物理学
NRC	National Research Council	国家科学研究理事会
NREL	National Renewable Energy Laboratory	国家可再生能源实验室
NSF	National Science Foundation	[美]国家科学基金会
NSTC	National Science and Technology Council	国家科学技术委员会
NTIS	National Technical Information Service	国家技术信息服务局
OMB	Office of Management and Budget	白宫管理和预算办公室
ORNL	Oak Ridge National Laboratory	橡树岭国家实验室
OSD	Office of the Secretary of Defense	[美]国防部部长办公室
OSRD	Office of Scientific Research and Development	科学研究与发展局
OSTP	Office of Science and Technology Policy	科技政策办公室
PCAST	President's Council of Advisors on Science and Technology	总统科技顾问委员会
PI	Principle Investigator	项目负责人
PNNL	Pacific Northwest National Laboratory	太平洋西北国家实验室
PPPL	Princeton Plasma Physics Laboratory	普林斯顿等离子体物理实验室
QIS	Quantum Information Science	量子信息科学
R&D	Research and Development	研究与发展
RAND	Research ANd Development	兰德公司
RPV	Replacement Plant Value	设施估值
SBC	Structural Biology Center	结构生物学中心
SC	Office of Science	科学局
SIF	Sensitive Instrument Facility	高灵敏仪器平台
SLAC	Stanford Linear Accelerator Center	斯坦福线性加速器中心

续表

缩　写	英文全文	中文释义
SNL	Sandia National Laboratories	桑迪亚国家实验室（联盟）
SPP	Strategic Partnership Project	战略合作项目
SRNL	Savannah River National Laboratory	萨凡纳河国家实验室
SSC	John C. Stennis Space Center	斯坦尼斯航天中心
STEM	Science, Technology, Engineering and Mathematics	科学、技术、工程和数学
STTR	Small Business Technology Transfer	小企业技术转让计划
T2	Technology Transfer	技术转移
TCAS	Traffic Collision Avoidance System	防交通事故系统
TRACC	Transportation Research & Analysis Computing Center	交通研究与分析计算中心
TJNAF	Thomas Jefferson National Accelerator Facility	托马斯·杰斐逊国家加速器实验室
UARC	University Affiliated Research Center	大学附属研究中心
UNOLS	University-National Oceanographic Laboratory System	大学—国家海图实验室系统
USGCRP	United States Global Change Research Program	美国全球变化研究计划
USSOCOM	United State Special Operations Command	美国特种作战司令部
USPTO	United States Patent and Trademark Office	美国专利商标局
VA	Department of Veterans Affairs	退伍军人事务部
WDTS	Workforce Development for Teachers and Scientists	人才发展所需的教师和科学家
WFO	Work for Others	为他人工作